골 재 채 취 법

(3단 대조식)

- ● **골재채취법령 (3단 대조식)**

  골재채취법
  골재채취법 시행령 (별표)
  골재채취법 시행규칙 (별표 및 별지서식)

- ● **골재채취관련 <행정규칙>**
  → 골재채취 사무처리규정
  → 골재채취업무편람
  → 광업권설정구역내의 골재채취 가능여부 조사 요령
  → 광업업무처리지침
  → 남해 배타적 경제수역내 골재채취단지 관리계획 변경 승인
  → 서해 배타적 경제수역내 골재채취단지 관리계획 변경 승인
  → 서해 배타적 경제수역내 골재채취단지 변경 지정

- ● **골재채취관련 <법령해석, 행정심판례, 판례, 헌재결정례>**

- ● **산지관리법령 (3단 대조식)**

圓技術

<총 목 차>

◉ 골재채취법령(3단 대조식) 9

▶ 골재채취법률・시행령・시행규칙 (3단대조식) 187
▶ 골재채취법률 시행령 (별표) 198
▶ 골재채취법률 시행규칙 (별표 및 별지서식) 204

◉ 골재채취법 관련 <행정규칙> 233

▶ 골재채취 사무처리규정 235
▶ 골재채취업무편람 250
▶ 광업권설정구역내의 골재채취 가능여부 조사 요령 292
▶ 광업업무처리지침 298
▶ 남해 배타적 경제수역내 골재채취단지 관리계획 변경 승인 322
▶ 서해 배타적 경제수역내 골재채취단지 관리계획 변경 승인 325
▶ 서해 배타적 경제수역내 골재채취단지 변경 지정 327

◉ 골재채취법 관련 <행정심판례, 판례(대법원), 헌재결정례, 법령해석(질의)> ……… 331

<행정심판례>

▶ 골재선별, 파쇄신고거부처분 취소 <행정심판례> ……………………………………… 333

▶ 골재선별 파쇄신고수리불가처분 취소청구 <행정심판례> ……………………………… 338

<대법원 판례>

▶ 공정증서 원본 불실기재, 불실기재 공정증서원본 행사,업무상 횡령, 골재채취법 위반 <판례> …… 347

▶ 골재채취법 위반, 도시계획법 위반 <판례> ……………………………………………… 351

▶ 골재채취법위반 <판례> …………………………………………………………………… 353

▶ 골재채취법위반 <판례> …………………………………………………………………… 356

▶ 골재채취법위반 <판례> …………………………………………………………………… 359

▶ 골재채취법위반 <판례> …………………………………………………………………… 361

▶ 농지법위반,골재채취법위반,하천법위반,국유재산법위반 <판례> ……………………… 364

▶ 신고수리거부처분취소 <판례> …………………………………………………………… 369

▶ 조례안 재의결 무효확인 <판례> ………………………………………………………… 374

▶ 채석허가 수허가자 변경신고수리처분 취소 <판례> ··· 380
▶ 특정범죄가중처벌등에관한법률위반(조세),조세범처벌법위반,골재채취법위반,공유수면관리법위반
  <판례> ··· 391
▶ 특정범죄가중처벌등에관한법률위반(산림),사문서변조,변조사문서행사,보조금의예산및관리에관한법률
  위반,골재채취법위반,산림법위반 <판례> ··· 398
▶ 특정법죄가중처벌등에관한법률위반(조세),골재채취법위반 <판례> ·· 401

<헌재결정례>

▶ 골재채취법 제51조 위헌제청 <헌재결정례> ·· 405
▶ 골재채취법 제2조제2호 단서 위헌확인 <헌재결정례> ··· 412
▶ 옹진군과 태안군 등 간의 권한쟁의 <헌재결정례> ··· 418

<법령해석(질의)>

▶ 댐구역에서의 골재채취 예정지 지정 여부(댐건설 및 주변지역지원 등에 관한 법률) 제45조등 관련
  <법령해석> ·· 454

▶ 국가 또는 지방자치단체가 아닌 자로서 골재채취 허가를 받은자가 직접 골재채취를 하지 않고 골재채취업 등록을 한 타인에게 골재채취를 위탁할수있는지(골재채취법)제22조및제26조등관련-김해시 <법령해석> ··· 458

▶ 채굴권자 또는 조광권자가 토석을 쇄골재용으로 판매하기 위하여 채취하려는 경우 갖추어야 하는 허가기준의 의미(산지관리법)제27조제2항등관련-민원인 <법령해석> ································· 462

◉ 산지관리법령 (3단 대조식) ··· 1~693
▶ 산지관리법률 · 시행령 · 시행규칙 (3단대조식) ··· 3
▶ 산지관리법률 시행령 (별표) ··· 543
▶ 산지관리법률 시행규칙 (별표 및 별지서식) ·· 599

산 지 관 리 법

<3단 대조식>

- ⦿ 산지관리법령 3단 (법·시행령·시행규칙)
  - ✔ 산지관리법률 <3단 대조식>
  - ✔ 산지관리법률 시행령 <별표>
  - ✔ 산지관리법률 시행규칙 <별표 및 별지서식>

산지관리법	산지관리법 시행령	산지관리법 시행규칙
제1장 총 칙	**제1장 총 칙**	**제1장 총 칙**
제1조(목적) ················· 25	제1조(목적) ················· 25	제1조(목적) ················· 25
제2조(정의) ················· 26	제2조(산지에서 제외되는 토지) ··· 26	
제3조(산지관리의 기본원칙) ········ 29	제3조 삭제<2010.12.7> ············ 29	
제2장 산지의 보전	**제2장 산지의 보전**	**제2장 산지의 보전**
제1절 산지관리기본계획 및 산지의 구분 등	제1절 산지관리기본계획 및 산지의 구분 등	제1절 산지관리기본계획 및 산지의 구분 등
제3조의2(산지관리기본계획의 수립 등) ················· 30	제3조의2(산지관리기본계획의 고시) ················· 30	
제3조의3(기본계획과 지역계획의 내용) ················· 34	제3조의3(기본계획과 지역계획의 내용) ················· 34	
제3조의4(기본계획과 지역계획 수립을 위한 조사) ············ 35	제3조의4(기본계획과 지역계획의 수립을 위한 조사) ············ 35	제1조의2(산지기본조사 및 산지지역 조사) ······················· 35
제3조의5(산지관리정보체계의 구축 및 운영) ··············· 39	제3조의5(산지관리정보체계의 구축·운영) ··············· 39	

산지관리법	산지관리법 시행령	산지관리법 시행규칙
제4조(산지의 구분) ·············· 41	제4조(산지의 구분) ·············· 42	제2조(산지구분도의 작성방법 및 절차) ·············· 44
제5조(보전산지의 지정절차) ········· 49	제5조(보전산지의 지정·해제 등의 고시) ·············· 49	
제6조(보전산지의 변경·해제) ······ 50		제3조(보전산지의 지정해제 등) ····· 51
제7조 삭제<2010.5.31> ·············· 54		
제8조(산지에서의 구역 등의 지정 등) ·············· 55	제6조(산지에서의 지역등의 지정·결정에 관한 협의절차) ·············· 55	제4조(산지에서의 지역등의 지정·결정 협의절차) ·············· 55
	제7조(산지에서의 지역등의 지정·결정에 관한 협의 통보) ·············· 57	제4조의2(산지에서의 지역등의 협의 기준의 세부사항) ·············· 58
제2절 보전산지에서의 행위제한	**제2절 보전산지안에서의 행위제한**	**제2절 보전산지에서의 행위제한**
제9조(산지전용·일시사용제한지역의 지정) ·············· 60	제8조(산지전용·일시사용제한지역의 지정대상 산지) ·············· 60	제5조(산사태위험지의 판정기준) ·············· 63
	제9조(산지전용·일시사용제한지역의 지정절차 등) ·············· 63	
제10조(산지전용·일시사용제한지역에서의 행위제한) ·············· 66	제10조(산지전용·일시사용제한지역에서의 허용행위) ·············· 67	제6조(산지전용·일시사용제한지역에서의 허용행위) ·············· 72
제11조(산지전용·일시사용제한지역 지정의 해제) ·············· 73	제11조(산지전용·일시사용제한지역 지정의 해제) ·············· 74	

제12조(보전산지에서의 행위제한) ·············· 75	제12조(임업용 산지안에서의 행위제한) ·············· 77	제7조(농림어업인의 범위) ·············· 80
		제8조(임업용 산지에서의 행위제한) ·············· 93
	제13조(공익용 산지안에서의 행위제한) ·············· 98	제9조(공익용 산지에서의 행위제한) ·············· 96
제13조(산지전용·일시사용제한지역의 산지매수) ·············· 104	제14조(매수대상 산지의 범위 등) ·············· 104	
	제3절 산지전용허가 등	
제13조의2(산지의 매수 청구) ······ 105	제14조의2(산지 매수청구의 절차 등) ·············· 105	제9조의2(산지매수청구의 절차 등) ·············· 105
제3절 산지전용허가 등		**제3절 산지전용허가 등**
제14조(산지전용허가) ················· 106	제15조(산지전용허가의 절차 및 심사) ·············· 106	제10조(산지전용허가의 신청 등) ·············· 106
		제10조의2(산지전용허가기준의 세부 사항) ·············· 119
		제11조(산지전용허가증) ·············· 119
	제16조(산지전용에 관한 협의 등) ·············· 120	제12조(산지전용 협의서류) ········· 120

산지관리법	산지관리법 시행령	산지관리법 시행규칙
제15조(산지전용 신고) ·········· 121	제17조(산지전용 신고) ·········· 121	제13조(산지전용 신고) ·········· 121
	제18조(산지전용 신고의 범위 등) ·········· 123	제14조 삭제<2011.1.5> ·········· 123
		제15조(산지전용 신고의 수리) ····· 124
제15조의2(산지 일시사용허가·신고) ·········· 125	제18조의2(산지 일시사용허가) ···· 125	제15조의2(산지 일시사용허가) ···· 125
	제18조의3(산지 일시사용신고) ···· 127	제15조의3(산지 일시사용신고) ···· 127
	제18조의4(산지 일시사용기간) ···· 134	제15조의4(산지 일시사용기간) ···· 134
		제15조의5(산지 일시사용 협의서류) ·········· 135
제16조(산지전용허가 등의 효력)· 137		
제17조(산지전용허가 등의 기간)· 138		제16조(산지전용기간) ·········· 138
	제19조(산지전용기간의 연장허가 등) ·········· 140	제17조(산지전용기간의 연장허가 등) ·········· 140
제18조(산지전용허가기준 등) ······ 143	제20조(산지전용허가기준 등) ········ 145	
제18조의2(산지전용 타당성조사 등) ·········· 148	제20조의2(산지전용 타당성조사의 대상) ·········· 148	
	제20조의3(산지전용 타당성조사의 절차 및 기준) ·········· 151	제18조(산지전용 타당성조사의 절차 및 기준 등) ·········· 151
	제20조의4(산지전용 타당성조사 결과 등의 공개) ·········· 154	

제18조의3(산지전용 타당성조사 결과 등의 공개) ························ 155		
제18조의4(산지전용허가기준 등의 충족 여부 확인) ················ 156	제20조의5(산지전용허가기준 등의 적합성 여부 확인) ················ 156	제18조의2(관계전문기관의 지정) ··· 156
제18조의5(이해관계인 등의 범위 등) ···································· 160		제18조의4(조사협의체의 구성) ······ 157
		제18조의3(이해관계인의 이의신청 요건·절차) ························ 161
		제18조의5(조사협의체의 운영) ····· 162
제19조(대체산림자원조성비) ········ 162	제21조(대체산림자원조성비) ········ 163	제19조(대체산림자원조성비의 분할납부) ······························ 164
	제22조 삭제<2007.7.27> ············ 166	
	제23조(대체산림자원조성비의 감면) ···································· 167	
	제24조(대체산림자원조성비의 납부기한·납부방법·산정기준 등) ·· 168	제20조(대체산림자원조성비의 납부고지 등) ······························ 168
		제21조(대체산림자원조성비의 납부기간 연장) ························ 169
	제25조 삭제<2012.8.22> ············ 171	
제19조의2(대체산림자원조성비의 환급) ···································· 172	제25조의2(대체산림자원조성비의 환급) ···································· 172	
제20조(산지전용허가의 취소 등) ·· 179	제25조의3 삭제<2010.12.7> ········ 178	제22조(산지전용허가의 취소 등) · 179

산지관리법	산지관리법 시행령	산지관리법 시행규칙
제21조(용도변경의 승인 등) ········ 181	제26조(용도변경의 승인 등) ········ 182	제23조(용도변경의 승인신청) ······ 181
제21조의2(「국토의 계획 및 이용에 관한 법률」의 특례) ·········· 186	제26조의2(산지의 지목변경 제한) ······································· 186	
제21조의3(산지의 지목변경 제한) ······································· 187		
제4절 산지관리위원회	**제4절 산지관리위원회**	
제22조(산지관리위원회의 설치·운영) ······································· 189	제27조(중앙산지관리위원회의 심의사항) ······················· 189	
	제30조의2(지방산지관리위원회의 심의사항) ···················· 190	
제23조(위원 등의 수당·여비 등) ······································· 192	제28조(중앙산지관리위원회의 구성) ······································· 192	
제24조 삭제<2016.12.2> ············ 193	제29조(중앙산지관리위원회의 운영) ······································· 195	
	제29조의2(중앙산지관리위원회 분과위원회의 설치 및 운영) ····· 197	

제29조의3(중앙산지관리위원회 위원의
  제척·회피) ················ 200
제30조(전문위원 및 간사 등) ······ 201
제31조(지방산지관리위원회의 설치·
  운영 등) ···················· 201
제31조의2(지방산지관리위원회 분과위
  원회의 설치 및 운영) ······· 206
제31조의3(지방산지관리위원회 위원의
  제척·회피) ················ 208
제31조의4(결격사유 등) ············ 209

제3장 토석채취 등
제1절 토석채취

제25조(토석채취허가 등) ············ 211

제3장 토석채취 등
제1절 토석채취

제32조(토석채취허가의 절차 및 심사 등)
  ································ 211

제3장 토석채취 등
제1절 토석채취

제24조(토석채취허가의 신청 등) · 211
제24조의2(토사채취의 신고) ········ 221
제25조(토사채취기간 등) ············ 225
제26조(토사채취기간의 연장허가)
  ································ 226
제27조(토사채취 등의 협의서류) · 232

산지관리법	산지관리법 시행령	산지관리법 시행규칙
제25조의2(허가·신고 없이 할 수 있는 토석채취) ·················· 233	제32조의2(허가·신고를 하여야 하는 토석채취) ·················· 233	
제25조3(토석채취제한지역의 지정 등) ································ 236	제32조의3(토석채취제한지역) ······· 236	
제25조의4(토석채취제한지역에서의 행위제한) ················· 242	제32조의4(토석채취제한지역에서의 행위제한의 예외) ············· 242	
제25조의5(토석채취제한지역 지정의 해제) ·················· 247	제33조 삭제<2007.7.27> ············ 248	
제26조(채석 경제성의 평가) ········ 248	제34조(채석경제성의 평가) ········ 248	
제27조(광구에서의 토석채취 등) · 251	제35조(광구안에서의 토석채취) ··· 251	제28조(토석 매매대금의 공제) ····· 253
제28조(토석채취허가의 기준) ······ 253	제36조(토석채취허가의 기준 등) · 254	제28조의2(산사태위험지의 판정기준) ·································· 255
	제37조(토석채취허가기준의 적용예외 등) ·························· 258	
	제38조(자연석의 규모 등) ·········· 262	
제29조(채석단지의 지정·해제) ··· 264	제39조(채석단지의 지정) ············ 264	제29조(채석단지의 지정 등) ········ 264
제30조(채석단지에서의 채석신고) ·································· 271	제40조(채석단지에서의 채석신고) ·································· 274	제30조(채석단지안에서의 채석신고) ·································· 271

제31조(토석채취허가의 취소 등) ··· 275		
제2절 삭제	**제2절 삭제**	**제2절 삭제**
제32조 삭제<2007.1.26> ············ 278	제41조 삭제<2007.7.27> ············ 278	제31조 삭제<2007.7.27> ············ 278
제33조 삭제<2007.1.26> ············ 278	제42조 삭제<2007.7.27> ············ 278	제32조 삭제<2007.7.27> ············ 278
제34조 삭제<2007.1.26> ············ 278	제43조 삭제<2007.7.27> ············ 278	제33조 삭제<2007.7.27> ············ 278
제3절 석재 및 토사의 매각	**제3절 석재 및 토사의 매각**	**제3절 석재 및 토사의 매각**
제35조(국유림의 산지 내의 토석의 매각 등) ··· 279	제44조(토석의 매각 등) ············ 279	제34조(토석의 매입·무상양여 신청) ··· 279
		제35조(토석의 매각계약 등) ········ 281
제36조(계약의 해제 또는 무상양여의 취소) ··· 284		
제36조의2(한국산림토석협회) ······ 286	제44조의2(한국산림토석협회) ······ 286	
제4장 재해 방지 및 복구 등	**제4장 재해 방지 및 복구 등**	**제4장 재해 방지 및 복구 등**
제37조(재해의 방지 등) ·············· 288	제45조(재해의 방지 등) ·············· 288	제36조(재해의 방지 등) ·············· 288
제38조(복구비의 예치 등) ·········· 292	제46조(복구비의 예치 등) ·········· 292	제37조(복구비의 예치 등) ·········· 292
		제38조(복구비의 분할예치 등) ······ 296

산지관리법	산지관리법 시행령	산지관리법 시행규칙
		제39조(복구비이 산정기준) ········ 298
		제40조(복구비의 예치시기·절차 등) ··· 299
제39조(산지전용지 등의 복구) ····· 304		제40조의3(산지복구의 범위) ······ 304
	제46조의2(중간복구) ················ 305	제40조의2(중간복구 등) ············· 305
	제47조(복구의무의 면제) ············ 307	제41조(복구의무의 면제 등) ········ 307
제40조(복구설계서의 승인 등) ····· 310	제48조(복구설계서의 승인) ········ 310	제42조(복구설계서의 작성기준 등) ··· 311
제40조2(산지복구공사의 감리 등) ··· 318	제48조의2(산지복구공사의 감리대상) ··· 318	제42조의2(산지복구공사의 감리) · 318
제41조(복구의 대집행 등) ··········· 320		
제42조(복구준공검사) ················ 321	제49조(하자보수보증금의 예치면제) ··· 321	제43조(복구준공검사) ················ 321
		제44조(하자보수보증금의 예치 등) ··· 322
제43조(복구비의 반환) ··············· 324		제45조(예치된 복구비의 반환) ····· 324
제44조(불법산지전용지의 복구 등) ··· 326		

제44조의2(불법전용산지 등의 조사) ································· 329 제45조(복구전문기관의 지정·육성) ································· 331 제46조(한국산지보전협회) ··········· 334	제49조의2(불법전용산지 등의 조사) ································· 330 제50조(복구전문기관의 지정 등)· 331	제46조(복구장비기준) ················ 332 제47조(복구전문기관의 지정·육성) ································· 332 제48조(한국산지보전협회의 조직·운영 등) ······················· 334 제49조(협회의 정관) ··················· 334 제50조 삭제<2014.12.31> ··········· 334
제5장 보칙	**제5장 보칙**	**제5장 보칙**
제46조의2(포상금) ······················ 336 제46조의3(현장관리업무담당자의 지정 및 교육) ······················· 337 제47조(타인 토지 출입 등) ·········· 342	제50조의2(포상금의 지급) ··········· 336 제50조의3(현장관리업무담당자의 업무 범위 등) ····················· 337 제50조의4(현장관리업무담당자 교육기관) ···························· 339 제50조의5(현장관리업무담당자의 교육 기간 등) ····························· 339	제50조의2(포상금의 지급) ··········· 336 제50조의3(현장관리업무담당자의 지정 및 변경 신고) ··················· 338 제51조(조사공무원의 증표) ·········· 343

산지관리법	산지관리법 시행령	산지관리법 시행규칙
제48조(토지 출입 등에 따른 손실보상) ················· 343		
제49조(청문) ················· 344		
제50조(수수료) ················· 345	제51조(수수료) ················· 345	
제51조(권리·의무의 승계 등) ····· 346		
제52조(권한의 위임 등) ················· 349	제52조(권한의 위임 등) ················· 349	제51조의2(보고) ················· 364
제52조의2(벌칙 적용에서 공무원 의제) ················· 349		
제52조의3(규제의 재검토) ·········· 365	제52조의2(규제의 재검토) ·········· 365	제51조의3(규제의 재검토) ·········· 365
	제52조의3(고유식별 정보의 처리) ················· 366	
제6장 벌칙	**제6장 벌칙**	**제6장 벌칙**
제53조(벌칙) ················· 367	제53조(과태료의 부과) ················· 367	제52조 삭제<2008.7.16> ············ 367
제54조(벌칙) ················· 369		
제55조(벌칙) ················· 371		
제56조(양벌규정) ················· 374		
제57조(과태료) ················· 375		

| 부 칙 ································· 377 | 부 칙 ································· 377 | 부 칙 ································· 377 |

◉ 산지관리법 시행령 ◉
〈별표〉

[영별표 1] 산지에서의 지역 등의 협의의 범위(제7조제1항 관련) ····· 543

[영별표 2] 산지에서의 지역 등의 협의기준(제7조제2항관련) ············ 545

[영별표 3] 산지전용신고 대상시설 및 행위의 범위·지역·조건(제18조제2항관련) ················ 548

[영별표 3의2] 산지일시사용허가의 대상 시설·행위별 지역·조건·기준(제18조의2제3항관련) ················· 552

[영별표 3의3] 산지일시사용신고의 대상 시설 및 행위별 지역·조건·기준(제18조의3제4항 관련) ··· 557

◉ 산지관리법 시행규칙 ◉
〈별표 및 별지서식〉

[규칙별표 1] 산지에서의 지역 등의 협의기준의 세부사항(제4조의2 관련) ························· 599

[규칙별표 1의2] 산사태위험판정기준표(제5조 및 제28조의2 관련) ························· 601

[규칙별표 1의3] 산지전용허가기준의 세부사항(제10조의2 관련) ··· 603

[규칙별표 1의4] 산지일시사용기간의 결정기준(제15조의4제1항 관련) ························· 609

[규칙별표 2] 산지전용기간의 결정기준(제16조 관련) ················ 609

산지관리법	산지관리법 시행령	산지관리법 시행규칙
	[영별표 4] 산지전용허가기준의 적용 범위와 사업별·규모별 세부기준(제20조제6항 관련) ·············· 564	[규칙별표 3] 토석채취변경신고의 첨부서류(제24조제4항 관련) ······ 610
	[영별표 4의2] 산지의 면적에 관한 허가기준(제20조제6항 관련) ······ 572	[규칙별표 4] 토석·토사 채취기간의 결정기준(제25조 관련) ··········· 611
	[영별표 4의3] 산지전용 타당성조사 조사항목·기준·방법(제20조의3제2항 관련) ····················· 574	[규칙별표 5] 삭제<2011.1.5> ······ 612
		[규칙별표 6] 복구설계서 승인기준(제42조제3항 관련) ················· 612
	[영별표 5] 대체산림자원조성비 감면대상 및 감면비율(제23조제1항 관련) ··· 577	[규칙별표 7] 복구전문기관이 보유하여야 하는 장비(제46조 관련) ···· 615
		◉ 〈산지관리법 시행규칙 별지서식〉 ◉
	[영별표 6] 삭제 <2007.7.27> ······ 585	[별지 제1호서식] 삭제<2011.10.24> 616
	[영별표 7] 채석경제성평가의 방법·기준 등(제34조제3항관련) ········ 585	[별지 제2호서식] 지역·지구 및 구역 등의 지정·결정[ ]협의, [ ]변경협의 요청서 ························· 616
	[영별표 8] 토석채취허가기준(제36조제1항 관련) ···················· 589	[별지 제2호의2서식] 산지매수청구서 ··· 618
	[영별표 8의2] 석재의 굴취·채취장비 및 기술인력(제36조제4항 관련)	[별지 제3호서식] 산지전용 [ ]허가, [ ]변경허가 신청서 ················ 620

·········· 593

[영별표 8의3] 포상금지급기준(제50조의2제1항 관련) ·········· 594

[영별표 9] 수수료(제51조제1항 관련) ·········· 595

[영별표 10] 과태료의 부과기준(제53조 관련) ·········· 596

[별지 제4호서식] 산지전용허가 변경신고서 ·········· 622

[별지 제4호의2서식] 재해위험성 검토의견서 ·········· 623

[별지 제5호서식] 산지전용허가증 · 624

[별지 제6호서식] 산지전용(허가·신고) [ ]협의, [ ]변경협의 요청서 ·········· 625

[별지 제7호서식] 산지전용 [ ]신고서, [ ]변경신고서 ·········· 627

[별지 제7호의2서식] 산지일시사용 [ ]허가신청서 [ ]변경허가신청서 [ ]기간연장허가신청서 ·········· 629

[별지 제7호의3서식] 산지일시사용허가증 ·········· 631

[별지 제7호의4서식] 산지일시사용 [ ]신고서 [ ]변경신고서 [ ]기간연장신고서 ·········· 632

산지관리법	산지관리법 시행령	산지관리법 시행규칙
		[별지 제7호의5서식] 산지일시사용 [허가·신고] [ ]협의요청서 [ ]변경협의 요청서 ·············· 634
		[별지 제8호서식] 산지전용기간 연장허가 신청서 ·················· 636
		[별지 제9호서식] 삭제<2013.1.23> ··· 637
		[별지 제9호의2서식] 산지전용 타당성조사 신청서 ·············· 637
		[별지 제9호의3서식] 산지전용 타당성조사 결과 공개서 ············ 638
		[별지 제9호의4서식] 이의신청서 ·· 639
		[별지 제10호서식] 대체산림자원조성비 분할납부신청서 ············ 640
		[별지 제11호서식] 대체산림자원조성비 납부고지 및 수납대장 ······ 641
		[별지 제12호서식] 대체산림자원조성비 납부기간 연장 신청서 ······ 642

[별지 제13호서식] 용도변경승인 신청서 ·············· 643

[별지 제14호서식] 용도변경승인대장 ·············· 645

[별지 제15호서식] 용도변경 승인서 ·············· 646

[별지 제16호서식] 토석채취 [ ]허가 [ ]변경허가 [ ]기간연장허가 신청서 ·············· 647

[별지 제17호서식] 토석채취변경 신고서 ·············· 648

[별지 제18호서식] 토석채취허가증 ·············· 650

[별지 제18호의2서식] 토사채취 신고서 ·············· 651

[별지 제18호의3서식] 토사채취 변경 신고서 ·············· 653

[별지 제19호서식] 삭제<2013.1.23>·655

산지관리법	산지관리법 시행령	산지관리법 시행규칙
		[별지 제19호의2서식] 토석채취 등의 협의 요청서 ·············· 655
		[별지 제20호서식] 채석단지지정(변경지정) 신청서 ·············· 657
		[별지 제21호서식] 채석단지실태보고서 (0000년도말 현재) ·········· 659
		[별지 제22호서식] 채석신고서 ······ 660
		[별지 제23호서식] 채석변경신고서 662
		[별지 제24호서식] 채석기간연장신고서 ······································ 664
		[별지 제25호서식] 삭제<2007.7.27> · 666
		[별지 제26호서식] 삭제<2007.7.27> · 666
		[별지 제27호서식] 삭제<2007.7.27> · 666
		[별지 제28호서식] 삭제<2007.7.27> · 666
		[별지 제29호서식] 삭제<2007.7.27> · 666
		[별지 제30호서식] 삭제<2007.7.27> · 666
		[별지 제31호서식] 토석 [ ]매입 [ ]무상양여 신청서 ·············· 667

[별지 제32호서식] 토석매각계약서 ·················· 669

[별지 제33호서식] 삭제〈2011.1.5〉·· 671

[별지 제34호서식] 삭제〈2011.1.5〉·· 671

[별지 제35호서식] 토석반출기간 연장신청서 ·················· 671

[별지 제36호서식] 조치명령서 ······ 672

[별지 제37호서식] 복구비분할예치 신청서 ·················· 673

[별지 제38호서식] 복구비예치 통지서 ·················· 674

[별지 제38호의2서식] 중간복구명령서 ·················· 675

[별지 제39호서식] 복구의무면제 신청서 ·················· 676

[별지 제40호서식] 복구설계 [ ]승인신청서 [ ]변경승인신청서 ······· 678

[별지 제41호서식] 복구설계서 제출기간 연장 신청서 ··············· 679

산지관리법	산지관리법 시행령	산지관리법 시행규칙
		[별지 제42호서식] 복구준공검사 신청서 ················· 680
		[별지 제43호서식] 복구전문기관 지정 신청서 ················· 681
		[별지 제44호서식] 복구전문기관지정서 ················· 682
		[별지 제44호의2서식] 포상금지급신청서 ················· 683
		[별지 제44호의3서식] 현장관리업무담당자 지정(변경) 신고서 ······· 684
		[별지 제45호서식] 산지관리 조사원증 ················· 685
		[별지 제46호서식] 산지전용 현황 686
		[별지 제46호의2서식] 산지일시사용 현황 ················· 688
		[별지 제47호서식] 토석채취허가 현황 ················· 689

[별지 제48호서식] 토석채취 용도별 현황
 ·················· 690

[별지 제49호서식] 복구현황 ········ 691

[별지 제50호서식] 불법전용산지 신고서
 ·················· 692

[별지 제51호서식] 산지이용 확인서
 ·················· 693

산지관리법	산지관리법 시행령	산지관리법 시행규칙

산지관리법	산지관리법 시행령	산지관리법 시행규칙
일부개정 2017. 4.18 법률 제14773호	타법개정 2017. 1. 6 대통령령 제27767호 산림청(산지정책과) 042-481-4141	일부개정 2016.12.30 농림축산식품부령 제 235호 산림청(산지정책과) 042-481-4141
제1장 총 칙 제1조(목적) 이 법은 산지(山地)를 합리적으로 보전하고 이용하여 임업의 발전과 산림의 다양한 공익기능의 증진을 도모함으로써 국민경제의 건전한 발전과 국토환경의 보전에 이바지함을 목적으로 한다. [전문개정 2010.5.31]	**제1장 총 칙** 제1조(목적) 이 영은 「산지관리법」에서 위임된 사항과 그 시행에 필요한 사항을 규정함을 목적으로 한다. <개정 2005.8.5, 2009.4.20>	**제1장 총 칙** 제1조(목적) 이 규칙은 「산지관리법」 및 같은 법 시행령에서 위임된 사항과 그 시행에 필요한 사항을 규정함을 목적으로 한다. <개정 2005.8.24, 2009.4.20>

산지관리법	산지관리법 시행령	산지관리법 시행규칙
제2조(정의) 이 법에서 사용하는 용어의 뜻은 다음과 같다. <개정 2012.2.22, 2014.6.3, 2016.12.2> 1. "산지"란 다음 각 목의 어느 하나에 해당하는 토지를 말한다. 다만, 주택지[주택지조성사업이 완료되어 지목이 대(垈)로 변경된 토지를 말한다] 및 대통령령으로 정하는 농지, 초지(草地), 도로, 그 밖의 토지는 제외한다. 가. 「공간정보의 구축 및 관리 등에 관한 법률」 제67조제1항에 따른 지목이 임야인 토지 나. 입목(立木)·죽(竹)이 집단적으로 생육(生育)하고 있는 토지 다. 집단적으로 생육한 입목·죽이 일시 상실된 토지 라. 입목·죽의 집단적 생육에 사용하게 된 토지	제2조(산지에서 제외되는 토지) 「산지관리법」(이하 "법"이라 한다) 제2조제1호 각 목 외의 부분 단서에서 "대통령령으로 정하는 토지"란 다음 각 호의 어느 하나에 해당하는 토지를 말한다. <개정 2010.12.7, 2015.6.1> 1. 과수원, 차밭, 꺾꽂이순 또는 접순의 채취원(採取園) 2. 입목·죽이 생육하고 있는 건물 담장안의 토지 3. 입목·죽이 생육하고 있는 논두렁·밭두렁 4. 입목·죽이 생육하고 있는 토지로서 「하천법」 제2조제1호에 따른 하천 5. 입목·죽이 생육하고 있는 토지로서 「공간정보의 구축 및 관리 등에 관한 법률」 제67조에 따른	

마. 임도(林道), 작업로 등 산길 바. 나목부터 라목까지의 토지에 있는 암석지(巖石地) 및 소택지(沼澤地) 2. "산지전용"(山地轉用)이란 산지를 다음 각 목의 어느 하나에 해당하는 용도 외로 사용하거나 이를 위하여 산지의 형질을 변경하는 것을 말한다. 　가. 조림(造林), 숲 가꾸기, 입목의 벌채·굴취 　나. 토석 등 임산물의 채취 　다. 대통령령으로 정하는 임산물의 재배[성토(盛土) 또는 절토(切土) 등을 통하여 지표면으로부터 높이 또는 깊이 50센티미터 이상 형질변경을 수반하는 경우와 시설물의 설치를 수반하는 경우는 제외한다] 　라. 산지일시사용	제방(堤防)·구거(溝渠) 및 유지(溜池)	

산지관리법	산지관리법 시행령	산지관리법 시행규칙
3. "산지일시사용"이란 다음 각 목의 어느 하나에 해당하는 것을 말한다. 　가. 산지로 복구할 것을 조건으로 산지를 제2호가목부터 다목까지의 어느 하나에 해당하는 용도 외의 용도로 일정 기간 동안 사용하거나 이를 위하여 산지의 형질을 변경하는 것 　나. 산지를 임도, 작업로, 임산물 운반로, 등산로·탐방로 등 숲길, 그 밖에 이와 유사한 산길로 사용하기 위하여 산지의 형질을 변경하는 것 4. "석재"란 산지의 토석 중 건축용, 공예용, 조경용, 쇄골재용(碎骨材用) 및 토목용으로 사용하기 위한 암석을 말한다. 5. "토사"란 산지의 토석 중 제4호에 따른 석재를 제외한 것을 말		

한다. [전문개정 2010.5.31] [시행일 : 2017.6.3] 제2조 **제3조(산지관리의 기본원칙)** 산지는 임업의 생산성을 높이고 재해 방지, 수원(水源) 보호, 자연생태계 보전, 자연경관 보전, 국민보건휴양 증진 등 산림의 공익 기능을 높이는 방향으로 관리되어야 하며 산지전용은 자연친화적인 방법으로 하여야 한다. [전문개정 2010.5.31]	3조 삭제 <2010.12.7>	

산지관리법	산지관리법 시행령	산지관리법 시행규칙
제2장 산지의 보전 **제1절 산지관리기본계획 및 산지의 구분 등** <개정 2010.5.31> 제3조의2(산지관리기본계획의 수립 등) ①산림청장은 산지를 합리적으로 보전하고 이용하기 위하여「산림기본법」제11조에 따른 산림기본계획(이하 "산림기본계획"이라 한다)에 따라 전국의 산지에 대한 산지관리기본계획(이하 "기본계획"이라 한다)을 10년마다 수립하여야 한다. ②산림청장은「국토기본법」에 따른 국토종합계획의 수정, 산지 현황의 현저한 변경 또는 그 밖에 필요하다고 인정하는 경우에는 기본계획을 변경할 수 있다. ③산림청장이 기본계획을 수립하거나 변경할 때에는 미리 관계 중앙	**제2장 산지의 보전** **제1절 산지관리기본계획 및 산지의 구분 등** 제3조의2(산지관리기본계획의 고시) 산림청장은 법 제3조의2제1항에 따른 산지관리기본계획(이하 "기본계획"이라 한다)을 수립하거나 변경하였을 때에는 법 제3조의2제5항에 따라 다음 각 호의 사항을 고시하여야 한다. 1. 기본계획을 수립한 경우: 수립한 기본계획의 개요 및 주요내용 2. 기본계획을 변경한 경우: 변경한 기본계획의 내용 [본조신설 2010.12.7]	

행정기관의 장과 협의하고 특별시장·광역시장·특별자치시장·도지사 또는 특별자치도지사(이하 "시·도지사"라 한다)의 의견을 들은 후 제22조제1항에 따른 중앙산지관리위원회(이하 "중앙산지관리위원회"라 한다)의 심의를 거쳐야 한다. <개정 2012.2.22>

④산림청장은 관계 중앙행정기관의 장과 지방자치단체의 장에게 기본계획의 수립 및 시행에 필요한 자료의 제출 또는 협조를 요청할 수 있다. 이 경우 관계 중앙행정기관의 장과 지방자치단체의 장은 특별한 사유가 없으면 요청에 응하여야 한다.

⑤산림청장이 기본계획을 수립하거나 변경하였을 때에는 대통령령으로 정하는 바에 따라 고시하고 관계 중앙행정기관의 장, 시·도지사

산지관리법	산지관리법 시행령	산지관리법 시행규칙
및 지방산림청장에게 통보하여야 하며, 시장(특별자치도의 경우는 특별자치도지사를 말한다. 이하 같다)·군수·구청장(자치구의 구청장을 말한다. 이하 같다) 또는 지방산림청 국유림관리소장(이하 "국유림관리소장"이라 한다)으로 하여금 일반에게 공람하게 하여야 한다. <개정 2012.2.22> ⑥시·도지사 또는 지방산림청장은 제5항에 따라 산림청장으로부터 기본계획의 수립 또는 변경에 관한 통보를 받으면 기본계획의 내용을 반영하여 1년 이내에 관할 지역의 산지에 대한 산지관리지역계획(이하 "지역계획"이라 한다)을 수립하거나 변경하여야 한다. ⑦시·도지사 또는 시장·군수·구청장이 다른 법률에 따른 환경·도시계획 등을 수립하려는 경우에는 제6		

항의 지역계획과 부합하도록 하여야 한다.

⑧지역계획의 수립기간 및 수립절차 등에 관하여는 제1항 및 제3항부터 제5항까지의 규정을 준용한다. 이 경우 "시·도지사 및 지방산림청장"은 "시장·군수·구청장 및 국유림관리소장"으로, "중앙산지관리위원회"는 "제22조제2항에 따른 지방산지관리위원회(이하 "지방산지관리위원회"라 한다)"로 본다. <신설 2012.2.22>

⑨제1항부터 제8항까지에서 규정한 사항 외에 기본계획 및 지역계획의 수립·시행 등에 필요한 사항은 산림청장이 정하여 고시한다. <신설 2012.2.22>

[본조신설 2010.5.31]

산지관리법	산지관리법 시행령	산지관리법 시행규칙
제3조의3(기본계획과 지역계획의 내용) ①기본계획과 지역계획에는 다음 각 호의 사항이 포함되어야 한다. 다만, 제3호 및 제5호는 기본계획에만 해당한다. <개정 2012.2.22, 2015.3.27> 1. 산지관리의 목표와 기본방향 2. 산지의 보전 및 이용에 관한 사항 3. 제3조의4제1항제2호에 따른 산지 구분의 타당성에 대한 조사에 관한 사항 4. 환경보전, 국토개발 등에 관한 다른 법률에 따른 산지이용계획에 관한 사항 5. 제3조의5에 따른 산지관리정보체계의 구축 및 운영에 관한 사항 6. 그 밖에 합리적인 산지의 보전	제3조의3(기본계획과 지역계획의 내용) 법 제3조의3제1항제6호에서 "대통령령으로 정하는 사항"이란 다음 각 호의 사항을 말한다. 1. 법 제9조제1항에 따른 산지전용·일시사용제한지역(이하 "산지전용·일시사용제한지역"이라 한다)에 관한 사항 2. 법 제25조의3제1항에 따른 토석채취제한지역(이하 "토석채취제한지역"이라 한다)에 관한 사항 3. 법 제29조제1항에 따른 채석단지의 지정에 관한 사항 4. 석재의 안정적 수급에 관한 사항 5. 산지의 복구·복원에 관한 사항 6. 다른 법률에 따른 산림 관련 행정계획과의 연계에 관한 사항 7. 산지의 보전·이용에 관련되는 사업의 추진 및 그 재원에 관한 사항	

및 이용을 위하여 대통령령으로 정하는 사항 ②삭제 <2012.2.22> [본조신설 2010.5.31] 제3조의4(기본계획과 지역계획 수립을 위한 조사) ①산림청장은 기본계획을 수립하거나 변경하려는 경우에는 다음 각 호의 사항에 대한 조사(이하 "산지기본조사"라 한다)를 하고 이를 기본계획 및 제4조제1항에 따른 산지의 구분에 반영하여야 한다. 다만, 대통령령으로 정하는 경우에는 산지기본조사를 하지 아니할 수 있다. <개정 2015.3.27> 1. 전국 산지의 현황 및 이용실태 2. 제4조제1항에 따른 산지 구분의 타당성 3. 그 밖에 농림축산식품부령으로 정하는 사항	[본조신설 2010.12.7] 제3조의4(기본계획과 지역계획의 수립을 위한 조사) ①법 제3조의4제1항 단서에서 "대통령령으로 정하는 경우"란 다음 각 호의 어느 하나에 해당하는 경우를 말한다. 1. 다른 법률에 따른 산림 관련 행정계획의 변경에 따라 기본계획을 변경하게 되는 경우 2. 법 제3조의4제2항 본문에 따른 산지지역조사(이하 "산지지역조사"라 한다)의 결과를 활용하여 기본계획을 변경할 수 있는 경우	**제2장 산지의 보전** **제1절 산지관리기본계획 및 산지의 구분 등** <개정 2011.1.5> 제1조의2(산지기본조사 및 산지지역조사) ①「산지관리법」(이하 "법"이라 한다) 제3조의4제1항에 따른 산지기본조사(이하 "산지기본조사"라 한다) 및 같은 조 제2항에 따른 산지지역조사(이하 "산지지역조사"라 한다)의 조사대상은 다음 각 호와 같다. <개정 2015.9.30> 1. 산지의 구분 현황 1의2. 제1호에 따른 산지 구분의 타당성 2. 산지의 지형·입지 및 특성 3. 산지의 이용실태 4. 산지의 이용수요 전망 5. 법 제8조에 따른 지역·지구 및 구역 등(이하 "지역등"이라 한다)의 지정 현황

산지관리법	산지관리법 시행령	산지관리법 시행규칙
②시·도지사 또는 지방산림청장은 지역계획을 수립하거나 변경하려는 경우에는 관할지역 산지의 현황과 이용실태 등에 대한 조사(이하 "산지지역조사"라 한다)를 하고 이를 지역계획에 반영하여야 한다. 다만, 대통령령으로 정하는 경우에는 산지지역조사를 하지 아니할 수 있다. ③산림청장, 시·도지사 또는 지방산림청장은 효율적인 조사를 위하여	②법 제3조의4제2항 단서에서 "대통령령으로 정하는 경우"란 다음 각 호의 어느 하나에 해당하는 경우를 말한다. 1. 다른 법률에 따른 산림 관련 행정계획의 변경에 따라 법 제3조의2제6항에 따른 산지관리지역계획(이하 "지역계획"이라 한다)을 변경하게 되는 경우 2. 법 제3조의4제1항 본문에 따른 산지기본조사(이하 "산지기본조사"라 한다)의 결과를 활용하여 지역계획을 수립·변경할 수 있는 경우 3. 다른 법령에 따른 토지이용과 관련된 행정계획의 변경에 따라 지역계획을 변경하게 되는 경우 ③법 제3조의4제3항에서 "대통령령으로 정하는 기관"이란 「사방사업	6. 산림생태계의 현황 7. 그 밖에 제1호, 제1호의2 또는 제2호부터 제6호까지와 유사한 사항으로서 산림청장이 필요하다고 인정하는 사항 ②산지기본조사 및 산지지역조사는 직접 현지를 조사하는 것을 원칙으로 하되, 질문·자료 또는 문헌 등을 통한 간접조사의 방법으로 할 수 있다. ③제2항에도 불구하고 산림청장은 제1항제1호의2에 따른 조사를 위하여 필요한 경우에는 시장(특별자치도의 경우에는 특별자치도지사를 말한다. 이하 같다)·군수·구청장(자치구의 구청장을 말한다. 이하 같다), 지방산림청 국유림관리소장(이하 "국유림관리소장"이라 한다), 국립수목원장, 국립산림

필요하면 제46조에 따른 한국산지보전협회와 그 밖에 대통령령으로 정하는 기관에 산지기본조사 또는 산지지역조사를 위탁할 수 있다. ④산지기본조사 및 산지지역조사의 방법, 기준, 절차 등에 관한 사항은 농림축산식품부령으로 정한다. <개정 2013.3.23> [본조신설 2010.5.31]	법」제22조의2에 따른 사방협회(이하 "사방협회"라 한다)를 말한다. <개정 2016.12.30> [본조신설 2010.12.7]	품종관리센터장, 국립산림과학원장 또는 국립자연휴양림관리소장에게 현지조사 또는 연구사업의 실시를 요청할 수 있다. 이 경우 산림청장은 현지조사에 소요되는 경비의 전부 또는 일부를 예산의 범위에서 지원할 수 있다. <신설 2015.9.30> ④제3항에 따른 요청을 받은 시장·군수·구청장, 국유림관리소장, 국립수목원장, 국립산림품종관리센터장 또는 국립자연휴양림관리소장은 현지조사를 위하여 필요한 경우에는 국립산림과학원장에게 현지조사에 대한 기술지원·자문 또는 현지조사 결과에 대한 검증 등을 요청할 수 있다. <신설 2015.9.30> ⑤산림청장, 특별시장·광역시장·도지사·특별자치도지사(이하 "시·도지사"라 한다) 또는 지방산림청장

산지관리법	산지관리법 시행령	산지관리법 시행규칙
		은 관계 행정기관의 장에게 산지기본조사·산지지역조사에 필요한 자료의 제출 또는 협조를 요청할 수 있다. 이 경우 요청을 받은 관계 행정기관의 장은 특별한 사유가 없는 한 그 요청에 따라야 한다. <개정 2015.9.30> ⑥제1항부터 제5항까지에서 정한 것 외에 산지기본조사 및 산지지역조사에 필요한 세부적인 사항은 산림청장이 정하여 고시한다. <신설 2015.9.30> [본조신설 2011.1.5]

제3조의5(산지관리정보체계의 구축 및 운영) ①산림청장은 산지의 합리적인 보전과 이용에 관한 정보를 체계적으로 관리하기 위하여 대통령령으로 정하는 바에 따라 산지관리정보체계를 구축·운영하여야 한다. <개정 2012.2.22>	제3조의5(산지관리정보체계의 구축·운영) ①법 제3조의5제1항에 따른 산지관리정보체계(이하 "산지관리정보체계"라 한다)에는 다음 각 호의 사항이 포함되어야 한다. <개정 2012.8.22> 1. 산지기본조사 및 산지지역조사에 관한 사항 2. 법 제4조에 따른 산지의 구분에 관한 사항 3. 산지전용·일시사용제한지역 및 토석채취제한지역에 관한 사항 4. 산지전용·산지일시사용·토석채취 및 산지복구 등에 관련된 행정처분에 관한 사항 5. 그 밖에 산지의 보전 및 이용과 관련된 정보로서 산림청장이 정하는 사항 ②산림청장은 산지관리정보체계의 구축·운영을 위하여 필요하다고

산지관리법	산지관리법 시행령	산지관리법 시행규칙
②산림청장은 제1항에 따른 산지관리정보체계의 효율적 관리를 위하여 필요하다고 인정하는 경우에는 대통령령으로 정하는 산지전문기관에 산지관리정보체계의 구축·운영을 위탁할 수 있다. <신설 2012.2.22> [본조신설 2010.5.31]	인정하는 경우에는 관계 행정기관의 장에게 필요한 자료의 제출을 요청할 수 있다. 이 경우 요청을 받은 행정기관의 장은 정당한 사유가 없는 한 이에 따라야 한다. <개정 2012.8.22> ③제1항 및 제2항에서 규정한 사항 외에 산지관리정보체계의 구축·운영에 필요한 세부사항은 산림청장이 정한다. ④법 제3조의5제2항에서 "대통령령으로 정하는 산지전문기관"이란 법 제46조제1항에 따른 한국산지보전협회(이하 "산지보전협회"라 한다)를 말한다. <신설 2012.8.22> ⑤산림청장은 법 제3조의5제2항에 따라 산지관리정보체계의 구축·운영을 위탁한 경우에는 위탁받은 자에게 예산의 범위에서 그 위탁	

	업무의 수행에 드는 경비의 전부 또는 일부를 지원하여야 한다. <신설 2012.8.22> [본조신설 2010.12.7]	
제4조(산지의 구분) ①산지를 합리적으로 보전하고 이용하기 위하여 전국의 산지를 다음 각 호와 같이 구분한다. <개정 2011.7.28, 2016.12.2> 1. 보전산지(保全山地) 가. 임업용산지(林業用山地): 산림자원의 조성과 임업경영기반의 구축 등 임업생산 기능의 증진을 위하여 필요한 산지로서 다음의 산지를 대상으로 산림청장이 지정하는 산지 1) 「산림자원의 조성 및 관리에 관한 법률」에 따른 채종림(採種林) 및 시험림의 산지 2) 「국유림의 경영 및 관리에 관한 법률」에 따른 보전국유림		

산지관리법	산지관리법 시행령	산지관리법 시행규칙
의 산지 3)「임업 및 산촌 진흥촉진에 관한 법률」에 따른 임업진흥권역의 산지 4) 그 밖에 임업생산 기능의 증진을 위하여 필요한 산지로서 대통령령으로 정하는 산지 나. 공익용산지: 임업생산과 함께 재해 방지, 수원 보호, 자연생태계 보전, 자연경관 보전, 국민보건휴양 증진 등의 공익 기능을 위하여 필요한 산지로서 다음의 산지를 대상으로 산림청장이 지정하는 산지 1)「산림문화·휴양에 관한 법률」에 따른 자연휴양림의 산지 2) 사찰림(寺刹林)의 산지 3) 제9조에 따른 산지전용·일시사용제한지역	제4조(산지의 구분) ①법 제4조제1항제1호가목4)에서 "대통령령으로 정하는 산지"란 다른 법률에 따라 특정 목적으로 보전 또는 이용하기 위한 지역·지구 및 구역 등(이하 "지역등"이라 한다)으로 지정 또는 결정되지 아니한 산지로서 다음 각 호의 어느 하나에 해당하는 산지를 말한다. <개정 2005.8.5, 2006.8.4, 2010.12.7> 1. 형질이 우량한 천연림 또는 인공조림지로서 집단화되어 있는 산지 2. 토양이 비옥하여 입목의 생육에 적합한 산지 3.「국유림의 경영 및 관리에 관한 법률」제16조제1항제1호의 규	

4) 「야생생물 보호 및 관리에 관한 법률」 제27조에 따른 야생생물 특별보호구역 및 같은 법 제33조에 따른 야생생물 보호구역의 산지 5) 「자연공원법」에 따른 공원구역의 산지 6) 「문화재보호법」에 따른 문화재보호구역의 산지 7) 「수도법」에 따른 상수원보호구역의 산지 8) 「개발제한구역의 지정 및 관리에 관한 특별조치법」에 따른 개발제한구역의 산지 9) 「국토의 계획 및 이용에 관한 법률」에 따른 녹지지역 중 대통령령으로 정하는 녹지지역의 산지 10) 「자연환경보전법」에 따른 생태·경관보전지역의 산지 11) 「습지보전법」에 따른 습지	정에 의한 요존국유림(要存國有林)외의 국유림으로서 산림이 집단화되어 있는 산지 4. 지방자치단체의 장이 산림경영 목적으로 사용하고자 하는 산지 5. 그 밖에 임업의 생산기반조성 및 임산물의 효율적 생산을 위한 산지 ②법 제4조제1항제1호나목9)에서 "대통령령으로 정하는 녹지지역"이란 「국토의 계획 및 이용에 관한 법률 시행령」 제30조제4호가목에 따른 보전녹지지역을 말한다. <개정 2010.12.7>	

산지관리법	산지관리법 시행령	산지관리법 시행규칙
보호지역의 산지 12) 「독도 등 도서지역의 생태계 보전에 관한 특별법」에 따른 특정도서의 산지 13) 「백두대간 보호에 관한 법률」에 따른 백두대간보호지역의 산지 14) 「산림보호법」에 따른 산림보호구역의 산지 15) 그 밖에 공익 기능을 증진하기 위하여 필요한 산지로서 대통령령으로 정하는 산지 2. 준보전산지: 보전산지 외의 산지 ②산림청장은 제1항에 따른 산지의 구분에 따라 전국의 산지에 대하여 지형도면에 그 구분을 명시한 도면[이하 "산지구분도"(山地區分圖)라 한다]을 작성하여야 한다.	③법 제4조제1항제1호나목15)에서 "대통령령으로 정하는 산지"란 다음 각 호의 어느 하나에 해당하는 산지를 말한다. <개정 2010.12.7, 2015.9.25> 1. 「국토의 계획 및 이용에 관한 법률」 제36조제1항제4호에 따른 자연환경보전지역의 산지 2. 「국토의 계획 및 이용에 관한 법률」 제37조제1항제5호에 따른 방재지구의 산지	제2조(산지구분도의 작성방법 및 절차) ①산림청장은 법 제4조제2항에 따라 산지구분도를 작성하려는 때에는 같은 조 제1항에 따른 산지별로 산지의 지형, 자연경관, 산림생태계 등에 대한 조사를 실시하여야

③산지구분도의 작성방법 및 절차 등에 관한 사항은 농림축산식품부령으로 정한다. <개정 2013.3.23>
[전문개정 2010.5.31]
[시행일 : 2017.6.3] 제4조

3. 「국토의 계획 및 이용에 관한 법률」 제38조의2제1항에 따른 도시자연공원구역의 산지
4. 「국토의 계획 및 이용에 관한 법률」 제40조에 따른 수산자원보호구역의 산지
5. 「국토의 계획 및 이용에 관한 법률 시행령」 제31조제2항제1호가목, 같은 항 제5호가목 및 다목에 따른 자연경관지구, 역사문화환경보존지구 및 생태계보존지구의 산지
6. 산림생태계·자연경관·해안경관·해안사구(海岸砂丘) 또는 생활환경의 보호를 위하여 필요한 산지
7. 중앙행정기관의 장 또는 지방자치단체의 장이 공익용산지의 용도로 사용하려는 산지

[제목개정 2008.7.24]

한다. <개정 2007.7.27, 2009.4.20, 2011.1.5>
②산림청장은 제1항에 따라 조사를 실시하고 산지구분도를 작성하고자 하는 때에는 다음 각 호의 구분에 따라 시장·군수·구청장 또는 국유림관리소장, 국립수목원장, 국립산림품종관리센터장, 국립산림과학원장, 국립자연휴양림관리소장에게 현지조사를 요청하고 그 결과를 반영하여 산지구분도안을 작성하게 할 수 있다. 이 경우 산림청장은 현지조사에 소요되는 경비의 전부 또는 일부를 예산의 범위에서 지원할 수 있다. <개정 2007.7.27, 2009.4.20, 2011.1.5, 2015.9.30>
1. 산림청 소관 외의 국유림 및 공유림·사유림: 시장·군수 또는 구청장
2. 산림청 소관 국유림: 국유림관리소장·국립수목원장·국립산림품

산지관리법	산지관리법 시행령	산지관리법 시행규칙
		종관리센터장·국립산림과학원장 또는 국립자연휴양림관리소장 ③시장·군수·구청장 또는 국유림관리소장, 국립수목원장, 국립산림품종관리센터장, 국립산림과학원장, 국립자연휴양림관리소장(이하 이 조에서 "산지구분도안 작성자"라 한다)은 제2항에 따라 산지구분도안을 작성한 때에는 해당 지역을 주된 보급지역으로 하는 일간신문과 제2항 각 호에 해당하는 기관의 인터넷 홈페이지 등에 이를 공고하고 일반이 열람할 수 있도록 하여야 한다. 다만, 법 제6조제1항부터 제3항까지의 규정에 따라 보전산지를 변경하거나 그 지정을 해제하기 위하여 산지구분도안을 작성한 경우에는 그러하지 아니하다. <개정 2007.7.27, 2009.4.20, 2011.10.24, 2013.1.23>

④제3항에 따라 공고한 내용에 대하여 의견을 제출하고자 하는 자는 공고한 날부터 30일 이내에 산지구분도안 작성자에게 의견을 제출할 수 있다. <개정 2007.7.27>

⑤제4항에 따라 의견을 제출받은 산지구분도안 작성자는 제출받은 의견내용의 타당성 여부를 검토하여 그 결과를 반영한 경우에는 반영된 내용을, 반영하지 아니한 경우에는 그 사유를 의견제출자에게 서면으로 통보하여야 한다. <개정 2007.7.27>

⑥제2항부터 제5항까지의 규정에 따라 작성된 산지구분도안은 시·도지사 또는 지방산림청장을 거쳐 산림청장에게 제출하여야 한다. 다만, 국립수목원장, 국립산림품종관리센터장, 국립산림과학원장 또는 국립자연휴양림관리소장은 산림청장에게 이를 직접 제출할 수 있다. <개정 2007.7.27, 2009.4.20, 2011.1.5>

산지관리법	산지관리법 시행령	산지관리법 시행규칙
		⑦산림청장은 제6항에 따라 제출된 산지구분도안에 대하여 관계행정기관의 장과 협의한 후 법 제22조제1항에 따른 중앙산지관리위원회의 심의를 거쳐 산지구분도를 확정·고시하여야 한다. <개정 2007.7.27> ⑧제7항에 따라 산지구분도가 확정·고시된 때에는 산지구분도안 작성자는 그 확정·고시된 내용을 법 제3조의5에 따른 산지관리정보체계와 「토지이용규제 기본법」 제12조에 따른 국토이용정보체계에 올려야 한다. <개정 2011.10.24> ⑨제2항에 따른 산지구분도안 작성에 필요한 세부적인 사항은 산림청장이 정하여 고시한다. <개정 2011.10.24> ⑩산림청장, 시장·군수·구청장 또는 국유림관리소장은 국립산림과학원장에게 산지구분도의 작성을 위한 연

		구사업 등의 실시, 현지조사·확인에 대한 기술지원 및 자문을 요청할 수 있다. <개정 2007.7.27, 2009.4.20> [전문개정 2006.4.3] [제목개정 2007.7.27]
제5조(보전산지의 지정절차) ①산림청장은 제4조제1항제1호에 따른 보전산지(이하 "보전산지"라 한다)를 지정하려면 그 산지가 표시된 산지구분도를 작성하여 농림축산식품부령으로 정하는 바에 따라 산지소유자의 의견을 듣고, 관계 행정기관의 장과 협의한 후 중앙산지관리위원회의 심의를 거쳐야 한다. 다만, 다른 법률에 따라 관계 행정기관의 장 간에 협의를 거쳐 산지가 보전산지의 지정대상으로 된 경우에는 중앙산지관리위원회의 심의를 거치지 아니한다 <개정 2012.2.22, 2013.3.23, 2016.12.2>	제5조(보전산지의 지정·해제 등의 고시) ①산림청장은 법 제5조제1항의 규정에 따라 보전산지를 지정한 때에는 다음 각 호의 사항을 고시하여야 한다. <개정 2008.7.24> 1. 보전산지의 구역이 표시된 축척 2만5천분의 1 이상의 지적이 표시된 지형도(「토지이용규제 기본법」 제12조에 따른 국토이용정보체계에 지적이 표시된 지형도의 데이터베이스가 구축되어 있지 아니하거나 지형과 지적의 불일치로 지형도의 활용이 곤란한 경우에는 지적도)의 번호 및 해당 도면의 명칭	

산지관리법	산지관리법 시행령	산지관리법 시행규칙
②산림청장은 제1항에 따라 보전산지를 지정한 경우에는 대통령령으로 정하는 바에 따라 그 지정사실을 고시하고 관계 행정기관의 장에게 통보하여야 하며, 그 지정에 관한 관계 서류를 일반에게 공람하여야 한다. <개정 2012.2.22> ③산림청장은 제2항에도 불구하고 시장·군수·구청장으로 하여금 보전산지의 지정에 관한 관계 서류를 일반에게 공람하게 할 수 있다. <신설 2012.2.22> [전문개정 2010.5.31] [시행일 : 2017.6.3] 제5조 **제6조(보전산지의 변경·해제)** ①산림청장은 제5조제1항에 따라 지정된 보전산지 중 제4조제1항제1호가목에 따른 임업용산지(이하 "임업용산지"라 한다)가 제4조제1항제1호	2. 보전산지의 구역안에 포함되는 행정구역의 명칭	

나목에 따른 공익용산지(이하 "공익용산지"라 한다)의 지정대상 산지에 해당하게 되는 경우에는 그 산지를 공익용산지로 변경·지정할 수 있다.
②산림청장은 제5조제1항에 따라 지정된 보전산지 중 공익용산지가 공익용산지의 지정대상 산지에 해당되지 아니하고 임업용산지의 지정대상 산지에 해당하게 되는 경우에는 그 산지를 임업용산지로 변경·지정할 수 있다.
③산림청장은 다음 각 호의 어느 하나에 해당하는 경우에는 보전산지의 지정을 해제할 수 있다. 이 경우 산림청장은 제1호·제2호 또는 제4호에 해당하는지를 판단하기 위하여 필요하면 해당 산지의 입지여건, 자연경관 및 산림생태계 등 산지의 특성에 관한 평가(이하 "산지특성평가"라 한다)를 실시할

제3조(보전산지의 지정해제 등) ①산림청장, 시·도지사, 지방산림청장, 시장·군수·구청장, 국유림관리소장, 국립수목원장, 국립산림품종관리센터장, 국립산림과학원장 또는 국립자연휴양림관리소장은 보전산지의 지정을 해제하려는 경우 법 제6조제3항에 따른 산지특성평가(이하 "산지특성평가"라 한다) 결과를 고려하여야 한다. <개

산지관리법	산지관리법 시행령	산지관리법 시행규칙
수 있다. <개정 2015.3.27> 1. 보전산지가 임업용산지 또는 공익용산지의 지정요건에 해당하지 아니하게 되는 경우 2. 제8조에 따른 협의를 한 경우로서 보전산지의 지정을 해제할 필요가 있는 경우 3. 제14조에 따른 산지전용허가 또는 제15조에 따른 산지전용신고(다른 법률에 따라 산지전용허가 또는 산지전용신고가 의제되거나 배제되는 행정처분을 포함한다)에 의하여 산지를 다른 용지로 변경하려는 경우로서 해당 산지전용의 목적사업을 완료한 후 제39조제3항에 따라 복구의무를 면제받거나 제42조에 따라 복구준공검사를 받은 경우 4. 그 밖에 보전산지의 지정이 적합하지 아니하다고 인정되는 경우		정 2015.11.25> ②시장·군수·구청장, 국유림관리소장, 국립수목원장, 국립산림품종관리센터장, 국립산림과학원장 또는 국립자연휴양림관리소장은 다음 각 호의 사항을 고려하여 산지특성평가를 실시하여야 한다. <개정 2015.11.25> 1. 우량한 천연림 또는 인공조림지의 분포 여부 2. 해당 산지의 토양이 입목 생육에 적합한지 여부 3. 해당 산지가 임업 및 임산물의 생산에 적합한지 여부 4. 해당 산지가 개발 후보지로서의 잠재 여건이 있는지 여부 5. 해당 산지의 입지, 환경, 산림생태 및 경관 ③제2항에서 정한 것 외에 산지특성

④산림청장은 제1항부터 제3항까지의 규정에 따라 보전산지의 변경이나 지정해제를 하려면 그 산지가 표시된 산지구분도를 작성하여 관계 행정기관의 장과 협의한 후 중앙산지관리위원회의 심의를 거쳐 대통령령으로 정하는 바에 따라 이를 고시하여야 한다. 다만, 다음 각 호의 어느 하나에 해당하는 경우에는 관계 중앙행정기관의 장과의 협의 및 중앙산지관리위원회의 심의를 거치지 아니할 수 있다. <개정 2016.12.2> 1. 이 법 또는 다른 법률에 따라 관계 행정기관의 장과 협의를 거쳐 산지가 제1항 또는 제2항에 따른 보전산지의 변경대상이 되어 변경하는 경우 2. 이 법 또는 다른 법률에 따라 관계 행정기관의 장과 협의를 거쳐 산지가 제3항제1호 및 제2호	②산림청장은 법 제6조제4항의 규정에 따라 보전산지의 변경이나 지정해제를 하려는 경우에는 다음 각 호의 사항을 고시하여야 한다. <개정 2008.7.24> 1. 변경이나 지정해제되는 보전산지의 구역이 표시된 축척 2만5천분의 1 이상의 지적이 표시된 지형도(「토지이용규제 기본법」 제12조에 따른 국토이용정보체계에 지적이 표시된 지형도의 데이터베이스가 구축되어 있지 아니하거나 지형과 지적의 불일치로 지형도의 활용이 곤란한 경우에는 지적도)의 번호 및 해당 도면의 명칭 2. 변경이나 지정해제되는 보전산지의 구역안에 포함되는 행정구역의 명칭	평가의 시행에 필요한 사항은 산림청장이 정하여 고시한다. [본조신설 2015.9.30]

산지관리법	산지관리법 시행령	산지관리법 시행규칙
에 따른 보전산지의 지정해제 대상이 되어 지정을 해제하는 경우 3. 제3항제3호 및 제4호에 따라 보전산지의 지정을 해제하는 경우 ⑤제3항에 따른 보전산지의 지정해제 대상에 관한 세부사항 및 산지특성평가의 방법·절차 등에 관한 사항은 농림축산식품부령으로 정한다. <신설 2015.3.27> [전문개정 2010.5.31] [시행일 : 2017.6.3] 제6조 **제7조** 삭제 <2010.5.31>		

| 제8조(산지에서의 구역 등의 지정 등) ①관계 행정기관의 장은 다른 법률에 따라 산지를 특정 용도로 이용하기 위하여 지역·지구 및 구역 등으로 지정하거나 결정하려면 대통령령으로 정하는 산지의 종류 및 면적 등의 구분에 따라 산림청장, 시·도지사 또는 시장·군수·구청장(이하 "산림청장등"이라 한다)과 미리 협의하여야 한다. 협의한 사항(대통령령으로 정하는 경미한 사항은 제외한다)을 변경하려는 경우에도 같다. <개정 2012.2.22> ②산림청장등은 제1항에 따라 협의하는 경우에는 미리 대통령령으로 정하는 바에 따라 중앙산지관리위원회 또는 지방산지관리위원회의 심의를 거쳐야 한다. <신설 2012.2.22> ③제1항에 따른 협의의 범위, 기준 및 절차 등에 관한 사항은 대통령 | 제6조(산지에서의 지역등의 지정·결정에 관한 협의절차) ①법 제8조제1항에 따라 산림청장, 특별시장·광역시장·특별자치시장·도지사·특별자치도지사(이하 "시·도지사"라 한다) 또는 시장(특별자치도의 경우는 특별자치도지사를 말한다. 이하 같다)·군수·구청장(자치구의 구청장을 말한다. 이하 같다)과 협의하려는 관계 행정기관의 장은 협의요청서에 농림축산식품부령으로 정하는 서류를 첨부하여 다음 각 호의 구분에 따른 자에게 제출하여야 한다. <개정 2012.8.22, 2013.3.23> 1. 산지면적이 200만제곱미터 이상(보전산지의 경우에는 100만제곱미터 이상)인 경우: 산림청장 2. 산지면적이 50만제곱미터 이상 200만제곱미터 미만(보전산지의 경우에는 3만제곱미터 이상 100만제곱미터 미만)인 경우 | 제4조(산지에서의 지역등의 지정·결정 협의절차) ① 「산지관리법 시행령」(이하 "영"이라 한다) 제6조제1항 전단에 따른 협의요청서는 별지 제2호서식에 의한다. <개정 2005.8.24, 2011.1.5> ②영 제6조제1항에서 "농림축산식품부령이 정하는 서류"란 다음 각 호의 서류를 말한다. 다만, 제4호, 제5호 및 제6호의 서류는 사업시행자가 지정되거나 주민제안에 의하여 시행되는 사업으로서 개발계획이 포함된 경우에 한정한다. <개정 2005.8.24, 2007.7.27, 2008.3.3, 2008.7.16, 2009.11.27, 2011.1.5, 2012.10.26, 2013.3.23> 1. 지역등의 지정 또는 결정의 목적·필요성 및 산지의 이용계획에 관한 서류 1부 2. 지역등을 지정 또는 결정하고자 하는 산지의 지번·지목·면적·소 |

산지관리법	산지관리법 시행령	산지관리법 시행규칙
령으로 정한다. <개정 2012.2.22> ④국가나 지방자치단체는 불가피한 사유가 있는 경우가 아니면 산지를 산지의 보전과 관련되는 지역·지구·구역 등으로 중복하여 지정하거나 행위를 제한하여서는 아니 된다. <개정 2012.2.22> [전문개정 2010.5.31]	가. 산림청장 소관인 국유림의 산지인 경우: 산림청장 나. 산림청장 소관이 아닌 국유림, 공유림 또는 사유림의 산지인 경우: 시·도지사 3. 산지면적이 50만제곱미터 미만(보전산지의 경우에는 3만제곱미터 미만)인 경우 가. 산림청장 소관인 국유림의 산지인 경우: 산림청장 나. 산림청장 소관이 아닌 국유림, 공유림 또는 사유림의 산지인 경우: 시장·군수·구청장 ②법 제8조제1항 후단에서 "대통령령으로 정하는 경미한 사항"이란 다음 각 호의 어느 하나에 해당하는 사항을 말한다. 이 경우 관계 행정기관의 장은 지체없이 그 변경된 산지의 지번·지목 및 면적의 내역을 산림청장, 시·도지사 또는	유자·산지의 구분 등이 표시된 산지내역서 1부(지역등의 지정 또는 결정으로 인하여 보전산지의 변경지정 또는 해제가 수반되지 아니하는 경우에는 이를 제외할 수 있다) 3. 지정 또는 결정하고자 하는 지역 등이 표시된 축척 2만5천분의 1 이상의 지적이 표시된 지형도(「토지이용규제 기본법」제12조에 따라 국토이용정보체계에 지적이 표시된 지형도의 데이터베이스가 구축되어 있지 아니하거나 지형과 지적의 불일치로 지형도의 활용이 곤란한 경우에는 지적도) 1부 4. 「산림자원의 조성 및 관리에 관한 법률 시행령」제30조제1항에 따른 기술2급 이상의 산림경영기술자가 조사·작성한 것으로

시장·군수·구청장(이하 "산림청장 등"이라 한다)에게 통보하여야 한다. <개정 2008.7.24, 2009.11.26, 2009.12.14, 2010.12.7, 2012.8.22, 2015.6.1>
1. 관계 행정기관의 장이 산림청장 등과 협의하여 지정 또는 결정한 지역등의 면적을 축소하는 것
2. 「공간정보의 구축 및 관리 등에 관한 법률」 제79조에 따른 분할측량 결과 지역등이 구역의 변경 없이 그 면적이 증감되는 것
3. 삭제 <2010.12.7>
[제목개정 2007.7.27]

제7조(산지에서의 지역등의 지정·결정에 관한 협의 통보) ①관계 행정기관의 장이 법 제8조제1항에 따라 산림청장등과 협의하여야 하는 지역등의 범위는 별표 1과 같다. <개정 2012.8.22>
②산림청장등은 법 제8조제1항에 따

서 다음 각 목의 요건을 갖춘 산림조사서 1부(수목이 있는 경우에 한정한다)
  가. 임종·임상·수종·임령·평균수고·입목축적이 포함될 것
  나. 산불발생·솎아베기·벌채 후 5년이 지나지 아니한 때에는 그 산불발생·솎아베기·벌채 전의 입목축적으로 환산하여 조사·작성한 시점까지의 생장율을 반영한 입목축적이 포함될 것
  다. 협의신청일 전 2년 이내에 조사·작성되었을 것
5. 「산림자원의 조성 및 관리에 관한 법률 시행령」 제30조제1항에 따른 산림공학기술자 또는 「국가기술자격법」에 따른 산림기사·토목기사·측량 및 지형공간정보기사 이상의 자격증 소지자가 조사·작성한 평균경사도조사서(수치지형도를 이용하여 산출한

산지관리법	산지관리법 시행령	산지관리법 시행규칙
	라 관계 행정기관의 장으로부터 산지에서의 지역등의 지정 또는 결정에 관한 협의를 요청받았을 때에는 해당 산지에 대하여 현지조사를 실시한 후 별표 2의 기준에 따라 협의요청사항을 검토하고 의견을 통보하여야 한다. 다만, 산림청장등은 관계 행정기관의 장이 법 제18조의2제1항에 따른 산지전용타당성조사를 받은 경우에는 현지조사를 실시하지 아니하고 검토할 수 있다. <개정 2007.7.27, 2012.8.22, 2014.12.31> ③산림청장등은 제2항에 따른 협의요청사항을 검토할 때 필요하면 협의요청사항과 관련된 시·도지사, 지방산림청장, 시장·군수·구청장 또는 지방산림청 국유림관리소장(이하 "국유림관리소장"이라 한다)의 의견을 들을 수 있다. <신설	경우에는 원본이 저장된 디스크 등 저장장치를 포함한다) 1부 6. 법 제18조의2에 따른 산지전용타당성조사에 관한 결과서 1부. 이 경우 해당 결과서는 협의신청일 전 2년 이내에 완료된 산지전용타당성조사의 결과서를 말한다. ③삭제 <2012.10.26> [제목개정 2011.1.5] **제4조의2(산지에서의 지역등의 협의기준의 세부사항)** 영 별표 2 비고란 제2호에 따른 협의기준의 세부사항은 별표 1과 같다. [본조신설 2011.10.24]

2013.12.17>

④산림청장등으로부터 제3항에 따른 의견 제출의 요청을 받은 자는 정당한 사유가 있는 경우를 제외하고는 요청을 받은 날부터 15일 이내에 산림청장등에게 의견을 제출하여야 한다. <신설 2013.12.17, 2014.12.31>

⑤산림청장 또는 시·도지사는 제2항에 따른 협의요청사항이 다음 각 호의 어느 하나에 해당하는 경우에는 법 제22조제1항에 따른 중앙산지관리위원회(이하 "중앙산지관리위원회"라 한다) 또는 같은 조 제2항에 따른 지방산지관리위원회(이하 "지방산지관리위원회"라 한다)의 심의를 거쳐야 한다. <개정 2010.12.7, 2012.8.22>

1. 협의대상 지역등에 편입되는 보전산지의 면적이 200만제곱미터 이상인 경우

산지관리법	산지관리법 시행령	산지관리법 시행규칙
	2. 관광휴양시설·체육시설에 편입되는 보전산지의 면적이 50만제곱미터 이상인 경우 [제목개정 2007.7.27]	
제2절 보전산지에서의 행위제한 〈개정 2010.5.31〉	제2절 보전산지안에서의 행위제한	
제9조(산지전용·일시사용제한지역의 지정) ①산림청장은 다음 각 호의 어느 하나에 해당하는 산지로서 공공의 이익증진을 위하여 보전이 특히 필요하다고 인정되는 산지를 산지전용 또는 산지일시사용이 제한되는 지역(이하 "산지전용·일시사용제한지역"이라 한다)으로 지정할 수 있다. 1. 대통령령으로 정하는 주요 산줄기의 능선부로서 자연경관 및 산림생태계의 보전을 위하여 필요하다고 인정되는 산지	제8조(산지전용·일시사용제한지역의 지정대상 산지) ①법 제9조제1항제1호에서 "대통령령으로 정하는 주요 산줄기"란 다음 각 호의 어느 하나에 해당하는 산줄기를 말한다. 〈개정 2010.12.7〉 1. 강원도 고성군·양양군·인제군 소재의 향로봉부터 지리산으로 이어지는 태백산맥과 소백산맥에 속하는 산줄기 2. 강원도 태백시 소재의 삼수령부터 부산광역시 사하구 소재의 몰운대로 이어지는 태백산맥(제1	

호의 규정에 의한 태백산맥을 제외한다)에 속하는 산줄기
3. 강원도 강릉시·평창군·홍천군 소재의 오대산부터 충청남도 보령시·청양군·홍성군 소재의 오서산으로 이어지는 차령산맥에 속하는 산줄기

②법 제9조제1항제1호에 따른 산줄기의 산지로서 자연경관 및 산림생태계의 보전에 필요한 산지는 당해 산줄기의 능선 중심선으로부터 좌우 수평거리 1킬로미터안에 위치하는 산지로 한다. 다만, 다음 각호의 어느 하나에 해당하는 산지를 제외한다. <개정 2005.8.5, 2010.12.7>
1. 지형 또는 인근의 토지이용 상태 등을 고려할 때 산지전용·일시사용제한지역으로 지정하는 것이 부적합하다고 인정되는 산지
2. 다른 법령의 규정에 따라 인가·허

산지관리법	산지관리법 시행령	산지관리법 시행규칙
2. 명승지, 유적지, 그 밖에 역사적·문화적으로 보전할 가치가 있다고 인정되는 산지로서 대통령령으로 정하는 산지	가.승인 등을 얻어 다른 용도로 개발중이거나 개발계획이 확정된 산지 3. 「백두대간보호에 관한 법률」 제6조의 규정에 의한 백두대간보호지역의 산지 ③법 제9조제1항제2호에서 "대통령령으로 정하는 산지"란 다음 각 호의 어느 하나에 해당하는 산지를 말한다. <개정 2010.12.7> 1. 학술적·예술적 가치 및 자연경관으로서의 가치가 높은 산지 2. 역사적 사실 또는 역사상의 인물과 관계된 산지 3. 전통사찰·기념비 등 문화재의 보호를 위하여 필요한 산지 4. 국민보건향상 및 휴양·치유를 위하여 보전이 필요한 산지	제2절 보전산지에서의 행위제한 <개정 2011.1.5>

3. 산사태 등 재해 발생이 특히 우려되는 산지로서 대통령령으로 정하는 산지	④법 제9조제1항제3호에서 "대통령령으로 정하는 산지"란 다음 각 호의 산지를 말한다. <개정 2007.7.27, 2008.2.29, 2010.12.7, 2013.3.23> 1. 산지의 경사도, 모암(母巖), 산림상태 등 농림축산식품부령으로 정하는 산사태위험지판정기준표상의 위험요인에 따라 산사태가 발생할 가능성이 높은 것으로 판정된 산지 2. 집중강우 등으로 인하여 토사유출의 우려가 높은 산지 [제목개정 2010.12.7]	제5조(산사태위험지의 판정기준) 영 제8조제4항에 따른 산사태위험지 판정기준표는 별표 1의2와 같다. <개정 2011.10.24>
②산림청장은 제1항에 따라 산지전용·일시사용제한지역을 지정하려면 대통령령으로 정하는 바에 따라 해당 산지소유자, 지역주민 및 지방자치단체의 장의 의견을 듣고 관계 행정기관의 장과 협의한 후 중앙산지관리위원회의 심의를 거쳐야 한다. <개정 2012.2.22,	제9조(산지전용·일시사용제한지역의 지정절차 등) ①산림청장은 법 제9조제2항에 따라 해당 산지소유자 등의 의견을 들으려는 경우에는 해당 산지소유자에게 미리 통지하고 산지전용·일시사용제한지역 지정예정지의 지번·지목·면적 등을 관보에 공고하고 신문·방송·인터넷 등의 방	

산지관리법	산지관리법 시행령	산지관리법 시행규칙
2016.12.2>	법으로 널리 알려야 한다. <개정 2010.12.7, 2012.8.22> ②산림청장은 제1항에 따라 산지전용·일시사용제한지역 지정예정지의 지번·지목·면적 등을 관보에 공고한 경우에는 관할 시장·군수·구청장 또는 국유림관리소장으로 하여금 산지전용·일시사용제한지역에 편입되는 산지의 지번·지목·면적 등이 표시된 토지명세서 및 축척 2만5천분의 1 이상의 지적이 표시된 지형도(「토지이용규제 기본법」 제12조에 따른 국토이용정보체계에 지적이 표시된 지형도의 데이터베이스가 구축되어 있지 아니하거나 지형과 지적의 불일치로 지형도의 활용이 곤란한 경우에는 지적도)를 20일 이상 일반에게 공람하게 하여야 한다. <개정 2005.8.5, 2008.7.24, 2010.12.7,	

	2012.8.22, 2013.12.17> ③제2항의 규정에 따라 공람한 내용에 대하여 의견을 제출하고자 하는 자는 공람이 시작된 날부터 30일 이내에 의견서(전자문서로 된 의견서를 포함한다)를 관할 시장·군수·구청장 또는 국유림관리소장에게 제출하여야 한다. <개정 2004.3.17> ④제3항의 규정에 따라 의견을 제출받은 시장·군수·구청장 또는 국유림관리소장은 의견내용의 타당성 여부를 검토하여 그 결과를 시·도지사 또는 지방산림청장에게 제출하고 시·도지사 또는 지방산림청장은 종합의견을 첨부하여 산림청장에게 제출하여야 한다. <개정 2006.1.26>	
③산림청장은 제1항에 따라 산지전용·일시사용제한지역을 지정한 경우에는 대통령령으로 정하는 바에 따라 그 지정사실을 고시하고 관계	⑤산림청장은 법 제9조제3항에 따라 산지전용·일시사용제한지역을 지정한 경우에는 다음 각 호의 사항을 고시하여야 한다. <개정	

산지관리법	산지관리법 시행령	산지관리법 시행규칙
행정기관의 장에게 통보하여야 하며, 그 지정에 관한 관계 서류를 일반에게 공람하여야 한다. <개정 2012.2.22> ④산림청장은 제3항에도 불구하고 시장·군수·구청장으로 하여금 산지전용·일시사용제한지역의 지정에 관한 관계 서류를 일반에게 공람하게 할 수 있다. <신설 2012.2.22> [전문개정 2010.5.31] [시행일 : 2017.6.3] 제9조 **제10조(산지전용·일시사용제한지역에서의 행위제한)** 산지전용·일시사용제한지역에서는 다음 각 호의 어느 하나에 해당하는 행위를 하기 위하여 산지전용 또는 산지일시사용을 하는 경우를 제외하고는 산지전용 또는 산지일시사용을 할 수 없다. <개정 2012.2.22, 2013.3.23>	2008.7.24, 2010.12.7> 1. 산지전용·일시사용제한지역이 표시된 축척 2만5천분의 1 이상의 지적이 표시된 지형도(「토지이용규제 기본법」 제12조에 따른 국토이용정보체계에 지적이 표시된 지형도의 데이터베이스가 구축되어 있지 아니하거나 지형과 지적의 불일치로 지형도의 활용이 곤란한 경우에는 지적도)의 번호 및 해당 도면의 명칭 2. 산지전용·일시사용제한지역에 포함되는 행정구역의 명칭 [제목개정 2010.12.7]	

1. 국방·군사시설의 설치 2. 사방시설, 하천, 제방, 저수지, 그 밖에 이에 준하는 국토보전시설의 설치 3. 도로, 철도, 석유 및 가스의 공급시설, 그 밖에 대통령령으로 정하는 공용·공공용 시설의 설치	제10조(산지전용·일시사용제한지역에서의 허용행위) ①법 제10조제3호에서 "대통령령으로 정하는 공용·공공용 시설"이란 다음 각 호의 어느 하나에 해당하는 시설을 말한다. <개정 2005.8.5, 2007.2.1, 2009.11.2, 2009.11.26, 2010.12.7, 2012.8.22, 2015.7.20, 2016.12.30> 1. 국가 또는 지방자치단체가 설치하는 궤도시설 2. 방풍시설 또는 방화시설 3. 기상관측시설 4. 국가 또는 지방자치단체가 설치하는 공용청사 5. 「자연공원법」에 의한 자연공원 안에 설치하는 탐방로·전망대 및 대피소와 탐방자의 안전을 도모	

산지관리법	산지관리법 시행령	산지관리법 시행규칙
	하는 보호 및 안전시설 6. 「자연환경보전법」에 의한 자연환경보전·이용시설 7. 국가 또는 지방자치단체가 설치하는 자연휴양림, 산림욕장, 치유의 숲, 유아숲체험원, 산림생태원, 산책로·탐방로·등산로 등 숲길, 전망대(정자를 포함한다) 및 대피소 8. 국립수목원 및 「수목원·정원의 조성 및 진흥에 관한 법률」 제7조의 규정에 따라 수목원조성계획의 승인을 얻어 조성되는 수목원시설 9. 국가통신시설 또는 「전기통신기본법」 제2조제2호의 전기통신설비 10. 「수도법」 제3조제17호에 따른 수도시설	

4. 산림보호, 산림자원의 보전 및 증식을 위한 시설로서 대통령령으로 정하는 시설의 설치	11.「하수도법」제2조제3호에 따른 하수도 12.「지하수법」제17조제1항에 따른 지하수 관측시설 ②법 제10조제4호에서 "대통령령으로 정하는 시설"이란 다음 각 호의 어느 하나에 해당하는 시설을 말한다. <개정 2005.8.5, 2006.8.4, 2010.3.9, 2010.12.7, 2014.12.31, 2016.12.30> 1. 병해충의 구제(驅除) 및 예방을 위한 시설 2. 산불·산사태 등 산림재해의 예방 및 복구를 위한 시설 3.「산림보호법」제13조제1항에 따라 지정된 보호수 및 야생동·식물의 보전·관리를 위한 시설 4. 산림용 묘목 생산시설(국가 또는 지방자치단체가 설치하는 경우만 해당한다) 5.「산림자원의 조성 및 관리에 관	

산지관리법	산지관리법 시행령	산지관리법 시행규칙
5. 임업시험연구를 위한 시설로서 대통령령으로 정하는 시설의 설치 6. 매장문화재의 발굴(지표조사를 포함한다), 문화재와 전통사찰의 복원·보수·이전 및 그 보존관리를 위한 시설의 설치, 문화재·전통사찰과 관련된 비석, 기념탑, 그 밖에 이와 유사한 시설의 설치	한 법률」 제9조제1항에 따라 설치하는 임도 6. 국가가 설치하거나 국가 외의 자가 「산림자원의 조성 및 관리에 관한 법률」 제13조제2항에 따라 인가받은 산림경영계획에 따라 설치하는 작업로 및 임산물 운반로 ③법 제10조제5호에서 "대통령령으로 정하는 시설"이란 다음 각 호의 기관 또는 단체가 임업시험연구 또는 산림과 관련된 교육목적달성을 위하여 설치하는 시설을 말한다. <개정 2005.8.5, 2010.12.7> 1. 산림청(그 소속기관을 포함한다) 소속의 임업시험연구기관 2. 지방자치단체 소속의 임업시험연구기관 3. 「고등교육법」 제2조의 규정에 의한 학교로서 산림과 관련된 학	

7. 다음 각 목의 어느 하나에 해당하는 시설 중 대통령령으로 정하는 시설의 설치 　가. 발전·송전시설 등 전력시설 　나. 「신에너지 및 재생에너지 개발·이용·보급 촉진법」에 따른 신·재생에너지의 이용·보급을 위한 시설 8. 「광업법」에 따른 광물의 탐사·시추시설의 설치 및 대통령령으로 정하는 갱내채굴 9. 「광산피해의 방지 및 복구에 관한 법률」에 따른 광해방지시설의 설치 9의2. 공공의 안전을 방해하는 위험시설이나 물건의 제거 9의3. 「6·25 전사자유해의 발굴 등에 관한 법률」에 따른 전사자의 유해 등 대통령령으로 정하는 유해의 조사·발굴	과 또는 학부를 둔 학교 ④법 제10조제7호에서 "대통령령으로 정하는 시설"이란 다음 각 호의 시설을 말한다. <개정 2014.8.12> 1. 발전시설 2. 변전시설(변환시설을 포함한다) 3. 송전시설 4. 배전시설 5. 풍황(風況)계측시설 ⑤법 제10조제8호에서 "대통령령으로 정하는 갱내채굴"이란 산지의 일시사용면적이 갱구 및 광물의 선별·가공시설을 포함하여 2만제곱미터 미만인 굴진채굴(掘進採掘)을 말한다. <신설 2010.12.7> ⑥법 제10조제9호의3에서 "대통령령으로 정하는 유해의 조사·발굴"이란 다음 각 호의 어느 하나에 해당하는 조사·발굴을 말한다. <신	

산지관리법	산지관리법 시행령	산지관리법 시행규칙
	설 2012.8.22> 1. 「6·25 전사자유해의 발굴 등에 관한 법률」에 따른 전사자유해의 조사·발굴 2. 「대일항쟁기 강제동원 피해조사 및 국외강제동원 희생자 등 지원에 관한 특별법」에 따른 피해자 등 유해의 조사·발굴 3. 그 밖에 사고실종자, 범죄피해자 등 유해의 발견을 목적으로 국가나 지방자치단체가 직접 시행하는 유해의 조사·발굴	
10. 제1호부터 제9호까지, 제9호의2 및 제9호의3에 따른 행위를 하기 위하여 대통령령으로 정하는 기간 동안 임시로 설치하는 다음 각 목의 어느 하나에 해당하는 부대시설의 설치 가. 진입로	⑦법 제10조제10호에서 "대통령령으로 정하는 기간"이란 1년 이내의 기간을 말한다. 다만, 목적사업의 수행을 위한 산지전용기간 또는 산지일시사용기간이 1년을 초과하는 경우에는 그 산지전용기간 또는 산지일시사용기간을 말한다. <신설 2010.12.7, 2012.8.22>	제6조(산지전용·일시사용제한지역에서의 허용행위) 법 제10조제10호 라목에서 "주차장 등 농림축산식품부령으로 정하는 부대시설"이란 주차장·화장실·창고·숙소·식당·정화시설·재해방지시설·울타리 및 자재 적치·운반시설을 말한다. [전문개정 2015.11.25]

나. 현장사무소
다. 지질·토양의 조사·탐사시설
라. 그 밖에 주차장 등 농림축산식품부령으로 정하는 부대시설
11. 제1호부터 제9호까지, 제9호의2 및 제9호의3에 따라 설치되는 시설 중 「건축법」에 따른 건축물과 도로(「건축법」 제2조제1항제11호의 도로를 말한다)를 연결하기 위한 대통령령으로 정하는 규모 이하의 진입로의 설치
[전문개정 2010.5.31]

제11조(산지전용·일시사용제한지역 지정의 해제) ①산림청장은 산지전용·일시사용제한지역의 지정목적이 상실되었거나 산지전용·일시사용제한지역으로 계속 둘 필요가 없다고 인정되는 경우로서 다음 각 호의 어느 하나에 해당하는 경우에는 산지전용·일시사용제한지역의 지정을 해제할 수 있다.

⑧법 제10조제11호에서 "대통령령으로 정하는 규모 이하의 진입로"란 절·성토사면을 제외한 유효너비가 3미터 이하이고, 그 길이가 50미터 이하인 진입로를 말한다. <신설 2010.12.7, 2012.8.22>
[제목개정 2010.12.7]

산지관리법	산지관리법 시행령	산지관리법 시행규칙
1. 제10조 각 호에 해당하는 행위를 하기 위하여 산지전용허가를 받아 산지를 전용한 경우 2. 천재지변 등으로 인하여 산지전용·일시사용제한지역으로서의 가치를 상실한 경우 3. 재해방지시설을 설치하여 산사태 발생 위험이 해소되는 등 산지전용·일시사용제한지역의 지정목적이 상실된 경우 4. 그 밖에 자연적·사회적·경제적·지역적 여건변화나 지역발전을 위한 사유 등 대통령령으로 정하는 경우 ②제1항에 따른 산지전용·일시사용제한지역 지정의 해제절차 등에 관하여는 제9조제2항 및 제3항을 준용한다. 다만, 다음 각 호의 어느 하나에 해당하는 경우에는 중	제11조(산지전용·일시사용제한지역 지정의 해제) 법 제11조제1항제4호에서 "자연적·사회적·경제적·지역적 여건변화나 지역발전을 위한 사유 등 대통령령으로 정하는 경우"란 다음 각 호의 어느 하나에 해당하는 경우를 말한다. <개정 2008.7.24, 2009.4.20, 2009.11.26, 2009.12.15, 2010.12.7>	

양산지관리위원회의 심의를 거치지 아니할 수 있다. 1. 제1항제1호 또는 제2호에 해당하는 경우 2. 제1항제3호 또는 제4호에 해당하는 경우로서 1만제곱미터 미만을 해제하는 경우 [전문개정 2010.5.31]		
제12조(보전산지에서의 행위제한) ① 임업용산지에서는 다음 각 호의 어느 하나에 해당하는 행위를 하기 위하여 산지전용 또는 산지일시사용을 하는 경우를 제외하고는 산지전용 또는 산지일시사용을 할 수 없다. <개정 2012.2.22, 2013.3.23, 2016.12.2> 1. 제10조제1호부터 제9호까지, 제9호의2 및 제9호의3에 따른 시설의 설치 등	1. 법 제12조에 따라 보전산지에서 허용되는 시설을 지역여건 및 산지 특성상 불가피하게 산지전용·일시사용제한지역에 설치할 필요가 있다고 인정하여 해당 지방자치단체의 장이 산지전용·일시사용제한지역지정의 해제를 요청하는 경우 2. 「농어촌정비법」 제2조제10호에 따른 생활환경정비사업 또는 「임업 및 산촌 진흥 촉진에 관한 법률」 제25조에 따른 산촌개발사업을 위하여 필요한 경우로	

산지관리법	산지관리법 시행령	산지관리법 시행규칙
	서 사업계획부지에 편입되는 면적이 100분의 30 미만인 경우 3. 지역 발전을 위한 기반시설(교통시설·물류시설 및 정보통신시설만 해당한다)의 설치 등 토지이용의 합리화를 위하여 필요한 경우 4. 도로·철도 등 공공시설의 설치로 인하여 산지전용·일시사용제한지역이 3천제곱미터 미만으로 단절되는 경우 5. 「국립묘지의 설치 및 운영에 관한 법률」 제3조에 따른 국립묘지를 설치하는 경우 6. 산지전용·일시사용제한지역이 「국토의 계획 및 이용에 관한 법률」 제6조제1호에 따른 도시지역으로 편입되는 경우 7. 산지전용·일시사용제한지역 인	

	근에 주택 등의 건축물이 설치되는 등 토지이용 상태의 변화로 산지전용·일시사용제한지역으로 유지하는 것이 부적합하다고 인정되어 지방자치단체의 장이 산지전용·일시사용제한지역 지정의 해제를 요청하는 경우 [전문개정 2007.7.27] [제목개정 2010.12.7]
2. 임도·산림경영관리사(山林經營管理舍) 등 산림경영과 관련된 시설 및 산촌산업개발시설 등 산촌개발사업과 관련된 시설로서 대통령령으로 정하는 시설의 설치	제12조(임업용산지안에서의 행위제한) ①법 제12조제1항제2호에서 "대통령령으로 정하는 시설"이란 다음 각 호의 어느 하나에 해당하는 시설을 말한다. <개정 2005.8.5, 2007.2.1, 2007.7.27, 2008.7.24, 2009.11.2, 2009.11.26, 2010.12.7> 1. 임도·작업로 및 임산물 운반로 2. 「임업 및 산촌 진흥촉진에 관한 법률 시행령」 제2조제1호의 임업인(「산림자원의 조성 및 관리에 관한 법률」에 따라 산림

산지관리법	산지관리법 시행령	산지관리법 시행규칙
	경영계획의 인가를 받아 산림을 경영하고 있는 자를 말한다), 같은 조 제2호 및 제3호의 임업인이 설치하는 다음 각 목의 어느 하나에 해당하는 시설 가. 부지면적 1만제곱미터 미만의 임산물 생산시설 또는 집하시설 나. 부지면적 3천제곱미터 미만의 임산물 가공·건조·보관시설 다. 부지면적 1천제곱미터 미만의 임업용기자재 보관시설(비료·농약·기계 등을 보관하기 위한 시설을 말한다) 및 임산물 전시·판매시설 라. 부지면적 200제곱미터 미만의 산림경영관리사(산림작업의 관리를 위한 시설로서 작업대기 및 휴식 등을 위한 공간이 바닥면적의 100분의 25 이하인 시	

	설을 말한다) 및 대피소 3. 삭제 <2007.7.27> 4. 「궤도운송법」에 따른 궤도 5. 「임업 및 산촌 진흥촉진에 관한 법률」 제25조에 따른 산촌개발 사업으로 설치하는 부지면적 1만제곱미터 미만의 시설	
3. 수목원, 산림생태원, 자연휴양림, 수목장림(樹木葬林), 그 밖에 대통령령으로 정하는 산림공익시설의 설치	②법 제12조제1항제3호에서 "대통령령으로 정하는 산림공익시설"이란 다음 각 호의 어느 하나에 해당하는 시설을 말한다. <개정 2007.7.27, 2009.11.26, 2010.12.7, 2012.8.22, 2015.11.11, 2016.12.30> 1. 산림욕장, 치유의 숲, 숲속야영장, 산림레포츠시설, 산책로·탐방로·등산로 등 숲길 및 전망대(정자를 포함한다) 2. 자연관찰원·산림전시관·목공예실·숲속교실·숲속수련장·유아숲체험원·산림박물관·산악박물관·산림교육센터 등 산림교육시설	

산지관리법	산지관리법 시행령	산지관리법 시행규칙
4. 농림어업인의 주택 및 그 부대시설로서 대통령령으로 정하는 주택 및 시설의 설치	3. 목재이용의 홍보·전시·교육 등을 위한 목조건축시설 4. 국가, 지방자치단체 또는 비영리법인이 설치하는 임산물의 홍보·전시·교육 등을 위한 시설 ③법 제12조제1항제4호에서 "대통령령으로 정하는 주택 및 시설"이라 함은 농림축산식품부령으로 정하는 농림어업인(이하 "농림어업인"이라 한다)이 자기소유의 산지에서 직접 농림어업을 경영하면서 실제로 거주하기 위하여 부지면적 660제곱미터 미만으로 건축하는 주택 및 그 부대시설을 말한다. <개정 2008.2.29, 2009.11.26, 2010.12.7, 2013.3.23> ④제3항의 규정에 의한 부지면적을 적용함에 있어서 산지를 전용하여 농림어업인의 주택 및 그 부대시	제7조(농림어업인의 범위) 영 제12조제3항에서 "농림축산식품부령으로 정하는 농림어업인"이란 다음 각 호의 어느 하나에 해당하는 자를 말한다. <개정 2005.8.24, 2007.1.10, 2007.7.27, 2008.3.3, 2009.4.20, 2009.11.27, 2010.8.5, 2011.1.5, 2013.3.23> 1. 「농지법」 제2조제2호에 따른 농업인 2. 「임업 및 산촌 진흥촉진에 관한 법률 시행령」 제2조제1호의 임업인(「산림자원의 조성 및 관리에 관한 법률」에 따라 산림경영계획의 인가를 받아 산림을 경영

	설을 설치하고자 하는 경우에는 그 전용하고자 하는 면적에 당해 농림어업인이 당해 시·군·구(자치구에 한한다)에서 그 전용허가신청일 이전 5년간 농림어업인 주택 및 그 부대시설의 설치를 위하여 전용한 임업용산지의 면적을 합산한 면적(공공사업으로 인하여 철거된 농림어업인 주택 및 그 부대시설의 설치를 위하여 전용하였거나 전용하고자 하는 산지면적을 제외한다)을 당해 농림어업인 주택 및 그 부대시설의 부지면적으로 본다. <개정 2005.8.5>	하고 있는 자를 말한다), 같은 조 제2호·제3호의 임업인 3. 「수산업법」 제2조제12호에 따른 어업인
5. 농림어업용 생산·이용·가공시설 및 농어촌휴양시설로서 대통령령으로 정하는 시설의 설치 6. 광물, 지하수, 그 밖에 대통령령으로 정하는 지하자원 또는 석재의 탐사·시추 및 개발과 이를 위한 시설의 설치	⑤법 제12조제1항제5호에서 "대통령령으로 정하는 시설"이란 다음 각 호의 어느 하나에 해당하는 시설을 말한다. <개정 2005.8.5, 2007.9.6, 2008.6.20, 2008.7.24, 2009.4.20, 2009.10.8, 2009.12.15, 2010.12.7, 2015.12.22, 2016.12.30>	

산지관리법	산지관리법 시행령	산지관리법 시행규칙

7. 산사태 예방을 위한 지질·토양의 조사와 이에 따른 시설의 설치	1. 농림어업인, 「농업·농촌 및 식품산업 기본법」 제3조제4호에 따른 생산자단체, 「수산업·어촌 발전 기본법」 제3조제5호에 따른 생산자단체, 「농어업경영체 육성 및 지원에 관한 법률」 제16조에 따른 영농조합법인과 영어조합법인 또는 같은 법 제19조에 따른 농업회사법인(이하 "농림어업인등"이라 한다)이 설치하는 다음 각 목의 어느 하나에 해당하는 시설
	가. 부지면적 3만제곱미터 미만의 축산시설
	나. 부지면적 1만제곱미터 미만의 다음의 시설
	  (1) 야생조수의 인공사육시설
	  (2) 양어장·양식장·낚시터시설
	  (3) 폐목재·짚·음식물쓰레기 등	

	을 이용한 유기질비료 제조시설(「폐기물관리법 시행령」 별표 3 제1호라목에 따른 퇴비화 시설에 한한다)	

(4) 가축분뇨를 이용한 유기질 비료 제조시설
(5) 버섯재배시설, 농림업용 온실

다. 부지면적 3천제곱미터 미만의 다음의 시설
(1) 농기계수리시설 또는 농기계창고
(2) 농축수산물의 창고·집하장 또는 그 가공시설
(3) 누에 등 곤충사육시설 및 관리시설

라. 부지면적 200제곱미터 미만의 다음의 시설(작업대기 및 휴식 등을 위한 공간이 바닥면적의 100분의 25 이하인 시설을 말한다)

산지관리법	산지관리법 시행령	산지관리법 시행규칙
8. 석유비축 및 저장시설·방송통신설비, 그 밖에 대통령령으로 정하는 공용·공공용 시설의 설치 9. 「장사 등에 관한 법률」에 따라 허가를 받거나 신고를 한 묘지·화장시설·봉안시설·자연장지 시설의 설치	(1) 농막 (2) 농업용·축산업용 관리사(주거용이 아닌 경우에 한한다) 2. 「농어촌정비법」 제82조 및 같은 법 제83조에 따라 개발되는 3만 제곱미터 미만의 농어촌 관광휴양단지 및 관광농원 ⑥법 제12조제1항제8호에서 "대통령령으로 정하는 공용·공공용 시설"이란 다음 각 호의 어느 하나에 해당하는 시설을 말한다. <개정 2005.8.5, 2007.11.15, 2008.2.29, 2010.12.7, 2013.3.23> 1. 삭제 <2012.8.22> 2. 삭제 <2010.12.7> 3. 삭제 <2010.12.7> 4. 액화석유가스를 저장하기 위한 시설로서 농림축산식품부령이 정하는 시설	

	5.「대기환경보전법」제2조제16호에 따른 저공해자동차에 연료를 공급하기 위한 시설	
10. 대통령령으로 정하는 종교시설의 설치	⑦법 제12조제1항제10호에서 "대통령령으로 정하는 종교시설"이란 문화체육관광부장관이「민법」제32조의 규정에 따라 종교법인으로 허가한 종교단체 또는 그 소속단체에서 설치하는 부지면적 1만5천제곱미터 미만의 사찰·교회·성당 등 종교의식에 직접적으로 사용되는 시설과 농림축산식품부령으로 정하는 부대시설을 말한다. <개정 2005.8.5, 2008.2.29, 2010.12.7, 2013.3.23, 2015.11.11>	
11. 병원, 사회복지시설, 청소년수련시설, 근로자복지시설, 공공직업훈련시설 등 공익시설로서 대통령령으로 정하는 시설의 설치	⑧법 제12조제1항제11호에서 "대통령령으로 정하는 시설"이란 다음 각 호의 어느 하나에 해당하는 시설을 말한다. <개정 2005.3.18, 2005.6.30, 2005.8.5, 2007.7.27, 2009.11.26, 2010.12.7, 2011.12.8,	

산지관리법	산지관리법 시행령	산지관리법 시행규칙
	2012.8.3, 2014.9.24, 2014.12.31, 2016.12.30> 1. 「의료법」 제3조제2항에 따른 의료기관중 종합병원·병원·치과병원·한방병원·요양병원. 이 경우 같은 법 제49조제1항제3호부터 제5호까지의 규정에 따른 부대사업으로 설치하는 시설을 포함한다. 2. 「사회복지사업법」 제2조제4호에 따른 사회복지시설 3. 「청소년활동진흥법」 제10조제1호의 규정에 의한 청소년수련시설 4. 근로자의 복지증진을 위한 시설로서 다음 각 목의 어느 하나에 해당하는 것 　가. 근로자 기숙사(「건축법 시행령」 별표 1 제2호 라목의 규	

	정에 의한 기숙사에 한한다) 나. 「영유아보육법」제10조제4호에 따른 직장어린이집 다. 「수도권정비계획법」제2조제1호의 수도권 또는 광역시 지역의 주택난 해소를 위하여 공급되는 「근로복지기본법」제15조제2항에 따른 근로자주택 라. 비영리법인이 건립하는 근로자의 여가·체육 및 문화활동을 위한 복지회관 5. 「근로자직업능력 개발법」제2조제3호의 규정에 따라 국가·지방자치단체 및 공공단체가 설치·운영하는 직업능력개발훈련시설	
12. 교육·연구 및 기술개발과 관련된 시설로서 대통령령으로 정하는 시설의 설치	⑨법 제12조제1항제12호에서 "대통령령으로 정하는 시설"이란 다음 각 호의 어느 하나에 해당하는 시설을 말한다. <개정 2005.8.5, 2008.2.29, 2009.11.26, 2010.12.7,	

산지관리법	산지관리법 시행령	산지관리법 시행규칙
	2011.6.24, 2013.3.23, 2014.12.31, 2016.9.22, 2016.12.30> 1.「기초연구진흥 및 기술개발지원에 관한 법률」제14조의2제1항에 따라 인정받은 기업부설연구소로서 미래창조과학부장관의 추천이 있는 시설 2.「특정연구기관 육성법」제2조의 규정에 의한 특정연구기관이 교육 또는 연구목적으로 설치하는 시설 3.「과학기술기본법」제9조제1항의 규정에 의한 국가과학기술심의회에서 심의한 연구개발사업 중 우주항공기술개발과 관련된 시설 4.「유아교육법」,「초·중등교육법」및「고등교육법」에 따른 학교 시설	

13. 제1호부터 제12호까지의 시설을 제외한 시설로서 대통령령으로 정하는 지역사회개발 및 산업발전에 필요한 시설의 설치	5. 「영유아보육법」 제10조제1호의 국공립어린이집 ⑩ 법 제12조제1항제13호에서 "대통령령으로 정하는 지역사회개발 및 산업발전에 필요한 시설"이란 관계 행정기관의 장이 다른 법률의 규정에 따라 산림청장등과 협의하여 산지전용허가·산지일시사용허가 또는 산지전용신고·산지일시사용신고가 의제되는 허가·인가 등의 처분을 받아 설치되는 시설을 말한다. 다만, 다음 각 호의 어느 하나에 해당하는 시설은 제외한다. <개정 2005.8.5, 2007.7.27, 2007.11.30, 2008.7.24, 2009.4.20, 2009.11.26, 2010.12.7, 2012.8.22, 2013.12.17, 2016.8.11> 1. 「대기환경보전법」 제2조제9호의 규정에 의한 특정대기유해물질을 배출하는 시설 2. 「대기환경보전법」 제2조제11	

산지관리법	산지관리법 시행령	산지관리법 시행규칙
	호에 따른 대기오염물질배출시설 중 같은 법 시행령 별표 1의 1종사업장부터 4종사업장까지의 사업장에 설치되는 시설. 다만,「산업입지 및 개발에 관한 법률」제2조제8호에 따른 산업단지에 설치되는 대기오염물질배출시설(「대기환경보전법」제26조에 따른 대기오염방지시설과 주변 산림 훼손 방지를 위한 시설이 설치되는 경우로 한정한다)은 제외한다. 3.「수질 및 수생태계 보전에 관한 법률」제2조제8호에 따른 특정수질유해물질을 배출하는 시설. 다만, 같은 법 제34조에 따라 폐수무방류배출시설의 설치허가를 받아 운영하는 경우를 제외한다.	

	4. 「수질 및 수생태계 보전에 관한 법률」 제2조제10호에 따른 폐수배출시설 중 같은 법 시행령 별표 13에 따른 제1종사업장부터 제4종사업장까지의 사업장에 설치되는 시설. 다만, 「산업입지 및 개발에 관한 법률」 제2조제8호에 따른 산업단지에 설치되는 폐수배출시설(「수질 및 수생태계 보전에 관한 법률」 제35조에 따른 수질오염방지시설과 주변 산림 훼손 방지를 위한 시설이 설치되는 경우로 한정한다)은 제외한다. 5. 「폐기물관리법」 제2조제4호의 규정에 의한 지정폐기물을 배출하는 시설. 다만, 당해 사업장에 지정폐기물을 처리하기 위한 폐기물처리시설을 설치하거나 지정폐기물을 위탁하여 처리하는 경우에는 그러하지 아니하다.

산지관리법	산지관리법 시행령	산지관리법 시행규칙
	6. 다음 각 목의 어느 하나에 해당하는 처분을 받아 설치하는 시설. 다만, 「국토의 계획 및 이용에 관한 법률」 제51조에 따른 지구단위계획구역을 지정하기 위한 산지전용허가·산지일시사용허가 또는 산지전용신고·산지일시사용신고의 의제에 관한 협의 내용에 다음 각 목의 어느 하나에 해당하는 처분이 포함되어 이에 따라 설치하는 시설은 제외한다. 가. 「주택법」 제15조에 따른 사업계획의 승인 나. 「건축법」 제11조에 따른 건축허가 및 같은 법 제14조에 따른 건축신고 다. 「국토의 계획 및 이용에 관한 법률」 제56조에 따른 개발행위허가	

14. 제1호부터 제13호까지의 규정에 따른 시설을 설치하기 위하여 대통령령으로 정하는 기간 동안 임시로 설치하는 다음 각 목의 어느 하나에 해당하는 부대시설의 설치
  가. 진입로
  나. 현장사무소
  다. 지질·토양의 조사·탐사시설
  라. 그 밖에 주차장 등 농림축산식품부령으로 정하는 부대시설
15. 제1호부터 제13호까지의 시설 중 「건축법」에 따른 건축물과 도로(「건축법」 제2조제1항제11호의 도로를 말한다)를 연결하기 위한 대통령령으로 정하는 규모 이하의 진입로의 설치
16. 그 밖에 가축의 방목, 산나물·야생화·관상수의 재배(성토 또는 절토 등을 통하여 지표면으로부터 높이 또는 깊이 50센티

⑪법 제12조제1항제14호에서 "대통령령으로 정하는 기간"이란 1년 이내의 기간을 말한다. 다만, 목적사업의 수행을 위한 산지전용기간·산지일시사용기간이 1년을 초과하는 경우에는 그 산지전용기간·산지일시사용기간을 말한다. <신설 2010.12.7>

⑫법 제12조제1항제15호에서 "대통령령으로 정하는 규모 이하의 진입로"란 절·성토사면을 제외한 유효너비가 3미터 이하이고, 그 길이가 50미터 이하인 진입로를 말한다. <신설 2010.12.7>

⑬법 제12조제1항제16호에서 "대통령령으로 정하는 행위"란 다음 각 호의 어느 하나에 해당하는 행위를 말한다. <개정 2005.8.5,

제8조(임업용산지에서의 행위제한) ① 법 제12조제1항제14호라목에서 "주차장 등 농림축산식품부령으로 정하는 부대시설"이란 제6조제1항에 따른 시설을 말한다. <개정 2011.1.5, 2013.3.23>

② 삭제 <2011.1.5>

③영 제12조제3항의 규정에 의한 부대시설은 농림어업인의 주택에 부속한 창고·축사·차고·화장실·탈곡장 및 퇴비사에 한한다.

④영 제12조제6항제4호에서 "농림축산식품부령이 정하는 시설"이라 함은 「액화석유가스의 안전관리 및 사업법 시행규칙」 제2조제1항제1호의 규정에 의한 저장설비를 말한다. <개정 2005.8.24, 2008.3.3, 2013.3.23>

⑤영 제12조제7항에서 "농림축산식품부령으로 정하는 부대시설"이란 주차장·화장실·창고·숙소·식당·정

산지관리법	산지관리법 시행령	산지관리법 시행규칙
미터 이상 형질변경을 수반하는 경우에 한정한다), 물건의 적치(積置), 농도(農道)의 설치 등 임업용산지의 목적 달성에 지장을 주지 아니하는 범위에서 대통령령으로 정하는 행위 ②공익용산지(산지전용·일시사용제한지역은 제외한다)에서는 다음 각 호의 어느 하나에 해당하는 행위를 하기 위하여 산지전용 또는 산지일시사용을 하는 경우를 제외하고는 산지전용 또는 산지일시사용을 할 수 없다. <개정 2012.2.22, 2013.3.23, 2016.12.2> 1. 제10조제1호부터 제9호까지, 제9호의2 및 제9호의3에 따른 시설의 설치 등 2. 제1항제2호, 제3호, 제6호 및 제7호의 시설의 설치	2006.8.4, 2007.7.27, 2008.7.24, 2009.4.20, 2009.11.26, 2009.12.14, 2010.12.7, 2014.9.24, 2014.12.31, 2015.6.1, 2015.11.11, 2016.12.30> 1.「농어촌 도로정비법」제4조제2항제3호에 따른 농도,「농어촌정비법」제2조제6호에 따른 양수장·배수장·용수로 및 배수로를 설치하는 행위 2. 부지면적 100제곱미터 미만의 제각(祭閣)(제례용도로 사용하기 위하여 가옥형태로 건축한 것을 말한다. 이하 같다)을 설치하는 행위 3.「사도법」제2조의 규정에 의한 사도(私道)를 설치하는 행위 4.「자연환경보전법」제2조제9호의 규정에 의한 생태통로 및 조수의 보호·번식을 위한 시설을 설치하는 행위	화시설·재해방지시설 및 비석·기념탑·조각상 등 의식·기념을 위한 시설을 말한다. <개정 2011.1.5, 2013.3.23> ⑥삭제 <2007.7.27> [제목개정 2011.1.5]

3. 제1항제12호의 시설 중 대통령령으로 정하는 시설의 설치
4. 대통령령으로 정하는 규모 미만으로서 다음 각 목의 어느 하나에 해당하는 행위
   가. 농림어업인 주택의 신축, 증축 또는 개축. 다만, 신축의 경우에는 대통령령으로 정하는 주택 및 시설에 한정한다.
   나. 종교시설의 증축 또는 개축
   다. 제4조제1항제1호나목2)에 해당하는 사유로 공익용산지로 지정된 사찰림의 산지에서의 사찰 신축, 제1항제9호의 시설 중 봉안시설 설치 또는 제1항제11호에 따른 시설 중 병원, 사회복지시설, 청소년수련시설의 설치
5. 제1호부터 제4호까지의 시설을 제외한 시설로서 대통령령으로 정하는 공용·공공용 사업을 위

5. 농림어업인등 또는 「임업 및 산촌 진흥촉진에 관한 법률」 제29조의2에 따른 한국임업진흥원(이하 "한국임업진흥원"이라 한다)이 같은 법 시행령 제8조제1항에 따른 임산물 소득원의 지원 대상 품목(관상수는 제외한다)을 재배하는 행위. 다만, 농림어업인등이 재배하는 경우로서 벌채·굴취가 수반되는 경우에는 5만제곱미터 미만의 산지에서 재배하는 경우로 한정한다.
6. 농림어업인등이 5만제곱미터 미만의 산지에서 「축산법」 제2조제1호의 규정에 의한 가축을 방목하는 경우로서 다음 각목의 요건을 갖춘 행위
   가. 조림지의 경우에는 조림후 15년이 지난 산지일 것
   나. 대상지의 경계에 울타리를 설치할 것

산지관리법	산지관리법 시행령	산지관리법 시행규칙

하여 필요한 시설의 설치
6. 제1호부터 제5호까지에 따른 시설을 설치하기 위하여 대통령령으로 정하는 기간 동안 임시로 설치하는 다음 각 목의 어느 하나에 해당하는 부대시설의 설치
  가. 진입로
  나. 현장사무소
  다. 지질·토양의 조사·탐사시설
  라. 그 밖에 주차장 등 농림축산식품부령으로 정하는 부대시설
	다. 입목·죽의 생육에 지장이 없도록 보호시설을 설치할 것
	6의2. 제6호에 따라 가축을 방목하면서 해당 가축방목지에서 목초(牧草) 종자를 파종하는 행위
	7. 농림어업인등이 3만제곱미터 미만의 산지에서 관상수를 재배하는 행위
	8. 「공간정보의 구축 및 관리 등에 관한 법률」 제8조에 따른 측량기준점표지를 설치하는 행위
	9. 「폐기물관리법」 제2조제1호의 규정에 의한 폐기물이 아닌 물건을 1년 이내의 기간동안 산지에 적치하는 행위로서 다음 각 목의 요건을 모두 갖춘 행위
	  가. 입목의 벌채·굴취를 수반하지 아니할 것
	  나. 당해 물건의 적치로 인하여 주변환경의 오염, 자연경관 등
		제9조(공익용산지에서의 행위제한) ① 법 제12조제2항제6호라목에서 "주차장 등 농림축산식품부령으로 정하는 부대시설"이란 제6조제1항에 따른 시설을 말한다. <개정 2011.1.5, 2013.3.23>
		②삭제 <2011.1.5>
		③영 제13조제3항제1호에서 "농림축산식품부령으로 정하는 시설"이란 다음 각 호의 어느 하나에 해당하는 시설을 말한다. <개정 2005.8.24, 2007.7.27, 2008.3.3, 2009.4.20, 2011.1.5, 2013.3.23>
		1. 공항·항만·운하
		2. 삭제 <2011.1.5>
		3. 삭제 <2011.1.5>
		4. 「수질 및 수생태계 보전에 관한 법률」 제2조제12호에 따른 수질오염방지시설

	의 훼손 우려가 없을 것 10. 법 제26조의 규정에 의한 채석 경제성평가를 위하여 시추하는 행위 11.「영화 및 비디오물의 진흥에 관한 법률」,「방송법」또는 「문화산업진흥 기본법」에 따른 영화제작업자·방송사업자 또는 방송영상독립제작사가 영화 또는 방송프로그램의 제작을 위하여 야외촬영시설을 설치하는 행위 12. 부지면적 200제곱미터 미만의 간이농림어업용시설(농업용수 개발시설을 포함한다) 및 농림수산물 간이처리시설을 설치하는 행위 ⑭산림청장은 지역여건상 제1항제2호·제5호, 제3항, 제5항 및 제7항에 따른 부지면적의 제한이 불합리하다고 인정되는 경우에는 중앙	5.「도시공원 및 녹지 등에 관한 법률」제2조제4호에 따른 공원시설(「도시공원 및 녹지 등에 관한 법률」에 따라 도시공원으로 지정되어 공익용산지로 지정된 경우에 한정한다) [제목개정 2011.1.5]

산지관리법	산지관리법 시행령	산지관리법 시행규칙
	산지관리위원회의 심의를 거쳐 100분의 200의 범위안에서 그 부지면적의 제한을 완화하여 적용할 수 있다. <개정 2009.11.26, 2010.12.7> **제13조(공익용산지안에서의 행위제한)** ①법 제12조제2항제3호에서 "대통령령으로 정하는 시설"이란 제12조제9항제3호 및 제5호에 따른 시설을 말한다.<개정 2014.12.31> ②법 제12조제2항제4호에서 "대통령령으로 정하는 규모 미만"이란 다음 각 호의 구분에 따른 규모 미만을 말한다. <개정 2007.7.27, 2009.11.26, 2015.9.25> 1. 농림어업인의 주택 또는 종교시설을 증축하는 경우: 종전 주택·시설 연면적의 100분의 130 미만	

	2. 농림어업인의 주택 또는 종교시설을 개축하는 경우: 종전 주택·시설 연면적의 100분의 100 미만
3. 농림어업인의 주택 또는 사찰림의 산지 안에서의 사찰을 신축하는 경우: 다음 각 목의 구분에 따른 규모 미만
가. 법 제12조제2항제4호가목 단서에 따라 농림어업인이 자기 소유의 산지에서 직접 농림어업을 경영하면서 실제로 거주하기 위하여 신축하는 주택 및 그 부대시설: 부지면적 660제곱미터 미만. 이 경우 부지면적의 산정방법은 제12조제4항을 준용한다.
나. 법 제12조제2항제4호다목에 따라 신축하는 사찰 및 그 부대시설: 부지면적 1만5천제곱미터 미만	

산지관리법	산지관리법 시행령	산지관리법 시행규칙
	③법 제12조제2항제5호에서 "대통령령으로 정하는 공용·공공용 사업을 위하여 필요한 시설"이란 다음 각 호의 어느 하나에 해당하는 시설을 말한다. <개정 2005.8.5, 2007.7.27, 2007.9.6, 2008.2.29, 2008.7.24, 2010.12.7, 2013.3.23, 2017.1.6> 1. 국가·지방자치단체, 「공공기관의 운영에 관한 법률」 제5조에 따른 공기업·준정부기관(이하 "공기업·준정부기관"이라 한다), 「지방공기업법」 제49조에 따른 지방공사(이하 "지방공사"라 한다) 및 같은 법 제76조에 따른 지방공단(이하 "지방공단"이라 한다)이 관계 법령에 따라 시행하는 사업으로 설치하는 시설로서 농림축산식품부령으로 정하는 시설	

	2. 「폐기물관리법」 제2조제8호에 따른 폐기물처리시설 중 국가 또는 지방자치단체가 설치하는 폐기물처리시설 3. 삭제 <2007.7.27> 4. 「광산안전법」 제2조제5호에 따른 광해를 방지하기 위한 시설 ④법 제12조제2항제6호에서 "대통령령으로 정하는 기간"이란 1년 이내의 기간을 말한다. 다만, 목적사업의 수행을 위한 산지전용기간·산지일시사용기간이 1년을 초과하는 경우에는 그 산지전용기간·산지일시사용기간을 말한다. <신설 2010.12.7>	
7. 제1호부터 제5호까지의 시설 중 「건축법」에 따른 건축물과 도로(「건축법」 제2조제1항제11호의 도로를 말한다)를 연결하기 위한 대통령령으로 정하는 규모 이하의 진입로의 설치	⑤법 제12조제2항제7호에서 "대통령령으로 정하는 규모 이하의 진입로"란 절·성토사면을 제외한 유효너비가 3미터 이하이고, 그 길이가 50미터 이하인 진입로를 말한다. <신설 2010.12.7>	

산지관리법	산지관리법 시행령	산지관리법 시행규칙
8. 그 밖에 산나물·야생화·관상수의 재배(성토 또는 절토 등을 통하여 지표면으로부터 높이 또는 깊이 50센티미터 이상 형질변경을 수반하는 경우에 한정한다), 농도의 설치 등 공익용산지의 목적 달성에 지장을 주지 아니하는 범위에서 대통령령으로 정하는 행위 ③제2항에도 불구하고 공익용산지(산지전용·일시사용제한지역은 제	⑥법 제12조제2항제8호에서 "대통령령으로 정하는 행위"란 다음 각 호의 어느 하나에 해당하는 행위를 말한다. <개정 2005.8.5, 2010.12.7> 1. 제12조제13항제1호부터 제5호까지, 제8호 및 제10호에 해당하는 행위 2. 농림어업인이 1만제곱미터 미만의 산지에서 관상수를 재배하는 행위 3. 「국토의 계획 및 이용에 관한 법률」 제40조의 규정에 의한 수산자원보호구역안에서 농림어업인이 3천제곱미터 미만의 산지에 양어장 및 양식장을 설치하는 행위 ⑦법 제12조제3항제2호에서 "대통령령으로 정하는 산지"란 다음 각	

외한다) 중 다음 각 호의 어느 하나에 해당하는 산지에서의 행위제한에 대하여는 해당 법률을 각각 적용한다. <개정 2012.2.22> 1. 제4조제1항제1호나목4)부터 14)까지의 산지 2. 「국토의 계획 및 이용에 관한 법률」에 따라 지역·지구 및 구역 등으로 지정된 산지로서 대통령령으로 정하는 산지 [전문개정 2010.5.31] [시행일 : 2017.6.3] 제12조	호의 어느 하나에 해당하는 산지를 말한다. <개정 2012.8.22, 2014.12.31> 1. 「국토의 계획 및 이용에 관한 법률」 제36조제1항제4호의 자연환경보전지역으로 지정된 산지 2. 「국토의 계획 및 이용에 관한 법률」 제37조제1항제5호의 방재지구로 지정된 산지 3. 「국토의 계획 및 이용에 관한 법률」 제38조의2제1항에 따른 도시자연공원구역으로 지정된 산지 4. 「국토의 계획 및 이용에 관한 법률」 제40조에 따른 수산자원보호구역으로 지정된 산지 5. 「국토의 계획 및 이용에 관한 법률 시행령」 제31조제2항제1호가목, 같은 항 제5호가목 및 다목에 따른 자연경관지구, 역사문화환경보존지구 및 생태계보존지구로 지정된 산지

산지관리법	산지관리법 시행령	산지관리법 시행규칙
제13조(산지전용·일시사용제한지역의 산지매수) ①국가나 지방자치단체는 산지전용·일시사용제한지역의 지정목적을 달성하기 위하여 필요하면 산지소유자와 협의하여 산지전용·일시사용제한지역의 산지를 매수할 수 있다. ②제1항에 따른 산지의 매수가격은 「부동산 가격공시에 관한 법률」에 따른 공시지가(해당 토지의 공시지가가 없는 경우에는 같은 법 제8조에 따라 산정한 개별토지가격을 말한다)를 기준으로 결정한다. 이 경우 인근지역의 실제 거래가격이 공시지가보다 낮을 때에는 실제 거래가격을 기준으로 매수할 수 있다. <개정 2016.1.19> ③제1항에 따른 산지매수의 절차와 그 밖에 필요한 사항은 「국유재산	제14조(매수대상산지의 범위 등) ① 법 제13조제1항의 규정에 의한 매수의 대상이 되는 산지는 관계 행정기관의 장이 다른 법률(「산림자원의 조성 및 관리에 관한 법률」 및 「산림문화·휴양에 관한 법률」을 제외한다)에 따라 특정 용도로 이용하기 위하여 지역등으로 지정 또는 결정한 산지를 제외한 산지로 한다. <개정 2005.8.5, 2006.8.4> ②법 제13조제1항에 따라 산지전용·일시사용제한지역의 산지를 매수하는 경우의 가격산정시기·방법 및 기준에 관하여는 「공익사업을 위한 토지 등의 취득 및 보상에 관한 법률」 제67조제1항, 제68조, 제70조, 제74조 내지 제77조 및 제78조제5항 내지 제7항의 규정을 준용한다. <개정 2005.8.5, 2010.12.7>	

법」 제9조 또는「공유재산 및 물품 관리법」제10조를 준용한다. ④제1항과 제2항에 따른 매수대상 산지의 범위, 매수가격의 산정시기 및 방법 등에 관한 사항은 대통령령으로 정한다. [전문개정 2010.5.31]		
	제3절 산지전용허가 등	

제13조의2(산지의 매수 청구) ①제9조에 따라 산지전용·일시사용제한지역의 지정·고시가 있을 때에는 그 지역의 산지 소유자 중 다음 각 호의 어느 하나에 해당하는 자는 산림청장에게 그 산지의 매수를 청구할 수 있다.
  1. 산지전용·일시사용제한지역 지정 전부터 해당 토지를 계속 소유한 자
  2. 제1호의 자로부터 해당 산지를 상속받아 계속 소유한 자
	제14조의2(산지 매수청구의 절차 등) ①법 제13조의2제1항에 따라 산지의 매수를 청구하려는 자는 농림축산식품부령으로 정하는 산지매수청구서를 산림청장에게 제출하여야 한다. <개정 2008.2.29, 2010.12.7, 2013.3.23>
	②산림청장은 제1항에 따른 매수청구가 있는 때에는 청구가 있은 날부터 60일 이내에 매수대상 여부 등을 매수를 청구한 자에게 통보하여야 하며, 매수대상인 경우에
		제9조의2(산지매수청구의 절차 등) ①영 제14조의2제1항에 따른 산지매수청구서는 별지 제2호의2서식에 따른다.
		②삭제 <2009.4.20>
		③제1항에 따른 신청서 제출 시 산림청장은「전자정부법」제36조제1항에 따른 행정정보의 공동이용을 통하여 토지이용계획확인서, 토지대장 및 토지 등기사항증명서(신청인이 토지의 소유자인 경우만 해당한다)를 확인하여야 한다.

산지관리법	산지관리법 시행령	산지관리법 시행규칙
②제1항에 따른 산지의 매수 청구를 받은 산림청장은 예산의 범위에서 이를 매수하여야 한다. ③제2항에 따라 산지를 매수할 때에는 제13조제2항·제3항을 준용하며, 매수절차 등에 관한 사항은 대통령령으로 정한다. [전문개정 2010.5.31]	는 매수를 통보한 날부터 3년 이내에 매수청구를 받은 산지를 매수하여야 한다. [본조신설 2007.7.27]	<개정 2009.4.20, 2011.1.5, 2013.1.23> [본조신설 2007.7.27]
제3절 산지전용허가 등 제14조(산지전용허가) ①산지전용을 하려는 자는 그 용도를 정하여 대통령령으로 정하는 산지의 종류 및 면적 등의 구분에 따라 산림청장등의 허가를 받아야 하며, 허가받은 사항을 변경하려는 경우에도 같다. 다만, 농림축산식품부령으로 정하는 사항으로서 경미한 사항을 변경하려는 경우에는 산림청장등에게	제15조(산지전용허가의 절차 및 심사) ①법 제14조제1항에 따라 산지전용허가 또는 변경허가를 받거나 변경신고를 하려는 자는 농림축산식품부령으로 정하는 바에 따라 산지전용허가 또는 변경허가를 받거나 변경신고를 하려는 구역의 경계를 표시한 후 신청서에 농림축산식품부령으로 정하는 서류를 첨부하여	**제3절 산지전용허가 등** 제10조(산지전용허가의 신청 등) ①영 제15조제1항의 규정에 의한 산지전용허가(변경허가)신청서는 별지 제3호서식에 의하고, 산지전용허가변경신고서는 별지 제4호서식에 의한다. <개정 2007.7.27> ②영 제15조제1항에서 "각 호의 서류"란 다음 각 호의 구분에 따른 서류를 말한다. <개정 2016.12.30>

신고로 갈음할 수 있다. <개정 2012.2.22, 2013.3.23>	다음 각 호의 구분에 따른 자가 세척하여야 한다. <개정 2012.8.22, 2013.3.23, 2015.11.11, 2016.12.30> 1. 법 제14조제1항에 따른 상가건물(상가건물이에 대한 법정 면적의 산정은 해당 상가건물의 최초로 상가건물이 되는 경우를 말한다)의 연면적이 200제곱미터 이상 100제곱미터 미만인 경우: 상가건물 2. 법 제14조제1항에 따른 상가건물(상가건물이에 대한 법정 면적의 산정은 해당 상가건물의 최초로 상가건물이 되는 경우를 말한다)의 연면적이 50제곱미터 이상 200제곱미터 미만인 경우 또는 3제곱미터 이상 100제곱미터	다음 각 호의 자 가. 사업개시(상가건물의 최초 상가건물 등 사가기, 건축 제외·신축·증축 또는 면적 변경 등을 통한 이용 상의 설치·변경·제거 등 특정 점의 조합·정비 등을 할 경우 나. 법 제18조제1항에 따른 상가건 용상가건물에서 정한 경과조 치 기간 내에 2년 이상 연속 한 상가건물의 용도·구조·기타의 변경사유를 발생한다. 다. 상가건물의 이용·수용 등 사용 이 있는 자사 그 밖에 사용할 수 있는 사가기 보다 영업상의 용 인 경우에는 사용·수용 등 상 수익권리증을 영유할 수 있는 자로

산지관리법	산지관리법 시행령	산지관리법 시행규칙
	가. 산림경영계획인가를 받은 보전국유림 인 경우: 산림경영계획 나. 산림경영계획인가를 받지 아니한 보전국유림, 준보전산지 또는 공용·공공용 산지인 경우: 시·도지사 3. 법 제14조제1항에 따른 산지전용허가를 받으려는 자가 벌채 면적이 1만제곱미터 이상(산지전용허가에 대한 협의를 요청하는 경우에는 벌채를 수반하는 산지전용으로 인한 연접된 벌채 면적의 합이 50만제곱미터(보전산지의 경우에는 30만제곱미터) 이상인 경우 가. 산림경영계획인가를 받은 보전국유림인 경우: 산림경영계획 나. 산림경영계획인가를 받지 아니한 보전국유림, 공용·공공용 산지 또는 사유림인 경우: 시·도지사·군수·구청장	는 사용·수익권의 범위 내로 한정하여야 한다) ② 산지전용허가를 받으려 이 별표 2의2에 따른 서류 중 「토지이용규제기본법」제12조에 따른 토지이용규제정보체계에 그 내용이 포함되어 누구든지 볼 수 있는 경우에는 제출하지 아니할 수 있다. ③ 지방산림청장은 제1항에 따라 법 제14조제3항에서 준용하는 「공유재산 및 물품 관리법」제11조에 따른 사용·수익의 허가를 받을 것을 조건으로 「국유림의 경영 및 관리에 관한 법률」제21조에 따라 국유림(요존국유림에 한정한다)의 사용허가를 하려는 경우 6개월

② 식품접객업 제1영업에 따른 식품 접객업자 또는 법 제36조의2의 식품자동판매기 영업자는 법 제18조의2에 따라 식품 등의 원산지 표시에 관한 법률 시행령 제18조의2에 따라 신 원산지 표시 대상에 해당하는 경우에는 그 식품자재 및 식자재를 표시하고, 그 식품자재의 내용이 법 제18조의 공인에 해당하여야 한다. 다만, 법 제18조의2에 따른 식 품자동판매기영업자는 해당 경우에 원산지를 표시하지 아니할 수 있다. <개정 2007.7.27, 2010.12.7, 2012.8.22, 2016.12.30>

공인 1 내지 1천200만원 1과 「식품위생법」 제30조제1 항에 따른 조리사 면허 정 지 처분에 따른 기동유 영업정지나 조·지·과징금 경우로 다음의 각 호의 어느 하나에 해당하는 조리사가 있는 경우(수습이나 조·지·과징금 경우는 영업정지 처분에 따 른 제14조제12호에 따 른 조리사는 제외한다), 식 품접객업 중 경영정지 처분의 경우에 영업자 신용 지시중의 식품자재 및 식 자재를 내용을 표시하지 않는 경우는 식자재용 식품자재 및 식자재 원산지 660 이(관할된 감독 미관리 경우에 제 지중화경 아니한다.

산지관리법	산지관리법 시행령	산지관리법 시행규칙
		1) 임종·임상·수종·임령·평균수고·입목축적이 포함될 것 2) 산불발생·솎아베기·벌채 후 5년이 지나지 아니한 때에는 그 산불발생·솎아베기·벌채 전의 입목축적을 환산하여 조사·작성한 시점까지의 생장율을 반영한 입목축적이 포함될 것 3) 허가신청일 전 2년 이내에 조사·작성되었을 것 사. 복구대상산지의 종단도 및 횡단도와 복구공종·공법 및 겨냥도가 포함된 복구계획서 1부 (복구하여야 할 산지가 있는 경우에 한정한다) 아.「산림자원의 조성 및 관리에 관한 법률 시행령」 제30조제1항에 따른 산림공학기술자

		또는 「국가기술자격법」에 따른 산림기사·토목기사·측량및지형공간정보기사 이상의 자격증 소지자가 조사·작성한 표고 및 평균경사도조사서(수치지형도를 이용하여 표고 및 평균경사도를 산출한 경우에는 원본이 저장된 디스크 등 저장장치를 포함한다) 1부. 다만, 제4조제2항제5호에 따라 평균경사도조사서를 제출한 경우와 전용하려는 산지의 면적(산지전용허가를 신청한 자가 다수의 산지전용허가를 신청한 경우에는 목적사업의 동일성이 인정되는 범위에서 해당 산지전용허가를 신청한 자가 허가를 신청한 산지의 면적을 합산하여 산정한 면적을 말한다)이 660제곱미터 미만인 경우에는 제출하지 아니한다.

산지관리법	산지관리법 시행령	산지관리법 시행규칙
		자.「농지법」제49조에 따른 농지원부 사본 1부(신청인이 제7조제1호에 따른 농업인임을 증명하여야 하는 경우만 해당한다) 차.「산림자원의 조성 및 관리에 관한 법률 시행령」제30조에 따른 산림공학기술자가 조사·작성한 별지 제4호의2서식에 따른 재해위험성 검토의견서 1부[산지전용허가를 받으려는 산지의 면적이 2만제곱미터 이상인 경우에 한정하며, 산지전용허가를 신청한 자가 동일한 집수구역(集水區域: 빗물이 자연적으로 「수질 및 수생태계 보전에 관한 법률」제2조제9호에 따른 공공수역으로 흘러드는 지역으로서 주변의

		능선을 잇는 선으로 둘러싸인 구역을 말한다) 내에서 다수의 산지전용허가를 신청한 경우에는 해당 산지전용허가를 신청한 자가 허가를 신청한 산지 중 연접한 산지의 면적을 합산하여 산정한 면적이 2만제곱미터 이상인 경우에도 해당한다] 카. 「소나무재선충병 방제특별법」 제13조의2에 따른 재선충병방제계획서 1부(같은 법 제9조에 따른 반출금지구역이 포함된 산지를 전용하려는 경우에 한정한다) 2. 산지전용허가에 대한 변경허가를 신청하는 경우: 다음 각 목의 서류 가. 그 변경사실을 증명할 수 있는 서류(토지 등기사항증명서로 확인할 수 없는 경우만 해

산지관리법	산지관리법 시행령	산지관리법 시행규칙
		당한다) 나. 제1호바목, 아목 및 차목의 서류(산지전용면적의 변경으로 제1호 바목, 아목 또는 차목에 따라 서류를 제출하여야 하는 경우에 해당하게 된 경우에 한정한다) 3. 산지전용허가에 대한 변경신고를 하는 경우: 다음 각 목의 서류 가. 그 변경사실을 증명할 수 있는 서류(토지 등기사항증명서로 확인할 수 없는 경우만 해당한다) 나. 「농지법」 제49조에 따른 농지원부 사본 1부(신고인이 제7조제1호에 따른 농업인임을 증명하여야 하는 경우만 해당한다)

		③제1항에 따른 신청서나 신고서 제출 시 산림청장, 시·도지사, 시장·군수·구청장, 지방산림청장, 국유림관리소장, 국립수목원장, 국립산림품종관리센터장, 국립산림과학원장 또는 국립자연휴양림관리소장(이하 "관할청"이라 한다)은 「전자정부법」 제36조제1항에 따른 행정정보의 공동이용을 통하여 토지 등기사항증명서(신청인이나 신고인이 토지의 소유자인 경우만 해당한다) 및 축산업등록증(신청인이나 신고인이 농업인임을 증명하여야 하는 경우만 해당한다)을 확인하여야 한다. 다만, 신청인이 축산업등록증의 확인에 동의하지 아니하는 경우에는 그 사본을 첨부하도록 하여야 한다. <개정 2009.4.20, 2011.1.5, 2012.10.26, 2013.1.23>

산지관리법	산지관리법 시행령	산지관리법 시행규칙
		④법 제14조제1항 단서에서 "농림축산식품부령으로 정하는 사항"이란 다음 각 호의 어느 하나에 해당하는 사항을 말한다. <개정 2005.8.24, 2006.6.30, 2007.7.27, 2008.3.3, 2008.7.16, 2011.1.5, 2012.10.26, 2013.3.23, 2013.10.31, 2015.11.25> 1. 산지전용허가를 받은 자의 명의 변경 2. 산지전용을 하려는 산지의 이용계획 및 토사처리계획 등 사업계획의 변경(산지전용허가를 받은 산지의 면적이 변경되지 아니하는 경우에 한정한다) 3. 산지전용면적의 축소 4. 「공간정보의 구축 및 관리 등에 관한 법률」 제78조에 따른 등록전환 시 측량오차를 바로잡기 위한 면적의 증감이나 경계의

		변경
5. 산지전용허가를 받은 산지의 소유권 또는 사용·수익권의 변경
⑤산림청장, 시·도지사 또는 지방산림청장은 영 제15조제2항에 따라 산지전용허가·변경허가의 신청내용 또는 변경신고의 내용을 심사할 때 필요한 경우에는 해당 산지를 관할하는 시장·군수·구청장 또는 국유림관리소장의 의견을 들을 수 있다. <개정 2006.1.26, 2006.6.30, 2007.7.27, 2009.4.20>
⑥제5항에 따라 산림청장, 시·도지사 또는 지방산림청장으로부터 의견제출을 요청받은 시장·군수·구청장 또는 국유림관리소장은 특별한 사유가 없는 한 15일 이내에 이를 제출하여야 한다. <신설 2007.7.27, 2009.4.20>
⑦영 제15조제1항 각 호 외의 부분에 따른 허가·변경허가 또는 변경

산지관리법	산지관리법 시행령	산지관리법 시행규칙
		신고 구역의 경계 표시는 다음 각 호의 기준에 따른다. <개정 2011.1.5, 2012.10.26, 2016.12.30> 1. 30미터 이내의 간격으로 경계에 위치한 수목·암석 등에 흰색 페인트로 표시할 것. 이 경우 경계에 위치한 수목·암석 등이 없는 경우에는 깃발 등 별도의 표지로 대체할 수 있으며, 자연경계 등 경계가 확실한 경우에는 그 표시를 생략할 수 있다. 2. 발파·정지(整地)작업 등으로 경계표시가 훼손될 우려가 있는 경우에는 그 경계선으로부터 3미터 바깥쪽에 빨간색 페인트로 보조표시를 할 것 3. 경계표시의 폭은 5센티미터 이상으로 할 것

	③산림청장등은 제2항에 따라 심사한 결과 산지전용허가 또는 변경허가를 하거나 변경신고를 수리하는 것이 타당하다고 인정되는 경우에는 농림축산식품부령으로 정하는 산지전용허가증을 신청인에게 발급하거나 신고를 수리하여야 한다. 다만, 신청인이 법 제19조제1항에 따라 대체산림자원조성비를 미리 납부하여야 하거나 법 제38조제1항 본문에 따라 복구비를 미리 예치하여야 하는 경우에는 그 납부·예치사실을 확인한 후 산지전용허가증을 발급하거나 신고를 수리하여야 한다. <개정	제10조의2(산지전용허가기준의 세부사항) 영 별표 4 비고란 제2호에 따른 산지전용허가기준의 세부사항은 별표 1의3과 같다. [본조신설 2011.10.24] 제11조(산지전용허가증) 영 제15조제3항 본문의 규정에 의한 산지전용허가증은 별지 제5호서식에 의한다.

산지관리법	산지관리법 시행령	산지관리법 시행규칙
②관계 행정기관의 장이 다른 법률에 따라 산지전용허가가 의제되는 행정처분을 하기 위하여 산림청장등에게 협의를 요청하는 경우에는 대통령령으로 정하는 바에 따라 제18조에 따른 산지전용허가기준에 맞는지를 검토하는 데에 필요한 서류를 산림청장등에게 제출하여야 한다. <개정 2012.2.22> ③관계 행정기관의 장은 제2항에 따른 협의를 한 후 산지전용허가가 의제되는 행정처분을 하였을 때에는 지체 없이 산림청장등에게 통보하여야 한다. <개정 2012.2.22> [전문개정 2010.5.31]	2005.8.5, 2007.7.27, 2008.2.29, 2012.8.22, 2013.3.23, 2016.12.30> 제16조(산지전용에 관한 협의 등) ① 관계 행정기관의 장은 법 제14조제2항에 따라 산지전용에 관하여 산림청장등에게 협의를 요청하는 경우에는 산지전용협의요청서에 농림축산식품부령으로 정하는 서류를 첨부하여 제출(전자문서에 의한 제출을 포함한다)하여야 한다. <개정 2007.12.31, 2008.2.29, 2012.8.22, 2013.3.23> ②제1항의 규정에 의한 산지전용협의요청에 대한 심사에 관하여는 제15조제2항의 규정을 준용한다.	제12조(산지전용 협의서류) ①영 제16조제1항의 규정에 의한 산지전용협의요청서는 별지 제6호서식에 의한다. ②영 제16조제1항에서 "농림축산식품부령이 정하는 서류"라 함은 제10조제2항 각호의 규정에 의한 서류를 말한다. 다만, 「공익사업을 위한 토지 등의 취득 및 보상에 관한 법률」 제19조의 규정에 따라 토지 등을 수용 또는 사용하는 경우에는 제10조제2항제1호다목에 따른 서류를 제외한다. <개정 2005.8.24, 2008.3.3, 2013.3.23, 2016.12.30>

| 제15조(산지전용신고) ①다음 각 호의 어느 하나에 해당하는 용도로 산지전용을 하려는 자는 제14조제1항에도 불구하고 국유림(「국유림의 경영 및 관리에 관한 법률」 제4조제1항에 따라 산림청장이 경영하고 관리하는 국유림을 말한다. 이하 같다)의 산지에 대하여는 산림청장에게, 국유림이 아닌 산림의 산지에 대하여는 시장·군수·구청장에게 신고하여야 한다. 신고한 사항 중 농림축산식품부령으로 정하는 사항을 변경하려는 경우에도 같다. <개정 2012.2.22, 2013.3.23, 2016.12.2>
 1. 산림경영·산촌개발·임업시험연구를 위한 시설 및 수목원·산림생태원·자연휴양림 등 대통령령으로 정하는 산림공익시설과 그 부대시설의 설치 | 제17조(산지전용신고) ①법 제15조제1항의 규정에 따라 산지전용신고 또는 변경신고를 하고자 하는 자는 산지전용신고서에 농림축산식품부령이 정하는 서류를 첨부하여 산림청장 또는 시장·군수·구청장에게 제출하여야 한다. 이 경우 신고를 하는 자는 농림축산식품부령으로 정하는 바에 따라 신고 구역에 경계를 표시하여야 한다. <개정 2007.7.27, 2008.2.29, 2010.12.7, 2013.3.23>

 ②법 제15조제1항제1호에서 "대통령령으로 정하는 산림공익시설과 그 부대시설"이란 다음 각 호의 시설을 말한다. <신설 2012.8.22, 2015.11.11, 2016.12.30> | 제13조(산지전용신고) ①영 제17조제1항 전단에 따른 산지전용신고서는 별지 제7호서식에 따른다. <개정 2011.1.5>
 ②영 제17조제1항 전단에서 "농림축산식품부령이 정하는 서류"란 제10조제2항제1호가목·다목부터 마목까지·사목·자목 및 카목의 서류를 말한다. 다만, 변경신고를 하는 경우에는 그 변경사실을 증명할 수 있는 서류(토지 등기사항증명서로 확인할 수 없는 경우만 해당한다)에 한정한다. <개정 2005.8.24, 2008.3.3, 2009.4.20, 2011.1.5, 2013.1.23, 2013.3.23, 2016.12.30>
 1. 삭제 <2011.1.5>
 2. 삭제 <2011.1.5>
 3. 삭제 <2011.1.5>
 ③법 제15조제1항 각 호 외의 부분 후단에서 "농림축산식품부령으로 |

산지관리법	산지관리법 시행령	산지관리법 시행규칙
	1. 산림경영·산촌개발·임업시험연구를 위한 시설과 그 부대시설 2. 수목원·산림생태원·자연휴양림과 그 부대시설 3. 「산림문화·휴양에 관한 법률」 제2조제3호·제5호·제8호 및 제9호에 따른 산림욕장, 치유의 숲, 숲속야영장, 산림레포츠시설 및 그 부대시설 4. 「산림교육의 활성화에 관한 법률」 제12조·제13조에 따른 유아숲체험원·산림교육센터와 그 부대시설 5. 「산림복지 진흥에 관한 법률」 제35조에 따라 실시계획의 승인을 받아 조성하는 산림복지단지와 그 부대시설	정하는 사항"이란 다음 각 호의 어느 하나에 해당하는 사항을 말한다. <개정 2007.7.27, 2008.3.3, 2008.7.16, 2011.1.5, 2013.3.23, 2015.11.25> 1. 산지전용신고인의 명의변경 2. 산지전용의 목적, 산지전용을 하고자 하는 산지의 이용계획 및 토사처리계획 등 사업계획의 변경 3. 산지전용면적의 변경 4. 당초의 산지전용신고를 1회에 한하여 연차별 사업계획 등에 따라 2 이상의 산지전용신고로 변경하는 사항 5. 산지전용신고를 한 산지의 소유권 또는 사용·수익권의 변경 6. 산지전용신고에 따른 건축물의 면적 또는 위치 변경
2. 농림어업인의 주택시설과 그 부대시설의 설치 3. 「건축법」에 따른 건축허가 또는 건축신고 대상이 되는 농림수산물의 창고·집하장·가공시설	③법 제15조제1항제3호에서 "농림수산물의 창고·집하장·가공시설 등 대통령령으로 정하는 시설"이	

등 대통령령으로 정하는 시설의 설치 ②제1항에 따른 산지전용신고의 절차, 신고대상 시설 및 행위의 범위, 설치지역, 설치조건 등에 관한 사항은 대통령령으로 정한다.	란 다음 각 호의 어느 하나에 해당하는 시설을 말한다. <신설 2007.7.27, 2010.12.7, 2012.8.22, 2016.12.30> 1. 농축수산물의 창고·집하장·가공시설 2. 농기계수리시설 및 농기계 창고 3. 누에 등 곤충사육시설 및 관리시설 **제18조(산지전용신고의 범위 등)** ① 삭제 <2010.12.7> ②법 제15조제2항의 규정에 의한 신고대상 시설 및 행위의 범위, 설치지역, 설치조건 등은 별표 3과 같다.	④영 제17조제1항 전단에 따른 신고서 제출 시 관할청(시·도지사 및 지방산림청장은 제외한다)은 「전자정부법」 제36조제1항에 따른 행정정보의 공동이용을 통하여 토지 등기사항증명서(신고인이 토지의 소유자인 경우만 해당한다) 및 축산업등록증(신고인이 농업인임을 증명하여야 하는 경우만 해당한다)을 확인하여야 한다. 다만, 신고인이 축산업등록증의 확인에 동의하지 아니하는 경우에는 그 사본을 첨부하도록 하여야 한다. <개정 2011.1.5, 2013.1.23> ⑤영 제17조제1항 후단에 따른 신고 구역의 경계 표시는 제10조제7항 각 호의 기준에 따른다. <신설 2011.1.5, 2012.10.26> **제14조** 삭제 <2011.1.5>

산지관리법	산지관리법 시행령	산지관리법 시행규칙
③제1항에 따른 산지전용신고를 받은 산림청장 또는 시장·군수·구청장은 그 신고내용이 제2항에 따른 신고대상 시설 및 행위의 범위, 설치지역, 설치조건 등을 충족한 경우에 농림축산식품부령으로 정하는 바에 따라 신고를 수리하여야 한다. <개정 2013.3.23> ④관계 행정기관의 장이 다른 법률에 따라 산지전용신고가 의제되는 행정처분을 하기 위한 산림청장 또는 시장·군수·구청장과의 협의 및 그 처분의 통보에 관하여는 제14조제2항 및 제3항을 준용한다. [전문개정 2010.5.31] [시행일 : 2017.6.3] 제15조		제15조(산지전용신고의 수리) 관할청(시·도지사 및 지방산림청장은 제외한다)은 법 제15조제3항에 따라 신고내용이 신고대상 시설 및 행위의 범위, 설치지역, 설치조건 등에 적합한 경우에는 그 신고를 수리하여야 한다. 다만, 다음 각 호의 어느 하나에 해당하는 경우에는 그러하지 아니하다. <개정 2009.4.20., 2011.1.5.> 1. 신고서의 기재사항에 흠이 있는 경우 2. 신고에 필요한 첨부서류를 제출하지 아니한 경우 3. 첨부서류에 흠이 있거나 거짓 또는 그 밖의 부정한 방법으로 신고한 경우 4. 삭제 <2011.1.5> 5. 법 제38조제1항 본문의 규정에

		따라 복구비를 예치하여야 하는 자가 그 복구비를 예치하지 아니한 경우 [제목개정 2011.1.5]
제15조의2(산지일시사용허가·신고) ①「광업법」에 따른 광물의 채굴, 「광산피해의 방지 및 복구에 관한 법률」에 따른 광해방지사업, 그 밖에 대통령령으로 정하는 용도로 산지일시사용을 하려는 자는 대통령령으로 정하는 산지의 종류 및 면적 등의 구분에 따라 산림청장등의 허가를 받아야 하며, 허가받은 사항을 변경하려는 경우에도 또한 같다. 다만, 농림축산식품부령으로 정하는 경미한 사항을 변경하려는 경우에는 산림청장등에게 신고로 갈음할 수 있다. <개정 2012.2.22, 2013.3.23>	제18조의2(산지일시사용허가) ①법 제15조의2제1항에 따른 산지일시사용허가·변경허가 또는 변경신고의 절차 및 심사에 관하여는 제15조제1항부터 제3항까지의 규정을 준용한다. <개정 2012.8.22> ②법 제15조의2제1항 본문에서 "대통령령으로 정하는 용도"란 다음 각 호의 어느 하나에 해당하는 용도를 말한다. <개정 2011.1.28, 2012.5.22, 2012.8.22, 2013.12.17, 2014.8.12> 1. 송전시설·배전시설·전기통신송신시설·풍력발전시설 및 풍황계측시설의 설치 2. 「궤도운송법」에 따른 궤도시설의 설치	제15조의2(산지일시사용허가) ①영 제18조의2제1항에 따라 준용되는 영 제15조제1항에 따른 산지일시사용허가 또는 변경허가를 위한 신청서는 별지 제7호의2서식에 따르고, 산지일시사용허가증은 별지 제7호의3서식에 따른다. <개정 2012.10.26> ②법 제15조의2제1항 단서에서 "농림축산식품부령으로 정하는 경미한 사항"이란 다음 각 호의 어느 하나에 해당하는 사항을 말한다. <신설 2012.10.26, 2013.3.23, 2015.11.25> 1. 산지일시사용허가를 받은 자의 명의 변경

산지관리법	산지관리법 시행령	산지관리법 시행규칙
	3. 「매장문화재 보호 및 조사에 관한 법률」에 따른 문화재의 발굴 4. 그 밖에 제1호부터 제3호까지의 용도와 유사한 용도로서 산림청장이 정하여 고시하는 용도 ③법 제15조의2제3항에 따른 산지일시사용허가의 대상시설, 행위의 범위, 설치지역 및 설치조건은 별표 3의2와 같다. [본조신설 2010.12.7]	2. 산지일시사용허가를 받은 산지의 이용계획 및 토사처리계획 등 사업계획의 변경 3. 산지일시사용허가 면적의 축소 4. 산지일시사용허가를 받은 산지의 소유권 또는 사용·수익권의 변경 5. 산지일시사용허가에 따른 건축물의 면적 또는 위치 변경 ③제1항에 따른 신고서나 변경신고서를 받은 관할청은 「전자정부법」 제36조제1항에 따른 행정정보의 공동이용을 통하여 토지 등기사항증명서(신고인이 토지의 소유자인 경우만 해당한다) 및 축산업등록증(신고인이 농업인임을 증명하여야 하는 경우만 해당한다)을 확인하여야 한다. 다만, 신고인이 축산업등록증의 확인에 동의하

		지 아니하는 경우에는 그 사본을 제출하여야 한다.<신설 2015.11.25> [본조신설 2011.1.5]
②다음 각 호의 어느 하나에 해당하는 용도로 산지일시사용을 하려는 자는 국유림의 산지에 대하여는 산림청장에게, 국유림이 아닌 산림의 산지에 대하여는 시장·군수·구청장에게 신고하여야 한다. 신고한 사항 중 농림축산식품부령으로 정하는 사항을 변경하려는 경우에도 같다. <개정 2012.2.22, 2013.3.23, 2016.12.2> 1. 「건축법」에 따른 건축허가 또는 건축신고 대상이 아닌 간이 농림어업용 시설과 농림수산물 간이처리시설의 설치 2. 석재·지하자원의 탐사시설 또는 시추시설의 설치(지질조사를 위한 시설의 설치를 포함한다)	제18조의3(산지일시사용신고) ①법 제15조의2제2항에 따른 산지일시사용신고 또는 변경신고의 절차에 관하여는 제17조제1항을 준용한다.	제15조의3(산지일시사용신고) ①영 제18조의3제1항에 따라 준용되는 영 제17조제1항에 따른 산지일시사용신고 또는 변경신고를 위한 신고서는 별지 제7호의4서식에 따른다. ②제1항에 따른 산지일시사용신고 시 제출하여야 하는 서류는 다음 각 호와 같다. <신설 2014.8.14, 2016.12.30> 1. 사업계획서(산지일시사용의 목적, 사업기간, 일시사용하려는 산지의 이용계획, 입목처리계획, 토석처리계획 및 피해방지계획 등이 포함되어야 한다) 1부 2. 일시사용하려는 산지의 소유권 또는 사용·수익권을 증명할 수 있는 서류 1부(토지 등기사항증

산지관리법	산지관리법 시행령	산지관리법 시행규칙
3. 제10조제10호, 제12조제1항제14호 및 제12조제2항제6호에 따른 부대시설의 설치 및 물건의 적치 4. 산나물, 약초, 약용수종, 조경수·야생화 등 관상산림식물의 재배(성토 또는 절토 등을 통하여 지표면으로부터 높이 또는 깊이 50센티미터 이상 형질변경을 수반하는 경우에 한정한다) 5. 가축의 방목 및 해당 방목지에서 가축의 방목을 위하여 필요한 목초(牧草) 종자의 파종 6. 「매장문화재 보호 및 조사에 관한 법률」에 따른 매장문화재 지표조사 7. 임도, 작업로, 임산물 운반로, 등산로·탐방로 등 숲길, 그 밖에 이와 유사한 산길의 조성		명서로 확인할 수 없는 경우에 한정하고, 사용·수익권을 증명할 수 있는 서류에는 사용·수익권의 범위 및 기간이 명시되어야 한다) 3. 산지일시사용예정지가 표시된 축척 2만5천분의 1 이상의 지적이 표시된 지형도(「토지이용규제 기본법」 제12조에 따라 국토이용정보체계에 지적이 표시된 지형도의 데이터베이스가 구축되어 있지 아니하거나 지형과 지적의 불일치로 지형도의 활용이 곤란한 경우에는 지적도) 1부 4. 측량업자등이 측량한 축척 6천분의 1부터 1천200분의 1까지의 산지일시사용예정지실측도 1부

8. 「장사 등에 관한 법률」에 따른 수목장림의 설치 9. 「사방사업법」에 따른 사방시설의 설치 10. 산불의 예방 및 진화 등 대통령령으로 정하는 재해응급대책과 관련된 시설의 설치	②법 제15조의2제2항제10호에서 "대통령령으로 정하는 재해응급대책과 관련된 시설"이란 다음 각 호의 어느 하나에 해당하는 시설을 말한다. <개정 2012.5.22, 2012.8.22, 2015.11.11> 1. 산불감시탑, 방화선, 간이무선통신시설, 간이저수조, 간이헬기장 등 산불의 예방 및 진화와 관련된 시설 2. 「산림보호법」 제2조제5호에 따른 방제에 필요한 시설 3. 「가축전염병예방법」 제20조에 따른 가축의 살처분과 같은 법 제22조에 따른 가축 사체의 소각 및 매몰에 필요한 시설 4. 「재난 및 안전관리 기본법」 제	5. 복구대상산지의 종단도 및 횡단도(풍력발전시설 진입로의 경우에는 20미터 간격으로 원지반의 경사도가 표시된 진입로의 횡단도를 말한다)와 복구공종·공법 및 견취도가 포함된 복구계획서 1부(복구하여야 할 산지가 있는 경우에 한정한다) 6. 「농지법」 제49조에 따른 농지원부 사본 1부(신청인이나 신고인이 제7조제1호에 따른 농업인임을 증명하여야 하는 경우만 해당한다) 7. 「소나무재선충병 방제특별법」 제13조의2에 따른 재선충병방제계획서 1부(같은 법 제9조에 따른 반출금지구역이 포함된 산지를 전용하려는 경우에 한정한다) 8. 그 밖에 산지일시사용신고의 행위별 조건 및 기준 등의 검토 관

산지관리법	산지관리법 시행령	산지관리법 시행규칙
11.「전기통신사업법」제2조제8호에 따른 전기통신사업자가 설치하는 대통령령으로 정하는 규모 이하의 무선전기통신 송수신 시설	37조제1항에 따른 응급조치에 필요한 시설 ③법 제15조의2제2항제11호에서 "대통령령으로 정하는 규모"란 100제곱미터를 말한다. <신설 2012.8.22, 2016.12.30>	련 서류(산지일시사용신고의 행위별 조건 및 기준 등을 추가로 검토할 필요가 있는 경우만 해당한다) ⑤관할청(시·도지사 및 지방산림청장은 제외한다)은 영 별표 3의3에 따른 산지일시사용신고의 행위별 조건 및 기준 등의 검토에 필요하다고 인정하는 경우에는 다음 각 호의 구분에 따른 서류를 제출하게 할 수 있다. <개정 2011.10.24, 2012.10.26, 2014.8.14> 1. 영 별표 3의3 제1호, 제5호 및 제7호에 따른 시설을 설치하는 경우 : 바닥면적 규모를 표시한 사업계획서 2. 영 별표 3의3 제2호, 제6호 및 제8호다목에 따른 시설을 설치하는 경우: 표고, 등고선 및 평균 경사도를 표시한 예정지실측도

12. 그 밖에 농림축산식품부령으로 정하는 경미한 시설의 설치
③제1항 및 제2항에 따른 산지일시사용허가·신고의 절차, 기준, 조건, 기간·기간연장, 대상시설, 행위의 범위, 설치지역 및 설치조건 등에 필요한 사항은 대통령령으로 정한다. <개정 2012.2.22>
	④법 제15조의2제3항에 따른 산지일시사용신고의 대상시설, 행위의 범위, 설치지역 및 설치조건은 별표 3의3과 같다. <개정 2012.8.22>
	[본조신설 2010.12.7]
		⑥법 제15조의2제2항제12호에서 "농림축산식품부령으로 정하는 경미한 시설"이란 다음 각 호의 어느 하나에 해당하는 시설을 말한다. <개정 2012.10.26, 2013.3.23, 2014.8.14, 2015.11.25>
		1. 법 제26조에 따라 채석 경제성 평가를 위하여 시추(試錐)하는 시설
		2. 농업용수 개발시설
		3. 「산림보호법」 제13조에 따라 지정된 보호수 및 야생동·식물의 보호를 위한 시설
		4. 문화재·전통사찰과 관련된 비석, 기념탑, 그 밖에 이와 유사한 시설
		5. 산지전용 및 산지일시사용을 위하여 임시로 설치하는 다음 각 목의 부대시설
		  가. 진입로
		  나. 현장사무소

산지관리법	산지관리법 시행령	산지관리법 시행규칙
		다. 지질·토양의 조사·탐사시설 라. 주차장, 화장실, 창고, 숙소, 식당, 정화시설, 재해방지시설·울타리 및 자재적치·운반시설 6. 법 제10조제9호의3에 따른 유해의 조사·발굴을 위한 시설 ⑦제1항에 따른 신고서나 변경신고서를 받은 관할청은 「전자정부법」 제36조제1항에 따른 행정정보의 공동이용을 통하여 토지 등기사항증명서(신고인이 토지의 소유자인 경우만 해당한다) 및 축산업등록증(신고인이 농업인임을 증명하여야 하는 경우만 해당한다)을 확인하여야 한다. 다만, 신고인이 축산업등록증의 확인에 동의하지 아니하는 경우에는 그 사본을 첨부하도록 하여야 한다. <신설 2015.11.25>

		⑧관할청은 법 제15조의2제1항 단서 또는 같은 조 제2항에 따라 신고한 내용이 신고대상 시설 및 행위의 범위, 설치지역, 설치조건 등에 적합한 경우에는 그 신고를 수리하여야 한다. 다만, 다음 각 호의 어느 하나에 해당하는 경우에는 그러하지 아니하다. <신설 2015.11.25> 1. 신고서의 기재사항에 흠이 있는 경우 2. 신고에 필요한 첨부서류를 제출하지 아니한 경우 3. 첨부서류에 흠이 있거나 거짓 또는 그 밖의 부정한 방법으로 신고한 경우 4. 법 제38조제1항 본문에 따라 복구비를 예치하여야 하는 자가 그 복구비를 예치하지 아니한 경우 [본조신설 2011.1.5]

산지관리법	산지관리법 시행령	산지관리법 시행규칙
	제18조의4(산지일시사용기간) ①법 제15조의2제3항에 따른 산지일시사용기간은 다음 각 호와 같다. 다만, 산지일시사용허가를 받거나 산지일시사용신고를 하려는 자가 산지 소유자가 아닌 경우에는 그 산지를 사용·수익할 수 있는 기간을 초과할 수 없다. <개정 2012.8.22, 2013.3.23> 1. 산지일시사용허가의 경우: 산지일시사용면적 및 일시사용하려는 목적사업을 고려하여 10년의 범위에서 농림축산식품부령으로 정하는 기준에 따라 산림청장등이 허가하는 기간 2. 산지일시사용신고의 경우: 산지일시사용면적 및 일시사용하려는 목적사업을 고려하여 10년의 범위에서 농림축산식품부령으로 정하는 기준에 따라 신고하	제15조의4(산지일시사용기간) ①영 제18조의4제1항제1호 및 제2호에서 "농림축산식품부령으로 정하는 기준"이란 별표 1의4에 따른 기준을 말한다. <개정 2011.10.24, 2013.3.23>

④제2항에 따른 산지일시사용신고를 받은 산림청장 또는 시장·군수·구청장은 그 신고내용이 제3항에 따른 산지일시사용신고의 기준, 조건, 대상시설, 행위의 범위, 설치지역 등을 충족한 경우 농림축산식품부령으로 정하는 바에 따라 신고를 수리하여야 한다. <신설 2016.12.2>

⑤관계 행정기관의 장이 다른 법률에 따라 산지일시사용허가·신고가 의제되는 행정처분을 하기 위한

는 기간
②제1항에 따른 산지일시사용기간의 연장에 관하여는 제19조를 준용한다.
③제2항에 따라 준용하는 제19조제2항 본문에도 불구하고 「광업법」에 따른 광물의 채굴을 위한 산지일시사용기간을 연장하는 경우로서 다음 각 호의 요건을 모두 갖춘 경우에는 최초의 산지일시사용기간을 초과하여 산지일시사용기간의 연장허가를 할 수 있다. <신설 2012.5.22, 2014.12.31, 2016.6.21>
1. 「광업법」에 따른 광물의 채굴을 위하여 산지일시사용기간을 연장함이 타당하다고 인정될 것
2. 최초의 산지일시사용기간, 기존의 산지일시사용연장기간과 연장받으려는 기간을 모두 합산하여 「광업법」 제12조에 따른 채굴권의 존속기간을 초과하지 아

②영 제18조의4제2항에 따라 준용되는 산지일시사용기간연장허가 신청서는 별지 제7호의2서식, 산지일시사용기간연장허가에 따른 허가증은 별지 제7호의3서식, 산지일시사용기간연장신고서는 별지 제7호의4서식에 따른다.
[본조신설 2011.1.5]

제15조의5(산지일시사용 협의서류)
법 제15조의2제4항에 따른 산지일시사용 협의요청서는 별지 제7호의5서식에 따른다.
[본조신설 2011.1.5]

산지관리법	산지관리법 시행령	산지관리법 시행규칙
산림청장등과의 협의 및 그 처분의 통보에 관하여는 제14조제2항 및 제3항을 준용한다. <개정 2012.2.22, 2016.12.2> [본조신설 2010.5.31] [시행일 : 2017.6.3] 제15조의2	니할 것 ④제2항에 따라 준용하는 제19조제2항 본문에도 불구하고 제3항에 따른 연장허가를 받으려는 자가 법 제15조의2제2항제3호에 따른 부대시설의 설치를 위한 산지일시사용기간을 제3항에 따라 연장되는 날까지 연장하려는 경우에는 최초의 산지일시사용기간을 초과하여 변경신고를 할 수 있다. <신설 2014.12.31, 2016.6.21> [본조신설 2010.12.7]	

제16조(산지전용허가 등의 효력) ① 제14조제1항에 따른 산지전용허가, 제15조제1항에 따른 산지전용신고, 제15조의2제1항에 따른 산지일시사용허가 및 제15조의2제2항에 따른 산지일시사용신고의 효력은 다음 각 호의 요건을 모두 충족할 때까지 발생하지 아니한다. <개정 2016.12.2>
1. 해당 산지전용 또는 산지일시사용의 목적사업을 시행하기 위하여 다른 법률에 따른 인가·허가·승인 등의 행정처분이 필요한 경우에는 그 행정처분을 받을 것
2. 제19조에 따라 대체산림자원조성비를 미리 내야 하는 경우에는 대체산림자원조성비를 납부할 것
3. 제38조에 따른 복구비를 예치하여야 하는 경우에는 복구비를 예치할 것

산지관리법	산지관리법 시행령	산지관리법 시행규칙
②제1항에 따른 목적사업의 시행에 필요한 행정처분에 대한 거부처분이나 그 행정처분의 취소처분이 확정된 경우에는 제14조제1항에 따른 산지전용허가나 제15조의2 제1항에 따른 산지일시사용허가는 취소된 것으로 보고, 제15조제1항에 따른 산지전용신고나 제15조의2제2항에 따른 산지일시사용신고는 수리되지 아니한 것으로 본다. [전문개정 2010.5.31] [시행일 : 2017.6.3] 제16조		
제17조(산지전용허가 등의 기간) ① 제14조에 따른 산지전용허가 또는 제15조에 따른 산지전용신고에 의하여 대상 시설물을 설치하는 기간 등 산지전용기간은 다음 각 호와 같다. 다만, 산지전용허가를 받거나		제16조(산지전용기간) 법 제17조제1항제1호 및 제2호에서 "농림축산식품부령으로 정하는 기준"이란 별표 2의 기준을 말한다. <개정 2008.3.3, 2011.1.5, 2013.3.23>

산지전용신고를 하려는 자가 산지 소유자가 아닌 경우의 산지전용기간은 그 산지를 사용·수익할 수 있는 기간을 초과할 수 없다. <개정 2012.2.22, 2013.3.23>

1. 산지전용허가의 경우: 산지전용면적 및 전용을 하려는 목적사업을 고려하여 10년의 범위에서 농림축산식품부령으로 정하는 기준에 따라 산림청장등이 허가하는 기간. 다만, 다른 법령에서 목적사업의 시행에 필요한 기간을 정한 경우에는 그 기간을 허가기간으로 할 수 있다.

2. 산지전용신고의 경우: 산지전용면적 및 전용을 하려는 목적사업을 고려하여 10년의 범위에서 농림축산식품부령으로 정하는 기준에 따라 신고하는 기간. 다만, 다른 법령에서 목적사업의 시행에 필요한 기간을 정한 경

산지관리법	산지관리법 시행령	산지관리법 시행규칙
우에는 그 기간을 산지전용기간으로 신고할 수 있다. ②제14조에 따른 산지전용허가를 받거나 제15조에 따른 산지전용신고를 한 자가 제1항에 따른 산지전용기간 이내에 전용하려는 목적사업을 완료하지 못하여 그 기간을 연장할 필요가 있으면 대통령령으로 정하는 바에 따라 산림청장등으로부터 산지전용기간의 연장 허가를 받거나 산림청장 또는 시장·군수·구청장에게 산지전용기간의 변경신고를 하여야 한다. <개정 2012.2.22> [전문개정 2010.5.31]	제19조(산지전용기간의 연장허가 등) ①법 제17조제2항에 따라 산지전용기간의 연장허가를 받거나 산지전용기간의 변경신고를 하려는 자는 각각 산지전용기간연장허가신청서 또는 산지전용변경신고서에 농림축산식품부령으로 정하는 서류를 첨부하여 산지전용기간이 만료되기 10일전까지 산림청장등에게 제출하여야 한다. 다만, 산지전용기간이 만료되기 10일전까지 산지전용기간의 연장허가를 신청하지 못하거나 변경신고를 하지 못한 때에는 산지전용기간이 만료되기 전에 산지전용기간연장허가신청서 또는 산지전용변경신고서에 사유를 명시하여 제출하되, 산지전용기간이 만료된 후에는 산지전용기간	제17조(산지전용기간의 연장허가 등) ①영 제19조제1항의 규정에 의한 산지전용기간연장허가신청서는 별지 제8호서식에 의하고, 산지전용변경신고서는 별지 제7호서식에 의한다. <개정 2013.1.23> ②영 제19조제1항 본문에서 "농림축산식품부령으로 정하는 서류"란 산지전용을 하려는 산지의 소유권 또는 사용·수익권을 증명할 수 있는 서류(토지 등기사항증명서로 확인할 수 없는 경우에 한정한다)를 말한다. <개정 2006.6.30, 2008.3.3, 2012.10.26, 2013.1.23, 2013.3.23> ③제1항에 따른 신청서나 신고서 제출 시 관할청은 「전자정부법」 제36조제1항에 따른 행정정보의 공

| | 의 연장허가를 받거나 변경신고가 수리될 때까지 산지전용을 할 수 없다. <개정 2005.8.5, 2008.2.29, 2010.12.7, 2012.8.22, 2013.3.23> ②산림청장등은 제1항에 따른 산지전용기간연장허가신청서 또는 산지전용변경신고서를 제출받은 경우에 산지전용기간을 연장하거나 변경하는 것이 타당하다고 인정되는 경우에는 기존의 산지전용연장기간과 연장받으려는 기간을 모두 합산하여 최초의 산지전용기간을 초과하지 아니하는 범위에서 산지전용기간의 연장허가를 하거나 변경신고를 수리하여야 한다. 다만, 다음 각 호의 어느 하나에 해당하는 경우에는 최초의 산지전용기간을 초과하여 산지전용기간을 연장할 수 있다. <개정 2005.8.5, 2007.7.27, 2009.4.20, 2010.12.7, | 동이용을 통하여 토지 등기사항증명서(신청인이나 신고인이 토지의 소유자인 경우만 해당한다)를 확인하여야 한다. <개정 2009.4.20, 2013.1.23> |

산지관리법	산지관리법 시행령	산지관리법 시행규칙
	2012.8.22, 2014.9.24> 1. 삭제 <2010.12.7> 2. 삭제 <2010.12.7> 3. 다른 법률에 따라 산지전용허가 또는 산지전용신고가 의제되는 행정처분의 경우로서 해당 법률에서 행정처분 기간의 연장을 달리 정한 경우 4. 다음 각 목의 어느 하나에 해당하여 연장기간에 사업을 완료할 수 없는 경우 가. 천재지변 나. 일시적 경영악화 또는 자금부족, 그 밖에 부득이한 사유가 있다고 산림청장등이 인정하는 경우 ③제2항의 규정에 따라 산지전용기간의 연장허가를 하는 경우에는 농림축산식품부령이 정하는 산지전용허가증을 신청인에게 교부하	④영 제19조제3항 본문에 따른 산지전용허가증은 별지 제5호서식에 의한다. <개정 2006.6.30, 2011.1.5>

여야 한다. 다만, 신청인 또는 신고인이 법 제38조의 규정에 따라 복구비를 미리 예치하여야 하는 때에는 그 예치사실을 확인한 후 연장허가를 하거나 변경신고를 수리하여야 한다. <신설 2005.8.5, 2008.2.29, 2013.3.23>

제18조(산지전용허가기준 등) ①제14조에 따라 산지전용허가 신청을 받은 산림청장등은 그 신청내용이 다음 각 호의 기준에 맞는 경우에만 산지전용허가를 하여야 한다. <개정 2012.2.22>
1. 제10조와 제12조에 따른 행위제한사항에 해당하지 아니할 것
2. 인근 산림의 경영·관리에 큰 지장을 주지 아니할 것
3. 집단적인 조림 성공지 등 우량한 산림이 많이 포함되지 아니할 것
4. 희귀 야생 동·식물의 보전 등 산

산지관리법	산지관리법 시행령	산지관리법 시행규칙
림의 자연생태적 기능유지에 현저한 장애가 발생하지 아니할 것 5. 토사의 유출·붕괴 등 재해가 발생할 우려가 없을 것 6. 산림의 수원 함양 및 수질보전 기능을 크게 해치지 아니할 것 7. 산지의 형태 및 임목(林木)의 구성 등의 특성으로 인하여 보호할 가치가 있는 산림에 해당되지 아니할 것 8. 사업계획 및 산지전용면적이 적정하고 산지전용방법이 자연경관 및 산림 훼손을 최소화하며 산지전용 후의 복구에 지장을 줄 우려가 없을 것 ②제1항에도 불구하고 준보전산지의 경우 또는 다음 각 호의 요건을 모두 충족하는 경우에는 제1항제		

1호부터 제4호까지의 기준을 적용하지 아니한다.
1. 전용하려는 산지 중 임업용산지의 비율이 100분의 20 미만으로서 대통령령으로 정하는 비율 이내일 것
2. 전용하려는 산지에 대통령령으로 정하는 집단화된 임업용산지가 포함되지 아니할 것
3. 전용하려는 산지 중 제1호의 임업용산지를 제외한 나머지가 준보전산지일 것

③산림청장등은 제1항에 따라 산지전용허가를 할 때 산림기능의 유지, 재해 방지, 경관 보전 등을 위하여 필요할 때에는 재해방지시설의 설치 등 필요한 조건을 붙일 수 있다. <개정 2012.2.22>

제20조(산지전용허가기준 등) ①법 제18조제2항제1호에서 "대통령령으로 정하는 비율"이란 100분의 10을 말한다. <신설 2010.12.7>

②법 제18조제2항제2호에서 "대통령령으로 정하는 집단화된 임업용산지"란 1개의 필지 또는 2개 이상의 연접한 필지의 면적이 3만제곱미터 이상인 임업용산지를 말한다. <신설 2010.12.7>

③산림청장등은 산지전용허가를 할 때에는 법 제18조제3항에 따라 다음과 같은 조건을 붙일 수 있다. <개정 2005.8.5, 2010.12.7, 2012.8.22>
1. 10만제곱미터 이상의 산지를 전용하는 경우에는 산지의 형질변경을 단계별로 실시하거나 형질변경이 완료된 부분을 중간복구

산지관리법	산지관리법 시행령	산지관리법 시행규칙
④산림청장등은 제1항에 따른 산지전용허가 중 대통령령으로 정하는 면적 이상의 산지(보전산지가 대통령령으로 정하는 면적 이상으로	할 것 2. 경관유지를 위한 차폐림(遮蔽林)을 조성할 것 3. 사업시행중 발생한 토사는 당해 사업시행지역밖으로 반출할 것 4. 산림으로 존치되는 지역은 조림·숲가꾸기 등 산림자원의 조성을 위한 사업을 실시할 것 5. 토사유출방지시설·낙석방지시설·옹벽·사방댐·침사지(沈砂池) 및 배수시설 등 재해방지시설을 설치할 것 6. 그 밖에 산림기능의 유지, 경관보전 등을 위하여 산림청장등이 정하여 고시하는 조건 ④법 제18조제4항에서 "대통령령으로 정하는 면적 이상의 산지"란 50만제곱미터 이상의 산지를 말한다. <개정 2010.12.7>	

포함되는 경우로 한정한다)에 대한 산지전용허가를 할 때에는 미리 그 산지전용타당성에 관하여 중앙산지관리위원회 또는 지방산지관리위원회의 심의를 거쳐야 한다. <개정 2012.2.22>

⑤ 제1항에 따른 산지전용허가기준의 적용 범위와 산지의 면적에 관한 허가기준, 그 밖의 사업별·규모별 세부 기준 등에 관한 사항은 대통령령으로 정한다. 다만, 지역여건상 산지의 이용 및 보전을 위하여 필요하다고 인정되면 대통령령으로 정하는 범위에서 산지의 면적에 관한 허가기준이나 그 밖의 사업별·규모별 세부 기준을 해당 지방자치단체의 조례로 정할 수 있다. <개정 2014.3.24>

[전문개정 2010.5.31]

⑤ 법 제18조제4항에서 "보전산지가 대통령령으로 정하는 면적 이상으로 포함되는 경우"란 보전산지가 50만제곱미터 이상 포함되는 경우를 말한다. <개정 2012.8.22>

⑥ 법 제18조제5항 본문에 따른 산지전용허가기준의 적용범위와 사업별·규모별 세부기준은 별표 4와 같고, 산지의 면적에 관한 허가기준은 별표 4의2와 같다. <개정 2010.12.7>

⑦ 법 제18조제5항 단서에 따라 지역여건상 산지의 이용 및 보전을 위하여 필요하다고 인정되면 해당 지방자치단체의 조례로써 다음 각 호의 허가기준을 100분의 10 범위에서 완화하거나 100분의 20의 범위에서 강화할 수 있다. <신설 2010.12.7, 2014.9.24>

1. 별표 4 제1호마목6), 같은 표 제

산지관리법	산지관리법 시행령	산지관리법 시행규칙
	2호가목 및 같은 호 다목1)·2)에 따른 허가기준 2. 별표 4의2에 따른 산지의 면적에 관한 허가기준	
제18조의2(산지전용타당성조사 등) ①대통령령으로 정하는 규모 이상으로 제8조제1항에 따른 협의·변경협의를 신청하거나 제14조 또는 제15조의2에 따른 산지전용허가·변경허가 또는 산지일시사용허가·변경허가(다른 법률에 따라 산지전용허가·변경허가 또는 산지일시사용허가·변경허가가 의제되는 행정처분을 포함한다)를 받으려는 자는 미리 대통령령으로 정하는 산지전문기관으로부터 산지전용 또는 산지일시사용의 필요성·적합성·환경성 등을 종합적으로 고려한 타당성에 관한 조사(이하 "산지전용타당	제20조의2(산지전용타당성조사의 대상) ①법 제18조의2제1항 본문에서 "대통령령으로 정하는 규모"란 법 제8조제1항 전단에 따른 협의를 신청하는 산지의 면적, 법 제14조 또는 제15조의2에 따른 산지전용허가 또는 산지일시사용허가(다른 법률에 따라 산지전용허가·산지일시사용허가가 의제되는 행정처분을 포함한다)를 받으려는 산지의 면적을 기준으로 30만제곱미터[풍력발전시설 또는 삭도(索道)시설의 경우에는 660제곱미터]를 말한다. <개정 2014.12.31, 2015.11.11>	

성조사"라 한다)를 받아야 한다. 다만, 산지전용 또는 산지일시사용을 하려는 용도가 농림어업용인 경우 등 대통령령으로 정하는 경우에는 그러하지 아니하다. <개정 2016.12.2> ② 제1항에 따른 산지전용타당성조사에 필요한 수수료는 산지전용타당성조사를 신청한 자가 산지전문기관에 납부하여야 한다.	② 법 제18조의2제1항 본문에서 "대통령령으로 정하는 산지전문기관"이란 산지보전협회와 사방협회를 말한다. <개정 2012.8.22, 2016.12.30> ③ 법 제18조의2제1항 단서에서 "대통령령으로 정하는 경우"란 다음 각 호의 경우를 말한다. <개정 2014.12.31> 1. 농림어업용 시설 및 재해방지·복구시설을 설치하려는 경우. 다만, 「농어촌정비법」에 따른 개간 및 「초지법」에 따른 초지조성은 제외한다. 2. 산지전용 또는 산지일시사용의	

산지관리법	산지관리법 시행령	산지관리법 시행규칙
	면적이 확정되지 아니한 상태에서 법 제8조제1항 전단에 따른 협의를 요청하는 경우 3. 법 제8조제1항 전단에 따른 협의를 신청하려는 자가 산지전용타당성조사를 받은 경우로서 법 제14조 또는 제15조의2에 따른 산지전용허가 또는 산지일시사용허가를 받으려는 경우 [본조신설 2010.12.7] [종전 제20조의2는 제20조의5로 이동 <2010.12.7>]	

	제20조의3(산지전용타당성조사의 절차 및 기준) ①법 제18조의2제1항에 따라 산지전용타당성조사를 받으려는 자는 산지전용타당성조사신청서에 농림축산식품부령으로 정하는 서류를 첨부하여 산지보전협회 또는 사방협회에 신청하여야 한다. <개정 2013.3.23, 2016.12.30> ②산지보전협회 또는 사방협회는 제1항에 따른 신청을 받은 경우에는 별표 4의3의 기준에 따라 산지전용타당성조사를 실시하여야 한다. 이 경우 산림 및 표고 등에 대한 조사·분석은 다음 각 호의 기준에 따른다. <개정 2013.3.23, 2016.12.30> 1. 입목축적·임령 등에 대한 산림조사·분석 :「산림자원의 조성 및 관리에 관한 법률 시행령」제30조제1항에 따른 기술특급 및 기	제18조(산지전용타당성조사의 절차 및 기준 등) ①영 제20조의3제1항에 따른 산지전용타당성조사신청서는 별지 제9호의2서식에 따른다. ②영 제20조의3제1항에서 "농림축산식품부령으로 정하는 서류"란 다음 각 호의 구분에 따른 서류를 말한다. <개정 2013.3.23, 2016.12.30> 1. 지역등의 지정·결정을 위한 협의를 신청하려는 경우: 제4조제2항제1호부터 제3호까지의 서류 2. 산지전용허가 또는 산지일시사용허가를 받으려는 경우: 제10조제2항제1호가목·라목·마목 및 사목의 서류

산지관리법	산지관리법 시행령	산지관리법 시행규칙
	술1급의 산림경영기술자가 실시할 것 2. 표고 및 평균경사도 등에 대한 조사·분석 :「산림자원의 조성 및 관리에 관한 법률 시행령」별표 2에 따른 산림공학기술자 또는 농림축산식품부령으로 정하는 산림·토목·측량 분야의 국가기술자격을 소지한 자가 실시할 것 3. 그 밖에 경관유지 및 재해방지 등의 조사·분석 : 농림축산식품부령으로 정하는 산림·환경·산지 분야의 전문가가 실시할 것 ③산지보전협회 또는 사방협회는 제2항제1호에 따른 조사·분석을 위하여 필요한 경우에는 관계 행정기관의 장에게 산불 발생, 솎아베기 또는 벌채 이력 등에 관한 자료	③영 제20조의3제2항제2호에서 "농림축산식품부령으로 정하는 산림·토목·측량 분야의 국가기술자격"이란 「국가기술자격법」에 따른 산림기사·토목기사·측량 및 지형공간정보기사 이상의 국가기술자격을 말한다. <개정 2013.3.23> ④영 제20조의3제2항제3호에서 "농림축산식품부령으로 정하는 산림·환경·산지 분야의 전문가"란 다음 각 호의 어느 하나에 해당하는 사람을 말한다. <개정 2013.3.23> 1. 국가 또는 지방자치단체의 산림·환경·산지 분야의 연구기관에서 5년 이상 연구직으로 종사한 경력이 있는 사람

	를 요청할 수 있다. 이 경우 요청을 받은 관계 행정기관의 장은 특별한 사유가 없으면 요청받은 날부터 30일 이내에 산지보전협회 또는 사방협회에 관련 자료를 제공하여야 한다. <신설 2016.12.30> ④산지보전협회 또는 사방협회는 제2항에 따른 산지전용타당성조사가 완료된 경우 그 결과에 대한 설명회를 개최하여 지역주민 등 이해관계인의 의견을 수렴할 수 있다. <신설 2013.12.17, 2016.12.30> ⑤산지보전협회 또는 사방협회는 제1항에 따라 산지전용타당성조사를 신청받은 경우에는 「엔지니어링산업 진흥법」 제31조제2항에 따른 엔지니어링사업대가의 기준 중 실비정액가산방식, 관련 단체가 조사한 노임단가 등을 반영하여 산림청장이 정하여 고시하는 기준에 따라 수수료를 산정하여	2. 산림·환경·산지 분야에서 학사 이상의 학위를 소지하거나 「산림자원의 조성 및 관리에 관한 법률 시행령」 제30조제1항에 따른 기술1급 이상의 산림경영기술자 자격을 소지한 사람으로서 산림·환경·산지 분야의 업무에 10년 이상 종사한 경력이 있는 사람 3. 「고등교육법」 제2조제1호에 따른 대학의 산림·환경·산지 분야에서 조교수 이상의 직위에 근무한 경력이 있는 사람 ⑤영 제20조의4에 따른 산지전용타당성조사 결과의 공개는 별지 제9호의3서식에 따른다. [전문개정 2011.1.5]

산지관리법	산지관리법 시행령	산지관리법 시행규칙
③제1항에 따른 산지전용타당성조사의 신청을 받은 산지전문기관은 산지전용타당성조사를 실시한 후 그 결과를 산림청장등과 산지전용타당성조사를 신청한 자에게 통보하여야 한다. <개정 2012.2.22> ④산지전용타당성조사를 실시한 산지전문기관은 산지전용타당성조사와 관련하여 작성한 대통령령으로 정하는 서류 및 그 밖의 자료를	신청한 자에게 고지하여야 한다. <개정 2013.12.17, 2015.11.11, 2016.12.30> ⑥제5항에 따른 수수료의 고지·납부 및 환급 등에 필요한 사항은 산림청장이 정하여 고시한다. <개정 2013.12.17, 2016.12.30> [본조신설 2010.12.7] <위임행정규칙> **제20조의4(산지전용타당성조사 결과 등의 공개)** 산지보전협회 또는 사방협회는 법 제18조의2제3항에 따라 산지전용타당성조사의 결과를 통보한 경우에는 그 통보한 날부터 10일 이내에 농림축산식품부령으로 정하는 바에 따라 산지보전협회 또는 사방협회의 인터넷 홈페이지에 그 조사결과를 공개하여야 한다. <개정 2013.3.23, 2016.12.30>	

3년의 범위에서 대통령령으로 정하는 기간 동안 보관하여야 한다. <신설 2016.12.2> ⑤제1항부터 제4항까지에 따른 산지전용타당성조사의 절차·기준·방법 등과 수수료의 산정 및 산지전문기관의 감독 등에 관한 사항은 대통령령으로 정한다. <개정 2012.2.22, 2016.12.2> [본조신설 2010.5.31] [종전 제18조의2는 제18조의4로 이동 <2010.5.31>] [시행일 : 2017.6.3] 제18조의2 **제18조의3(산지전용타당성조사 결과 등의 공개)** ①산지전용타당성조사의 결과 및 검토의견은 「공공기관의 정보공개에 관한 법률」에 따른 정보공개의 대상이 된다. ②제1항에 따른 산지전용타당성조사 결과 등의 공개 시기 및 방법 등에 관한 사항은 대통령령으로	[본조신설 2010.12.7]	

산지관리법	산지관리법 시행령	산지관리법 시행규칙
정한다. [본조신설 2010.5.31] 제18조의4(산지전용허가기준 등의 충족 여부 확인) ①산림청장등은 대통령령으로 정하는 면적 이상의 산지에 대하여 다음 각 호의 사항을 확인할 필요가 있다고 인정하거나 이해관계인 등의 이의신청이 있을 때에는 관계 전문기관을 지정하거나 관계 전문가 등으로 구성된 조사협의체를 구성하여 이를 조사·검토하게 하고, 그 조사·검토 결과를 반영하여야 한다. 다만, 제18조의2에 따른 산지전용타당성조사를 거친 경우에는 그러하지 아니하다. <개정 2012.2.22, 2016.12.2> 1. 제8조에 따른 산지에서의 구역 등의 지정 협의 시 같은 조 제3항에 따른 협의기준의 충족 여부	제20조의5(산지전용허가기준 등의 적합성 여부 확인) 법 제18조의4제1항 각 호 외의 부분 본문에서 "대통령령으로 정하는 면적 이상의 산지"란 법 제8조에 따른 산지에서의 구역 등의 지정협의나 법 제14조에 따른 산지전용허가 또는 협의 대상이 되는 산지의 면적이 3만제곱미터 이상인 산지를 말한다. <개정 2010.12.7> [본조신설 2009.11.26] [제20조의2에서이동<2010.12.7>]	제18조의2(관계전문기관의 지정) ① 관할청(시장·군수·구청장 및 국유림관리소장은 제외한다. 이하 이 조부터 제18조의5까지에서 같다)은 법 제18조의4제1항 각 호의 사항을 확인할 필요가 있다고 인정되는 경우에는 제2항에 따른 관계전문기관이 조사·검토하게 하여야 한다. <개정 2011.1.5>

2. 제14조에 따른 산지전용허가 또는 협의 시 제18조제1항 또는 제2항에 따른 산지전용허가기준의 충족 여부

②제1항에 따른 조사협의체의 구성·운영에 필요한 사항 및 관계 전문기관의 지정에 관한 사항은 농림축산식품부령으로 정한다. <개정 2012.2.22, 2013.3.23>

[전문개정 2010.5.31]
[제18조의2에서 이동 <2010.5.31>]
[시행일 : 2017.6.3] 제18조의4

②법 제18조의4제2항에 따른 관계 전문기관은 다음 각 호의 어느 하나에 해당하는 기관·단체 중 관할청이 지정한 기관·단체로 한다. <개정 2011.1.5>
1. 국립산림과학원
2. 「산림조합법」에 따른 산림조합중앙회
3. 그 밖에 산림청장이 산림조사와 관련된 분야 중에서 지정·고시하는 기관·단체

[본조신설 2009.11.27]

제18조의4(조사협의체의 구성) ①법 제18조의4제1항 본문에 따른 조사협의체는 위원장 1명을 포함한 6명 이상 9명 이하의 위원으로 구성한다. <개정 2011.1.5>

산지관리법	산지관리법 시행령	산지관리법 시행규칙
		②조사협의체위원은 다음 각 호에 해당하는 자 중에서 관할청, 허가·협의를 받는 자 및 이의신청자(이하 "추천권자"라 한다)로부터 각각 3명씩 추천받아 관할청이 위촉한다. 1. 국가 또는 지방자치단체의 산림 관련 연구기관에 종사하는 연구직 공무원 2. 산림·환경 분야 업무에 10년 이상 종사한 경력이 있는 자 3. 「국가기술자격법」에 따른 산림기술사 자격을 취득한 후 3년 이상 실무경험이 있는 자 4. 「고등교육법」 제2조제1호에 따른 대학에서 산림분야 조교수 이상의 직위에 있는 자 ③제2항의 추천권자 중 어느 하나의 추천권자가 조사협의체위원을 추천하지 아니하거나 조사협의체위

		원의 일부만 추천한 경우에는 추천된 조사협의체위원만으로 조사협의체를 구성한다. ④조사협의체의 위원장(이하 "위원장"이라 한다)은 관할청이 추천한 위원 중에서 호선한다. ⑤위원장은 위원회를 대표하며 위원회의 업무를 총괄한다. ⑥위원장이 조사·검토 또는 이를 위한 회의에 참석하지 아니하거나 그 밖의 위원장의 직무를 수행할 수 없는 경우에는 관할청이 추천한 조사협의체위원 중에서 제4항을 준용하여 선출한 임시위원장이 위원장의 직무를 대행한다. ⑦조사협의체위원의 임기는 조사협의체의 운영기간으로 한다. [본조신설 2009.11.27]

산지관리법	산지관리법 시행령	산지관리법 시행규칙
제18조의5(이해관계인 등의 범위 등) ①산림청장등 또는 관계 행정기관의 장은 제18조의4제1항에 해당하는 산지에 대하여 제8조에 따른 구역 등의 지정협의, 제14조 또는 제15조의2에 따른 산지전용허가·산지전용협의 또는 산지일시사용허가·산지일시사용협의(이하 이 조에서 "허가·협의"라 한다)를 한 때에는 이해관계인 등이 그 내용을 알 수 있도록 해당 기관의 게시판 또는 전자매체 등에 공고하고 이해관계인 등이 관계 서류를 14일 이상 열람할 수 있도록 하여야 한다. ②제18조의4제1항에 따라 이의신청을 할 수 있는 이해관계인 등이란 허가·협의의 대상인 사업구역의 경계로부터 반경 500미터 안에 소재하는 다음 각 호의 어느 하나에 해당하는 자를 말한다.		

1. 가옥의 소유자 2. 주민(실제로 거주하고 있는 「주민등록법」에 따른 세대주를 말한다) 3. 공장의 소유자·대표자 4. 종교시설의 대표자 ③이해관계인 등이 제18조의4제1항에 따른 이의신청을 하려면 허가·협의사실이 공고된 날부터 30일 이내에 농림축산식품부령으로 정하는 이의신청서에 제2항 각 호에 해당하는 전체 인원의 과반수의 연대서명을 받은 연대서명부를 붙여 산림청장등에게 제출하여야 한다. <개정 2013.3.23> ④그 밖에 이해관계인 등의 이의신청 요건·절차 등에 필요한 사항은 농림축산식품부령으로 정한다. <개정 2013.3.23> [본조신설 2012.2.22]		제18조의3(이해관계인의 이의신청 요건·절차) ①삭제 <2012.10.26> ②법 제18조의5제3항에서 "농림축산식품부령으로 정하는 이의신청서"란 별지 제9호의4서식의 이의신청서를 말한다. <개정 2012.10.26, 2013.3.23> ③관할청은 제2항에 따른 이의신청서가 접수되면 접수된 사실을 허가·협의를 받은 자에게 통지하고 제18조의2에 따른 관계전문기관 또는 제18조의4에 따라 구성된 조사협의체에서 조사·검토하도록 하여야 한다. 이 경우 이해관계인이 조사협의체에서 조사·검토하도록

산지관리법	산지관리법 시행령	산지관리법 시행규칙
제19조(대체산림자원조성비) ①다음 각 호의 어느 하나에 해당하는 자는 산지전용과 산지일시사용에 따른 대체산림자원 조성에 드는 비용(이하 "대체산림자원조성비"라 한다)을 미리 내야 한다. <개정 2010.5.31> 1. 제14조에 따라 산지전용허가를 받으려는 자 2. 제15조의2제1항에 따라 산지일시사용허가를 받으려는 자(「광산피해의 방지 및 복구에 관한 법률」에 따른 광해방지사업을 하려는 자는 제외한다) 3. 다른 법률에 따라 산지전용허가 또는 산지일시사용허가가 의제		요구하는 때에는 이에 따라야 한다. <개정 2011.1.5> [본조신설 2009.11.27] 제18조의5(조사협의체의 운영) ①조사협의체의 조사·검토 범위는 이의신청된 사항으로 한정하되, 행정절차에 관한 사항은 제외한다. ②조사협의체는 이의 신청된 사항과 관련하여 소송중에 있거나 감사중에 있는 경우에는 그 소송 또는 감사가 종결될 때까지는 조사·검토를 중단한다. 이 경우 중단된 기간은 제3항에 따른 운영기간 총 일수에 산입하지 아니한다. ③조사협의체의 운영기간은 조사협의체위원을 위촉한 날부터 조사결과보고서를 제출하는 날까지로 하되 총 30일을 초과할 수 없다. 다만, 다음 각 호의 어느 하나에 해

되거나 배제되는 행정처분을 받으려는 자

②제1항에 따라 대체산림자원조성비를 내야 하는 자가 다음 각 호의 어느 하나에 해당하는 경우에는 제1항 각 호에 따른 산지전용허가, 산지일시사용허가 또는 행정처분을 받은 후에 대체산림자원조성비를 낼 수 있다. 다만, 제2호의 경우에는 제1항 각 호에 따른 산지전용허가, 산지일시사용허가 또는 행정처분을 받은 후 그 목적사업에 착수하기 전에 대체산림자원조성비의 100분의 50의 범위에서 농림축산식품부령으로 정하는 금액을 미리 내야 한다. <개정 2010.5.31, 2012.2.22, 2013.3.23, 2015.3.27, 2016.12.2>
1. 대통령령으로 정하는 납부금액의 구분에 따라 일정한 기한까지 대체산림자원조성비를 낼 것

제21조(대체산림자원조성비) ①산림청장등은 법 제19조제2항제1호에 따라 산지전용허가 또는 산지일시사용허가(다른 법률에 따라 산지전용허가 또는 산지일시사용허가가 의제되거나 배제되는 행정처분을 포함한다)를 받은 날부터 다음 각 호의 구분에 따른 기한까지 대체산림자원조성비를 납부할 것을 조건으로 산지전용허가 또는 산지일시사용허가를 할 수 있다. <개정 2010.12.7, 2012.8.22>
1. 납부할 금액이 1천만원 미만일 때 : 20일 이상 30일 이내
2. 납부할 금액이 1천만원 이상 5천만원 미만일 때 : 30일 이상 60일 이내
3. 납부할 금액이 5천만원 이상일 때 : 60일 이상 90일 이내

당하는 경우에는 관할청의 승인을 받아 운영기간을 연장할 수 있다.
1. 천재지변 또는 강우 등 기상여건으로 현장조사를 할 수 없는 경우
2. 조사를 완료하였으나 조사결과보고서 작성을 위하여 필요한 경우
3. 그 밖에 관할청이 운영기간 연장이 불가피하다고 인정하는 경우
④조사협의체의 의사결정은 위원장을 포함한 전체 조사협의체위원의 과반수 출석에 출석위원 과반수의 찬성으로 의결한다.
⑤위원장은 조사·검토 업무를 완료한 경우 조사결과 및 조사협의체 의결(소수의견을 포함한다) 등이 포함된 조사결과보고서를 제3항에 따른 기간 안에 관할청에 제출하여야 한다.
⑥관할청은 조사협의체위원에 대하

산지관리법	산지관리법 시행령	산지관리법 시행규칙
을 조건으로 하는 경우. 이 경우 대체산림자원조성비를 내지 아니하면 산지전용 또는 산지일시사용을 할 수 없다.		여 수당 및 여비를 지급할 수 있다. ⑦제1항부터 제6항까지의 사항 이외에 조사협의체의 구성·운영에 관하여 필요한 사항은 산림청장이 따로 정하여 고시한다. [본조신설 2009.11.27] <위임행정규칙>
2. 국가나 지방자치단체가 산지전용허가 등을 받는 경우, 대체산림자원조성비 총 납부금액이 일정 금액 이상인 경우 등 대통령령으로 정하는 경우에 해당하여 일정한 기한까지 대체산림자원조성비를 분할하여 납부할 것을 조건으로 하는 경우. 이 경우 분할 납부하려는 자는 농림축산식품부령으로 정하는 바에 따라 그 이행을 담보할 수 있는 이행보증금을 예치하여야 한다.	②산림청장등은 법 제19조제2항제2호에 따라 다음 각 호의 어느 하나에 해당하는 경우로서 대체산림자원조성비를 일시에 납부하기 어려운 사유가 있다고 인정되는 경우에는 농림축산식품부령으로 정하는 바에 따라 이행보증금을 예치하게 한 후 4년 이내의 기간동안 분할하여 납부하게 할 수 있다. <개정 2005.8.5, 2008.2.29, 2008.7.24, 2009.4.20, 2010.12.7, 2011.11.16, 2012.8.22, 2013.3.23,	제19조(대체산림자원조성비의 분할납부) ①영 제21조제2항에 따라 대체산림자원조성비를 분할하여 납부하고자 하는 자는 별지 제10호서식의 대체산림자원조성비분할납부신청서를 관할청에 제출하여야 한다. <개정 2011.1.5, 2015.11.25> ②관할청은 제1항의 규정에 따라 분할납부신청을 받은 때에는 10일 이내에 분할납부의 사유를 검토하여 그 처리결과를 신청인에게 통지하여야 한다.

③대체산림자원조성비는 산림청장 등이 부과·징수하며, 그 징수금액은 「농어촌구조개선 특별회계법」에 따른 임업진흥사업계정의 세입으로 한다. 다만, 시·도지사 또는 시장·군수·구청장이 부과·징수하는 경우에는 그 징수금액의 10퍼센트를 해당 지방자치단체의 수입으로 한다. <개정 2012.2.22, 2014.3.11>

④삭제 <2007.1.26>

2014.9.24>
1. 국가·지방자치단체, 공기업·준정부기관, 지방공사 또는 지방공단이 「산업입지 및 개발에 관한 법률」 제2조제8호에 따른 산업단지의 시설용지로 법 제14조에 따른 산지전용허가, 법 제15조의2에 따른 산지일시사용허가 및 법 제19조제1항제3호에 따른 행정처분(이하 이 항에서 "산지전용허가등"이라 한다)을 받으려는 경우
2. 「도시개발법」 제11조제1항의 규정에 의한 시행자가 동법 제2조제1항제2호의 규정에 의한 도시개발사업의 부지로 산지전용허가등을 받고자 하는 경우
3. 「관광진흥법」 제55조에 따른 사업시행자가 같은 법 제2조제6호에 따른 관광지 또는 같은 조 제7호에 따른 관광단지의 시설

③관할청은 제2항의 규정에 따라 분할납부를 결정한 경우에는 납부하여야 하는 대체산림자원조성비의 100분의 30에 해당하는 금액을 당해 목적사업의 착수전에 납부하게 하고, 그 잔액에 대하여는 법 제19조제2항제2호 후단의 규정에 의한 이행보증금을 예치하게 한 후 4년 이내의 기간동안 4회 이내로 납부하도록 하되, 최종납부일은 당해 목적사업의 준공일 이전으로 하여야 한다. <개정 2014.9.25>

④제3항에 따른 이행보증금은 다음 각 호에 따른 지급보증서 등으로 예치하되, 그 지급보증서 등의 보증기간은 최종납부일에 60일을 가산한 기간으로 하여야 한다. <개정 2005.8.24, 2009.4.20, 2011.1.5, 2015.11.25>
1. 「은행법」 제2조제2호에 따른 은행, 「한국산업은행법」에 따

산지관리법	산지관리법 시행령	산지관리법 시행규칙
	용지로 산지전용허가 등을 받으려는 경우 4. 「택지개발촉진법」 제7조의 규정에 의한 시행자가 동법 제2조제1호의 규정에 의한 택지로 산지전용허가등을 받고자 하는 경우 5. 「중소기업기본법」 제2조제2항의 규정에 의한 중소기업을 영위하고자 하는 자가 중소기업의 공장용지로 산지전용허가등을 받고자 하는 경우 6. 법 제19조제6항에 따라 산출한 대체산림자원조성비 총납부금액이 5억원 이상인 경우 **제22조** 삭제 <2007.7.27>	른 한국산업은행, 「한국수출입은행법」에 따른 한국수출입은행, 「중소기업은행법」에 따른 중소기업은행이 발행한 지급보증서 2. 「자본시장과 금융투자업에 관한 법률」 제4조에 따른 증권 3. 「보험업법」 제2조제6호에 따른 보험회사가 발행한 보증보험증권 4. 「건설산업기본법」 제54조에 따른 공제조합, 「전기공사공제조합법」에 따른 전기공사공제조합, 「신용보증기금법」에 따른 신용보증기금, 「기술신용보증기금법」에 따른 기술신용보증기금, 「주택도시기금법」에 따른 주택도시보증공사, 「정보통신공사업법」 제45조에 따른 정

⑤산림청장등은 다음 각 호의 어느 하나에 해당하는 경우에는 대통령령으로 정하는 바에 따라 대체산림자원조성비를 감면할 수 있다. <개정 2010.5.31, 2012.2.22>
1. 국가나 지방자치단체가 공용 또는 공공용의 목적으로 산지전용 또는 산지일시사용을 하는 경우
2. 대통령령으로 정하는 중요 산업시설을 설치하기 위하여 산지전용 또는 산지일시사용을 하는 경우
3. 광물의 채굴 또는 그 밖에 대통령령으로 정하는 시설을 설치하거나 대통령령으로 정하는 용도로 사용하기 위하여 산지전용 또는 산지일시사용을 하는 경우

제23조(대체산림자원조성비의 감면)
①법 제19조제5항의 규정에 의한 대체산림자원조성비의 감면대상 및 감면비율은 별표 5와 같다.

②법 제19조제5항제2호에서 "대통령령으로 정하는 중요 산업시설"이란 별표 5 제2호에 해당하는 시설을 말한다. <개정 2010.12.7>
③법 제19조제5항제3호에서 "대통령령으로 정하는 시설을 설치하거나 대통령령으로 정하는 용도로 사용"이란 별표 5 제3호(자목은 제외한다)에 해당하는 시설의 설치 또는 용도로의 사용을 말한다. <개정 2010.12.7>

보통신공제조합, 「엔지니어링산업 진흥법」 제34조에 따른 공제조합 또는 「산업발전법」 제40조에 따른 공제조합이 발행한 보증서로서 대체산림자원조성비의 납부를 보증함이 명시된 보증서
5. 제1호에 규정된 금융기관, 체신관서 및 「산림조합법」 제2조제2호 및 제4호의 규정에 의한 지역조합 또는 중앙회가 발행한 정기예금증서(대체산림자원조성비를 납부하여야 하는 자와 세입·세출외 현금출납공무원의 공동명의로 된 예금증서에 한한다)
6. 삭제 <2009.4.20>
⑤관할청은 제4항에 따라 예치된 이행보증금의 반환사유가 발생한 경우에는 다음 각 호의 구분에 따라 이를 반환하여야 한다. <개정 2009.4.20>

산지관리법	산지관리법 시행령	산지관리법 시행규칙
⑥제1항에 따른 대체산림자원조성비는 산지전용 또는 산지일시사용되는 산지의 면적에 부과시점의 단위면적당 금액을 곱한 금액으로 하되, 단위면적당 금액은 산림청장이 결정·고시한다. 이 경우 산림청장은 제4조에 따라 구분된 산지별 또는 지역별로 단위면적당 금액을 달리할 수 있다. <개정 2010.5.31, 2016.12.2> ⑦삭제 <2012.2.22>	제24조(대체산림자원조성비의 납부기한·납부방법·산정기준 등) ①산림청장등은 법 제19조제6항 및 제9항에 따라 대체산림자원조성비의 부과금액이 확정된 경우에는 납부금액·납부기한·납부장소 등을 명시하여 대체산림자원조성비를 납부하여야 하는 자에게 납부고지하여야 한다. <개정 2012.8.22>	1. 증권·정기예금증서로 예치된 경우 : 이행보증금을 예치한 자에게 반환 2. 지급보증서·보증보험증권·보증서로 예치된 경우 : 지급보증서·보증보험증권·보증서의 발행인에게 반환 제20조(대체산림자원조성비의 납부고지 등) ①영 제24조제1항의 규정에 의한 대체산림자원조성비의 납부고지에 관하여는 「국고금관리법 시행규칙」 제10조의 규정을 준용한다. <개정 2005.8.24> ②관할청은 영 제24조제1항의 규정에 따라 대체산림자원조성비의 납부고지를 한 때 또는 이를 수납한 때에는 별지 제11호서식의 대체산림자원조성비의 납부고지 및 수납대장에 기록·관리하여야 한다.

⑧대체산림자원조성비(제2항 각 호 외의 부분 단서에 따라 미리 내는 대체산림자원조성비는 제외한다)를 내야 하는 자가 납부기한까지 내지 아니하면 국세 체납처분의 예 또는 「지방세외수입금의 징수 등에 관한 법률」에 따라 징수할 수 있다. <개정 2010.5.31, 2012.2.22, 2013.8.6>

⑨대체산림자원조성비의 납부 기한, 납부 방법, 대체산림자원조성비의 단위면적당 금액의 세부 산정기준(「부동산 가격공시에 관한 법률」에 따른 해당 산지의 개별공시지가를 일부 포함한다) 등에 관한 사항은 대통령령으로 정한다. <개정 2010.5.31, 2012.2.22, 2016.1.19>

[시행일 : 2017.6.3] 제19조

②산림청장등은 제1항에 따라 납부고지를 하는 경우에는 납부고지서 발행일부터 20일 이상 90일 이내의 납부기간을 정하여 고지하여야 한다. 다만, 대체산림자원조성비를 납부하여야 할 자가 부득이한 사유로 인하여 그 기간의 연장을 신청한 경우에는 농림축산식품부령으로 정하는 바에 따라 한 차례만 처음 고지한 납부기간의 범위에서 그 기간을 연장할 수 있다. <개정 2008.2.29, 2012.8.22, 2013.3.23>

③대체산림자원조성비는 산지전용허가 또는 산지일시사용허가의 유형에 따라 다음 각호의 면적을 기준으로 부과하여야 한다. <개정 2010.12.7>
1. 법 제14조에 따른 산지전용허가 또는 법 제15조의2제1항에 따른 산지일시사용허가를 받으려

제21조(대체산림자원조성비의 납부기간 연장) ①영 제24조제2항 단서의 규정에 따라 대체산림자원조성비 납부기간의 연장을 받고자 하는 자는 납부기간 만료일전까지 별지 제12호서식의 대체산림자원조성비 납부기간연장신청서에 대체산림자원조성비 납부재원의 조달계획서와 그 사실을 증명할 수 있는 서류를 첨부하여 관할청에 제출하여야 한다.

②관할청은 제1항의 규정에 따라 대체산림자원조성비의 납부기간 연장신청을 받은 경우 연장신청의 사유 등을 검토하여 타당하다고 인정되는 때에는 당초 고지한 납부기간의 범위안에서 그 기간연장을 결정하고 신청인에게 통지하여야 한다.

산지관리법	산지관리법 시행령	산지관리법 시행규칙
	는 경우: 산지전용허가 또는 산지일시사용허가를 받는 산지의 면적 2. 다른 법률에 따라 산지전용허가 또는 산지일시사용허가가 의제되거나 배제되는 행정처분을 받으려는 경우: 해당 행정처분에 따라 산지전용허가 또는 산지일시사용허가가 의제되거나 배제되는 산지의 면적 ④법 제19조제6항에 따른 대체산림자원조성비의 단위면적당 금액은 해당 연도의 잣나무 조림비와 식재 후 10년까지의 숲가꾸기 비용을 합한 금액과 산림이 가지는 수원함양(水源涵養)·대기정화·토사유출방지·온실가스흡수 등의 공익적 가치평가액 및 「부동산 가격공시에 관한 법률」에 따른 해당 산지의 개별공시지가를 고려하여 산	

림청장이 매년 결정·고시한다. 이 경우 법 제19조제6항 후단에 따라 산지별·지역별 금액을 다음 각 호의 구분에 따라 달리할 수 있다. <개정 2005.8.5, 2010.12.7, 2012.8.22, 2016.8.31>

1. 산지전용·일시사용제한지역은 단위면적당 금액에 100분의 100을 가산한 금액
2. 산지전용·일시사용제한지역을 제외한 보전산지는 단위면적당 금액에 100분의 30을 가산한 금액
3. 준보전산지는 단위면적당 금액

제25조 삭제 <2012.8.22>

산지관리법	산지관리법 시행령	산지관리법 시행규칙
제19조의2(대체산림자원조성비의 환급) 산림청장등은 대체산림자원조성비를 낸 자가 다음 각 호의 어느 하나에 해당하는 경우에는 대통령령으로 정하는 바에 따라 대체산림자원조성비의 전부 또는 일부를 환급하여야 한다. 다만, 형질이 변경된 면적의 비율에 따라 대체산림자원조성비를 차감하여 환급할 수 있으며, 제38조제1항에 따른 복구비·를 예치하지 아니한 자의 경우에는 대통령령으로 정하는 바에 따라 산지 복구에 필요한 비용을 미리 상계(相計)한 후 환급할 수 있다. <개정 2012.2.22>	제25조의2(대체산림자원조성비의 환급) ①산림청장등은 대체산림자원조성비로 납부된 금액 중 법 제19조의2에 따라 환급하여야 할 금액이 있는 경우에는 지체 없이 그 금액을 대체산림자원조성비환급금으로 결정하고 대체산림자원조성비를 납부한 자 등에게 이를 통지하여야 한다. 다만, 법 제44조제1항제3호 또는 제5호에 따라 산지의 복구를 명한 경우에는 산지의 복구 여부를 확인한 후에 통지하여야 한다. <개정 2012.8.22> ②대체산림자원조성비의 환급절차 및 통지에 관하여는 「국고금관리법 시행령」제17조 및 제18조를 준용한다. ③산림청장등은 제1항에 따라 대체산림자원조성비환급금에 관한 통	

	지를 하는 경우에는 대체산림자원조성비환급금에 다음 각 호의 어느 하나에 해당하는 날의 다음 날부터 환급금을 결정하는 날까지의 기간에 「국세기본법 시행령」 제43조의3제2항에 따른 국세환급가산금의 이자율을 곱하여 계산한 금액을 환급가산금으로 결정하고 이를 함께 통지하여야 한다. <개정 2010.12.7, 2012.8.22>
1. 제14조에 따른 산지전용허가를 받지 못한 경우 2. 제15조의2제1항에 따른 산지일시사용허가를 받지 못한 경우 3. 제16조제2항에 따라 산지전용허가 또는 산지일시사용허가가 취소된 것으로 보게 되는 경우	1. 법 제19조의2제1호 및 제2호에 해당하는 경우에는 대체산림자원조성비를 납부한 날 2. 법 제19조의2제3호에 해당하는 경우에는 다음 각 목의 어느 하나에 해당하는 날 　가. 산지를 다른 용도로 사용하려는 목적사업의 시행에 필요한 행정처분에 대한 거부처분이 확정된 경우에는 대체산림자원

산지관리법	산지관리법 시행령	산지관리법 시행규칙
4. 제15조의2제3항에 따른 산지일시사용기간 또는 제17조제1항 및 제2항에 따른 산지전용기간 이내에 목적사업을 완료하지 못하고 그 기간이 만료된 경우 5. 제20조제1항에 따라 산지전용허가 또는 산지일시사용허가가 취소된 경우 6. 다른 법률에 따라 제14조에 따른 산지전용허가, 제15조의2제1항에 따른 산지일시사용허가를 받지 아니한 것으로 보게 되는	조성비를 납부한 날 나. 산지를 다른 용도로 사용하려는 목적사업의 시행에 필요한 행정처분의 취소처분이 확정된 경우에는 법 제16조제2항에 따라 산지전용허가 또는 산지일시사용허가가 취소된 것으로 보는 날 3. 법 제19조의2제4호에 해당하는 경우에는 산지전용기간이 만료된 날 4. 법 제19조의2제5호에 해당하는 경우에는 산지전용허가 또는 산지일시사용허가가 취소된 날 5. 법 제19조의2제6호에 해당하는 경우에는 다음 각 목의 어느 하나에 해당하는 날 가. 산지전용허가 또는 산지일시	

경우
 	
7. 사업계획의 변경이나 그 밖에 대통령령으로 정하는 사유로 대체산림자원조성비의 부과 대상 산지의 면적이 감소된 경우
8. 대체산림자원조성비를 낸 후 그 부과의 정정 등 대통령령으로 정하는 사유가 발생한 경우
[전문개정 2010.5.31]
	사용허가가 의제되거나 배제되는 행정처분을 받지 못한 경우에는 대체산림자원조성비를 납부한 날
	나. 산지전용허가 또는 산지일시사용허가가 의제되거나 배제되는 행정처분이 취소된 경우에는 해당 행정처분이 취소된 날
	6. 법 제19조의2제7호에 해당하는 경우에는 그 변경허가를 받은 날 또는 변경신고가 수리된 날
	7. 법 제19조의2제8호에 해당하는 경우에는 다음 각 목의 어느 하나에 해당하는 날
	  가. 제6항제1호 및 제2호에 해당하는 경우에는 대체산림자원조성비를 납부한 날
	  나. 제6항제3호에 해당하는 경우에는 대체산림자원조성비가

산지관리법	산지관리법 시행령	산지관리법 시행규칙
	감면되는 용도로의 사용이 확정된 날 ④제1항부터 제3항까지의 규정에 따라 대체산림자원조성비환급금 및 환급가산금을 결정함에 있어서 대체산림자원조성비가 2회 이상 분할납부된 경우에는 가장 최근에 납부된 대체산림자원조성비부터 환급한다. ⑤법 제19조의2제7호에서 "대통령령으로 정하는 사유"란 측량의 오차로 인하여 대체산림자원조성비 부과 대상 산지의 면적이 감소된 경우를 말한다. <개정 2010.12.7> ⑥법 제19조의2제8호에서 "대통령령으로 정하는 사유"란 다음 각 호의 어느 하나에 해당하는 경우를 말한다. <개정 2010.12.7, 2015.11.11>	

1. 대체산림자원조성비를 잘못 산정하였거나 그 부과금액이 잘못 기재된 경우
2. 대체산림자원조성비의 부과대상이 아닌 것에 대하여 부과된 경우
3. 법 제42조에 따라 복구준공검사를 하기 전에 법 또는 다른 법률에 따라 대체산림자원조성비가 감면되는 용도로의 사용이 확정된 경우(법 제14조 또는 제15조의2제1항에 따른 산지전용허가 또는 산지일시사용허가 기간 중에 해당 용도로의 사용이 확정되는 경우에 한정한다)

⑦산림청장등은 법 제19조의2 각 호 외의 부분 단서에 따라 제1항 및 제2항에 따른 대체산림자원조성비의 환급금 및 환급가산금에서 산지복구에 필요한 비용을 미리 상계한 경우에는 그 상계한 금액

산지관리법	산지관리법 시행령	산지관리법 시행규칙
	을 법 제38조제1항에 따른 복구비로 예치하여야 한다. <개정 2012.8.22> ⑧법 제19조의2 각 호 외의 부분 단서에 따라 대체산림자원조성비를 차감하여 환급 받은 자가 동일지역을 포함하여 10년 이내에 다시 산지전용을 하려는 경우에는 차감된 대체산림자원조성비를 제외한 금액을 대체산림자원조성비로 납부하여야 한다. ⑨법 제42조에 따라 복구준공검사를 받은 경우에는 대체산림자원조성비를 환급하지 아니한다. [본조신설 2007.7.27] **제25조의3 삭제 <2010.12.7>**	

제20조(산지전용허가의 취소 등) ① 산림청장등은 제14조에 따른 산지전용허가 또는 제15조의2제1항에 따른 산지일시사용허가를 받거나 제15조에 따른 산지전용신고 또는 제15조의2제2항에 따른 산지일시사용신고를 한 자가 다음 각 호의 어느 하나에 해당하는 경우에는 농림축산식품부령으로 정하는 바에 따라 허가를 취소하거나 목적사업의 중지, 시설물의 철거, 산지로의 복구, 그 밖에 필요한 조치를 명할 수 있다. 다만, 제1호에 해당하는 경우에는 그 허가를 취소하거나 목적사업의 중지 등을 명하여야 한다. <개정 2012.2.22, 2013.3.23>
1. 거짓이나 그 밖의 부정한 방법으로 허가를 받거나 신고를 한 경우
2. 허가의 목적 또는 조건을 위반하거나 허가 또는 신고 없이 사업계획이나 사업규모를 변경하는

제22조(산지전용허가의 취소 등) 관할청은 법 제20조에 따라 산지전용허가·산지일시사용허가를 취소하거나 목적사업의 중지, 시설물의 철거, 산지로의 복구, 그 밖에 필요한 조치(이하 이 조에서 "산지전용허가취소등"이라 한다)를 명할 때에는 그 허가를 받았거나 신고를 한 자에게 다음 각 호의 사항을 서면으로 통지하여야 한다.
<개정 2011.1.5>
1. 산지전용허가취소등의 대상산지의 소재지
2. 산지전용·산지일시사용의 허가일 및 허가번호 또는 산지전용·산지일시사용의 신고일 및 신고번호
3. 산지전용허가취소등의 연월일
4. 산지전용허가취소등의 내용 및 사유

산지관리법	산지관리법 시행령	산지관리법 시행규칙
경우 3. 제19조에 따른 대체산림자원조성비를 내지 아니하였거나 제38조에 따른 복구비를 예치하지 아니한 경우(제37조제4항에 따른 줄어든 복구비 예치금을 다시 예치하지 아니한 경우를 포함한다) 4. 제37조제2항 각 호의 어느 하나에 해당하는 필요한 조치 명령에 따른 재해 방지 또는 복구를 위한 명령을 이행하지 아니한 경우 5. 허가를 받은 자가 각 호 외의 부분 본문·단서에 따른 목적사업의 중지 등의 조치명령을 위반한 경우 6. 허가를 받은 자가 허가취소를 요청하거나 신고를 한 자가 신고를		

철회하는 경우
②산림청장등은 다른 법률에 따라 산지전용허가·산지일시사용허가 또는 산지전용신고·산지일시사용신고가 의제되는 행정처분을 받은 자가 제1항 각 호의 어느 하나에 해당하는 경우에는 산지전용 또는 산지일시사용의 중지를 명할 수 있다. <신설 2012.2.22>
[전문개정 2010.5.31]

제21조(용도변경의 승인 등) ①제14조에 따른 산지전용허가 또는 제15조의2제1항에 따른 산지일시사용허가를 받거나 제15조에 따른 산지전용신고 또는 제15조의2제2항에 따른 산지일시사용신고를 한 자(다른 법률에 따라 해당 허가 또는 신고가 의제되는 행정처분을 받은 자를 포함한다)가 다음 각 호의 어느 하나에 해당되는 경우에는 농림축산식품부령으로 정하는 바에 따라

제23조(용도변경의 승인신청) ①법 제21조제1항에 따라 산지전용·산지일시사용의 목적사업에 사용되고 있거나 사용된 토지를 다른 목적으로 사용하고자 하는 자는 별지 제13호서식의 용도변경승인신청서에 다음 각 호의 서류를 첨부하여 관할청에 제출하여야 한다. <개정 2011.1.5>
1. 용도변경의 목적 등을 기재한 사업계획서 1부

산지관리법	산지관리법 시행령	산지관리법 시행규칙
산림청장등의 승인을 받아야 한다. 다만, 준보전산지에 대한 산지전용허가 또는 산지일시사용허가를 받은 자(다른 법률에 따라 산지전용허가 또는 산지일시사용허가가 의제되거나 배제되는 행정처분을 받은 자를 포함한다)가 제19조제5항에 따라 대체산림자원조성비를 감면받지 아니하고 대체산림자원조성비를 모두 납부한 경우에는 그러하지 아니하다. <개정 2012.2.22, 2013.3.23, 2016.12.2> 1. 산지전용 또는 산지일시사용 목적사업에 사용되고 있거나 사용된 토지를 대통령령으로 정하는 기간 이내에 다른 목적으로 사용하려는 경우	제26조(용도변경의 승인 등) ①법 제21조제1항제1호에서 "대통령령으로 정하는 기간 이내에 다른 목적으로 사용하려는 경우"란 다음 각 호의 어느 하나에 해당하는 경우를 말한다. <개정 2005.8.5, 2007.7.27, 2008.10.29, 2010.12.7, 2015.11.11>	2. 측량업자등이 측량한 축척 6천분의 1 내지 1천200분의 1의 용도변경예정지가 표시된 실측도 1부(산지전용·산지일시사용의 허가 신청 또는 산지전용·산지일시사용의 신고를 하는 경우에 제출한 예정지실측도의 축척과 같은 축척으로 하되, 그 허가를 받거나 신고를 한 산지와 용도변경예정지의 경계 및 면적이 동일한 경우에는 제출하지 아니할 수 있다) 3. 피해방지시설의 설치계획 등이 포함된 피해방지계획서 1부(용도변경으로 인하여 토사유출·폐수배출 또는 악취발생 등이 우려되는 경우에 한한다) ②관할청은 제1항의 규정에 따라 용도변경승인신청을 받은 때에는 용

| | 1. 시설물을 설치할 목적으로 산지전용허가·산지일시사용허가를 받거나 산지전용신고·산지일시사용신고를 한 자가 다음 각 목의 어느 하나에 해당되는 날부터 5년 이내에 해당 시설의 용도를 변경하는 경우
　가. 「건축법」 제22조에 따른 사용승인을 얻은 날
　나. 가목의 경우외에 관계법령에서 당해 시설물의 승인·신고 또는 사용검사 등을 받도록 규정한 경우의 그 승인·신고 또는 사용검사 등을 받은 날
　다. 그 밖에 관계법령에서 당해 시설물을 사용하기 위하여 필요한 행정절차를 규정하고 있지 아니한 경우에는 그 설치공사를 수행한 자가 당해 시설물을 준공한 날
2. 시설물의 설치외의 목적으로 산 | 도변경사유 등을 검토하여 타당하다고 인정되는 때에는 별지 제14호서식의 용도변경승인대장에 이를 기재하고, 별지 제15호서식의 용도변경승인서를 신청인에게 교부하여야 한다. |

산지관리법	산지관리법 시행령	산지관리법 시행규칙
2. 농림어업용 주택 또는 그 부대시설을 설치하기 위한 용도로 전용한 후 대통령령으로 정하는 기간 이내에 농림어업인이 아닌 자에게 명의를 변경하려는 경우	지전용허가·산지일시사용허가를 받거나 산지전용신고·산지일시사용신고를 한 자가 다음 각 목의 어느 하나에 해당하는 날부터 5년 이내에 해당 산지의 용도를 변경하려는 경우 가. 법 제39조제1항 및 제2항의 규정에 따라 복구를 하여야 하는 경우에는 법 제42조제1항의 규정에 따라 그 복구준공검사를 받은 날 나. 법 제39조제3항의 규정에 따라 복구의무가 면제된 경우에는 그 면제를 받은 날 ②법 제21조제1항제2호에서 "대통령령으로 정하는 기간 이내"란 「건축법」 제22조에 따른 사용승인을 받은 날부터 5년 이내를 말한다. <신설 2007.7.27, 2009.4.20, 2010.12.7>	

② 제1항에 따라 승인을 받으려는 자 중 대체산림자원조성비가 감면되는 시설의 부지로 산지전용 또는 산지일시사용을 한 토지를 대체산림자원조성비가 감면되지 아니하거나 감면비율이 보다 낮은 시설의 부지로 사용하려는 자는 대통령령으로 정하는 바에 따라 그에 상당하는 대체산림자원조성비를 내야 한다.

③ 제1항에 따른 승인기준 등에 관한 사항은 대통령령으로 정한다.
[전문개정 2010.5.31]
[시행일 : 2017.6.3] 제21조

③ 법 제21조제2항의 규정에 따라 납부하여야 하는 대체산림자원조성비는 다음 산식에 따라 산출한 금액으로 한다.

(산지전용면적 × 부과당시의 단위면적당 금액 × 변경승인당시의 해당감면비율) - 이미 납부한 대체산림자원조성비

④ 제3항에 따른 대체산림자원조성비의 부과결정·납부통지 및 납부절차 등에 관하여는 제21조 및 제23조 내지 제25조의 규정을 준용한다. <개정 2007.7.27, 2010.12.7>

⑤ 법 제21조제3항에 따라 산림청장 등은 다음 각 호의 기준에 적합한 경우에만 용도변경의 승인을 하여야 한다. <신설 2007.7.27, 2010.12.7, 2012.8.22>
  1. 산지전용신고에 따른 용도변경의 경우: 법 제15조제2항에 따른 신고대상 시설 및 행위의 범위, 설치지역, 설치조건에 적합

산지관리법	산지관리법 시행령	산지관리법 시행규칙
	할 것 2. 산지전용허가에 따른 용도변경의 경우 : 법 제18조에 따른 산지전용허가기준에 적합할 것 3. 산지일시사용허가 및 산지일시사용신고에 따른 용도변경의 경우 : 법 제15조의2제3항에 따른 허가·신고대상 시설, 행위의 범위, 설치지역, 설치조건에 적합할 것 [제목개정 2007.7.27]	
제21조의2(「국토의 계획 및 이용에 관한 법률」의 특례) 「국토의 계획 및 이용에 관한 법률」 제76조에도 불구하고 대통령령으로 정하는 기간 동안 제14조에 따른 산지전용허가 또는 제15조의2제1항에 따른 산지일시사용허가를 받거나 제15조에 따른 산지전용신고 또는 제15조의2제2항에 따른 산지일시사용신고(다른 법률에 따라 해당 허가	제26조의2(산지의 지목변경 제한) 법 제21조의2제2호에서 "「공간정보의 구축 및 관리 등에 관한 법률」 제86조에 따른 도시개발사업 등의 원활한 추진을 위하여 사업시행자가 토지의 합병을 신청하는 경우 등 대통령령으로 정하는 경우"란 「공간정보의 구축 및 관리 등에 관한 법률」 제86조에 따른 도시개발사업 등의 원활한 추진을 위하여	

또는 신고가 의제되는 행정처분을 포함한다)를 하고 산지전용 또는 산지일시사용의 목적사업에 사용되고 있거나 사용된 토지에서의 건축물이나 그 밖의 시설의 용도·종류 및 규모 등의 제한에 대해서는 대통령령으로 그 기준을 달리 정할 수 있다.
[본조신설 2016.12.2]
[종전 제21조의2는 제21조의3으로 이동 <2016.12.2>]
[시행일 : 2017.6.3] 제21조의2

제21조의3(산지의 지목변경 제한) 다음 각 호의 경우를 제외하고는 산지를 임야 외의 지목으로 변경하지 못한다.
 1. 제14조에 따른 산지전용허가 또는 제15조에 따른 산지전용신고(다른 법률에 따라 산지전용허가나 산지전용신고가 의제되는 행정처분을 받은 경우를 포함한

사업시행자가 토지의 합병을 신청하는 경우를 말한다.
[본조신설 2015.9.25]

산지관리법	산지관리법 시행령	산지관리법 시행규칙
다)의 목적사업을 완료한 후 제39조제3항에 따라 복구의무를 면제받거나 제42조에 따라 복구준공검사를 받은 경우 2. 「공간정보의 구축 및 관리 등에 관한 법률」 제86조에 따른 도시개발사업 등의 원활한 추진을 위하여 사업시행자가 토지의 합병을 신청하는 경우 등 대통령령으로 정하는 경우에는 제14조에 따른 산지전용허가를 받았거나 제15조에 따른 산지전용신고(다른 법률에 따라 산지전용허가나 산지전용신고가 의제되는 행정처분을 받은 경우를 포함한다)를 하였을 경우 [전문개정 2015.3.27] [제21조의2에서 이동 <2016.12.2>] [시행일 : 2017.6.3] 제21조의3		

제4절 산지관리위원회	제4절 산지관리위원회
제22조(산지관리위원회의 설치·운영) ①다음 각 호의 사항을 심의하기 위하여 산림청에 중앙산지관리위원회를 둔다. <개정 2012.2.22> 1. 이 법 또는 다른 법률의 규정에 따라 중앙산지관리위원회의 심의대상에 해당하는 사항 2. 산림청장의 권한에 속하는 사항 중 그 소속기관의 장에게 위임된 사항이 중앙산지관리위원회의 심의대상에 해당하는 사항 3. 그 밖에 산지의 보전 및 이용에 관한 사항 중 대통령령으로 정하는 사항	제27조(중앙산지관리위원회의 심의사항) 법 제22조제1항제3호에서 "대통령령으로 정하는 사항"이란 다음 각 호의 어느 하나에 해당하는 사항을 말한다. <개정 2005.8.5, 2007.2.1, 2007.7.27, 2010.12.7, 2014.9.24> 1. 법 제8조에 따라 산림청장에게 협의요청된 사항으로서 제7조제5항에 따라 중앙산지관리위원회에 부의된 사항 2. 삭제 <2014.9.24> 3. 법 제15조의2제1항에 따른 산지일시사용허가 중 50만제곱미터 이상의 보전산지가 포함되는 허가에 관한 사항 4. 삭제 <2014.9.24> 5. 법 제29조에 따른 채석단지의 지정에 관한 사항(산림청장이

산지관리법	산지관리법 시행령	산지관리법 시행규칙
	지정하는 경우만 해당한다) 5의2. 제12조제14항에 따른 임업용산지에서의 부지면적제한 완화에 관한 사항 5의3. 별표 4 비고 제5호에 따른 허가기준 완화에 관한 사항 5의4. 별표 4의2 비고에 따른 허가기준 완화에 관한 사항 6. 공익용산지 또는 그 인근의 산지를 개발목적으로 이용하기 위하여 지역등을 지정하려는 경우로서 산림생태계 및 자연경관의 보전을 위하여 필요하다고 인정되는 사항 등 산림청장이 필요하다고 인정하는 사항	
②산지의 이용 및 보전에 관련된 다음 각 호의 사항을 심의하기 위하여 특별시·광역시·특별자치시·도·특별자치도(이하 "시·도"라 한다)	제30조의2(지방산지관리위원회의 심의사항) 법 제22조제2항제2호에서 "대통령령으로 정하는 사항"이란 다음 각 호의 어느 하나에 해당하	

에 지방산지관리위원회를 둘 수 있다. <개정 2012.2.22> 1. 이 법 또는 다른 법률의 규정에 따라 지방산지관리위원회의 심의대상에 해당하는 사항 2. 그 밖에 산지의 보전 및 이용과 관련된 사항 중 대통령령으로 정하는 사항 ③중앙산지관리위원회 또는 지방산지관리위원회는 그 심의사항을 효율적으로 처리하기 위하여 대통령령으로 정하는 바에 따라 분과위원회를 둘 수 있다. 이 경우 분과위원회에서 심의하는 사항 중 중앙산지관리위원회 또는 지방산지관리위원회가 지정하는 사항은 분과위원회의 심의를 해당 산지관리위원회의 심의로 본다. <개정 2012.2.22> ④제1항과 제2항에 따른 중앙산지관리위원회 및 지방산지관리위원	는 사항을 말한다. <개정 2012.8.22, 2013.12.17, 2014.9.24> 1. 지역계획의 수립·변경 2. 법 제8조에 따라 시·도지사에게 협의요청된 사항으로서 제7조제5항에 따라 지방산지관리위원회에 부의된 사항 3. 법 제25조제1항에 따른 토석채취허가 4. 법 제29조에 따른 채석단지의 지정에 관한 사항(산림청장이 지정하는 경우는 제외한다) 5. 별표 4 비고 제4호에 따른 허가기준 완화에 관한 사항 [본조신설 2010.12.7]

산지관리법	산지관리법 시행령	산지관리법 시행규칙
회(이하 "산지관리위원회"라 한다)의 구성, 위원의 임면(任免), 그 밖에 위원회의 운영에 필요한 사항은 대통령령으로 정한다. [전문개정 2010.5.31]		
제23조(위원 등의 수당·여비 등) 산지관리위원회에 출석한 위원, 관계인 및 의견을 제출한 전문가에게는 예산의 범위에서 수당, 여비, 그 밖에 필요한 경비를 지급할 수 있다. 다만, 공무원인 위원 또는 공무원인 관계인이 그 소관 업무와 직접적으로 관련되어 출석한 경우에는 그러하지 아니하다. [전문개정 2010.5.31]	제28조(중앙산지관리위원회의 구성) ①중앙산지관리위원회는 위원장 1인과 부위원장 2인을 포함한 50명 이내의 위원으로 구성한다. <개정 2007.7.27, 2008.7.24, 2010.12.7> ②중앙산지관리위원회의 위원장은 산림청차장이 되고, 부위원장은 위원중에서 호선한 1인과 산림청의 산지관리업무를 담당하는 3급 공무원 또는 고위공무원단에 속하는 공무원으로 한다. <개정 2007.7.27> ③중앙산지관리위원회의 위원장은 위원회를 대표하고, 위원회의 업	

제24조 삭제 <2016.12.2> [시행일 : 2017.6.3] 제24조	무를 통할한다. ④중앙산지관리위원회의 위원장이 부득이한 사유로 직무를 수행할 수 없는 때에는 호선된 부위원장, 산림청의 산지관리업무를 담당하는 3급공무원 또는 고위공무원단에 속하는 공무원 및 위원장이 미리 지명한 위원의 순으로 그 직무를 대행한다. <개정 2007.7.27> ⑤중앙산지관리위원회 위원은 다음 각 호의 어느 하나에 해당하는 자를 산림청장이 임명 또는 위촉한다. 이 경우 시민단체(「비영리민간단체 지원법」 제2조에 따른 비영리민간단체를 말한다)가 추천하는 위원과 여성위원이 각각 1인 이상 포함되도록 하여야 한다. <개정 2007.7.27, 2008.2.29, 2008.7.24, 2013.3.23, 2014.11.19> 1. 농림축산식품부·환경부·국토교통부 및 국민안전처 등 관계 중

산지관리법	산지관리법 시행령	산지관리법 시행규칙
	앙행정기관의 고위공무원단에 속하는 공무원 중에서 해당 기관의 장이 지명하는 자 중 7인 이내 2. 산지의 보전·이용, 환경, 국토·도시계획 등에 관한 학식과 경험이 풍부한 다음 각 목의 어느 하나에 해당하는 자로서 관련 학회 및 협회 등 관련 단체나 관계 중앙행정기관의 추천 또는 공모 절차를 거친 자 중 40명 이내 가.「고등교육법」제2조제1호에 따른 대학에서 조교수 이상의 직에 있거나 있었던 자 나. 박사학위를 취득한 후 3년 이상 연구 또는 실무경험이 있는 자 다. 석사학위를 취득한 후 9년 이상 연구 또는 실무경험이 있는 자 라.「국가기술자격법」에 따른	

기술사 자격을 취득한 후 3년 이상 실무경험이 있는 자
마. 그 밖에 산림청장이 가목부터 라목까지의 규정의 어느 하나에 해당하는 자와 동등한 학식과 경험이 있다고 인정하는 자
⑥위원중 공무원이 아닌 위원의 임기는 2년으로 한다. 다만, 보궐위원의 경우에는 전임자 임기의 남은 기간으로 한다. <개정 2011.4.6>

제29조(중앙산지관리위원회의 운영)
①중앙산지관리위원회의 위원장은 위원회의 회의를 소집하고, 그 의장이 된다.
②중앙산지관리위원회의 위원장은 산림청장 또는 위원 3분의 1 이상의 요구가 있는 때에는 지체없이 회의를 소집하여야 한다.
③중앙산지관리위원회의 회의는 위원장이 매회 지정하는 15명의 위

산지관리법	산지관리법 시행령	산지관리법 시행규칙
	원의 과반수의 출석으로 개의하고, 출석위원 과반수의 찬성으로 의결한다. <개정 2008.7.24> ④중앙산지관리위원회는 필요하다고 인정하는 경우에는 관계 행정기관의 장에게 필요한 자료의 제출을 요구할 수 있으며, 산지의 보전과 이용에 관하여 학식이 풍부한 자의 설명을 들을 수 있다. <신설 2007.7.27> ⑤관계 행정기관의 장은 산지의 보전과 이용에 관하여 중앙산지관리위원회에 출석하여 발언할 수 있다. <신설 2007.7.27> ⑥이 영에 규정된 사항외에 중앙산지관리위원회의 운영에 관하여 필요한 사항은 위원회의 의결을 거쳐 위원장이 정한다. <개정 2007.7.27>	

제29조의2(중앙산지관리위원회 분과위원회의 설치 및 운영) ①중앙산지관리위원회의 효율적인 심의를 위하여 중앙산지관리위원회에 다음 각 호의 분과위원회를 두고, 그 심의사항은 다음 각 호와 같다. <개정 2010.12.7, 2012.8.22, 2013.12.17, 2014.9.24>
1. 제1분과위원회
  가. 기본계획의 수립·변경
  나. 법 제5조 및 제6조에 따른 보전산지의 지정·변경·해제
  다. 법 제8조에 따른 산지에서의 구역 등의 지정 협의
  라. 그 밖에 중앙산지관리위원회에서 위임하는 사항
2. 제2분과위원회
  가. 삭제 <2013.12.17>
  나. 법 제9조 및 제11조에 따른 산지전용·일시사용제한지역의 지정·해제

산지관리법	산지관리법 시행령	산지관리법 시행규칙
	다. 삭제 <2014.9.24> 라. 법 제15조의2제1항에 따라 산림청장이 하는 산지일시사용허가 중 50만제곱미터 이상의 보전산지가 포함되는 허가에 관한 사항 마. 법 제18조제4항에 따른 산지전용의 타당성에 관한 사항 바. 삭제 <2014.9.24> 사. 법 제29조에 따른 채석단지의 지정에 관한 사항(산림청장이 지정하는 경우만 해당한다) 아. 제12조제14항에 따른 임업용산지에서의 부지면적제한 완화에 관한 사항 자. 별표 4 비고 제5호에 따른 허가기준 완화에 관한 사항 차. 별표 4의2 비고에 따른 허가기준 완화에 관한 사항	

	카. 그 밖에 중앙산지관리위원회에서 위임하는 사항 ②각 분과위원회는 위원장 1인을 포함한 25명 이내의 위원으로 구성한다. <개정 2008.7.24> ③각 분과위원회의 위원장은 산림청 차장이 된다. ④각 분과위원회의 위원은 중앙산지관리위원회가 그 위원 중에서 선출하며, 중앙산지관리위원회의 위원 중 민간위원은 2 이상의 분과위원회의 위원이 될 수 없다. ⑤분과위원회의 회의는 위원장이 매회 지정하는 15명의 위원의 과반수의 출석으로 개의하고, 출석위원 과반수의 찬성으로 의결한다. <신설 2008.7.24> ⑥중앙산지관리위원회의 위원장은 제1항에도 불구하고 효율적인 심사를 위하여 필요한 경우에는 각 분과위원회가 분장하는 업무의 일	

산지관리법	산지관리법 시행령	산지관리법 시행규칙
	부를 조정할 수 있다. <신설 2008.7.24> [본조신설 2007.7.27] **제29조의3(중앙산지관리위원회 위원의 제척·회피)** ①중앙산지관리위원회 위원이 다음 각 호의 어느 하나에 해당하는 경우에는 해당 심의 대상 안건의 심의·의결에서 제척된다. 1. 위원이 해당 심의 대상 안건에 용역이나 그 밖의 방법으로 직접적으로 관여한 경우 2. 위원이 해당 심의대상 안건의 이해관계인인 경우 ②중앙산지관리위원회 위원이 제1항 각 호의 어느 하나의 사유에 해당하는 때에는 스스로 그 안건의 심의·의결에서 회피할 수 있으며, 회의개최일 1일 전까지 이를 간사	

에게 통보하여야 한다.
③삭제 <2015.11.11>
[본조신설 2007.7.27]

제30조(전문위원 및 간사 등) ①산지관리 등에 관한 중요사항을 조사·연구하게 하기 위하여 중앙산지관리위원회에 전문위원을 둘 수 있다.
②전문위원은 위원장 또는 중앙산지관리위원회의 요구가 있는 때에는 출석하여 발언할 수 있다.
③전문위원은 산지의 보전·이용, 환경, 국토·도시계획 등에 관한 학식과 경험이 풍부한 자중에서 산림청장이 임명 또는 위촉한다.
④중앙산지관리위원회에 간사 1인을 두되, 간사는 위원장이 임명한다.

제31조(지방산지관리위원회의 설치·운영 등) ①지방산지관리위원회는 위원장 1명과 부위원장 1명을 포함한 50명 이내의 위원으로 구성한

산지관리법	산지관리법 시행령	산지관리법 시행규칙
	다. <개정 2007.7.27, 2008.7.24, 2010.12.7, 2012.8.22> ②지방산지관리위원회의 위원장은 특별시·광역시·특별자치시·도 또는 특별자치도(이하 "시·도"라 한다)의 부시장 또는 부지사 중에서 산지관리업무를 담당하는 자가 되고, 부위원장은 위원 중에서 호선한 1명으로 한다. <개정 2012.8.22> ③지방산지관리위원회의 위원장은 위원회를 대표하고, 위원회의 업무를 통할하며, 위원회를 소집하고 그 의장이 된다. ④지방산지관리위원회의 위원장이 부득이한 사유로 직무를 수행할 수 없는 때에는 부위원장 및 위원장이 미리 지명한 위원의 순으로 그 직무를 대행한다. ⑤지방산지관리위원회의 위원장은	

시·도지사 또는 위원 3분의 1 이상의 요구가 있는 때에는 지체없이 회의를 소집하여야 한다.

⑥ 지방산지관리위원회의 위원은 다음 각 호의 어느 하나에 해당하는 자를 시·도지사가 임명 또는 위촉한다. 이 경우 시민단체(「비영리민간단체 지원법」 제2조에 따른 비영리민간단체를 말한다)가 추천하는 위원과 여성위원이 각각 1인 이상 포함되도록 하여야 한다. <개정 2007.7.27, 2008.7.24>

1. 농림·환경·건설 및 도시계획·소방 분야 업무를 담당하는 4급 이상 공무원 중 7인 이내
2. 산지의 보전·이용, 환경, 국토·도시계획 등에 관한 학식과 경험이 풍부한 다음 각 호의 어느 하나에 해당하는 자로서 관련 학회 및 협회 등 관련 단체나 관계 행정기관의 장의 추천 또는 공

산지관리법	산지관리법 시행령	산지관리법 시행규칙
	모절차를 거친 자 중 40명 이내 가.「고등교육법」제2조제1호에 따른 대학에서 조교수 이상의 직에 있거나 있었던 자 나. 박사학위를 취득한 후 3년 이상 연구 또는 실무경험이 있는 자 다. 석사학위를 취득한 후 9년 이상 연구 또는 실무경험이 있는 자 라.「국가기술자격법」에 따른 기술사 자격을 취득한 후 3년 이상 실무경험이 있는 자 마. 그 밖에 시·도지사가 가목 부터 라목에 해당하는 자와 동등한 학식과 경험이 있다고 인정하는 자 ⑦위원중 공무원이 아닌 위원의 임기는 2년으로 한다. 다만, 보궐위원의 경우에는 전임자 임기의 남	

은 기간으로 한다. <개정 2011.4.6>

⑧지방산지관리위원회의 회의는 위원장이 매회 지정하는 15명의 위원의 과반수의 출석으로 개의하고, 출석위원과반수의 찬성으로 의결한다. <개정 2008.7.24>

⑨지방산지관리위원회에 전문위원을 둘 수 있으며, 전문위원은 산지의 보전·이용, 환경, 국토·도시계획 등에 관한 학식과 경험이 풍부한 자중에서 시·도지사가 임명 또는 위촉한다.

⑩지방산지관리위원회에 간사 1인을 두되, 간사는 위원장이 임명한다.

⑪이 영에 규정된 사항외에 지방산지관리위원회의 운영에 관하여 필요한 사항은 위원회의 의결을 거쳐 위원장이 정한다.

산지관리법	산지관리법 시행령	산지관리법 시행규칙

	제31조의2(지방산지관리위원회 분과위원회의 설치 및 운영) ①지방산지관리위원회의 효율적인 심의를 위하여 지방산지관리위원회에 다음 각 호의 분과위원회를 둘 수 있으며, 그 심의사항은 다음 각 호와 같다. <개정 2008.7.24, 2010.12.7, 2014.9.24>
	 1. 제1분과위원회
	  가. 지역계획의 수립·변경
	  나. 삭제 <2010.12.7>
	  다. 그 밖에 지방산지관리위원회에서 위임하는 사항
	 2. 제2분과위원회
	  가. 삭제 <2010.12.7>
	  나. 법 제25조에 따른 토석채취허가의 타당성
	  다. 법 제29조에 따른 채석단지의 지정에 관한 사항(산림청장이	

	지정하는 경우는 제외한다) 라. 별표 4 비고 제4호에 따른 허가기준 완화에 관한 사항 마. 그 밖에 지방산지관리위원회에서 위임하는 사항 ②제1항에 따른 분과위원회를 두는 경우 각 분과위원회는 위원장 1명을 포함하여 25명 이내의 위원으로 구성한다. <개정 2008.7.24> ③각 분과위원회의 위원장은 시·도의 부시장 또는 부지사 중에서 산지관리업무를 담당하는 자가 된다. ④각 분과위원회의 위원은 지방산지관리위원회가 그 위원 중에서 선출하며, 지방산지관리위원회의 위원 중 민간위원은 2 이상의 분과위원회의 위원이 될 수 없다. ⑤분과위원회의 회의는 위원장이 매회 지정하는 15명의 위원의 과반수의 출석으로 개의하고, 출석의원 과반수의 찬성으로 의결한다.

산지관리법	산지관리법 시행령	산지관리법 시행규칙
	<신설 2008.7.24> ⑥지방산지관리위원회의 위원장은 제1항에도 불구하고 효율적인 심사를 위하여 필요한 경우에는 각 분과위원회가 분장하는 업무의 일부를 조정할 수 있다. <신설 2008.7.24> [본조신설 2007.7.27] **제31조의3(지방산지관리위원회 위원의 제척·회피)** ①지방산지관리위원회 위원이 다음 각 호의 어느 하나에 해당하는 경우에는 해당 심의대상 안건의 심의·의결에서 제척된다. 1. 위원이 해당 심의 대상 안건에 용역이나 그 밖의 방법으로 직접적으로 관여한 경우 2. 위원이 해당 심의 대상 안건의 이해관계인인 경우	

②지방산지관리위원회 위원이 제1항 각 호의 어느 하나의 사유에 해당하는 경우에는 스스로 그 안건의 심의·의결에서 회피할 수 있으며, 회의개최일 1일 전까지 이를 간사에게 통보하여야 한다.
③삭제 <2015.11.11>
[본조신설 2007.7.27]

제31조의4(결격사유 등) ①「국가공무원법」제33조 각 호의 어느 하나에 해당하는 자는 중앙산지관리위원회의 위원이 될 수 없다.
②「지방공무원법」제31조 각 호의 어느 하나에 해당하는 자는 지방산지관리위원회의 위원이 될 수 없다.
③산림청장 또는 시·도지사는 중앙산지관리위원회 또는 지방산지관리위원회의 위원이 다음 각 호의 어느 하나에 해당하는 경우에는 해당 위원을 해촉할 수 있다. 다

산지관리법	산지관리법 시행령	산지관리법 시행규칙
	만, 제1호 또는 제2호에 해당하는 경우에는 해당 위원을 해촉하여야 한다. <개정 2015.11.11> 1. 법 제22조에 규정된 직무와 관련하여 부정한 행위를 하거나 권한을 남용한 경우 2. 질병·부상 등의 사유로 직무를 수행할 수 없게 된 경우 3. 제29조의3제1항 각 호의 어느 하나 또는 제31조의3제1항 각 호의 어느 하나에 해당함에도 불구하고 회피하지 아니하여 심리·의결의 공정성을 침해한 경우 4. 직무 태만, 품위 손상, 그 밖의 사유로 인하여 위원의 직을 유지하는 것이 적합하지 아니하다고 인정되는 경우 5. 위원 스스로 직무를 수행하는 것이 곤란하다고 의사를 밝히는	

	경우 [본조신설 2008.7.24]	
제3장 토석채취 등 <개정 2010.5.31> **제1절 토석채취** 제25조(토석채취허가 등) ①국유림이 아닌 산림의 산지에서 토석을 채취(가공하거나 산지 이외로 반출하는 경우를 포함한다)하려는 자는 대통령령으로 정하는 바에 따라 다음 각 호의 구분에 따라 시·도지사 또는 시장·군수·구청장에게 토석채취허가를 받아야 하며, 허가받은 사항을 변경하려는 경우에도 같다. 다만, 농림축산식품부령으로 정하는 경미한 사항을 변경하려는 경우에는 시·도지사 또는 시장·군수·구청장에게 신고하는 것으로 갈음할 수 있다. <개정 2012.2.22,	**제3장 토석채취 등** <개정 2007.7.27> **제1절 토석채취** 제32조(토석채취허가의 절차 및 심사 등) ①법 제25조제1항에 따라 토석채취허가 또는 변경허가를 받거나 변경신고를 하려는 자는 신청서에 농림축산식품부령이 정하는 서류를 첨부하여 시·도지사 또는 시장·군수·구청장에게 제출하여야 한다. <개정 2007.7.27, 2008.2.29, 2010.12.7, 2013.3.23>	**제3장 토석채취 등** <개정 2007.7.27> **제1절 토석채취** 제24조(토석채취허가의 신청 등) ① 영 제32조제1항에 따라 토석채취허가 또는 변경허가를 받으려는 자는 별지 제16호서식의 토석채취허가(변경허가)신청서에 토석채취허가신청의 경우는 다음 각 호의 서류를, 변경허가신청의 경우는 그 변경사실을 증명할 수 있는 서류(토지 등기사항증명서로 확인할 수 없는 경우만 해당한다)를 첨부하여 시·도지사 또는 시장·군수·구청장에게 제출하여야 한다. <개정 2005.8.24, 2006.8.4, 2007.1.10, 2007.7.27, 2008.7.16, 2009.11.27,

산지관리법	산지관리법 시행령	산지관리법 시행규칙
2013.3.23, 2017.4.18> 1. 토석채취 면적이 10만제곱미터 이상인 경우: 시·도지사의 허가 2. 토석채취 면적이 10만제곱미터 미만인 경우: 시장·군수·구청장의 허가		2011.1.5, 2012.10.26, 2013.1.23, 2015.11.25> 1. 사업계획서{토석채취허가구역 현황, 채취방법, 장비 및 기술인력 보유현황(석재에 한정한다), 토사처리계획(석재에 한정한다), 연차별 생산·이용계획 및 피해방지계획을 포함한다} 1부 2. 삭제 <2005.8.24> 3. 허가받고자 하는 산지의 소유권 또는 사용·수익권을 증명할 수 있는 서류 1부(토지 등기사항증명서로 확인할 수 없는 경우에 한정하고, 사용·수익권을 증명할 수 있는 서류에는 사용·수익권의 범위 및 기간이 명시되어야 한다) 4. 2인 이상이 공동으로 신청하는 경우에는 그 대표자임을 증명할 수 있는 서류 1부

		5. 산림골재채취업에 관한 골재채취업등록증 사본 1부(쇄골재용 석재의 굴취·채취 및 골재용 토사채취의 경우에 한정한다) 6. 측량업자등이 측량한 토석채취허가구역 및 영 별표 8 제4호에 따른 완충구역(이하 "완충구역"이라 한다)이 표시된 축척 6천분의 1 내지 1천200분의 1의 연차별 토석채취구역실측도 1부 7. 토석채취량에 대하여「공간정보의 구축 및 관리 등에 관한 법률」제44조제1항제1호에 따른 측지측량업 또는 같은 법 시행령 제34조제1항제1호 및 제2호에 따른 공공측량업 및 일반측량업으로 등록한 자(이하 "일반측량업자등"이라 한다)가 측량한 구적도(求積圖) 1부 8.「산림자원의 조성 및 관리에 관한 법률 시행령」제30조제1항

산지관리법	산지관리법 시행령	산지관리법 시행규칙
		에 따른 기술2급 이상의 산림경영기술자가 조사·작성한 산림조사서(임종·임상·수종·임령·평균수고·입목축적을 포함하고, 허가신청일 전 2년 이내에 작성된 것으로서 수목이 있는 경우에 한정한다) 1부 9. 복구공종·공법 및 겨냥도가 포함된 복구계획서 1부 10.「산림자원의 조성 및 관리에 관한 법률 시행규칙」별표 2에 따른 임도의 설계·시설기준 등에 준하여 작성한 진입로설계서 1부 11. 채석경제성평가보고서 1부(법 제26조제1항의 규정에 따라 채석경제성평가를 받아야 하는 경우에 한한다) 12.「산림자원의 조성 및 관리에 관한 법률 시행령」제30조제1항에

		따른 산림공학기술자 또는 「국가기술자격법」에 따른 산림기사·토목기사·측량및지형공간정보기사 이상의 자격증 소지자가 조사·작성한 표고 및 평균경사도조사서(수치지형도를 이용하여 표고 및 평균경사도를 산출한 경우에는 원본이 저장된 디스크 등 저장장치를 포함한다) 1부 ②제1항에 따른 신청서 제출 시 시·도지사 또는 시장·군수·구청장은 「전자정부법」 제36조제1항에 따른 행정정보의 공동이용을 통하여 토지 등기사항증명서(신청인이 토지의 소유자인 경우만 해당한다)를 확인하여야 한다. <개정 2009.4.20, 2011.1.5, 2013.1.23> ③법 제25조제1항 각 호 외의 부분 단서에서 "농림축산식품부령으로 정하는 경미한 사항"이란 다음 각

산지관리법	산지관리법 시행령	산지관리법 시행규칙
		호의 어느 하나에 해당하는 사항을 말한다. <개정 2006.6.30, 2007.7.27, 2008.3.3, 2008.7.16, 2011.1.5, 2013.3.23, 2015.11.25> 1. 토석채취방법, 연차별 생산·이용계획, 토사처리계획(석재에 한정한다) 등 사업계획의 변경 2. 토석채취허가를 받은 자 및 그 대표자의 명의변경 3. 법인명칭의 변경이 없는 법인대표의 변경 4. 법인대표의 변경이 없는 법인명칭의 변경 5. 토석채취허가(석재에 한정한다)를 받은 석재의 용도변경. 다만, 법 제25조의4 및 제28조제2항에 따라 토석채취허가(석재에 한정한다)를 받은 석재의 용도를 변경하는 경우는 제외한다.

		6. 토석채취허가를 받은 면적의 축소
7. 삭제 <2014.12.31>
④영 제32조제1항에 따라 토석채취변경신고를 하려는 자는 별지 제17호서식의 토석채취변경신고서에 별표 3의 서류를 첨부하여 시·도지사 또는 시장·군수·구청장에게 제출하여야 한다. 이 경우 시·도지사 또는 시장·군수·구청장은 「전자정부법」 제36조제1항에 따른 행정정보의 공동이용을 통하여 토지 등기사항증명서(신고인이 토지의 소유자인 경우만 해당한다)와 법인 등기사항증명서(신고인이 법인인 경우만 해당한다)를 확인하여야 한다. <개정 2006.6.30, 2007.7.27, 2009.4.20, 2011.1.5, 2013.1.23>
	②시·도지사 또는 시장·군수·구청장은 제1항에 따라 토석채취허가 또	⑤시·도지사는 영 제32조제2항에 따라 토석채취허가·변경허가의 신

산지관리법	산지관리법 시행령	산지관리법 시행규칙
	는 변경허가의 신청을 받거나 변경신고가 있는 때에는 토석채취허가·변경허가 또는 변경신고 대상 산지에 대하여 현지조사를 실시하고, 그 신청내용이 법 제28조에 따른 토석채취허가기준에 적합한지 여부를 검토한 후 토석채취의 타당성에 관하여 지방산지관리위원회의 심의를 거쳐야 한다. 다만, 다음 각 호의 어느 하나의 경우에는 지방산지관리위원회의 심의를 거치지 아니한다. <개정 2007.7.27, 2008.7.24, 2009.11.26, 2010.12.7, 2014.12.31, 2015.11.11, 2016.12.30> 1. 변경신고의 경우 2. 5만제곱미터 미만으로 토사를 굴취·채취하는 경우 3. 산지전용·산지일시사용(다른 법령에 따라 산지전용허가·산지일	청내용 또는 변경신고의 내용을 심사함에 있어서 필요한 경우에는 해당 산지를 관할하는 시장·군수·구청장의 의견을 들을 수 있다. <개정 2006.6.30, 2007.7.27, 2011.1.5> ⑥제5항에 따라 시·도지사로부터 의견제출을 요청받은 시장·군수·구청장은 특별한 사유가 없는 한 15일 이내에 이를 제출하여야 한다. <신설 2007.7.27, 2011.1.5>

시사용허가 또는 산지전용신고·산지일시사용신고가 의제되거나 배제되는 행정처분을 받아 산지전용·산지일시사용하는 경우를 포함한다. 이하 같다)하는 과정에서 부수적으로 생산되는 10만세제곱미터 미만의 토석을 굴취·채취하기 위하여 토석채취허가를 받으려는 경우

4. 토석채취허가(석재에 한정한다) 기간이 만료된 후 그 기간이 만료되기 전에 이미 굴취·채취한 석재를 반출하기 위하여 토석채취허가를 받으려는 경우

5. 토석채취지역의 비탈면을 복구하기 위하여 불가피하게 토석을 추가로 굴취·채취하기 위하여 토석채취허가를 받으려는 경우. 다만, 국가 또는 지방자치단체 외의 자가 토석을 굴취·채취하는 경우에는 추가로 굴취·채취

산지관리법	산지관리법 시행령	산지관리법 시행규칙
	한 토석을 반출하지 아니하는 경우로 한정한다. 6. 토석채취 면적의 변경 없이 토석채취량의 증가를 위하여 변경하려는 경우 7. 토석채취량의 변경 없이 산물처리장, 진입로, 그 밖에 농림축산식품부령으로 정하는 부대시설을 설치하거나 변경하려는 경우	⑦영 제32조제2항제7호에서 "농림축산식품부령으로 정하는 부대시설"이란 다음 각 호의 시설을 말한다. <신설 2015.11.25> 1. 관리사무소, 숙소, 식당, 주차장, 화장실 2. 소음 또는 분진으로 인한 오염을 방지하기 위한 세륜(洗輪)시설, 물탱크시설, 지하수시설 등 환경오염방지시설 3. 창고, 유류저장시설, 화약보관시설 4. 전기시설, 기계정비고
	③시·도지사 또는 시장·군수·구청장은 제2항에 따라 심사한 결과 토	⑧영 제32조제3항의 규정에 의한 경계의 표시는 토석채취허가·변경

	석채취허가 또는 변경허가를 하거나 변경신고를 수리하는 것이 타당하다고 인정되는 경우에는 허가·변경허가 또는 변경신고 구역 및 별표 8 제4호에 따른 완충구역의 경계를 표시하게 하고 법 제38조제1항에 따른 복구비를 미리 예치하게 한 후 농림축산식품부령으로 정하는 토석채취허가증을 신청인에게 발급하거나 변경신고를 수리하여야 한다. <개정 2007.7.27, 2008.2.29, 2009.11.26, 2012.8.22, 2013.3.23>	허가구역 또는 신고구역의 경우에는 백색페인트로 하고, 완충구역의 경우에는 적색페인트로 하되, 그 폭은 5센티미터 이상으로 한다. 이 경우 토석채취허가구역의 입구에 경계를 표시하는 경우에는 해발고·계획고 및 측량기점을 안정되게 표시하여야 한다. <개정 2006.6.30, 2007.7.27, 2015.11.25> ⑨영 제32조제3항의 규정에 의한 토석채취허가증은 별지 제18호서식에 의한다. <개정 2006.6.30, 2007.7.27, 2015.11.25> [제목개정 2007.7.27]
②국유림이 아닌 산림의 산지에서 객토용(客土用)이나 그 밖에 대통령령으로 정하는 용도로 사용하기 위하여 대통령령으로 정하는 규모의 토사를 채취하려는 자는 제1항에도 불구하고 농림축산식품부령으로 정하는 바에 따라 시장·군수·	④법 제25조제2항 전단에서 "대통령령이 정하는 용도"란 산지를 사용·수익할 권한이 있는 자 또는 산지의 소유자가 자가소비용으로 토사를 굴취·채취하는 것을 말한다. <신설 2007.7.27>	**제24조의2(토사채취의 신고)** ①법 제25조제2항 전단에 따라 토사채취신고를 하려는 자는 별지 제18호의2서식의 토사채취신고서에 제24조제1항제1호부터 제4호까지의 규정 및 제7호에 따른 서류를 첨부하여 시장·군수·구청장에게 제출하여야

산지관리법	산지관리법 시행령	산지관리법 시행규칙
구청장에게 토사채취신고를 하여야 한다. 신고한 사항 중 농림축산식품부령으로 정하는 사항을 변경하려는 경우에도 같다. <개정 2012.2.22, 2013.3.23> 1. 삭제 <2012.2.22> 2. 삭제 <2012.2.22>	⑤법 제25조제2항 전단에서 "대통령령이 정하는 규모"란 30세제곱미터 이상 1천세제곱미터 이하의 규모를 말한다. <신설 2007.7.27>	한다. 이 경우 시장·군수·구청장은 「전자정부법」 제36조제1항에 따른 행정정보의 공동이용을 통하여 토지 등기사항증명서(신고인이 토지의 소유자인 경우만 해당한다)를 확인하여야 한다. <개정 2009.4.20, 2011.1.5, 2012.10.26, 2013.1.23> ②법 제25조제2항 후단에서 "농림축산식품부령으로 정하는 사항"이란 다음 각 호의 어느 하나에 해당하는 사항을 말한다. <개정 2008.3.3, 2011.1.5, 2012.10.26, 2013.3.23> 1. 토사채취방법, 연차별 생산·이용계획 등 사업계획의 변경 2. 토사채취신고를 한 자 및 그 대표자의 명의변경 3. 법인명칭의 변경이 없는 법인대표의 변경

	4. 법인대표의 변경이 없는 법인명칭의 변경 5. 토사채취신고를 한 면적의 축소 6. 토사채취신고를 한 면적의 변경이 없는 토사채취량의 증가 ③법 제25조제2항 후단에 따라 토사채취신고의 변경신고를 하려는 자는 별지 제18호의3서식의 토사채취변경신고서를 시장·군수·구청장에게 제출하여야 한다. 이 경우 시장·군수·구청장은「전자정부법」제36조제1항에 따른 행정정보의 공동이용을 통하여 토지등기사항증명서(신고인이 토지의 소유자인 경우만 해당한다)와 법인 등기사항증명서(신고인이 법인인 경우만 해당한다)를 확인하여야 하고, 신고인이 첨부하여야 할 서류에 관하여는 제24조제4항을 준용하되, "토석채취"는 "토사채취"로 본다. <개정 2009.4.20,

산지관리법	산지관리법 시행령	산지관리법 시행규칙
		2011.1.5, 2012.10.26, 2013.1.23> ④시장·군수·구청장은 제1항 또는 제3항에 따라 신고서를 제출받은 때에는 신고를 수리하여야 한다. 다만, 다음 각 호의 어느 하나에 해당하는 경우에는 그러하지 아니하다. <개정 2011.1.5, 2012.10.26> 1. 신고서의 기재사항에 흠이 있는 경우 2. 신고에 필요한 첨부서류를 제출하지 아니한 경우 3. 첨부서류에 흠이 있거나 거짓 또는 그 밖의 부정한 방법으로 신고한 사실이 발견된 경우 4. 법 제38조제1항 본문에 따라 복구비를 예치하여야 하는 자가 그 복구비를 예치하지 아니한 경우

③제1항에 따른 토석채취허가 또는 제2항에 따른 토사채취신고(다른 법률에 따라 토석채취허가 또는 토사채취신고가 의제되는 행정처분을 포함한다)에 따른 채취기간은 다음 각 호와 같다. 다만, 토석채취허가를 받거나 토사채취신고를 하려는 자가 해당 산지의 소유자가 아닌 경우의 채취기간은 그 산지를 사용·수익할 수 있는 기간을 초과할 수 없다. <개정 2012.2.22, 2013.3.23>

1. 토석채취허가의 경우: 토석채취량 및 토석채취면적 등을 고려하여 10년의 범위에서 농림축산식품부령으로 정하는 기준에 따라 시·도지사 또는 시장·군수·구

5. 최근 1년 내에 동일지역에서 토사를 굴취·채취 한 경우
[본조신설 2007.7.27]

제25조(토석채취기간 등) 법 제25조제3항제1호 및 제2호에서 "농림축산식품부령으로 정하는 기준"이란 별표 4에 따른 토석·토사 채취기간의 결정기준을 말한다. <개정 2007.7.27, 2011.1.5, 2012.10.26, 2013.3.23>
[제목개정 2012.10.26]

산지관리법	산지관리법 시행령	산지관리법 시행규칙
청장이 허가하는 기간 2. 토사채취신고의 경우: 토사채취량 및 토사채취면적 등을 고려하여 10년의 범위에서 농림축산식품부령으로 정하는 기준에 따라 시장·군수·구청장에게 신고하는 기간 ④제1항에 따른 토석채취허가를 받거나 제2항에 따른 토사채취신고를 한 자(다른 법률에 따라 토석채취허가 또는 토사채취신고가 의제되는 행정처분을 받은 자를 포함한다)가 제3항에 따른 채취기간 이내에 허가받은 토석이나 신고한 토사를 모두 채취하지 못하여 그 기간연장이 필요한 경우에는 농림축산식품부령으로 정하는 바에 따라 시·도지사 또는 시장·군수·구청장으로부터 토석채취기간의 연장허가를 받거나 시장·군수·구청		제26조(토석채취기간의 연장허가) ① 법 제25조제4항에 따라 토석채취기간의 연장허가를 받거나 토사채취기간의 변경신고를 하려는 자는 그 채취기간이 만료되기 10일 전까지 다음 각 호의 구분에 따라 신청 또는 신고하여야 한다. <개정 2012.10.26, 2013.1.23, 2014.9.25, 2016.12.30> 1. 토석채취기간의 연장허가 신청: 별지 제16호서식의 토석채취기간연장허가신청서에 다음 각 목의 서류를 첨부하여 시·도지사

장에게 토사채취기간의 변경신고를 하여야 한다. <개정 2012.2.22, 2013.3.23>		또는 시장·군수·구청장에게 제출 가. 허가받으려는 산지의 소유권 또는 사용·수익권을 증명할 수 있는 서류 1부(토지 등기사항증명서로 확인할 수 없는 경우에 한정하고, 사용·수익권을 증명할 수 있는 서류에는 사용·수익권의 범위 및 사용·수익 기간이 명시되어야 한다) 나. 채취하지 못한 토석량에 대하여 일반측량업자등이 측량한 구적도 1부 다. 사업구역의 경계로부터 반경 300미터 안에 소재하는 가옥·축산시설의 소유자, 주민(실제로 거주하고 있는 「주민등록법」에 따른 세대주를 말한다), 공장의 소유자·대표자 및 종교시설의 대표자 전체 인원의 3분의 2 이상의 동의서(시·

산지관리법	산지관리법 시행령	산지관리법 시행규칙
		도지사 또는 시장·군수·구청장이 토석채취기간을 연장할 경우 인근지역 주민의 피해 등 재해발생이 예상되어 주민 등의 동의가 필요하다고 인정하는 경우에 한정하고, 「환경영향평가법」에 따른 환경영향평가 또는 소규모 환경영향평가를 거친 경우에는 동의서를 제출하지 아니한다) 2. 토사채취기간의 변경신고: 제18호의3서식의 토사채취변경신고서에 다음 각 목의 서류를 첨부하여 시장·군수·구청장에게 제출 가. 신고하려는 산지의 소유권 또는 사용·수익권을 증명할 수 있는 서류 1부(토지 등기사항증명서로 확인할 수 없는 경우에 한정하고, 사용·수익권을 증명할 수 있는 서류에는 사

		용·수익권의 범위 및 사용·수익 기간이 명시되어야 한다) 나. 채취하지 못한 토사량에 대하여 일반측량업자등이 측량한 구적도 1부 ② 제1항의 경우 채취기간이 만료되기 10일 전까지 토석채취기간의 연장허가를 신청하지 못하거나 토사채취기간의 변경신고를 하지 못하였을 때에는 채취기간이 만료되기 전까지 토석채취기간연장허가신청서 또는 토사채취변경신고서에 그 사유를 분명하게 밝혀서 제출하되, 채취기간이 만료된 후에는 토석채취기간의 연장허가를 받거나 토사채취기간의 변경신고가 수리될 때까지 토석이나 토사를 채취할 수 없다. <신설 2012.10.26> ③ 제1항 또는 제2항에 따른 신청서 또는 신고서 제출 시 시·도지

산지관리법	산지관리법 시행령	산지관리법 시행규칙
		사 또는 시장·군수·구청장은「전자정부법」제36조제1항에 따른 행정정보의 공동이용을 통하여 토지 등기사항증명서(신청인 또는 신고인이 토지의 소유자인 경우만 해당한다)를 확인하여야 한다. <신설 2009.4.20, 2011.1.5, 2012.10.26, 2013.1.23> ④시·도지사 또는 시장·군수·구청장은 제1항 또는 제2항에 따른 신청이나 신고를 받은 경우에는 토석 또는 토사 채취기간의 연장사유, 계단식 채취 등 토석채취방법 준수 여부 및 토석 또는 토사 채취로 인하여 재해발생·경관훼손이 예상되는지 여부 등을 검토하여 타당하다고 인정되는 때에는 법 제38조제1항 본문에 따른 복구비를 미리 예치하게 한 후 토석채취기간의 연장허가를 하고 별지 제18호

서식의 토석채취허가증을 발급하거나 토사채취기간의 변경신고를 수리하여야 한다. 다만, 다음 각 호의 요건을 모두 충족하는 경우에는 시·도지사 또는 시장·군수·구청장은 계단식 채취 등 토석채취방법 준수여부에 관한 검토를 생략할 수 있다. <개정 2007.7.27, 2009.4.20, 2009.11.27, 2011.1.5, 2012.10.26, 2015.11.25, 2016.12.30>

1. 토석·토사 채취용도가 건축용·공예용일 것
2. 토석·토사채취구역(완충구역과 부대시설은 제외한다)에 비탈면을 계단식으로 복구할 수 있는 채취면적이 확보될 것

⑤제4항에 따른 토석채취기간의 연장 또는 토사채취기간의 변경 기준은 별표 4에 따른다. <신설 2015.11.25>

⑥제5항에도 불구하고 쇄골재용 석

산지관리법	산지관리법 시행령	산지관리법 시행규칙
		재에 대한 토석채취연장기간의 합계는 최초로 허가를 받은 토석채취량을 기준으로 별표 4에 따라 산정된 기간을 초과할 수 없다. 다만, 법 제22조제2항에 따른 지방산지관리위원회의 심의를 거친 경우에는 그러하지 아니하다. <신설 2015.11.25> [제목개정 2007.7.27]
⑤관계 행정기관의 장이 다른 법률에 따라 제1항 또는 제2항에 따른 토석채취허가 또는 토사채취신고가 의제되는 행정처분을 하기 위하여 시·도지사 또는 시장·군수·구청장에게 협의를 요청하는 경우에는 대통령령으로 정하는 바에 따라 그 허가 또는 신고의 검토에 필요한 서류를 제출하여야 한다. <신설 2012.2.22>	⑥법 제25조제5항에 따라 시·도지사 또는 시장·군수·구청장에게 협의를 요청하려는 관계 행정기관의 장은 토석채취협의요청서에 농림축산식품부령으로 정하는 서류를 첨부하여 제출하여야 한다. 이 경우 토석채취협의요청에 대한 심사에 관하여는 제2항을 준용한다. <신설 2012.8.22, 2013.3.23> ⑦삭제 <2010.12.7>	**제27조(토석채취 등의 협의서류)** 법 제25조제5항에 따라 시·도지사 또는 시장·군수·구청장에게 협의를 요청하려는 관계 행정기관의 장은 별지 제19호의2서식의 토석채취 등의 협의요청서에 다음 각 호의 구분에 따른 서류를 첨부하여 제출하여야 한다. 1. 토석채취허가(변경허가)의 경우: 제24조제1항 각 호의 서류

⑥ 관계 행정기관의 장은 제5항에 따른 협의를 한 후 제1항 또는 제2항에 따른 토석채취허가 또는 토사채취신고가 의제되는 행정처분을 한 경우에는 지체 없이 시·도지사 또는 시장·군수·구청장에게 통보하여야 한다. <신설 2012.2.22>
[전문개정 2010.5.31]
[시행일 : 2017.10.19] 제25조

제25조의2(허가·신고 없이 할 수 있는 토석채취) 다음 각 호의 어느 하나에 해당하는 토석은 제25조 제1항의 토석채취허가를 받지 아니하거나 같은 조 제2항의 토사채취신고를 하지 아니하고 채취할 수 있다. 다만, 대통령령으로 정하는 경우에는 허가를 받거나 신고하여야 한다. <개정 2012.2.22>
1. 다음 각 목의 토석. 다만, 가목에 따라 채취한 석재의 경우에는 그 석재를 토목용으로 사용

[제목개정 2007.7.27]

제32조의2(허가·신고를 하여야 하는 토석채취) 법 제25조의2 각 호 외의 부분 단서에서 "대통령령으로 정하는 경우"란 다음 각 호의 어느 하나에 해당하는 경우를 말한다. <개정 2012.8.22, 2015.11.11, 2016.12.30>
1. 산지전용·산지일시사용하는 과정에서 부수적으로 원형 상태의 암석의 가장 긴 직선길이가 18센티미터 이상인 암석(이하 "자연석"이라 한다)을 굴취·채

2. 토사채취신고의 경우: 제24조제1항제1호부터 제4호까지의 규정 및 제7호에 따른 서류
3. 토석채취변경신고나 토사채취변경신고의 경우: 별표 3의 서류
4. 토석채취기간의 연장허가의 경우: 제26조제1항 각 호의 서류
5. 토사채취기간의 변경신고의 경우: 제26조제1항제1호 및 제2호의 서류
[본조신설 2012.10.26]

산지관리법	산지관리법 시행령	산지관리법 시행규칙
또는 판매하거나 해당 산지전용지역 또는 산지일시사용지역 외의 지역에서 쇄골재용으로 가공하려는 경우로 한정한다. 가. 제14조에 따른 산지전용허가 또는 제15조의2제1항에 따른 산지일시사용허가를 받거나 제15조에 따른 산지전용신고 또는 제15조의2제2항에 따른 산지일시사용신고를 한 자가 산지전용 또는 산지일시사용을 하는 과정에서 부수적으로 나온 토석 나. 도로·철도·궤도·운하 또는 수로를 설치하기 위하여 터널 또는 갱도를 파 들어가는 과정에서 부수적으로 나온 토석 2. 다음 각 목의 어느 하나에 해당하는 자가 허가를 받거나 신고한 토석을 채취하는 과정에서	취하여 해당 산지전용지역 또는 산지일시사용지역(산지전용 또는 산지일시사용의 목적사업에 관하여 사업계획이 수립된 경우에는 해당 사업계획에서 정하는 부지를 말한다. 이하 이 조에서 같다) 밖으로 반출하는 경우 2. 산지전용·산지일시사용하는 과정에서 부수적으로 굴취·채취하여 해당 산지전용지역 또는 산지일시사용지역 밖으로 반출하는 토석의 수량이 5만세제곱미터 이상인 경우. 다만, 국가·지방자치단체 및 「국토의 계획 및 이용에 관한 법률 시행령」 제120조제1항에 따른 기관 또는 단체가 공용·공공용시설을 설치하기 위하여 산지전용·산지일시사용하는 경우에는 그러하지 아니하	

부수적으로 나온 토석 가. 제25조제1항에 따른 토석채취허가를 받거나 토석채취신고를 한 자 나. 제25조제2항에 따른 토사채취신고를 한 자 다. 제30조제1항에 따른 채석(採石)신고를 한 자 3. 삭제 <2012.2.22> 4. 제25조제2항의 용도로 사용하기 위하여 같은 항에 따른 규모 미만으로 채취한 토사 [본조신설 2010.5.31] [종전 제25조의2는 제25조의3으로 이동 <2010.5.31>]	다. 3. 법 제25조의2제2호가목 또는 나목에 해당하는 자가 토석을 채취하는 과정에서 부수적으로 자연석 또는 지하 암반(토사채취를 하기로 설계된 지하부분 중 토사가 없는 암맥상태의 순수암석층으로 노출되는 것을 말한다)의 석재를 굴취·채취하는 경우 4. 법 제27조제2항에 따라 광물이 함유되어 있는 토석(광물을 채취하는 과정에서 부수적으로 채취한 토석을 포함한다)을 건축용·공예용·조경용·쇄골재용·토목용 등 광업 외의 용도로 사용 또는 판매하기 위하여 굴취·채취하려는 경우 [본조신설 2010.12.7] [종전 제32조의2는 제32조의3으로 이동 <2010.12.7>]	

산지관리법	산지관리법 시행령	산지관리법 시행규칙
제25조의3(토석채취제한지역의 지정 등) ①공공의 이익증진을 위하여 보전이 특히 필요하다고 인정되는 다음 각 호의 산지는 토석채취가 제한되는 지역(이하 "토석채취제한지역"이라 한다)으로 한다. <개정 2014.1.14, 2016.12.2> 1. 「정부조직법」 제2조 및 제3조에 따른 중앙행정기관 및 특별지방행정기관과 「도로법」 제10조에 따른 도로 등 대통령령으로 정하는 공공시설을 보호하기 위하여 그 행정기관 및 공공시설 경계로부터 대통령령으로 정하는 거리 이내의 산지	제32조의3(토석채취제한지역) ①법 제25조의3제1항제1호에 따라 토석의 굴취·채취가 제한되는 산지는 다음 각 호의 어느 하나에 해당되는 산지로 한다. <개정 2007.11.30, 2008.4.3, 2008.7.24, 2008.9.22, 2009.4.20, 2009.11.2, 2009.11.26, 2010.3.9, 2010.12.7, 2010.12.29, 2014.1.28, 2014.7.14, 2015.11.11, 2016.12.30> 1. 「산림자원의 조성 및 관리에 관한 법률」 제19조제1항에 따라 지정된 수형목(秀型木) 및 「산림보호법」 제13조제1항에 따라 지정된 보호수의 수간(樹幹)하단부로부터 30미터 이내의 산지 2. 다음 각 목의 어느 하나에 해당하는 시설의 경계로부터 100미터 이내의 산지	

	가. 「철도건설법」 제2조제1호 및 제2호에 따른 철도 및 고속철도 나. 「궤도운송법」 제2조제1호에 따른 궤도 다. 「도로법」 제39조에 따라 구간의 전부 또는 일부의 사용을 개시한 도로 라. 「전원개발촉진법」 제2조에 따른 전원설비 마. 「하천법」 제7조제1항에 따른 하천 바. 「수질 및 수생태계 보전에 관한 법률」 제2조제14호에 따른 호소 사. 「농어촌정비법」 제2조제6호에 따른 저수지 아. 제각 자. 「산림문화·휴양에 관한 법률」 제2조제2호·제3호 및 제5호에 따른 자연휴양림·산림욕	

산지관리법	산지관리법 시행령	산지관리법 시행규칙
	장 및 치유의 숲 3. 삭제 <2009.11.26> 4. 다음 각 목의 어느 하나에 해당하는 시설 또는 구역의 경계로부터 500미터 이내의 산지 　가. 「군사기지 및 군사시설 보호법」 제2조제2호에 따른 군사시설 　나. 「정부조직법」 제2조 및 제3조에 따른 중앙행정기관 및 특별지방행정기관, 「법원조직법」 제3조에 따른 법원 및 등기소, 각 해당 기관의 소속 기관의 시설 　다. 「지방자치법」 제2조 및 제3조에 따른 지방자치단체 및 특별법에 따라 설립된 공법인, 각 해당 기관의 소속 기관의 시설	

2. 「철도산업발전 기본법」 제3조 제1호에 따른 철도 등 대통령령으로 정하는 시설의 연변가시지역(沿邊可視地域)을 보호하기 위하여 그 시설의 경계로부터 대통령령으로 정하는 거리 이내의 산지 3. 「국유림의 경영 및 관리에 관한 법률」 제16조에 따른 보전국유림(준보전국유림 중 보전국유림으로 보는 경우를 포함한다)의 산지	라. 「유아교육법」 제2조, 「초·중등교육법」 제2조 및 「고등교육법」 제2조에 따른 학교 마. 「의료법」 제3조에 따른 의료기관 바. 「문화재보호법」 제2조제4항에 따른 보호구역(보호구역이 지정되지 아니한 문화재의 경우에는 그 문화재) ② 법 제25조의3제1항제2호에 따라 토석의 굴취·채취가 제한되는 산지는 다음 각 호의 어느 하나에 해당되는 산지로 한다. <개정 2010.12.7, 2014.12.31> 1. 고속국도 및 철도 연변가시지역의 경우에는 2천미터 이내의 산지 2. 일반국도 연변가시지역의 경우에는 1천미터 이내의 산지 3. 지방도 연변가시지역의 경우에는 5백미터 이내의 산지. 다만,

산지관리법	산지관리법 시행령	산지관리법 시행규칙
4. 제9조에 따른 산지전용·일시사용제한지역 및 그 밖에 대통령령으로 정하는 지역의 산지 5. 산림생태계의 보호, 자연경관의 보전 및 역사적·문화적 가치가 있어 보호할 필요가 있는 산지로서 산림청장이 지정하여 고시한 지역의 산지 ②제1항제5호에 따른 토석채취제한지역의 지정절차에 관하여는 제9	2000년 5월 16일 이전에 지방도 연변가시지역 5백미터 이내의 산지에서 채석허가를 받은 자가 해당 허가지역에 연접하여 계속 채석을 하거나 토사채취를 하려는 경우는 제외한다. 4. 「항만법」 제2조제4호에 따른 항만구역 연변가시지역의 산지와 만조 시 해안선으로부터 500미터 이내의 산지 ③법 제25조의3제1항제4호에서 "대통령령으로 정하는 지역의 산지"란 다음 각 호의 산지를 말한다. <개정 2010.3.9, 2010.12.7, 2010.12.29, 2012.7.31, 2015.7.20, 2015.11.11> 1. 「수목원·정원의 조성 및 진흥에 관한 법률」 제2조제1호 및 제1호의2에 따른 수목원 및 정원 안의 산지	

조제2항 및 제3항을 준용한다. [전문개정 2010.5.31] [제25조의2에서 이동, 종전 제25조의3은 제25조의4로 이동 <2010.5.31>] [시행일 : 2017.6.3.] 제25조의3	2. 「사방사업법」 제2조제4호에 따른 사방지 안의 산지 3. 「야생생물 보호 및 관리에 관한 법률」 제27조에 따른 야생생물 특별보호구역 안의 산지 4. 「문화재보호법」 제2조제4항에 따른 보호구역(보호구역이 지정되지 아니한 문화재의 경우에는 그 문화재)의 산지 5. 「산림자원의 조성 및 관리에 관한 법률」 제19조제1항에 따른 채종림(採種林)과 같은 법 제47조제1항에 따른 시험림 및 「산림보호법」 제7조제1항에 따른 산림보호구역 6. 「산림문화·휴양에 관한 법률」 제13조에 따른 자연휴양림의 산지, 같은 법 제20조에 따라 조성된 산림욕장 및 치유의 숲의 산지 [본조신설 2007.7.27] [제32조의2에서 이동, 종전 제32

산지관리법	산지관리법 시행령	산지관리법 시행규칙
	조의3은 제32조의4로 이동 <2010.12.7>]	
제25조의4(토석채취제한지역에서의 행위제한) 토석채취제한지역에서는 토석채취를 할 수 없다. 다만, 다음 각 호의 어느 하나에 해당하는 경우에는 토석채취를 할 수 있다. 1. 천재지변이나 그 밖에 이에 준하는 재해를 복구하기 위하여 토석채취가 필요한 경우 2. 도로의 설치 등 대통령령으로 정하는 사업을 위하여 터널이나 갱도를 파 들어가는 과정에서 부수적으로 토석을 채취하여 그 사업에 사용하는 경우 3. 공용·공공용 사업을 위하여 필요한 경우 등 대통령령으로 정하는 경우	제32조의4(토석채취제한지역에서의 행위제한의 예외) ①법 제25조의4제2호에서 대통령령으로 정하는 사업"이란 도로·철도·궤도·운하 또는 수로를 설치하기 위한 사업을 말한다. " <개정 2010.12.7> ②법 제25조의4제3호에서 "공용·공공용사업을 위하여 필요한 경우 등 대통령령으로 정하는 경우"란 다음 각 호의 어느 하나에 해당하	

는 경우를 말한다. <개정 2008.7.24, 2009.4.20, 2009.11.26, 2010.12.7, 2012.5.22, 2014.12.31, 2016.12.30>

1. 「공익사업을 위한 토지 등의 취득 및 보상에 관한 법률」 제4조 각 호의 어느 하나에 해당하는 사업에 사용하기 위하여 관계 중앙행정기관의 장(「정부조직법」 제3조에 따른 특별지방행정기관의 장을 포함하며, 국가지원지방도의 건설사업의 경우에는 해당 지방자치단체의 장을 말한다)이 토석채취자, 토석채취구역의 위치·면적, 토석의 종류, 토석채취수량 및 토석채취기간을 명시하여 요청한 것으로서 그 요청이 타당하다고 인정되는 경우

2. 산지전용·산지일시사용하는 과정에서 부수적으로 생산되는 토

산지관리법	산지관리법 시행령	산지관리법 시행규칙

	석을 굴취·채취하기 위하여 토석채취허가를 받으려는 경우
	3. 토석채취에 필요한 부대시설(진입로 또는 관리사무소에 한정한다)을 설치하려는 경우(제32조의3제1항제2호 및 제2항제1호부터 제3호까지의 산지만 해당한다)
	4. 토석채취허가를 받아 토석의 굴취·채취가 진행 중에 있는 허가지역에 연접하여 새로이 토석을 굴취·채취하려는 경우로서 다음 각 목의 어느 하나에 해당하는 경우(제32조의3제2항제1호부터 제3호까지의 산지만 해당한다)
	  가. 지방도가 일반국도 또는 고속국도로 변경된 경우
	  나. 일반국도가 고속국도로 변경된 경우
	  다. 고속국도, 철도, 일반국도 또	

| | | 는 지방도가 신설된 경우
라. 시도 및 군도가 지방도로 변경된 경우
5. 토석채취허가를 받은 지역(허가기간이 만료되어 복구하고 있거나 복구가 완료된 지역을 포함한다)에 연접하여 토석을 굴취·채취하려는 경우로서 5만제곱미터 미만의 잔여 산지를 계속 채취함으로써 비탈면 없이 평탄지로 될 수 있는 경우(제32조의3 제2항제1호부터 제3호까지의 산지만 해당한다)
6. 다음 각 목의 어느 하나에 해당하는 경우
  가. 토석채취허가(석재에 한정한다)를 받은 지역(허가기간이 만료되어 복구하고 있거나 복구가 완료된 지역을 포함한다) 지하의 석재를 굴취·채취하려는 경우 | |

산지관리법	산지관리법 시행령	산지관리법 시행규칙
	나. 토석채취허가(석재에 한정한다) 기간이 만료된 후 그 기간이 만료되기 전에 이미 굴취·채취한 석재를 반출하려는 경우 다. 토석채취지역의 비탈면을 복구하기 위하여 불가피하게 토석을 추가로 굴취·채취하여야 하는 경우. 다만, 국가 또는 지방자치단체 외의 자가 토석을 굴취·채취하는 경우에는 추가로 굴취·채취한 토석을 반출하지 아니하는 경우로 한정한다. 7. 법 제29조에 따른 채석단지로 지정된 구역에서 토석을 굴취·채취하는 경우	
4. 공공시설 등의 관리자 또는 소유자의 동의를 받은 경우 등 대통령령으로 정하는 경우 5. 제25조제2항에 따라 토사를 채취하는 경우	③법 제25조의4제4호에서 "공공시설 등의 관리자 또는 소유자의 동의를 받은 경우 등 대통령령으로 정하는 경우"란 다음 각 호의 어느 하나에 해당하는 경우를 말한다.	

[전문개정 2010.5.31]
[제25조의3에서 이동 , 종전 제25조의4는 제25조의5로 이동 <2010.5.31>]

제25조의5(토석채취제한지역 지정의 해제) ①산림청장은 제25조의3제1항제5호에 따라 고시한 지역이 다음 각 호의 어느 하나에 해당하는 경우에는 토석채취제한지역의 지정을 해제할 수 있다. <개정 2012.2.22>
1. 지정사유가 소멸된 경우
2. 제8조제1항에 따라 지역·지구 및 구역 등이 지정된 경우로서 해당 목적사업수행을 위하여 불가피한 경우

②제1항에 따른 토석채취제한지역의 지정해제 절차에 관하여는 제9조제2항 및 제3항을 준용한다. <개정 2012.2.22>
[전문개정 2010.5.31]

<개정 2009.4.20, 2010.12.7, 2016.12.30>
1. 제32조의3제1항제4호 및 제3항제4호에 해당하는 지역 또는 시설의 경우로서 지역 또는 시설의 관리청 또는 관리자(문화재보호구역의 경우에는 문화재청장, 군사시설인 경우에는 국방부장관 또는 관할부대장)의 동의를 받은 경우
2. 여객수송을 목적으로 하지 아니하는 전용철도로부터 100미터 밖에 있는 연변가시지역의 경우(제32조의3제2항제1호의 산지만 해당한다)
3. 제각의 경계로부터 100미터 이내의 산지로서 제각의 관리자 또는 소유자의 동의를 받은 경우

[본조신설 2007.7.27]
[제목개정 2012.5.22]

산지관리법	산지관리법 시행령	산지관리법 시행규칙
[제25조의4에서 이동 <2010.5.31>] 제26조(채석 경제성의 평가) ①제25조제1항에 따른 토석채취허가(석재만 해당한다)를 받으려는 자는 대통령령으로 정하는 전문조사기관으로부터 채석 경제성에 관한 평가를 받아 그 결과를 시·도지사 또는 시장·군수·구청장에게 제출하여야 한다. 다만, 토목용 석재를 채취하려는 경우 등 대통령령으로 정하는 경우에는 그러하지 아니하다.	[제32조의3에서 이동 <2010.12.7>] 제33조 삭제 <2007.7.27> 제34조(채석경제성의 평가) ①법 제26조제1항 본문에서 "대통령령으로 정하는 전문조사기관"이란 다음 각 호의 어느 하나에 해당하는 기관을 말한다. <개정 2004.1.9, 2005.8.5, 2008.2.29, 2009.4.20, 2010.12.7, 2013.3.23, 2015.11.11> 1. 국립산림과학원 2. 「한국광물자원공사법」에 따른 한국광물자원공사 3. 광업부문 또는 건설부문(토질·지질 전문분야에 한정한다)의 엔지니어링활동을 하기 위하여 「엔지니어링산업 진흥법」 제21조제1항에 따라 산업통상자원부장관에게 신고한 엔지니어링사업자	

	4. 「과학기술분야 정부출연연구기관 등의 설립·운영 및 육성에 관한 법률」 별표 각 호의 연구기관중 지질조사와 광물자원연구사업을 수행하는 법인 5. 기술사가 「기술사법」 제6조의 규정에 따라 개설·등록을 한 광업부문 또는 건설부문(토질·지질 전문분야에 한정한다)의 기술사사무소 6. 산지보전협회 ②법 제26조제1항 단서에서 "대통령령으로 정하는 경우"란 다음 각 호의 어느 하나에 해당하는 경우를 말한다. <개정 2005.8.5, 2007.7.27, 2010.12.7, 2012.5.22, 2012.8.22, 2015.11.11> 1. 토목용·조경용 석재를 굴취·채취하고자 하는 경우 2. 토석채취허가(석재에 한정한다)를 받아 석재를 굴취·채취하였	

산지관리법	산지관리법 시행령	산지관리법 시행규칙
	던 허가구역의 지하로 석재를 굴취·채취하고자 하는 경우 3. 산지전용·산지일시사용을 하는 과정에서 부수적으로 채취한 석재 또는 법 제28조제3항 후단에 따른 자연석을 굴취·채취하려는 경우 4. 토석채취허가기간이 만료된 후 그 기간이 만료되기 전에 이미 굴취·채취한 석재를 반출하고자 하는 경우 5. 석재를 굴취·채취한 지역의 비탈면 복구를 위하여 불가피하게 석재를 굴취·채취하여야 하는 경우 6. 토석채취허가를 받은 토석채취면적을 100분의 20 범위에서 확대하려는 경우(암반이 노출되어 암석의 종류 및 석질 등이 최	

②제1항에 따른 전문조사기관의 채석 경제성에 관한 평가의 방법, 기준 등에 관한 사항은 대통령령으로 정한다.
[전문개정 2010.5.31]

제27조(광구에서의 토석채취 등) ① 「광업법」 제3조제3호의2·제3호의3 및 제4호의 광구에서 제25조제1항에 따른 토석채취허가를 받거나 제30조제1항에 따른 채석단지에서 채석신고를 하려는 자는 광업권자나 조광권자(租鑛權者)의 동의를 받아야 한다. 다만, 대통령령으로 정하는 전문조사기관의 조사결과 다음 각 호의 어느 하나에 해당하는 경우에는 그러하지 아니하다. <개정 2010.1.27>
1. 토석을 채취하려는 구역의 광물

초 토석채취허가를 받은 산지와 동일하다고 인정되는 경우만 해당한다)
③법 제26조제2항의 규정에 의한 채석경제성에 관한 평가의 방법·기준 등은 별표 7과 같다.

제35조(광구안에서의 토석채취) 법 제27조제1항 각 호 외의 부분 단서에서 "대통령령으로 정하는 전문조사기관"이란 제34조제1항제2호부터 제6호까지의 규정에 따른 기관을 말한다. <개정 2007.7.27, 2010.12.7>
[제목개정 2007.7.27]

산지관리법	산지관리법 시행령	산지관리법 시행규칙
이 광물로서의 품위기준을 충족하지 못하는 경우 2. 채굴작업과 토석채취 작업이 작업상 서로 지장이 없다고 인정되는 경우 ② 「광업법」에 따른 광물을 채굴하기 위하여 채굴계획의 인가를 받은 채굴권자나 조광권자가 그 인가를 받은 광구에서 그 광물이 함유되어 있는 토석을 광업 외의 용도로 사용하거나 판매하기 위하여 채취하려는 경우에는 다음 각 호의 구분에 따라 매매계약을 체결하거나 토석채취허가를 받아야 한다. 다만, 광물 중 대리석용 석회석을 건축용 또는 공예용으로 채취하는 경우에는 그러하지 아니하다. <개정 2010.1.27> 1. 국유림의 산지: 제35조제1항에		

따른 산림청장과의 토석 매매계약
2. 제1호 외의 산지: 제25조제1항에 따른 토석채취허가
③산림청장은 제2항제1호에 따른 매매계약을 체결할 때 그 토석에 함유된 광물에 해당하는 부분은 농림축산식품부령으로 정하는 바에 따라 매매대금에서 공제하여야 한다. <개정 2013.3.23>
[전문개정 2010.5.31]

제28조(토석채취허가의 기준) ①시·도지사 또는 시장·군수·구청장은 제25조제1항에 따른 토석채취허가를 할 때에는 그 허가의 신청내용이 다음 각 호(토사채취의 경우 제1호와 제2호만 해당한다)의 기준에 맞는 경우에만 허가하여야 한다. <개정 2012.2.22>
1. 제25조의4에 따른 토석채취제한지역에서의 행위제한 사항에

제28조(토석 매매대금의 공제) 법 제27조제3항에 따라 토석의 매매대금에서 공제하여야 하는 금액은 「광업법」 제24조제1항에 따라 산업통상자원부장관이 정하여 고시하는 광종별 광체의 규모 및 품위 이상인 광물의 함유량에 해당하는 금액으로 한다. 이 경우 광물의 함유량은 다음 각 호의 어느 하나에 해당하는 기관이 조사한 것에 한한다. <개정 2007.7.27, 2013.3.23>
1. 「한국광물자원공사법」에 따른 한국광물자원공사
2. 「과학기술분야 정부출연연구기관 등의 설립·운영 및 육성에 관한 법률」 별표 제14호에 따른 한국지질자원연구원

산지관리법	산지관리법 시행령	산지관리법 시행규칙
적합할 것 2. 산지의 형태, 임목의 구성, 토석채취면적 및 토석채취방법 등이 대통령령으로 정하는 기준에 맞을 것 3. 제26조제1항에 따른 전문조사기관의 평가결과 채석의 경제성이 인정될 것 4. 토석채취로 인하여 생활환경 등에 영향을 받을 수 있는 지역으로서 대통령령으로 정하는 지역의 경우에는 재해를 방지하기 위한 시설의 설치 등 대통령령으로 정하는 기준을 충족할 것	제36조(토석채취허가의 기준 등) ① 법 제28조제1항제2호에서 "대통령령이 정하는 기준"이란 별표 8의 기준을 말한다. ②법 제28조제1항제4호에서 "대통령령으로 정하는 지역"이란 토석의 굴취·채취로 인하여 생활환경 등에 직접적 또는 간접적 영향을 받는 산지로서 다음 각 호의 어느 하나에 해당하는 지역을 말한다. <개정 2012.8.22, 2015.11.11> 1. 가옥·축산시설·공장 또는 종교시설로부터 300미터 이내의 산지 2. 분묘중심점으로부터 30미터 이내의 산지	[제목개정 2007.7.27]

	③법 제28조제1항제4호에서 "재해를 방지하기 위한 시설의 설치 등 대통령령으로 정하는 기준"이란 다음 각 호의 기준을 말한다. <개정 2008.2.29, 2008.12.24, 2009.4.20, 2009.11.26, 2010.12.7, 2012.7.20, 2013.3.23, 2015.11.11> 1. 산지의 경사도, 모암(母巖), 산림상태 등 농림축산식품부령으로 정하는 산사태위험지판정기준표 상의 위험요인에 따라 산사태가 발생할 가능성이 높은 것으로 판정된 지역 또는 산사태가 발생한 지역이 아닐 것. 다만, 재해방지시설의 설치를 조건으로 허가하는 경우에는 그러하지 아니하다. 2. 인근지역의 재해발생이 우려되는 경우에는 다음 각 목의 보호조치가 사업계획에 반영될 것 가. 절·성토면의 토사유출 및 사면붕괴 방지를 위한 배수시설	제28조의2(산사태위험지의 판정기준) 영 제36조제3항제1호에 따른 산사태위험지판정기준표는 별표 1의2와 같다. <개정 2011.10.24> [본조신설 2009.11.27]

산지관리법	산지관리법 시행령	산지관리법 시행규칙
	등의 설치 나. 낙석방지시설의 설치 다. 비탈면 안정을 위한 보호공법의 채택 라. 방진망 설치 등 비사방지시설의 설치 마. 저소음·진동 발파공법의 채택 바. 표토와 폐석의 처리대책 3. 다음 각 목에 따른 동의를 얻을 것. 다만, 「환경영향평가법」에 따른 환경영향평가 또는 소규모 환경영향평가를 거친 경우를 제외한다. 가. 제2항제1호의 경우 해당 가옥·축산시설의 소유자, 주민(실제로 거주하고 있는 「주민등록법」에 따른 세대주를 말한다), 공장의 소유자 및 대표자, 종교시설의 대표자 전원(토석채취허가를 받아 토석을	

5. 토석채취에 필요한 장비 등을 대통령령으로 정하는 기준에 맞게 갖출 것. 다만, 「골재채취법」에 따른 골재채취업 등록을 한 자와 제3항 단서에 따라 자연석을 채취하려는 자의 경우에는 그러하지 아니하다.

② 시·도지사 또는 시장·군수·구청장은 제25조제1항에 따른 토석채취허가를 할 때 다음 각 호의 어느 하나에 해당하는 경우에는 대통령령으로 정하는 바에 따라 제1항 각 호의 전부 또는 일부를 적용하

굴취·채취하고 있는 산지에 연접하여 토석채취허가를 받으려는 경우에는 3분의 2 이상)의 동의

나. 제2항제2호의 경우 「장사 등에 관한 법률」 제2조제16호에 따른 연고자의 동의(연고자가 있는 경우에 한정한다)

④ 법 제28조제1항제5호 본문에 따라 토석채취허가(석재에 한정한다)를 받으려는 자가 갖추어야 하는 석재의 굴취·채취 장비 및 기술인력 등의 기준은 별표 8의2와 같다.

[전문개정 2007.7.27]

산지관리법	산지관리법 시행령	산지관리법 시행규칙
지 아니할 수 있다. 1. 천재지변이나 그 밖에 이에 준하는 재해를 복구하기 위하여 토석채취가 필요한 경우 2. 도로 등 대통령령으로 정하는 사업을 위하여 터널이나 갱도를 파 들어가는 과정에서 부수적으로 토석을 채취하여 그 사업에 사용하는 경우 3. 공용·공공용 사업을 위하여 필요한 경우 등 대통령령으로 정하는 경우	제37조(토석채취허가기준의 적용예외 등) ①법 제28조제2항제2호에서 "대통령령으로 정하는 사업"이란 도로·철도·궤도·운하 또는 수로를 설치하기 위한 사업을 말한다. <개정 2010.12.7> ②법 제28조제2항제3호에서 "대통령령으로 정하는 경우"란 다음 각 호의 어느 하나에 해당하는 경우를 말한다. <개정 2008.7.24, 2009.11.26, 2010.12.7, 2015.11.11> 1. 「공익사업을 위한 토지 등의 취득 및 보상에 관한 법률」 제4조 각 호의 어느 하나에 해당하는 사업에 사용하기 위하여 관계 중앙행정기관의 장(「정부조	

	직법」 제3조에 따른 특별지방행정기관의 장을 포함하며, 국가지원지방도의 사업의 경우에는 해당 지방자치단체의 장을 말한다)이 토석채취자, 토석채취구역의 위치·면적, 토석의 종류, 토석채취수량 및 토석채취기간을 명시하여 요청한 것으로서 그 요청이 타당하다고 인정되는 경우 2. 산지전용·산지일시사용하는 과정에서 부수적으로 생산되는 토석을 굴취·채취하기 위하여 토석채취허가를 받으려는 경우 3. 토석채취허가기간이 만료된 후 그 기간이 만료되기 전에 이미 굴취·채취한 토석을 반출하려는 경우 4. 토석채취지역의 비탈면 복구를 위하여 불가피하게 토석을 굴취·채취하여야 하는 경우(굴취·	

산지관리법	산지관리법 시행령	산지관리법 시행규칙
	채취한 토석을 해당 토석채취지역 밖으로 반출하지 아니하는 경우에 한정한다) ③법 제28조제2항에 따라 토석채취허가기준의 전부 또는 일부를 적용하지 아니할 수 있는 경우는 다음 각 호와 같다. <개정 2008.7.24, 2015.11.11> 1. 제36조의 기준을 적용하지 아니하는 경우 가. 법 제28조제2항제1호에 해당하는 경우 나. 제1항에 해당하는 사업을 위하여 터널 또는 갱도를 굴진하는 과정에서 부수적으로 토석을 굴취·채취하여 해당 사업에 사용하는 경우 다. 제2항제1호 또는 제3호에 해당하는 경우	

2. 제36조제1항의 기준을 적용하지 아니하는 경우
   가. 제2항제2호에 해당하는 경우
   나. 제2항제4호에 해당하는 경우
3. 제36조제3항제3호가목을 적용하지 아니하는 경우. 이 경우 가목에 해당하는 경우에는 지방산지관리위원회의 심의를 거쳐야 한다.
   가. 제2항제2호에 해당하는 경우(「국토의 계획 및 이용에 관한 법률」 제36조에 따른 도시지역의 경우에 한정한다)
   나. 제2항제4호에 해당하는 경우
4. 제36조제4항을 적용하지 아니하는 경우: 제2항제4호에 해당하는 경우

[전문개정 2007.7.27]

산지관리법	산지관리법 시행령	산지관리법 시행규칙
③산지에 있는 인공적으로 절개되거나 파쇄되지 아니한 원형상태의 암석 중 대통령령으로 정하는 규모 이상의 암석(이하 "자연석"이라 한다)은 다음 각 호의 어느 하나에 해당하는 경우가 아니면 채취할 수 없다. 이 경우 제1호 및 제2호의 경우에는 제25조제1항에 따른 토석채취허가를 받아야 한다. <개정 2012.2.22> 1. 국가나 지방자치단체가 공용·공공용 사업을 하기 위하여 필요한 경우 2. 제14조에 따른 산지전용허가 또는 제15조의2제1항에 따른 산지일시사용허가를 받거나 제15조에 따른 산지전용신고 또는 제15조의2제2항에 따른 산지일시사용신고를 한 자(다른 법률에 따라 해당 허가 또는 신고가	제38조(자연석의 규모 등) ①법 제28조제3항 각 호 외의 부분 전단에서 "대통령령으로 정하는 규모 이상의 암석"이란 제32조의2제1호의 자연석을 말한다. <개정 2007.7.27, 2009.11.26, 2010.12.7, 2012.8.22> ②삭제 <2012.8.22>	

의제되는 행정처분을 받은 자를 포함한다)가 산지전용 또는 산지일시사용을 하는 과정에서 부수적으로 나온 자연석을 채취하는 경우
3. 제25조제1항에 따라 토석채취허가를 받은 자(다른 법률에 따라 토석채취허가가 의제되는 행정처분을 받은 자를 포함한다)가 그 채석과정에서 부수적으로 나온 자연석을 채취하는 경우
4. 제30조제1항에 따라 채석신고를 한 자가 그 채석과정에서 부수적으로 나온 자연석을 채취하는 경우

④시·도지사 또는 시장·군수·구청장은 제1항에 따른 토석채취허가를 하는 경우 재해방지, 경관보전 등을 위하여 재해방지시설의 설치 등 필요한 조건을 붙일 수 있다. <신설 2016.12.2>

산지관리법	산지관리법 시행령	산지관리법 시행규칙
[전문개정 2010.5.31] [시행일 : 2017.6.3] 제28조 **제29조(채석단지의 지정·해제)** ①산림청장 또는 시·도지사는 일정한 지역에 양질의 석재가 상당량 매장되어 있어 이를 집단적으로 채취하는 것이 국토와 자연환경의 보존을 위하여 유익하다고 인정하면 대통령령으로 정하는 바에 따라 직권으로 또는 신청에 의하여 채석단지를 지정하거나 변경지정할 수 있다. 이 경우 산림청장 또는 시·도지사는 관계 행정기관의 장과 협의하여야 한다. <개정 2012.2.22, 2014.3.24>	**제39조(채석단지의 지정)** ①법 제29조제1항에 따라 다음 각 호의 자는 그 구분에 따른 채석단지를 직권 또는 신청에 의하여 지정 또는 변경지정 할 수 있다. <신설 2014.9.24> 1. 산림청장: 면적(굴취·채취가 완료된 면적과 산물처리장 등 부대시설 면적은 제외한다. 이하 이 항에서 같다)이 30만제곱미터 이상인 채석단지 2. 시·도지사: 면적이 20만제곱미터 이상 30만제곱미터 미만인 채석단지 ②법 제29조제1항에 따라 채석단지 지정 또는 변경지정을 받으려는 자는 신청서에 농림축산식품부령	**제29조(채석단지의 지정 등)** ①영 제39조제2항에 따라 채석단지의 지정 또는 변경지정을 받으려는 자는

으로 정하는 서류를 첨부하여 산림청장 또는 시·도지사에게 제출하여야 한다. <개정 2008.2.29, 2012.8.22, 2013.3.23, 2014.9.24>
③법 제29조제1항에 따라 산림청장 또는 시·도지사가 직권 또는 신청에 의하여 채석단지를 지정하거나 변경지정하려는 경우에는 제6항의 세부지정기준에 적합한지 여부와 법 제26조제1항에 따른 채석경제성에 관한 평가결과를 검토하여 미리 관계 행정기관의 장과 협의하고, 중앙산지관리위원회 또는 지방산지관리위원회의 심의를 거쳐야 한다. <개정 2005.8.5, 2008.7.24, 2008.12.24, 2009.11.26, 2012.8.22, 2014.9.24>
1. 삭제 <2009.11.26>
2. 삭제 <2009.11.26>
3. 삭제 <2009.11.26>
4. 삭제 <2009.11.26>

별지 제20호서식의 채석단지지정(변경지정)신청서에 다음 각 호의 서류를 첨부하여 산림청장 또는 시·도지사에게 제출하여야 한다.
<개정 2005.8.24, 2006.6.30, 2008.7.16, 2009.4.20, 2012.10.26, 2014.9.25>
1. 사업계획서(채석단지구역 현황, 토석채취 방법, 연차별 벌채·토사처리 계획, 연차별 토석 생산·이용 계획 및 피해방지 계획을 포함한다) 1부
2. 「환경영향평가법」 제18조에 따라 통보된 협의내용에 관한 서류 사본 1부(평가대상이 되는 경우만 해당한다)
3. 채석단지의 지정 또는 변경지정을 받으려는 산지의 지번·지목·면적·소유자 등이 표시된 산지 내역서 1부
4. 제24조제1항제3호·제4호·제6호

산지관리법	산지관리법 시행령	산지관리법 시행규칙
②제1항에 따른 채석단지의 지정(대통령령으로 정하는 면적 이상에 대한 변경지정을 포함한다)을 신청하려는 자는 제26조에 따라 채석 경제성에 관한 평가를 받아 그 결과를 산림청장 또는 시·도지사에게 제출하여야 한다. <개정 2012.2.22, 2014.3.24> ③제1항에 따른 채석단지의 세부지정기준은 대통령령으로 정한다.	5. 삭제 <2009.11.26> 6. 삭제 <2009.11.26> ④시장·군수·구청장은 제3항에 따른 협의를 요청받으면 정당한 이유가 없는 한 15일 이내에 현지조사 결과와 채석단지 지정 가능 여부에 관한 의견을 산림청장 또는 시·도지사에게 제출하여야 한다. <신설 2012.8.22, 2014.9.24> ⑤법 제29조제2항에서 "대통령령으로 정하는 면적"이란 채석단지로 지정받은 면적의 100분의 10을 말한다. <신설 2012.8.22., 2014.9.24.> ⑥법 제29조제3항에 따른 채석단지의 세부지정기준은 다음 각 호와 같다. <개정 2005.8.5, 2007.7.27,	및 제8호부터 제12호까지의 서류 5. 채석단지로 지정 또는 변경지정을 받으려는 산지가 표시된 축척 2만5천분의 1 이상의 지적이 표시된 지형도(「토지이용규제 기본법」 제12조에 따라 국토이용정보체계에 지적이 표시된 지형도의 데이터베이스가 구축되어 있지 아니하거나 지형과 지적의 불일치로 지형도의 활용이 곤란한 경우에는 지적도) 1부 6. 채석단지로 지정 또는 변경지정을 받으려는 산지의 축척 6천분의 1부터 1천200분의 1까지의 석재분포도 1부 ②제1항에 따른 신청서 제출 시 산림청장 또는 시·도지사는 「전자정부법」 제36조제1항에 따른 행정정보의 공동이용을 통하여 토지

	2009.4.20, 2009.11.26, 2012.5.22, 2012.8.22, 2014.9.24, 2014.12.31, 2016.12.30〉 1. 1개 단지의 면적이 20만제곱미터 이상으로서 석재가 집단적으로 분포할 것. 이 경우 이미 토석채취허가를 받아 석재를 굴취·채취하고 있는 지역 또는 지정된 채석단지를 포함하여 새로운 채석단지를 지정하려는 경우에는 해당 토석채취허가면적 또는 채석단지면적을 포함하여 단지의 면적을 계산하되, 굴취·채취가 완료된 면적과 산물처리장 등 부대시설 면적은 제외한다. 2. 경제적으로 석재를 집단적으로 채취할 가치가 높고, 도로 등 기반시설의 조성에 장애가 없을 것 3. 수질·먼지·진동·소음 등에 의하여 지역주민의 생활환경을 크게 해치지 아니할 것	등기사항증명서(신청인이 토지의 소유자인 경우만 해당한다)를 확인하여야 한다. 〈개정 2009.4.20, 2011.1.5, 2013.1.23, 2014.9.25〉

산지관리법	산지관리법 시행령	산지관리법 시행규칙
④산림청장 또는 시·도지사는 다음 각 호의 어느 하나에 해당하는 경우에는 제1항에 따라 지정한 채석단지의 전부 또는 일부에 대하여 그 지정을 해제할 수 있다. 다만, 제1호와 제3호의 경우에는 해제하여야 한다. <개정 2014.3.24.> 1. 거짓이나 그 밖의 부정한 방법으로 지정을 받은 경우 2. 채석이 완료되었거나 석재의 품질·매장량으로 보아 채석단지로 계속 둘 필요가 없다고 인정되는 경우 3. 주변산림과 주민생활을 보호하기 위하여 해제가 불가피하다고 인정되는 경우	4. 다른 법령에 의한 개발계획이 수립되어 있거나 제한사항이 없을 것 5. 신청된 지역에 관계 법령에 따라 설정된 권리가 없을 것. 다만, 권리를 설정한 자의 동의를 받은 경우에는 그러하지 아니하다. 6. 「환경영향평가법」에 따른 평가를 받았을 것(평가 대상이 되는 경우에 한정한다) 6의2. 법 제25조의3제1항제1호, 제4호 및 제5호에 따른 산지가 아닐 것. 다만, 법 제25조의3제1항제1호 및 제4호에 따른 산지에 해당하는 경우에도 제32조의4제3항제1호에 따라 그 산지에 대하여 관리청 또는 관리자의 동의를 받은 경우에는 그러하지 아니하다.	

7. 법 제28조제1항제2호부터 제5호까지 및 같은 조 제2항에 따른 토석채취허가기준에 적합할 것 8. 기존의 채석단지에 새로 지역을 추가하여 변경지정하려는 경우에는 새로 추가되는 지역의 면적이 기존의 채석단지에서 법 제42조에 따라 복구준공검사를 받은 지역의 면적을 초과하지 아니하거나 기존의 채석단지 면적의 100분의 30을 초과하지 아니할 것 ⑦산림청장 또는 시·도지사는 제3항에 따라 채석단지를 지정하거나 변경지정한 경우에는 농림축산식품부령으로 정하는 바에 따라 채석단지를 관리하여야 한다. <개정 2008.2.29, 2012.8.22, 2013.3.23, 2014.9.24> ⑧제1항부터 제7항까지에서 규정한	③산림청장 또는 시·도지사는 영 제39조제7항에 따라 채석단지의 관리를 위하여 시장·군수·구청장에게 채석단지에서의 채석신고현황 등에 대한 실태조사를 요청할 수 있다. <개정 2006.6.30, 2012.10.26, 2014.9.25> ④제3항에 따라 채석단지의 실태조

산지관리법	산지관리법 시행령	산지관리법 시행규칙
⑤산림청장 또는 시·도지사는 제1항이나 제4항에 따라 채석단지를 지정하거나 해제할 때에는 농림축산식품부령으로 정하는 바에 따라 이를 고시하여야 한다. <개정 2013.3.23, 2014.3.24> [전문개정 2010.5.31]	사항 외에 채석단지의 지정·변경지정 또는 관리에 필요한 사항은 농림축산식품부령으로 정한다. <개정 2008.2.29, 2012.8.22, 2013.3.23, 2014.9.24>	사를 요청받은 시장·군수·구청장은 특별한 사유가 없는 한 15일 이내에 별지 제21호서식의 채석단지실태보고서를 산림청장 또는 시·도지사에게 제출하여야 한다. <개정 2006.6.30, 2007.7.27, 2011.1.5, 2014.9.25> ⑤산림청장 또는 시·도지사는 법 제29조제5항에 따라 채석단지를 지정 또는 변경지정하거나 해제하는 때에는 그 대상산지의 지번·지목 및 면적을 관보에 고시하고, 지정 또는 변경지정 신청인이나 해제대상자 및 법 제29조제1항 후단에 따른 관계 행정기관의 장에게 이를 각각 통지하여야 한다. <개정 2006.6.30, 2012.10.26, 2014.9.25>

제30조(채석단지에서의 채석신고) ① 제29조제1항에 따라 지정된 채석단지에서 석재를 채취하려는 자는 제25조제1항에도 불구하고 농림축산식품부령으로 정하는 바에 따라 국유림의 산지에 대하여는 산림청장에게, 국유림이 아닌 산림의 산지에 대하여는 시장·군수·구청장에게 채석신고를 하여야 한다. 신고한 사항 중 농림축산식품부령으로 정하는 사항을 변경하려는 경우에도 같다. <개정 2012.2.22, 2013.3.23>
1. 삭제 <2012.2.22>
2. 삭제 <2012.2.22>
②제1항의 채석신고에 따른 채석기간은 10년의 범위에서 채석신고를 하려는 자가 신고한 기간으로 한다. 다만, 채석신고를 하려는 자가 그 산지의 소유자가 아닌 경우의 채석기간은 그 산지를 사용·수익할

제30조(채석단지안에서의 채석신고) ①법 제30조제1항 각 호 외의 부분 전단에 따라 채석단지에서 석재를 채취하려는 자는 별지 제22호서식의 채석신고서에 다음 각 호의 서류를 첨부하여 시장·군수·구청장 또는 국유림관리소장, 국립수목원장, 국립산림품종관리센터장, 국립산림과학원장, 국립자연휴양림관리소장(이하 이 조에서 "시장·군수·구청장등"이라 한다)에게 제출하여야 한다. 이 경우 시장·군수·구청장등은 「전자정부법」 제36조제1항에 따른 행정정보의 공동이용을 통하여 토지 등기사항증명서(신고인이 토지의 소유자인 경우만 해당한다)를 확인하여야 한다. <개정 2009.4.20, 2011.1.5, 2013.1.23>
1. 제24조제1항제1호부터 제4호까지 및 제7호에 따른 서류
2. 산림골재채취업에 관한 골재채

산지관리법	산지관리법 시행령	산지관리법 시행규칙
수 있는 기간을 초과할 수 없다. ③제1항에 따라 채석신고를 한 자가 제2항에 따른 채석기간 이내에 신고한 석재의 수량을 모두 채취하지 못하여 채석기간의 연장이 필요할 때에는 농림축산식품부령으로 정하는 바에 따라 산림청장 또는 시장·군수·구청장에게 채석기간의 연장신고를 하여야 한다. <개정 2012.2.22, 2013.3.23> ④제29조제4항제1호 및 제3호에 따라 채석단지의 전부 또는 일부지역이 지정해제된 경우 그 지역에서의 제2항 또는 제3항에 따른 채석기간은 그 지정해제 처분이 있는 날까지로 한다.		취업등록증 사본 1부(쇄골재용 채석신고의 경우에 한한다) 3. 측량업자등이 측량한 축척 6천분의 1부터 1천200분의 1까지의 연차별 채석구역실측도 1부 ②법 제30조제1항 후단에서 "농림축산식품부령으로 정하는 사항"이란 다음 각호의 경우를 말한다. <개정 2007.7.27, 2008.3.3, 2011.1.5, 2013.3.23, 2014.12.31, 2015.11.25> 1. 채석방법, 연차별 생산·이용계획, 토사처리계획 등 사업계획의 변경 2. 채석신고를 한 자 및 그 대표자의 명의변경 3. 법인명칭의 변경이 없는 법인대표의 변경 4. 법인대표의 변경이 없는 법인명칭의 변경

5. 채석신고를 한 석재의 용도변경
6. 채석신고를 한 면적의 축소
7. 채석신고를 한 면적의 변경이 없는 채석량의 증가
8. 당초 채석단지로 지정받은 구역 안에서의 채석면적 또는 산물처리장 등 부대시설면적의 확대

③법 제30조제1항 각 호 외의 부분 후단에 따라 채석신고의 변경신고를 하려는 자는 별지 제23호서식의 채석변경신고서를 시장·군수·구청장등에게 제출하여야 한다. 이 경우 시장·군수·구청장등은 「전자정부법」 제36조제1항에 따른 행정정보의 공동이용을 통하여 토지 등기사항증명서(신고인이 토지의 소유자인 경우만 해당한다)나 법인 등기사항증명서(신고인이 법인인 경우만 해당한다)를 확인하여야 하고, 신고인이 첨부하여야 할 서류에 관하여는 제24조제4

산지관리법	산지관리법 시행령	산지관리법 시행규칙
		항을 준용한다. <개정 2009.4.20, 2011.1.5, 2013.1.23> ④시장·군수·구청장등은 제1항 또는 제3항의 규정에 따라 신고서를 제출받은 때에는 신고를 수리하여야 한다. 다만, 다음 각 호의 어느 하나에 해당하는 경우에는 그러하지 아니하다. <개정 2011.1.5, 2013.1.23> 1. 신고서의 기재사항에 흠이 있는 경우 2. 신고에 필요한 첨부서류를 제출하지 아니한 경우 3. 첨부서류에 흠이 있거나 거짓 또는 그 밖의 부정한 방법으로 신고한 사실이 발견된 경우
⑤제1항에 따라 채석신고를 하려는 자는 대통령령으로 정하는 기준에 맞게 석재의 채취에 필요한 장비 등을 갖추어야 한다. 다만, 「골재	제40조(채석단지에서의 채석신고) 법 제30조제5항의 규정에 따라 채석단지에서 석재를 굴취·채취하기 위하여 신고를 하고자 하는 자는 제	3의2. 법 제30조제5항 본문에 따른 장비 등의 기준에 미치지 못한 경우

채취법」에 따른 골재채취업 등록을 한 자와 제28조제3항제4호에 따라 자연석을 채취하려는 자의 경우에는 그러하지 아니하다. <개정 2012.2.22>
[전문개정 2010.5.31]

제31조(토석채취허가의 취소 등) ① 산림청장등은 제25조제1항에 따른 토석채취허가를 받았거나 제25조제2항에 따른 토사채취신고 또는 제30조제1항에 따른 채석신고를 한 자가 다음 각 호의 어느 하나에 해당하는 경우에는 허가를 취소하거나 토석채취 또는 채석의 중지, 그 밖에 필요한 조치를 명할 수 있다. 다만, 제1호에 해당하는 경우에는 허가를 취소하거나 토석채취 또는 채석의 중지를 명하여야 한다. <개정 2012.2.22, 2016.12.2>
1. 거짓이나 그 밖의 부정한 방법으로 허가를 받거나 신고를 한 경

36조제4항에 따른 장비 및 기술인력 등을 갖추어야 한다. <개정 2007.7.27>

4. 법 제38조제1항 본문의 규정에 따라 복구비를 예치하여야 하는 자가 그 복구비를 예치하지 아니한 경우

⑤법 제30조제3항에 따라 채석기간의 연장신고를 하려는 자는 별지 제24호서식의 채석기간연장신고서에 제24조제1항제3호에 따른 서류와 채취하지 못한 채석량에 대하여 일반측량업자등이 측량한 구적도 1부를 첨부하여 채석기간이 만료되기 10일전까지 시장·군수·구청장등에게 제출하여야 한다. 다만, 채석기간이 만료되기 10일 전까지 채석기간의 연장신고를 하지 못한 때에는 채석기간이 만료되기 전에 본문의 구비서류에 사유를 분명하게 밝혀서 제출하되, 채석기간이 만료된 이후에는 채석기간의 연장신고수리가 될 때까지 채석을 할 수 없다. <개정

산지관리법	산지관리법 시행령	산지관리법 시행규칙
우 2. 정당한 사유 없이 허가를 받거나 신고를 한 날부터 6개월 이내에 토석채취를 시작하지 아니하거나 1년 이상 중단한 경우 3. 제28조제1항제5호 본문 또는 제30조제5항 본문에 따른 장비 등의 기준을 충족하지 못하게 된 경우 4. 허가를 받거나 신고를 한 자(사용인과 고용인을 포함한다)가 허가를 받거나 신고를 한 토석 외의 토석을 채취한 경우 5. 제37조제2항 각 호의 어느 하나에 해당하는 필요한 조치 명령을 이행하지 아니한 경우 6. 제38조에 따른 복구비를 예치하지 아니한 경우(제37조제4항에 따른 줄어든 복구비 예치금을 다시 예치하지 아니한 경우를		2005.8.24, 2008.7.16, 2009.4.20, 2011.1.5, 2013.1.23〉 ⑥제5항에 따른 신고서 제출 시 시장·군수·구청장등은 「전자정부법」 제36조제1항에 따른 행정정보의 공동이용을 통하여 토지 등기사항증명서(신고인이 토지의 소유자인 경우만 해당한다)를 확인하여야 한다. 〈신설 2009.4.20, 2011.1.5, 2013.1.23〉 ⑦시장·군수·구청장등은 채석기간을 연장함이 타당하다고 인정되는 경우에는 법 제38조제1항 본문에 따른 복구비를 미리 예치하게 한 후 신고를 수리하여야 한다. 〈개정 2009.4.20, 2011.1.5, 2013.1.23〉

포함한다)
7. 허가를 받은 자가 허가취소를 요청하거나 신고를 한 자가 신고를 철회하는 경우
8. 그 밖의 허가조건을 위반한 경우
②제1항에 따른 허가의 취소, 토석채취 또는 채석의 중지, 그 밖에 필요한 조치의 세부기준은 대통령령으로 정한다. <신설 2016.12.2>
[전문개정 2010.5.31]
[시행일 : 2017.6.3] 제31조

산지관리법	산지관리법 시행령	산지관리법 시행규칙
제2절 삭제 〈2007.1.26〉	제2절 삭제 〈2007.7.27〉	제2절 삭제 〈2007.7.27〉
제32조 삭제 〈2007.1.26〉	제41조 삭제 〈2007.7.27〉	제31조 삭제 〈2007.7.27〉
제33조 삭제 〈2007.1.26〉	제42조 삭제 〈2007.7.27〉	제32조 삭제 〈2007.7.27〉
제34조 삭제 〈2007.1.26〉	제43조 삭제 〈2007.7.27〉	제33조 삭제 〈2007.7.27〉

제3절 석재 및 토사의 매각	제3절 석재 및 토사의 매각	제3절 석재 및 토사의 매각

제35조(국유림의 산지 내의 토석의 매각 등) ①산림청장은 국유림의 산지에 있는 토석을 직권으로 또는 신청을 받아 매각하거나 무상양여할 수 있다. 다만, 무상양여는 다음 각 호의 어느 하나에 해당하는 경우로 한정한다.
1. 천재지변이나 그 밖의 재해가 있는 경우에 그 재해를 복구하기 위하여 필요한 경우
2. 다음 각 목의 어느 하나에 해당하는 경우로서 관계 행정기관의 장의 요청이 있고 그 요청이 타당하다고 산림청장이 인정하는 경우
  가. 「도로법」, 「철도건설법」 또는 「전원개발촉진법」에 따른 도로 또는 철도를 설치·개량하거나 전원개발사업을 하는 과정에서 부수적으로 채취한
	제44조(토석의 매각 등) ①법 제35조제1항의 규정에 따라 국유림의 산지에 있는 토석을 매입하고자 하거나 무상양여를 받고자 하는 자는 신청서에 농림축산식품부령이 정하는 서류를 첨부하여 산림청장에게 제출하여야 한다. <개정 2007.7.27, 2008.2.29, 2013.3.23>
	②삭제 <2007.7.27>
	[제목개정 2007.7.27]
		제34조(토석의 매입·무상양여 신청) 영 제44조제1항에 따라 국유림의 산지에 있는 토석을 매입하고자 하거나 무상양여를 받으려는 자는 별지 제31호서식의 토석 매입신청서 또는 무상양여신청서에 다음 각 호의 구분에 따른 서류를 첨부하여 지방산림청장·국유림관리소장·국립수목원장·국립산림품종관리센터장·국립산림과학원장 또는 국립자연휴양림관리소장에게 제출하여야 한다. 다만, 해당 국유림의 산지가 소재한 관할 시·군 또는 자치구의 재해복구를 위한 무상양여의 경우에는 제2호 나목의 서류를 제출하지 아니할 수 있다. <개정 2007.7.27, 2011.1.5>
		1. 매입의 경우
		  가. 사업계획서{토석채취허가구역현황, 채취방법, 장비 및 기

산지관리법	산지관리법 시행령	산지관리법 시행규칙
토석을 그 공사용으로 사용하려는 경우 나. 광산개발에 따른 광해(鑛害)를 예방하거나 복구하기 위하여 광물의 생산과정에서 채취한 토석을 직접 사용하려는 경우 다. 국가, 지방자치단체 또는 정부투자기관 등이 공용·공공용 사업을 시행하는 과정에서 채취한 토석을 그 사업용으로 사용하려는 경우 ②산림청장은 제1항 각 호 외의 부분 본문에 따라 신청을 받아 토석을 매각하는 경우에는 「국가를 당사자로 하는 계약에 관한 법률」제7조에 따른 수의계약에 의하여 매각할 수 있다. <개정 2012.2.22>		술인력 보유현황(석재에 한정한다), 토사처리계획(석재에 한정한다), 연차별 생산·이용계획 및 피해방지계획을 포함한다} 1부 나. 측량업자등이 측량한 토석채취구역 및 완충구역이 표시된 축척 6천분의 1부터 1천200분의 1까지의 연차별 토석채취구역실측도 1부 다. 토석채취량에 대하여 일반측량업자등이 측량한 구적도 1부 2. 무상양여의 경우 가. 사업계획서{토석채취허가구역현황, 채취방법, 장비 및 기술인력 보유현황(석재에 한정한다), 토사처리계획(석재에 한정한다), 연차별 생산·이용

계획 및 피해방지계획을 포함한다} 1부
나. 측량업자등이 측량한 토석채취구역 및 완충구역이 표시된 축척 6천분의 1부터 1천200분의 1까지의 연차별 토석채취구역실측도 1부
다. 법 제35조제1항 각 호의 어느 하나에 해당하는 사유를 증명할 수 있는 서류 1부

[제목개정 2007.7.27]

제35조(토석의 매각계약 등) ①지방산림청장·국유림관리소장·국립수목원장·국립산림품종관리센터장·국립산림과학원장 또는 국립자연휴양림관리소장은 법 제35조제1항에 따라 토석을 매각할 때에는 별지 제32호서식의 토석매각계약서를 작성하여야 한다. <개정 2004.1.13, 2006.1.26, 2007.7.27, 2009.4.20, 2011.1.5>

산지관리법	산지관리법 시행령	산지관리법 시행규칙
③제1항 각 호 외의 부분 본문에 따라 국유림의 산지에 있는 토석의 매입을 신청하거나 무상양여를 받으려는 자는 제26조에 따라 채석 경제성에 관한 평가를 받아 그 결과를 산림청장에게 제출하여야 한다. <개정 2012.2.22> ④제1항에도 불구하고「광업법」에 따른 채굴계획의 인가를 받은 자		②토석의 매각대금은「감정평가 및 감정평가사에 관한 법률」제2조제4호에 따른 감정평가업자 중 2인의 감정평가업자가 평가한 매각대금을 산술평균한 금액으로 한다. 이 경우 매각대금의 결정을 위한 감정평가의 유효기간 및 재평가에 관하여는「국유림의 경영 및 관리에 관한 법률 시행령」제13조제3항부터 제5항까지의 규정을 준용한다. <개정 2011.1.5, 2012.10.26, 2016.12.30> ③제2항에 따라 토석의 매각대금을 결정하는 경우에는 법 제35조제3항에 따른 채석 경제성에 관한 평가의 결과를 반영하여 석재량과 토사량을 구분하여 매각대금의 결정을 위한 감정평가를 할 수 있다. <신설 2016.12.30> ④토석 매각대금의 납부기간은 다음과 같다. <개정 2007.7.27, 2009.11.27>

가 국유림의 산지에서 채굴한 광물의 분쇄·제련과정에서 부수적으로 발생한 토석을 사용하거나 판매하려는 경우에는 산림청장으로부터 토석을 매입하거나 무상양여를 받지 아니하고 그 토석을 사용하거나 판매할 수 있다. <개정 2010.1.27>

⑤제1항 각 호 외의 부분 본문에 따라 국유림의 산지에 있는 토석을 매각하려는 경우 그 매각기준에 관하여는 제28조제1항 및 제2항을, 국유림의 산지에서의 자연석 채취에 관하여는 같은 조 제3항을 준용한다. <개정 2012.2.22>

⑥제1항에 따른 토석의 매각 또는 무상양여의 기간, 매입하거나 무상양여받은 토석의 반출, 매각계약의 방법, 매각대금의 결정, 매각대금의 납부기간 등에 관한 사항은 농림축산식품부령으로 정한다.

1. 500만원 미만 : 납부통지일부터 10일 이내
2. 500만원 이상 1천만원 미만 : 납부통지일부터 15일 이내
3. 1천만원 이상 : 납부통지일부터 20일 이내

⑤제1항에 따라 토석을 매입하거나 무상양여를 받은 자가 토석을 채취한 때에는 법 제35조제6항에 따라 별지 제32호서식의 토석매각계약서에 기재된 반출기간 이내에 국유림밖으로 반출하여야 한다. 다만, 지방산림청

산지관리법	산지관리법 시행령	산지관리법 시행규칙
<개정 2013.3.23> [전문개정 2010.5.31] 제36조(계약의 해제 또는 무상양여의 취소) ①산림청장은 다음 각 호의 어느 하나에 해당하는 경우에는 제35조제1항에 따른 매각계약을 해제하거나 무상양여를 취소할 수 있으며, 토석채취의 중지, 시설물의 철거, 산지로의 복구, 그 밖에 필요한 조치를 명할 수 있다. 다만, 제6호의 경우에는 매각계약을 해제하거나 무상양여를 취소하여야 한다. 1. 토석을 매입한 자가 갖춘 장비 등이 제35조제5항에 따라 준용되는 제28조제1항제5호 본문에 따른 기준을 충족하지 못하게 된 경우 2. 토석을 매입하거나 무상양여를 받은 자(사용인과 고용인을 포		장·국유림관리소장·국립수목원장·국립산림품종관리센터장·국립산림과학원장 또는 국립자연휴양림관리소장이 부득이 하다고 인정할 때에는 반출기간을 1회에 한하여 연장할 수 있다. <개정 2004.1.13, 2006.1.26, 2007.7.27, 2009.4.20, 2009.11.27, 2011.1.5> ⑥제5항 단서에 따라 반출기간의 연장을 받으려는 자는 별지 제35호서식의 토석반출기간연장신청서를 지방산림청장·국유림관리소장·국립수목원장·국립산림품종관리센터장·국립산림과학원장 또는 국립자연휴양림관리소장에게 제출하여야 한다. <개정 2004.1.13, 2006.1.26, 2007.7.27, 2009.4.20, 2009.11.27, 2011.1.5> [제목개정 2007.7.27]

함한다)가 그 토석 외의 토석을 채취한 경우 3. 토석을 매입한 자가 지정된 기간 이내에 그 대금을 내지 아니한 경우 4. 제37조제2항 각 호의 어느 하나에 해당하는 필요한 조치 명령을 이행하지 아니한 경우 5. 제38조에 따른 복구비를 예치하지 아니한 경우(제37조제4항에 따른 줄어든 복구비 예치금을 다시 예치하지 아니한 경우를 포함한다) 6. 거짓이나 그 밖의 부정한 방법으로 토석을 매입하거나 무상양여를 받은 경우 7. 정당한 사유 없이 토석을 매입하거나 무상양여를 받은 날부터 6개월 이내에 토석채취를 시작하지 아니하거나 1년 이상 중단한 경우		

산지관리법	산지관리법 시행령	산지관리법 시행규칙
8. 그 밖에 매각조건 또는 무상양여 조건을 위반한 경우 ②제1항에 따라 매각계약이 해제되었을 때에는 계약보증금, 이미 납입한 대금과 해당 산지의 매각된 토석은 국가에 귀속한다. 다만, 국가는 토석을 매입한 자가 토석채취를 하지 아니한 상태에서 그 매각계약을 해제하였을 때에는 이미 납입한 대금의 전부 또는 일부를 반환하여야 한다. [전문개정 2010.5.31]		
제36조의2(한국산림토석협회) ①토석자원의 이용 및 개발과 관리를 위하여 정책·제도의 조사·연구와 교육·홍보 등의 사업을 하기 위하여 한국산림토석협회(이하 이 조에서 "협회"라 한다)를 둔다. ②협회는 법인으로 한다.	제44조의2(한국산림토석협회) ①법 제36조의2에 따른 한국산림토석협회(이하 이 조에서 "협회"라 한다)에는 사무국과 전문위원회를 둔다. ②협회에는 임원으로 회장, 부회장, 이사 및 감사를 둔다. ③협회의 사업, 임원의 정원·임기·선	

③협회의 사업에 소요되는 경비는 출자금, 사업수입금 등으로 충당하며, 국가 또는 지방자치단체는 소요경비의 일부를 예산의 범위에서 지원할 수 있다.
④협회의 조직·운영 등에 필요한 사항은 대통령령으로 정한다.
⑤협회에 관하여 이 법에 규정되지 아니한 사항은 「민법」 중 사단법인에 관한 규정을 준용한다.
[본조신설 2012.2.22]

출방법, 회원의 자격, 지부의 설치 등에 필요한 사항은 정관으로 정한다.
④협회는 다음 각 호의 서류를 작성하여 매년 2월말까지 산림청장에게 제출하여야 한다.
1. 전년도의 사업실적보고서 및 결산보고서
2. 해당 연도의 사업계획서 및 수지예산서
[본조신설 2012.8.22]

산지관리법	산지관리법 시행령	산지관리법 시행규칙
제4장 재해 방지 및 복구 등 〈개정 2010.5.31〉 제37조(재해의 방지 등) ①산림청장 등은 다음 각 호의 어느 하나에 해당하는 허가 등에 따라 산지전용, 산지일시사용, 토석채취 또는 복구를 하고 있는 산지에 대하여 대통령령으로 정하는 바에 따라 토사유출, 산사태 또는 인근지역의 피해 등 재해 방지나 경관 유지 등에 필요한 조사·점검·검사 등을 할 수 있다. 〈개정 2012.2.22〉 1. 제14조에 따른 산지전용허가 2. 제15조에 따른 산지전용신고 3. 제15조의2에 따른 산지일시사용허가 및 산지일시사용신고 4. 제25조제1항에 따른 토석채취허가 또는 같은 조 제2항에 따른 토사채취신고	**제4장 재해 방지 및 복구 등** 〈개정 2010.12.7〉 제45조(재해의 방지 등) ①산림청장 등은 법 제37조제1항에 따른 조사·점검·검사 등을 위하여 산지전용·산지일시사용·토석채취(이하 "산지전용등"이라 한다) 또는 복구를 하고 있는 자에 대하여 다음 각 호의 행위를 할 수 있다. 〈개정 2012.8.22〉 1. 보고 요구 2. 자료제출 요구 3. 산지에의 출입 4. 그 밖에 산림재해 방지 및 경관 유지 등을 위하여 산림청장이 필요하다고 인정하는 행위 ②산림청장등은 법 제37조제2항 본문에 따라 필요한 조치를 명령하는 경우에는 그 조치내용 및 조치	**제4장 재해 방지 및 복구 등** 〈개정 2011.1.5〉 제36조(재해의 방지 등) ①관할청(지방산림청장은 제외한다. 이하 이 조부터 제40조까지, 제40조의2, 제41조, 제42조, 제42조의2 및 제43조부터 제45조까지에서 같다)이 영 제45조제2항에 따른 조치명령을 하는 경우에는 별지 제36호서식의 조치명령서에 따른다. 〈개정 2011.1.5〉 ②관할청은 토사유출 방지조치, 시설물 설치·조림·사방 등 재해의 방지에 필요한 조치, 그 밖에 경관 유지에 필요한 조치가 완료되고 재해의 위험이 없다고 인정되는 경우에만 산지전용·산지일시사용·토석채취(이하 "산지전용등"이라 한다) 또는 복구를 재개하게 할 수 있다. 〈개정 2011.1.5〉 ③삭제 〈2011.1.5〉

5. 제30조제1항에 따른 채석단지에서의 채석신고
6. 제35조제1항에 따른 토석의 매각계약 또는 무상양여처분
7. 제39조 및 제44조에 따른 산지복구 명령
8. 다른 법률에 따라 제1호부터 제5호까지의 허가 또는 신고가 의제되거나 배제되는 행정처분

② 산림청장등은 제1항에 따른 조사·점검·검사 등을 한 결과에 따라 필요하다고 인정하면 대통령령으로 정하는 바에 따라 제1항 각 호의 어느 하나에 해당하는 허가 등의 처분을 받거나 신고 등을 한 자에게 다음 각 호 중 필요한 조치를 하도록 명령할 수 있다. 다만, 제1항제1호 또는 제8호에 따른 허가 또는 처분을 받은 자로서 「광업법」에 따라 광물의 채굴을 하는 자는 「광산안전법」에 따르고,

기간 등을 구체적으로 정하여 서면으로 통지하여야 한다. <개정 2012.8.22>

산지관리법	산지관리법 시행령	산지관리법 시행규칙
「국토의 계획 및 이용에 관한 법률」에 따라 도시지역 및 계획관리지역에서의 인가·허가 및 승인 등의 행정처분을 받은 자는 「국토의 계획 및 이용에 관한 법률」에 따른다. <개정 2012.2.22, 2016.1.6> 1. 산지전용, 산지일시사용, 토석채취 또는 복구의 일시중단 2. 산지전용지, 산지일시사용지, 토석채취지, 복구지에 대한 녹화피복(綠化被覆) 등 토사유출 방지조치 3. 시설물 설치, 조림(造林), 사방(砂防) 등 재해의 방지에 필요한 조치 4. 그 밖에 경관 유지에 필요한 조치 ③ 산림청장등은 제1항 및 제2항에 따라 토사유출 방지, 산사태 또는 인근 지역의 피해 등 재해의 방지나 경관 유지 또는 복구에 필요한		

조치를 하도록 명령을 받은 자가 이를 이행하지 아니하면 다음 각 호의 구분에 따른 조치를 할 수 있다. <개정 2012.2.22> 1. 제38조제1항 본문에 따라 복구비를 예치한 자 : 대행자를 지정하여 복구를 대행하게 하고 그 비용을 예치된 복구비로 충당하는 조치 2. 제38조제1항 단서에 해당하는 자: 「행정대집행법」에 따른 대집행 ④산림청장등은 제3항제1호에 따라 토사유출의 방지조치, 산사태 또는 인근 지역의 피해 등 재해의 방지나 경관 유지에 필요한 조치 또는 복구를 대행하게 하고 그 비용을 예치된 복구비로 충당한 경우 그 비용충당으로 줄어든 복구비 예치금을 대통령령으로 정하는 바에 따라 다시 예치하게 하여야 한	③산림청장등은 법 제37조제4항에 따른 복구대행의 비용충당으로 줄어든 복구비에 대하여는 법 제38조에 따라 다시 예치하게 하여야 한다. <개정 2012.8.22> [전문개정 2010.12.7]	

산지관리법	산지관리법 시행령	산지관리법 시행규칙
다. <개정 2012.2.22> [전문개정 2010.5.31] 제38조(복구비의 예치 등) ①제37조제1항 각 호의 어느 하나에 해당하는 허가 등의 처분을 받거나 신고 등을 하려는 자는 농림축산식품부령으로 정하는 바에 따라 미리 토사유출의 방지조치, 산사태 또는 인근 지역의 피해 등 재해의 방지나 경관 유지에 필요한 조치 또는 복구에 필요한 비용(이하 "복구비"라 한다)을 산림청장등에게 예치하여야 한다. 다만, 산지전용을 하려는 면적이 660제곱미터 미만인 경우 등 대통령령으로 정하는 경우에는 그러하지 아니하다. <개정 2012.2.22, 2013.3.23> ②산림청장등은 제1항 본문에도 불구하고 제37조제1항제8호에 따른	제46조(복구비의 예치 등) ①법 제38조제1항 단서에서 "산지전용을 하려는 면적이 660제곱미터 미만인 경우 등 대통령령으로 정하는 경우"란 다음 각 호의 어느 하나에 해당하는 경우를 말한다. <개정 2005.8.5, 2007.2.1, 2007.7.27, 2008.7.24, 2009.4.20, 2009.11.26, 2010.12.7, 2011.1.28, 2012.8.22, 2015.11.11, 2016.12.30> 1. 산지전용·산지일시사용을 하려는 면적이 660제곱미터 미만인 경우. 다만, 복구비 예치의무를 면제받을 목적으로 해당 산지를 분필하여 그 면적이 660제곱미터 미만으로 된 경우는 제외한다.	제37조(복구비의 예치 등) ①법 제38조제1항 본문에 따라 예치하여야 하는 복구비는 산지전용등을 하려는 산지의 면적(영 별표 8 제4호가목에 따른 완충구역은 제외한다)에 제39조에 따른 단위면적당 복구비산정기준에 의한 금액을 곱한 금액으로 한다. 다만, 관할청은 산지의 경관보전 및 재해예방을 위하여 시설물을 설치하거나 식생정착(植生定着)을 위한 특수공법 등으로 녹화를 하여야 할 필요가 있다고 인정되는 경우에는 이에 소요되는 비용을 추가하여 예치하게 할 수 있다. <개정 2004.1.13, 2009.4.20, 2011.1.5, 2014.12.31> ②관할청은 법 제38조제2항에 따라 해당 행정처분을 받고 실제로 산

행정처분을 받으려는 자로 하여금 농림축산식품부령으로 정하는 바에 따라 그 처분을 받고 실제로 산지전용, 산지일시사용 또는 토석채취를 하려는 경우에 산림청장등에게 복구비를 예치하게 할 수 있다. <개정 2012.2.22, 2013.3.23>

2. 국가·지방자치단체, 「공공기관의 운영에 관한 법률」에 따른 공기업·준정부기관, 「지방공기업법」에 따른 지방공사·지방공단이 시행하는 다음 각 목의 어느 하나에 해당하는 시설 또는 산업단지(「체육시설의 설치·이용에 관한 법률」 제10조제1항제1호에 따른 골프장은 제외한다)의 설치사업인 경우
  가. 법 제10조제2호 또는 제3호에 따른 시설
  나. 법 제12조제1항제8호에 따른 시설
  다. 법 제12조제2항제5호에 따른 시설
  라. 「국토의 계획 및 이용에 관한 법률」 제2조제13호에 따른 공공시설
  마. 별표 5 제1호가목부터 하목까지의 규정에 따른 시설(이 호

지전용등을 하는 때에 복구비를 예치하게 하고자 하는 때에는 그에 관한 사항을 해당 행정처분의 조건으로 할 수 있다. 이 경우 복구비를 예치하지 아니하고는 산지전용등을 할 수 없다. <개정 2004.1.13, 2009.4.20, 2011.1.5>

산지관리법	산지관리법 시행령	산지관리법 시행규칙
	가목부터 라목까지의 규정에 따른 시설은 제외한다) 3. 민간사업자가 시행하여 국가 또는 지방자치단체에 기부채납 또는 무상귀속하게 되는 제2호 각 목의 어느 하나에 해당하는 시설의 설치사업인 경우 4. 임도, 작업로, 임산물 운반로, 산책로·탐방로·등산로 등 숲길, 방화선(防火線) 또는 산림보호시설을 설치하기 위하여 산지일시사용신고를 하는 경우 5. 산지의 형질변경, 입목의 벌채 또는 굴취를 수반하지 아니하는 다음 각 목의 용도로 산지를 일시사용하려는 경우 　가. 가축의 방목 　나.「매장문화재 보호 및 조사에 관한 법률」에 따른 매장문화재 지표조사	

	다. 「임업 및 산촌 진흥촉진에 관한 법률 시행령」 제8조제1항에 따른 임산물 소득원의 지원 대상 품목의 재배 라. 물건의 적치 5의2. 입목의 벌채를 수반하는 경우로서 「임업 및 산촌 진흥촉진에 관한 법률 시행령」 제8조제1항에 따른 임산물 소득원의 지원 대상 품목 중 수실류(樹實類) 또는 약용류의 재배(밤·감·잣 등 교목류의 재배에 한정한다) 6. 제37조제2항제2호에 따라 토석채취허가를 받으려는 경우	
③산림청장등은 제1항이나 제2항에 따라 복구비를 예치하여야 하는 자의 산지전용, 산지일시사용 또는 토석채취의 기간이 1년 이상인 경우에는 대통령령으로 정하는 바에 따라 복구비를 재산정하여 제1항이나 제2항에 따라 예치한 복구	②법 제38조제3항에 따라 산림청장등은 매년 단위면적당 복구비 산정기준을 정하여 고시한 후 이에 따라 복구비를 재산정하여 예치한 복구비와 재산정한 복구비의 차액을 추가로 예치하게 하여야 한다. 다만, 법 제38조제1항이나 제2항	

산지관리법	산지관리법 시행령	산지관리법 시행규칙
비가 재산정한 복구비보다 적은 경우에는 그 차액을 추가로 예치하게 하여야 한다. <개정 2012.2.22>	에 따라 복구비를 예치하여야 하는 자가 산지전용 등의 기간 동안 매년 추가로 예치하게 될 금액을 미리 산정하여 복구비를 예치하기를 요청하는 경우에는 산림청장이 정하여 고시하는 기준에 따라 산정한 금액을 예치하게 할 수 있다. <신설 2012.8.22., 2015.11.11.>	
④산림청장등은 산지전용, 산지일시사용 또는 토석채취의 기간 및 면적 등을 고려하여 대통령령으로 정하는 바에 따라 복구비를 분할하여 예치하게 할 수 있다. <개정 2012.2.22>	③법 제38조제4항에 따라 산림청장 등은 다음 각 호의 요건을 모두 갖춘 경우에는 농림축산식품부령으로 정하는 바에 따라 복구비를 분할하여 예치하게 할 수 있다. <개정 2012.8.22, 2013.3.23> 1. 복구비를 현금으로 예치하려는 경우일 것 2. 산지전용등의 허가신청서 등에 적힌 내용이 다음 각 목의 모두에 해당할 것	제38조(복구비의 분할예치 등) ①영 제46조제3항에 따라 복구비를 분할예치하려는 자는 별지 제37호서식의 복구비분할예치신청서를 관할청에 제출하여야 한다. <개정 2004.1.13, 2009.4.20, 2011.1.5, 2012.10.26> ②관할청은 제1항에 따른 복구비분할예치신청서를 검토하여 타당하다고 인정되는 경우에는 예치하여야 하는 연차별 복구비와 예치기한을 신청인에게 통지하여야 한

	가. 산지전용등의 기간이 3년 이상일 것 나. 산지전용등을 연차적으로 수행할 것 다. 산지전용등을 하려는 산지의 면적이 10만제곱미터 이상일 것	다. <개정 2004.1.13, 2009.4.20, 2011.1.5> ③관할청은 복구비를 분할예치하게 하는 경우에는 예치하여야 하는 복구비의 100분의 30에 해당하는 금액을 당해 산지전용등의 착수전에 예치하게 하고, 그 잔액에 대하여는 이행보증금을 예치하게 한 후 3년 이내의 기간동안 3회 이내로 예치하게 하게 하여야 한다. 이 경우 이행보증금의 예치 및 반환에 관하여는 제19조제4항 및 같은 조 제5항을 준용한다. <개정 2004.1.13, 2009.4.20, 2011.1.5> ④제3항 전단의 분할예치기간동안 법 제38조제3항에 따라 복구비를 추가로 예치하여야 하는 경우에는 추가되는 금액을 해당 연도의 분할예치금액에 포함하여 예치하여야 한다. 이 경우 추가로 예치하여야 하는 복구비는 분할하여 예치

산지관리법	산지관리법 시행령	산지관리법 시행규칙
⑤복구비의 산정기준, 산정방법, 예치 시기 및 절차 등에 관한 사항은 농림축산식품부령으로 정한다. <개정 2013.3.23> [전문개정 2010.5.31]		할 수 없다. <신설 2005.8.24, 2007.7.27, 2009.4.20> 제39조(복구비의 산정기준) 산림청장은 다음 각호의 비용을 고려하여 법 제38조제5항의 규정에 의한 단위면적당 복구비산정기준을 결정하고 이를 고시하여야 한다. 다만, 산림청장등은 단위면적당 복구비 산정기준을 적용하는 것이 현저히 불합리하다고 인정하는 경우에는 그 기준을 달리 적용할 수 있다. <개정 2007.7.27, 2011.1.5, 2014.9.25> 1. 옹벽·골막이·사방(砂防)댐 등 토사유출방지시설을 설치하기 위한 비용 2. 훼손된 산지의 경관복원을 위하여 차폐림을 조성하거나 수목 또는 덩굴류 등을 식재하여 녹

화(綠化)하기 위한 비용
3. 산지전용등을 위하여 설치한 시설물의 철거비용
4. 되메우기용 토석의 운반 및 성토비용
4의2. 산지복구공사의 감리에 필요한 비용
5. 그 밖에 산지전용등을 하기 전의 산림상태로 복구하거나 생태복원을 하기 위하여 필요한 비용

제40조(복구비의 예치시기·절차 등) ①관할청은 법 제38조제1항 본문 및 같은 조 제5항에 따라 복구비를 예치하게 할 때에는 미리 별지 제38호서식의 복구비예치통지서를 송부하여야 한다. <개정 2004.1.13, 2009.4.20, 2011.1.5>
②제1항의 규정에 의한 복구비예치통지서를 받은 자는 그 통지서를 받은 날부터 30일 이내에 복구비

산지관리법	산지관리법 시행령	산지관리법 시행규칙
		를 예치하여야 한다. 이 경우 예치된 복구비는 세입·세출외로 구분하여 회계처리한다. <개정 2014.9.25>
		③관할청은 제1항에 따라 복구비를 예치하게 할 때에는 「정부보관금 취급규칙」 제4조에 따라 현금으로 예치하거나 다음 각 호의 어느 하나에 해당하는 지급보증서 등을 예치하게 하여야 한다. <개정 2004.1.13, 2005.8.24, 2007.1.10, 2009.4.20, 2011.1.5>
		1. 제19조제4항제1호부터 제3호까지의 규정에 따른 지급보증서·증권·보증보험증권
		2. 제19조제4항제4호의 규정에 의한 보증서(산지전용등의 복구를 보증함이 명시된 보증서만 해당한다)

3. 제19조제4항제5호의 규정에 의한 정기예금증서(복구를 하여야 하는 자와 세입·세출외현금출납 공무원의 공동명의로 된 예금증서에 한한다)
4. 「골재채취법」 제38조에 따른 골재협회가 발행한 보증서(산지전용등의 복구를 보증함이 명시된 보증서만 해당한다)
5. 「광산피해의 방지 및 복구에 관한 법률」 제39조제1항제5호에 따라 한국광해관리공단이 발행하는 보증서(광해지역의 복구를 보증함이 명시된 보증서만 해당한다)

④제3항의 규정에 의한 지급보증서 등으로 복구비를 예치하는 경우 그 지급보증서 등의 보증기간은 산지전용등의 기간에 다음 각 호의 1에 해당하는 기간을 가산한 기간으로 한다.

산지관리법	산지관리법 시행령	산지관리법 시행규칙
		1. 산지전용등의 면적이 1만제곱미터 미만인 경우 : 6월 이상 8월 미만
2. 산지전용등의 면적이 1만제곱미터 이상 2만제곱미터 미만인 경우 : 8월 이상 10월 미만
3. 산지전용등의 면적이 2만제곱미터 이상 5만제곱미터 미만인 경우 : 10월 이상 12월 미만
4. 산지전용등의 면적이 5만제곱미터 이상인 경우 : 12월 이상
⑤법 제37조제1항 각 호에 따른 허가 등의 처분을 받거나 신고 등을 한 자의 지위를 승계받은 자(이하 이 항 및 제6항에서 "승계인"이라 한다)가 제2항에 따라 예치한 복구비에 관한 권리를 승계한 경우에는 승계인이 예치한 것으로 보며, 예치한 복구비의 양도·양수가 불가능하거나 복구비에 관한 권리

를 승계하지 아니한 경우에는 승계인이 제2항에 따른 복구비를 예치하여야 한다. <개정 2016.12.30>
⑥제5항에 따라 승계인이 복구비를 예치하는 경우에는 다음 각 호에 따른 명의변경의 신고 전에 미리 복구비를 예치하여야 한다. <신설 2016.12.30>
1. 제10조제4항제1호에 따른 산지전용허가를 받은 자의 명의 변경
2. 제13조제3항제1호에 따른 산지전용신고인의 명의 변경
3. 제15조의2제2항제1호에 따른 산지일시사용허가를 받은 자의 명의 변경
4. 제15조의3제4항제1호에 따른 산지일시사용신고인의 명의 변경
5. 제24조제3항제2호 및 제4호에 따른 토석채취허가를 받은 자 등

산지관리법	산지관리법 시행령	산지관리법 시행규칙
제39조(산지전용지 등의 복구) ①제37조제1항 각 호의 어느 하나에 해당하는 허가 등의 처분을 받거나 신고 등을 한 자는 다음 각 호의 어느 하나에 해당하는 경우에 산지를 복구하여야 한다. <개정 2016.12.2> 1. 제14조제1항에 따른 산지전용허가를 받았거나 제15조제1항에 따른 산지전용신고를 한 자가 산지의 형질을 변경한 경우 2. 제25조제1항에 따른 토석채취허가를 받았거나 제30조제1항		의 명의 변경 6. 제24조의2제2항제2호 및 제4호에 따른 토사채취신고를 한 자 등의 명의 변경 7. 제30조제2항제2호 및 제4호에 따른 채석신고를 한 자 등의 명의 변경 제40조의3(산지복구의 범위) 법 제39조에 따른 산지복구의 범위는 다음 각 호와 같다. <개정 2016.12.30> 1. 법 제39조제1항제1호의 경우 　가. 산지전용의 목적사업을 완료하는 경우: 절토·성토 비탈면에 대한 복구 조치 　나. 산지전용의 목적사업을 완료하지 아니하는 경우: 허가 또는 신고 대상 산지 전체에 대한 복구 조치 2. 법 제39조제1항제2호부터 제4

에 따른 채석단지에서의 채석신고(토석매각을 포함한다)를 한 자가 토석을 채취한 경우 3. 제15조의2제1항에 따른 산지일시사용허가를 받았거나 같은 조 제2항에 따른 산지일시사용신고를 한 자가 산지의 형질을 변경한 경우 4. 그 밖의 사유로 산지의 복구가 필요한 경우 ②산림청장등은 산지전용, 산지일시사용 또는 토석채취가 오랜 기간 동안 이루어지거나 경관 또는 산림재해의 복구 등이 필요한 경우에는 대통령령으로 정하는 바에 따라 중간복구를 명할 수 있다. 다만, 산림청장등은 다음 각 호의 어느 하나에 해당하는 자가 신청하는 경우에는 그 산지전용 또는 토석채취를 완료한 부분에 대하여 스스로 중간복구를 하려는 경우에	제46조의2(중간복구) ①산림청장등은 법 제39조제2항 각 호 외의 부분 본문에 따라 다음 각 호의 어느 하나에 해당하는 경우에는 산지를 복구하여야 하는 자에게 중간복구를 명할 수 있다. 이 경우 중간복구명령은 농림축산식품부령으로 정하는 바에 따라 구체적인 조치내용·기간 등을 정하여 서면으로 하여야 한다. <개정 2008.2.29, 2010.12.7, 2012.8.22, 2013.3.23, 2014.9.24>	호까지의 경우 : 허가 또는 신고대상 산지 전체에 대한 복구조치 [본조신설 2015.11.25] 제40조의2(중간복구 등) 관할청이 영 제46조의2에 따라 중간복구명령을 할 때에는 별지 제38호의2서식의 중간복구명령서에 따른다. [전문개정 2011.1.5]

산지관리법	산지관리법 시행령	산지관리법 시행규칙
는 중간복구를 하게 할 수 있다. <개정 2012.2.22, 2014.3.24, 2016.12.2> 1. 제14조에 따른 산지전용허가(대통령령으로 정하는 면적 이상의 산지전용허가로 한정한다)를 받은 자로서 다음 각 목의 준공검사 또는 준공인가 신청을 한 자 　가.「관광진흥법」제58조의2에 따른 관광지등 조성사업의 준공검사 　나.「공공기관 지방이전에 따른 혁신도시 건설 및 지원에 관한 특별법」제17조에 따른 혁신도시개발사업의 준공검사 　다.「산업입지 및 개발에 관한 법률」제37조에 따른 산업단지 개발사업의 준공인가 2. 제25조제1항에 따른 토석채취 허가를 받은 자	1. 법 제37조제1항 각 호의 어느 하나에 해당하는 허가나 신고 등의 기간이 3년 이상인 경우 2. 연변가시지역의 보호 등 경관보호가 필요한 경우 3. 산사태 등 산림재해가 우려되는 경우 ② 법 제39조제2항제1호 각 목 외의 부분에서 "대통령령으로 정하는 면적"이란 30만제곱미터를 말한다. <신설 2014.9.24> [본조신설 2007.7.27]	

3. 제30조제1항에 따른 채석신고를 한 자 4. 제35조제1항에 따른 토석의 매각계약을 체결하거나 무상양여를 받은 자 ③산림청장등은 제1항 또는 제2항에 따라 복구하여야 하는 산지(이하 "복구대상산지"라 한다)가 다음 각 호의 어느 하나에 해당하는 경우 제37조제1항 각 호의 어느 하나에 해당하는 허가 등의 처분을 받거나 신고 등을 한 자(복구대상산지에 대하여 새로 제37조제1항 각 호의 어느 하나에 해당하는 허가 등의 처분을 받거나 신고 등을 한 자가 있는 경우에는 종전에 허가 등의 처분을 받거나 신고 등을 한 자를 말한다)에 대하여 제1항 또는 제2항에 따른 복구의무의 전부 또는 일부를 면제할 수 있다. <개정 2016.12.2>	제47조(복구의무의 면제) 법 제39조제3항에서 "대통령령으로 정하는 경우"란 다음 각 호의 어느 하나에 해당하는 경우를 말한다. <개정 2005.8.5, 2007.2.1, 2007.7.27, 2008.7.24, 2009.4.20, 2010.12.7, 2011.1.28, 2012.8.22, 2015.11.11, 2016.12.30> 1. 법 제39조제1항에 따라 복구하여야 하는 지역으로서 산림경영 또는 산림공익과 관련되는 임도, 작업로, 산책로·등산로·탐방로 등 숲길로 활용할 수 있는 산지인 경우. 다만, 절·성토면에 해당하는 산지를 제외한다. 2. 삭제 <2007.7.27>	제41조(복구의무의 면제 등) ①법 제39조제3항에 따라 복구의무를 면제받으려는 자는 별지 제39호서식의 복구의무면제신청서에 다음 각 호의 서류를 첨부하여 관할청에 제출하여야 한다. <개정 2004.1.13, 2005.8.24, 2006.6.30, 2007.7.27, 2009.4.20, 2011.1.5, 2013.1.23, 2014.12.31> 1. 측량업자등이 측량한 축척 6천분의 1부터 1천200분의 1까지의 복구의무면제를 받고자 하는 산지의 실측도(산지의 형질변경, 입목의 벌채 또는 굴취를 수반하지 아니하는「임업 및 산촌진흥촉진에 관한 법률 시행령」

산지관리법	산지관리법 시행령	산지관리법 시행규칙
1. 복구대상산지에 대하여 제42조제1항에 따른 복구준공검사 전에 새로 제37조제1항 각 호의 어느 하나에 해당하는 허가 등의 처분을 받거나 신고 등을 하려는 자가 복구비를 예치(제38조제1항 단서에 따라 복구비를 예치하지 아니하는 경우를 포함한다)한 경우 2. 그 밖에 복구할 토지가 없는 경우 등 대통령령으로 정하는 경우 ④산지전용, 산지일시사용 또는 토석채취를 한 산지를 복구할 때에는 토석(「폐기물관리법」 제2조제1호에 따른 폐기물이 포함되지 아니한 토석을 말한다. 다만, 「폐기물관리법」에서 정하는 유해성 기준과 「토양환경보전법」에서 정하는 임야지역 오염기준에 적합	3. 지목변경을 목적으로 산지전용한 지역으로서 절토·성토 비탈면 등 복구할 대상지가 없는 경우 4. 산지의 형질변경(입목의 벌채 또는 굴취·채취를 포함한다)을 수반하지 아니하는 다음 각 호의 용도로 산지를 일시 사용한 경우 가. 가축의 방목 나. 「매장문화재 보호 및 조사에 관한 법률」에 따른 매장문화재 지표조사 다. 「임업 및 산촌 진흥촉진에 관한 법률 시행령」 제8조제1항에 따른 임산물 소득원의 지원 대상 품목의 재배 라. 물건의 적치 4의2. 입목의 벌채를 수반하는 경우로서 「임업 및 산촌 진흥촉진	제8조제1항에 따른 임산물 소득원의 지원 대상 품목의 재배를 위하여 산지를 일시사용한 경우에는 해당 사업 구역이 표시된 임야도 사본) 1부 2. 법 제39조제3항의 규정에 따라 복구의무가 면제되는 사유를 증명할 수 있는 서류 1부 3. 복구의무를 면제받고자 하는 산지의 소유권 또는 사용·수익권을 증명할 수 있는 서류 1부(토지 등기사항증명서로 확인할 수 없는 경우에 한정하고, 사용·수익권을 증명할 수 있는 서류에는 사용·수익권의 범위 및 기간이 명시되어야 한다) ②제1항에 따른 신청서 제출 시 관할청은 「전자정부법」 제36조제1항에 따른 행정정보의 공동이용을

하고 「폐기물관리법」에 따른 재활용 용도 및 방법에 따라 채석지역 내 하부복구지·저지대 등의 채움재로 재활용이 가능한 경우에는 같은 법에 따라 재활용할 수 있다)으로 성토한 후 표면을 수목의 생육에 적합하도록 흙으로 덮어야 한다. <개정 2012.2.22>
⑤제1항에 따른 산지복구의 범위와 제3항에 따른 복구의무면제의 신청절차 등에 관한 사항은 농림축산식품부령으로 정한다. <개정 2013.3.23>

[전문개정 2010.5.31]
[시행일 : 2017.6.3] 제39조

에 관한 법률 시행령」 제8조제1항에 따른 임산물 소득원의 지원 대상 품목 중 수실류 또는 약용류의 재배(밤·감·잣 등 교목류의 재배에 한정한다)
5. 산지전용허가 또는 산지일시사용허가를 받거나 산지전용신고 또는 산지일시사용신고를 한 자가 법 제41조 각 호에 따른 조치 전에 다시 산지전용허가 또는 산지일시사용허가를 받거나 산지전용신고 또는 산지일시사용신고를 하여 수리된 경우로서 목적사업을 위하여 이미 조성한 사업부지(비탈면은 제외한다) 등을 산림으로 복구하는 것이 불합리하다고 인정되는 경우. 이 경우 복구의무의 면제는 한 차례만 인정된다.
6. 토석채취허가를 받아 토석을 굴취·채취한 지역과 연접한 지역

통하여 토지 등기사항증명서(신청인이 토지의 소유자인 경우만 해당한다)를 확인하여야 한다. <개정 2009.4.20, 2011.1.5, 2013.1.23>
③제1항에 따른 복구의무면제신청서를 제출받은 관할청은 복구의무가 면제되는 면적을 확정하고, 신청인에게 복구의무면제사항을 통지하여야 한다. <개정 2004.1.13, 2006.6.30, 2009.4.20, 2011.1.5>
④관할청은 제3항에 따라 복구의무면제가 확정된 면적에 대하여는 복구비를 반환하여야 한다. <개정 2006.6.30, 2009.4.20, 2011.1.5>

산지관리법	산지관리법 시행령	산지관리법 시행규칙
	에 토석채취허가를 받은 경우로서 이미 조성한 사업부지 등을 계속 사업부지로 사용하여 산림으로 복구하는 것이 불합리하다고 인정되는 경우	
제40조(복구설계서의 승인 등) ①제39조제1항 또는 제2항에 따라 산지를 복구하여야 하는 자(이하 "복구의무자"라 한다)는 대통령령으로 정하는 기간 이내에 산림청장등에게 산지복구기간 등이 포함된 산지복구설계서(이하 "복구설계서"라 한다)를 제출하여 승인을 받아야 한다. 승인받은 복구설계서를 변경하려는 경우에도 같다. <개정 2012.2.22, 2016.12.2> ②제1항에도 불구하고 제14조에 따른 산지전용허가, 제15조의2제1항에 따른 산지일시사용허가를 받	제48조(복구설계서의 승인) 법 제40조제1항 전단에서 "대통령령으로 정하는 기간"이란 다음 각 호의 어느 하나에 해당하는 기간을 말한다. <개정 2007.7.27, 2010.12.7, 2015.11.11> 1. 산지전용등의 기간이 만료되기 전에 복구공사를 하기 위하여 복구설계서의 승인을 받으려는 경우에는 복구공사에 착수하기 전의 기간 2. 산지전용등의 기간이 만료된 이후 복구공사를 하기 위하여 복구설계서의 승인을 받으려는 경	

으려는 자 또는 제15조에 따른 산지전용신고, 제15조의2제2항에 따른 산지일시사용신고를 하려는 자는 해당 허가를 신청하거나 신고를 할 때에 복구설계서를 산림청장등에게 제출할 수 있다. 이 경우 산림청장등이 산지전용허가·산지일시사용허가를 하거나 산지전용신고·산지일시사용신고를 수리한 경우에는 해당 복구설계서는 제1항에 따라 산림청장등의 승인을 받은 것으로 본다. <신설 2016.12.2>

③산림청장등은 복구의무자가 제1항에 따른 기간 이내에 복구설계서를 제출할 수 없는 불가피한 사유가 있다고 인정하면 농림축산식품부령으로 정하는 바에 따라 그 기간을 연장할 수 있다. <개정 2012.2.22, 2013.3.23, 2016.12.2>

④복구설계서의 작성기준, 승인신청

우에는 산지전용등의 기간이 만료되기 전 10일 이내의 기간
3. 법 제37조제2항에 따른 조치명령 또는 법 제39조제2항에 따른 중간복구명령을 받은 경우(법 제44조제3항에 따라 준용되는 경우를 포함한다)에는 그 조치명령 등을 받은 날부터 30일 이내의 기간

제42조(복구설계서의 작성기준 등)
①법 제40조제3항에 따른 복구설계서의 작성기준은 다음 각 호와 같다. <개정 2005.8.24, 2007.7.27, 2008.7.16, 2009.4.20, 2011.1.5, 2012.10.26, 2016.12.30>
1. 복구설계서는 허가 또는 신고대상 전체 면적에 대하여 작성하

산지관리법	산지관리법 시행령	산지관리법 시행규칙

절차, 승인기준 등에 관한 사항은 농림축산식품부령으로 정한다. <개정 2013.3.23, 2016.12.2> [전문개정 2010.5.31] [시행일 : 2017.6.3] 제40조		되, 복구대상 산지에 대해서는 산지복구에 적합한 사방공법 등을 적용하여 설계하여야 하며, 시공에 착오가 없도록 상세히 작성할 것
		2. 복구설계서에는 다음 각 목에 관한 사항이 포함될 것
		  가. 산지의 소재지를 확인할 수 있는 축척 2만5천분의 1 이상의 지적이 표시된 지형도(「토지이용규제 기본법」 제12조에 따라 국토이용정보체계에 지적이 표시된 지형도의 데이터베이스가 구축되어 있지 아니하거나 지형과 지적의 불일치로 지형도의 활용이 곤란한 경우에는 지적도)
		  나. 복구대상지의 전경사진
		  다. 공사예정 공정표
		  라. 설계적용기준

		마. 시방서(일반·특별) 바. 공사표준도 사. 복구하여야 하는 산지의 지번·지목·면적 등이 표시된 산지내역서 아. 공사비 총괄표 및 공사원가계산서 자. 현황도·평면도·종단도·횡단도·구조물도 및 토공량(土工量)계산서가 포함된 설계도 차. 복구설계서를 작성한 자의 사업자등록증 사본(복구설계와 관련된 사업자등록증이어야 한다) 및 자격증 사본 카. 산지복구공사 감리자의 사업자등록증·자격증 및 감리용역 계약서 사본(법 제40조의2에 따라 감리를 받아야 하는 산지복구공사인 경우에 한정한다) 3. 복구설계서는 법 제45조에 따른 복구전문기관 또는 「산림자원

산지관리법	산지관리법 시행령	산지관리법 시행규칙
		의 조성 및 관리에 관한 법률 시행령」제30조제1항에 따른 산림공학기술자가 작성할 것 ②법 제40조제3항에 따라 복구설계서의 승인을 받으려는 자는 영 제48조 각 호에 따른 기간 이내에 별지 제40호서식의 복구설계서승인신청서에 복구설계서를 첨부하여 관할청에 제출하여야 한다. 다만, 복구설계서를 대신하여 다음 각 호의 구분에 따른 서류를 제출할 수 있다. <개정 2011.1.5, 2012.10.26> 1. 영 별표 3의3 제3호가목 및 제4호가목에 해당하는 경우: 임도설계도서 2. 영 별표 3의3 제3호나목 및 제4호나목·다목에 해당하는 경우: 산림청장이 고시한 시방서작성 기준에 따라 작성된 시방서 및

	노선구역도 3. 660제곱미터 미만의 산지전용·산지일시사용인 경우(광물의 채굴은 제외한다): 복구대상산지의 종단도 및 횡단도와 복구공종·공법 및 겨냥도 등이 포함된 복구개요서 ③관할청은 제2항에 따라 복구설계서승인신청서를 제출받은 때에는 해당 복구설계서가 별표 6에 따른 복구설계서승인기준에 적합한 경우에 한하여 이를 승인하여야 한다. <개정 2004.1.13, 2009.4.20, 2011.1.5> ④법 제40조제2항에 따라 복구설계서의 승인을 얻어야 하는 자가 불가피한 사유로 인하여 영 제48조 각 호에 따른 기간 이내에 복구설계서를 제출할 수없는 경우에는 별지 제41호서식의 복구설계서제출기간연장신청서에 연장사유를

산지관리법	산지관리법 시행령	산지관리법 시행규칙
		증명할 수 있는 서류를 첨부하여 관할청에 제출하여야 한다. <개정 2004.1.13, 2009.4.20, 2011.1.5> ⑤관할청은 제4항에 따라 복구설계서제출기간의 연장신청이 있는 경우로서 연장신청사유 등을 검토하여 타당하다고 인정되는 때에는 1월 이내의 범위에서 그 기간을 연장할 수 있다. <개정 2004.1.13, 2009.4.20, 2011.1.5> ⑥제3항에 따라 복구설계서의 승인을 얻은 자는 그 복구설계서에 따른 복구공사를 시행하는 중 설계변경이 필요한 경우에는 별지 제40호서식에 따른 복구설계 변경 승인신청서에 변경설계서를 첨부하여 관할청에 제출하여야 한다. 이 경우 복구공사기간 변경의 경우에는 최초 복구설계서 승인 시의 복구공사기간을 초과하지 아니

하는 범위에서 추가로 연장(제40조제3항 각 호에 따른 지급보증서 등으로 복구비를 예치한 경우에는 지급보증서 등의 보증기간 내로 한정한다)하여 변경할 수 있으나 다음 각 호의 어느 하나에 해당되는 경우에는 그러하지 아니하다. <개정 2004.1.13, 2007.7.27, 2009.4.20, 2011.1.5, 2012.10.26, 2015.11.25, 2016.12.30>

1. 수목·초본류 및 덩굴류 등의 식재 등 기후 여건상 복구공사기간의 연장이 불가피하다고 인정되는 경우
2. 광물의 채굴 지역 또는 토석채취 지역의 지하 부분에 대한 성토작업을 위하여 복구공사기간의 연장이 불가피하다고 인정되는 경우로서 법 제22조에 따른 중앙산지관리위원회 또는 지방산지관리위원회의 심의를 거친 경우

산지관리법	산지관리법 시행령	산지관리법 시행규칙
		⑦복구설계서의 변경승인에 관하여는 제3항을 준용한다. <신설 2007.7.27>
제40조의2(산지복구공사의 감리 등) ①복구의무자(제41조에 따른 대행자 또는 대집행을 하는 자를 포함한다. 이하 이 조에서 같다)는 대통령령으로 정하는 면적 이상의 산지를 복구하는 공사에 대하여 다음 각 호의 어느 하나에 해당하는 자의 감리를 받아야 한다. 다만, 다른 법률에 따라 산지복구공사 감리를 하는 경우에는 그러하지 아니하다. <개정 2013.5.22, 2017.4.18> 1. 「기술사법」에 따른 산림분야의 기술사사무소	제48조의2(산지복구공사의 감리대상) 법 제40조의2제1항 각 호 외의 부분 본문에서 "대통령령으로 정하는 면적"이란 다음 각 호의 구분에 따른 허가, 신고 또는 지정 면적을 말한다. 이 경우 복구의무자가 연접한 산지에 대하여 목적사업의 동일성이 인정되는 다수의 허가 또는 지정을 받거나 신고를 한 경우에는 목적사업의 동일성이 인정되는 범위에서 해당 복구의무자가 허가 또는 지정받거나 신고한 산지의 면적을 합산하여 그 면적을 산정한다.	제42조의2(산지복구공사의 감리) ① 법 제40조의2제1항에 따른 산지복구공사에 대한 감리의 범위는 다음 각 호와 같다. 1. 시공계획 및 공사관리의 적정성 검토 2. 시공자가 관계 법령 및 설계도서에 따라 적합하게 시공하는지 여부 확인 3. 공사현장에서의 재해예방대책 및 안전관리 확인 4. 설계변경의 적정성 검토 및 확인 5. 그 밖에 공사감리계약으로 정하

2. 「엔지니어링산업 진흥법」에 따른 산림전문분야 엔지니어링사업자 3. 「산림조합법」 또는 「건설기술 진흥법」에 따라 산지복구공사의 감리를 할 수 있는 자 ②제1항에 따라 산지복구공사를 감리하는 자(이하 "감리자"라 한다)는 산지복구공사의 감리를 할 때 이 법 또는 그 밖의 관계 법령에 위반된 사항을 발견하거나 제40조에 따라 승인된 복구설계서대로 공사가 되지 아니하면 지체 없이 복구의무자에게 시정할 것을 통지하고 7일 이내에 산림청장등에게 그 내용을 보고하여야 한다. <개정 2012.2.22> ③복구의무자는 제2항에 따른 시정 통지를 받으면 즉시 위반사항을 시정한 후 감리자의 확인을 받아야 한다.	1. 산지전용·산지일시사용 허가를 받은 경우: 1만제곱미터 2. 산지전용·산지일시사용 신고를 한 경우로서 법 제15조제1항제3호 또는 제15조의2제2항제3호에 해당하는 경우: 1만제곱미터 3. 석재에 대한 토석채취허가를 받은 경우: 5만제곱미터 4. 토사에 대한 토석채취허가를 받은 경우: 1만제곱미터 5. 채석단지 지정을 받은 경우: 20만제곱미터 [전문개정 2015.11.11]	는 사항 ②법 제40조의2제2항에 따른 산지복구공사를 감리하는 자(이하 "감리자"라 한다)의 선정기준은 다음 각 호와 같다. <개정 2012.10.26> 1. 복구비 예치금액(법 제38조제1항 단서에 따라 복구비 예치가 면제된 경우에는 산지전용등을 한 면적에 제39조에 따른 단위면적당 복구비산정기준을 곱한 금액을 말한다. 이하 이 항에서 같다)이 5억원 미만인 경우: 「산림자원의 조성 및 관리에 관한 법률 시행령」 제30조제1항에 따른 1급 이상인 산림공학기술자 1명

산지관리법	산지관리법 시행령	산지관리법 시행규칙
④복구의무자는 제2항에 따른 감리자의 시정통지에 이의가 있으면 공사를 중지하고 산림청장등에게 이의신청을 할 수 있다. <개정 2012.2.22> ⑤산지복구공사의 감리 기준과 절차, 감리자의 선정기준 및 감리자에 대한 관리·감독, 그 밖에 필요한 사항은 농림축산식품부령으로 정한다. <개정 2013.3.23> [본조신설 2010.5.31] **제41조(복구의 대집행 등)** 산림청장 등은 복구의무자가 제40조제1항에 따른 기간까지 복구설계서를 산림청장등에게 제출하지 아니하거나 같은 조 제1항 또는 제2항에 따라 승인받은 복구설계서의 복구기간 이내에 복구를 완료하지 아니하면 다음 각 호의 구분에 따른 조치를 할 수 있다. <개정 2012.2.22,		2. 복구비 예치금액이 5억원 이상 10억원 미만인 경우 : 「산림자원의 조성 및 관리에 관한 법률 시행령」 제30조제1항에 따른 특급 산림공학기술자 1명 또는 1급 산림공학기술자 2명 3. 복구비 예치금액이 10억원 이상인 경우: 「산림자원의 조성 및 관리에 관한 법률 시행령」 제30조제1항에 따른 특급 산림공학기술자 2명 또는 특급 산림공학기술자 1명 및 1급 산림공학기술자 2명 ③관할청은 산지복구공사의 감리를 위하여 필요하다고 인정하는 경우에는 감리자에게 필요한 자료를 요청하거나 감리현황을 보고하게 할 수 있다. ④산지복구공사에 대한 감리의 업무 수행 방법 및 절차 등에 관하여는

2016.12.2>
1. 제38조제1항 본문에 따라 복구비를 예치한 자: 대행자를 지정하여 복구를 대행하게 하고 그 비용을 예치된 복구비로 충당하는 조치
2. 제38조제1항 단서에 해당하는 자:「행정대집행법」에 따른 대집행

[전문개정 2010.5.31]
[시행일 : 2017.6.3] 제41조

제42조(복구준공검사) ①산림청장등은 복구의무자가 복구를 완료하거나 제41조에 따른 대행 또는 대집행에 의하여 복구가 완료되면 복구준공검사를 하여야 한다. <개정 2012.2.22>
②산림청장등은 제1항에 따른 복구준공검사를 받으려는 자로 하여금 복구준공검사 후에 발생하는 하자

제49조(하자보수보증금의 예치면제) 법 제42조제2항 단서에서 "대통령령으로 정하는 경우"란 다음 각 호의 어느 하나에 해당하는 경우를 말한다. <개정 2008.7.24, 2010.12.7>
1. 국가·지방자치단체, 공기업·준정부기관, 지방공사 또는 지방공단이 복구준공검사를 받으려는

「건설기술 진흥법」을 준용한다. <신설 2012.10.26, 2015.11.25>
[본조신설 2011.1.5]

제43조(복구준공검사) ①법 제42조제1항에 따라 복구준공검사를 받으려는 자는 별지 제42호서식의 복구준공검사신청서를 관할청에 제출하여야 한다. 다만, 지목변경을 목적으로 산지전용한 지역으로서 「공간정보의 구축 및 관리 등에 관한 법률」 제78조에 따른 등록전환 시 측량 오차를 바로잡기 위한

산지관리법	산지관리법 시행령	산지관리법 시행규칙
를 보수하도록 하기 위하여 농림축산식품부령으로 정하는 바에 따라 하자보수보증금을 미리 예치하게 하여야 한다. 다만, 제38조제1항 단서에 따라 복구비를 예치하지 아니하는 경우와 그 밖에 대통령령으로 정하는 경우에는 하자보수보증금의 예치를 면제할 수 있다. <개정 2012.2.22, 2013.3.23> ③제1항에 따른 복구준공검사의 신청절차 등과 제2항에 따른 하자보수보증금의 금액, 예치방법, 예치기간 등에 관한 사항은 농림축산	경우 2. 하자보수보증의 금액이 1백만원 미만인 경우	면적의 증감이나 경계의 변경이 필요한 경우에는 변경되는 산지면적에 대하여 법 제14조제1항 단서 또는 법 제15조제1항 각 호 외의 부분 후단에 따른 변경신고를 한 후 복구준공검사신청서를 제출하여야 한다. <개정 2004.1.13, 2009.4.20, 2011.1.5, 2016.12.30> ②제1항에 따른 복구준공검사신청을 받은 경우에는 법 제40조제1항에 따라 승인한 복구설계서에 따라 적합하게 복구되었는지 여부를 검사하고, 그 결과를 신청인에게 서면으로 알려야 한다. <개정 2009.4.20> 제44조(하자보수보증금의 예치 등) ①법 제42조제3항의 규정에 의한 하자보수보증금은 법 제40조제1항의 규정에 따라 승인을 얻은 복구

식품부령으로 한다. <개정 2013.3.23> [전문개정 2010.5.31]		설계서에 계상된 복구공사비 총액의 100분의 4에 해당하는 금액으로 한다. ②관할청은 제43조제1항에 따라 복구준공검사를 신청하는 자에게 그 복구준공검사의 완료일전까지 법 제42조제2항 본문에 따른 하자보수보증금을 예치하게 하여야 한다. 이 경우 하자보수보증금의 예치에 관하여는 제40조를 준용한다. <개정 2004.1.13, 2009.4.20, 2011.1.5> ③제1항에 따른 하자보수보증금의 예치기간은 해당 복구공사의 복구준공검사만료일부터 5년간으로 한다. 다만, 「국토의 계획 및 이용에 관한 법률」 제36조제1항제1호에 따른 도시지역에서 법 제14조·제15조 및 제15조의2에 따른 산지전용·산지일시사용 후 복구준공검사를 신청하는 자의 경우에는

산지관리법	산지관리법 시행령	산지관리법 시행규칙
		그 복구준공검사만료일부터 3년간으로 한다. <개정 2009.4.20, 2011.1.5> ④관할청은 제3항에 따른 하자보수보증금의 예치기간중에 복구공사의 하자가 발생한 때에는 하자보수보증금을 예치한 자에게 일정 기간 이내에 하자의 보수를 하게 하여야 한다. 이 경우 그 기간 이내에 하자를 보수하지 아니하는 경우에는 관할청은 대행자를 지정하여 하자를 보수하게 하고 그 비용을 하자보수보증금으로 충당한다. <개정 2004.1.13, 2009.4.20, 2011.1.5> ⑤관할청은 제3항에 따른 예치기간이 만료된 때에는 그 만료일부터 1월 이내에 예치된 하자보수보증금 또는 그 잔액을 반환하여야 한

다. 이 경우 하자보수보증금 또는 그 잔액의 반환에 관하여는 제45조를 준용한다. <개정 2004.1.13, 2009.4.20, 2011.1.5>

제45조(예치된 복구비의 반환) ①관할청은 법 제43조에 따라 복구비를 그 예치자에게 반환하는 경우에는 다음 각 호의 구분에 따른다. 다만, 기온이 나무심기에 적합하지 아니한 경우 그 밖의 사유로 복구가 일부 완료되지 아니한 경우에는 그 복구를 완료할 때까지 해당 복구에 필요한 복구비를 반환하지 아니할 수 있다. <개정 2004.1.13, 2005.8.24, 2009.4.20, 2011.1.5>
1. 현금으로 예치된 경우 : 「정부보관금 취급규칙」 제4조에 따라 금융기관에 예치하여 발생한 이자와 예치금을 반환한다.
2. 보증보험증권·증권·정기예금증서 또는 지급보증서 등으로 예

제43조(복구비의 반환) ①산림청장등은 다음 각 호의 어느 하나에 해당할 때에는 복구면적을 기준으로 예치된 복구비의 전부 또는 일부를 그 예치자에게 반환하여야 한다. <개정 2012.2.22>
1. 제39조제3항에 따른 복구의무 면제가 확정되었을 때
2. 제42조에 따른 복구준공검사가 완료되었을 때
3. 제44조제1항에 따른 시설물 철거 명령이나 산지복구의 명령(같은 항 제3호부터 제5호까지의 경우만 해당한다)을 이행하거나 같은 조 제2항에 따른 대집행이 완료되었을 때
4. 산지전용허가 등의 처분을 받은

산지관리법	산지관리법 시행령	산지관리법 시행규칙
자가 목적사업을 시작하지 아니한 채 산지전용허가 등의 효력이 소멸되었을 때 ②산림청장등은 제1항에 따라 예치된 복구비를 반환할 때 제41조제1호 또는 제44조제2항 후단에 따라 대행 비용이나 대집행 비용을 예치된 복구비에서 충당한 경우에는 그 충당한 비용을 공제한 후 반환하여야 한다. <개정 2012.2.22> ③제1항과 제2항에 따른 복구비의 반환에 필요한 사항은 농림축산식품부령으로 정한다. <개정 2013.3.23> [전문개정 2010.5.31] **제44조(불법산지전용지의 복구 등)** ①산림청장등은 다음 각 호의 어느 하나에 해당하는 경우에는 그 행위를 한 자에게 시설물을 철거하거나 형질변경한		치된 경우 : 보증보험증권·증권·정기예금증서 또는 지급보증서 등을 반환한다. ②관할청은 법 제43조제2항에 따라 대행비용이나 대집행비용을 예치된 복구비에서 충당하고 난 후 잔액이 있는 경우에는 다음 각 호의 구분에 따라 이를 반환하여야 한다. <개정 2004.1.13, 2009.4.20, 2011.1.5> 1. 현금·증권·정기예금증서로 예치된 경우 : 복구비를 예치한 자에게 반환 2. 제1호외의 보증보험증권·지급보증서 등으로 예치된 경우 : 보증보험증권·지급보증서 등의 발행인에게 반환

산지를 복구하도록 명령할 수 있다. <개정 2012.2.22>
1. 제21조제1항에 따른 용도변경 승인을 받지 아니하고 용도변경한 경우
2. 제37조제1항 각 호의 어느 하나에 해당하는 허가 등의 처분을 받지 아니하거나 신고 등을 하지 아니하고 산지전용 또는 산지일시사용을 하거나 토석을 채취한 경우
3. 제37조제1항 각 호의 어느 하나에 해당하는 허가나 매각계약 등이 제20조·제31조 또는 제36조제1항에 따라 취소되거나 해제된 경우
4. 제37조제1항 각 호의 어느 하나에 해당하는 신고를 한 자가 제20조·제31조 또는 제36조제1항에 따른 조치명령을 위반한 경우
5. 제37조제1항제8호에 따른 행정

산지관리법	산지관리법 시행령	산지관리법 시행규칙
처분이 취소된 경우 ②산림청장등은 제1항에 따른 명령을 받은 자가 이를 이행하지 아니하면 「행정대집행법」에 따라 대집행할 수 있다. 이 경우 제1항제3호부터 제5호까지의 경우 중 그 행위자가 제38조제1항 본문에 따라 복구비를 예치한 경우에는 그 복구비를 대집행 비용으로 충당할 수 있다. <개정 2012.2.22> ③제1항에 따라 복구를 하는 경우 복구비의 예치에 관하여는 제38조를, 복구의무의 면제 및 면제신청에 관하여는 제39조제3항 및 제5항을, 복구 방식에 관하여는 제39조제4항을, 복구설계서의 승인 등에 관하여는 제40조를, 복구공사의 감리에 관하여는 제40조의2를, 복구공사의 준공검사와 하자보수보증금의 예치 및 면제에 관		

하여는 제42조를 각각 준용한다.
〈개정 2017.4.18〉
[전문개정 2010.5.31]

제44조의2(불법전용산지 등의 조사) ① 산림청장등은 다음 각 호의 사항을 조사하기 위하여 산지전용허가·산지일시사용허가를 받았거나 산지전용신고·산지일시사용신고를 한 자, 토석채취허가를 받았거나 토석채취신고 또는 채석신고를 한 자에게 업무에 관한 사항을 보고하게 하거나 관련 자료의 제출 및 현지조사를 요구할 수 있으며, 관계 공무원에게 그 허가를 받았거나 신고를 한 자의 사업장, 해당 산지, 그 밖의 필요한 장소에 출입하여 장부·서류나 그 밖의 물건을 검사하게 하거나 관계인에게 질문하게 할 수 있다. 〈개정 2012.2.22, 2016.12.2〉

1. 산지가 불법으로 전용되었는지 여부
2. 제20조제1항 각 호의 어느 하나에

산지관리법	산지관리법 시행령	산지관리법 시행규칙
따른 허가취소 등의 사유에 해당하는지 여부 3. 제31조제1항 각 호의 어느 하나에 따른 허가취소 등의 사유에 해당하는지 여부 ②산림청장등은 제1항 각 호에 대하여 전국적인 일제조사가 필요하다고 인정하는 경우에는 기간을 정하여 대통령령으로 정하는 산지전문기관에게 이를 대행하게 하거나 위탁할 수 있다. <개정 2012.2.22> ③산림청장등은 제1항·제2항에 따른 조사 결과에 따라 제20조, 제31조 및 제44조 등의 필요한 조치를 할 수 있다. <개정 2012.2.22> ④제1항·제2항에 따라 출입·점검·조사를 하는 자는 그 권한을 표시하는 증표를 지니고 이를 관계인에게 내보여야 한다. [본조신설 2010.5.31]	제49조의2(불법전용산지 등의 조사) 법 제44조의2제2항에서 "대통령령으로 정하는 산지전문기관"이란 산지보전협회를 말한다. [본조신설 2010.12.7]	

[시행일 : 2017.6.3] 제44조의2		
제45조(복구전문기관의 지정·육성) ①산림청장은 산지의 효율적인 복구를 위하여 다음 각 호의 어느 하나에 해당하는 업무를 수행하는 자를 산지복구전문기관 또는 단체(이하 "복구전문기관"이라 한다)로 지정하여 육성할 수 있다. 1. 형질변경된 산지의 복구 설계·감리 2. 형질변경된 산지의 자연생태계 복원 및 자연친화적인 복구 방법의 조사·연구 및 개발 3. 형질변경된 산지의 복구 4. 그 밖에 형질변경된 산지의 복구에 관하여 산림청장이 정하는 업무 ②복구전문기관은 「산림조합법」에 따른 산림조합중앙회 및 그 밖에 대통령령으로 정하는 요건·절차에 따라 지정된 법인(「상법」에 따른 법인은 제외한다)으로 한다.	제50조(복구전문기관의 지정 등) ①법 제45조제2항에서 "대통령령으로 정하는 요건"이란 다음 각 호의 요건을 말한다. <개정 2005.8.5, 2006.8.4, 2008.2.29, 2008.7.24, 2009.4.20, 2010.12.7, 2013.3.23>	

산지관리법	산지관리법 시행령	산지관리법 시행규칙
③산림청장은 복구전문기관의 업무수행을 위하여 필요한 자금의 전부 또는 일부를 지원할 수 있다. [전문개정 2010.5.31]	1. 「국가기술자격법」에 따른 산림기술사·토목기사 및 「산림자원의 조성 및 관리에 관한 법률 시행령」 별표 2에 따른 산림공학기술자 각 1명 이상일 것. 다만, 법 제45조제1항제1호 및 같은 항 제2호에 따른 업무만을 수행하려는 법인인 경우에는 산림기술사 및 산림공학기술자 각 1명 이상으로 한다. 2. 농림축산식품부령이 정하는 장비를 갖출 것	제46조(복구장비기준) 영 제50조제1항제2호에서 "농림축산식품부령이 정하는 장비"라 함은 별표 7에서 정하는 장비를 말한다. <개정 2008.3.3, 2013.3.23>
	②제1항 각호의 요건을 갖춘 자가 법 제45조제2항의 규정에 따라 복구전문기관으로 지정받고자 하는 경우에는 복구전문기관신청서에 농림축산식품부령이 정하는 서류를 첨부하여	제47조(복구전문기관의 지정·육성) ①영 제50조제2항의 규정에 의한 복구전문기관 지정신청서는 별지 제43호서식에 의한다. ②영 제50조제2항에서 "농림축산식품

	산림청장에게 제출하여야 한다. <개정 2008.2.29, 2013.3.23>	부령이 정하는 서류"라 함은 다음 각 호의 서류를 말한다. <개정 2008.3.3, 2009.11.27, 2013.3.23, 2015.11.25> 1. 기술인력의 보유사실을 증명할 수 있는 자격증 사본(국가기술 자격증이 아닌 경우에 한하며, 국가기술자격증인 경우 담당공무원이 「전자정부법」 제36조제1항에 따른 행정정보의 공동이용을 통하여 확인하여야 하며, 신청인이 확인에 동의하지 아니하는 경우에는 그 사본을 첨부하여야 한다) 및 재직증명서류 각 1부 2. 복구장비의 보유사실을 증명할 수 있는 장비등록증 또는 임대계약서 사본 1부
	③산림청장은 제2항의 규정에 따라 복구전문기관지정을 신청받은 경우에는 제1항의 규정에 의한 지정요건에 적합한지를 검토하여 그 지정여부를	③산림청장은 영 제50조제3항의 규정에 따라 복구전문기관으로 지정하는 경우에는 별지 제44호서식의 복구전문기관지정서를 신청인에게 교부하

산지관리법	산지관리법 시행령	산지관리법 시행규칙
	결정하여야 한다.	여야 한다.

제46조(한국산지보전협회) ①산지의 보전 및 산림자원 육성을 위한 정책·제도의 조사·연구 및 교육·홍보 등의 사업을 하기 위하여 한국산지보전협회(이하 "협회"라 한다)를 둔다.
②협회는 법인으로 한다.
③협회는 다음 각 호의 사업을 수행한다. <신설 2012.2.22>
  1. 산지의 보전 및 산림자원육성을 위한 정책·제도의 조사·연구
  2. 제44조의2제1항에 따른 조사, 산지전용·토석채취 허가를 받거나 신고한 산지에 대한 사후관리 지원
  3. 산지의 보전 및 산림자원육성에 관한 교육·홍보
  4. 산지 개발·복구 등에 관한 자문
  5. 산지의 훼손에 대한 감시활동
  6. 국내외 산지보전 관련 단체와의 교
		제48조(한국산지보전협회의 조직·운영 등) ①법 제46조제1항에 따른 한국산지보전협회(이하 "협회"라 한다)에는 사무국과 전문위원회를 둔다. <개정 2011.1.5>
		②협회는 특별시·광역시 및 도에 지부를 둘 수 있다.
		③협회에는 임원으로 회장·이사 및 감사를 둔다. <개정 2014.9.25>
		제49조(협회의 정관) 협회의 사업, 임원의 정원·임기·선출방법, 회원자격 등에 필요한 사항은 정관으로 정한다. <개정 2009.4.20>
		제50조 삭제 <2014.12.31>

류 및 협력
7. 산림청장 또는 지방자치단체의 장이 위탁하는 사업
8. 그 밖에 협회의 설립목적을 달성하기 위하여 정관으로 정하는 사업

④협회의 사업에 드는 경비는 회비나 사업수입금 등으로 충당하며, 국가나 지방자치단체는 경비의 일부를 예산의 범위에서 지원할 수 있다. <개정 2012.2.22>

⑤협회의 사업·조직·운영 등에 필요한 사항은 농림축산식품부령으로 정한다. <개정 2012.2.22, 2013.3.23>

⑥협회에 관하여 이 법에 규정되지 아니한 사항은 「민법」 중 사단법인에 관한 규정을 준용한다. <개정 2012.2.22>

[전문개정 2010.5.31]

산지관리법	산지관리법 시행령	산지관리법 시행규칙
제5장 보칙 〈개정 2010.5.31〉 제46조의2(포상금) 산림청장(국유림의 산지만 해당한다) 또는 시장·군수·구청장(국유림이 아닌 산림의 산지만 해당한다)은 제14조제1항 본문, 제15조제1항 전단, 제15조의2제1항 본문(변경허가는 제외한다), 같은 조 제2항 전단 및 제25조제1항 본문(변경허가는 제외한다)을 위반한 자를 산림행정관서나 수사기관에 신고하거나 고발한 사람에게 대통령령으로 정하는 바에 따라 포상금을 지급할 수 있다. 〈개정 2012.2.22〉 [전문개정 2010.5.31]	제5장 보칙 제50조의2(포상금의 지급) ①법 제46조의2에 따른 포상금은 별표 8의3의 포상금지급기준에 따라 예산의 범위에서 이를 지급하여야 한다. ②제1항에 따른 포상금은 법 제46조의2에 따른 신고 또는 고발의 대상이 되는 자가 행정기관에 의하여 발각되기 전에 주무관청이나 수사기관에 고발 또는 신고한 자에 대하여 해당 고발 또는 신고사건에 대하여 검사가 공소제기·기소중지 및 기소유예의 결정을 한 경우에 한하여 지급한다. ③제1항에 따른 포상금을 2인 이상의 자가 함께 받게 되는 경우의 배분방법, 그 밖의 포상금의 지급방법 및 절차 등에 필요한 사항은 농림축산식품부령으로 정한다. 〈개정 2008.2.29,	제5장 보칙 제50조의2(포상금의 지급) ①영 제50조의2에 따라 포상금을 지급받으려는 자는 그 사건에 대하여 검사가 공소제기·기소중지 및 기소유예의 결정을 한 후에 별지 제44호의2서식의 포상금지급신청서를 관할청(시·도지사 및 지방산림청장은 제외한다)에 제출하여야 한다. 〈개정 2009.4.20, 2011.1.5〉 ②관할청은 제1항에 따른 신청이 있는 때에는 그 사건에 관한 검사의 처분내용을 조회한 후 포상금 지급 여부를 결정하고 이를 해당 신청인에게 통지하여야 한다. 〈개정 2009.4.20, 2011.1.5〉 ③관할청은 제2항에 따라 포상금 지급을 결정한 때에는 그 날부터 2개월 이내에 해당 신청인에게 포상금을 지

제46조의3(현장관리업무담당자의 지정 및 교육) ①다음 각 호의 어느 하나에 해당하는 자는 토석채취사업장의 안전 확보 및 산림피해 방지 등의 업무를 담당하는 사람(이하 "현장관리업무담당자"라 한다)을 지정하여야 하고, 이를 산림청장등에게 신고하여야 한다. 현장관리업무담당자를 변경하는 경우에도 또한 같다.
1. 제25조제1항에 따라 토석채취허가를 받은 자
2. 제30조제1항에 따라 채석신고를 한 자
3. 제35조제1항에 따라 토석을 매입하거나 무상양여 받은 자

2013.3.23>
[본조신설 2007.7.27]

제50조의3(현장관리업무담당자의 업무 범위 등) ①법 제46조의3제1항에 따른 현장관리업무담당자(이하 "현장관리업무담당자"라 한다)의 업무 범위는 다음 각 호와 같다.
1. 토석채취사업장의 안전 확보에 관한 사항
2. 토석채취사업장의 산림피해 방지에 관한 사항
3. 토석채취사업장의 자연재해예방을 위한 조치에 관한 사항
4. 토석채취사업장의 중간복구계획 등 토석채취 피해 저감에 관한 사항
5. 토석채취에 종사하는 사람의 안전교육 및 재해방지교육에 관한 사항
6. 그 밖에 토석채취사업장의 안전 및 재해방지에 관한 사항

급하여야 한다. <개정 2009.4.20, 2011.1.5>
④관할청은 하나의 사건에 대하여 신고 또는 고발한 자가 2명 이상인 경우에는 그 공로를 참작하여 포상금을 적절하게 배분하여 지급하여야 한다. 다만, 포상금을 지급받을 자가 배분방법에 관하여 미리 합의하여 포상금의 지급을 신청하는 경우에는 그 합의된 방법에 따라 지급한다. <개정 2009.4.20, 2011.1.5>
⑤관할청은 자체조사 등으로 법 제46조의2에 따른 위반사실을 알게 된 때에는 지체 없이 그 사실을 기록하여야 한다. <개정 2009.4.20, 2011.1.5>
⑥법 제46조의2에 따른 신고 또는 고발을 접수하거나 제5항에 따라 위반사실을 기록한 후에 같은 위반사실을 신고 또는 고발한 자에 대하여는 포상금을 지급하지 아니한다. <개정 2011.1.5>

산지관리법	산지관리법 시행령	산지관리법 시행규칙
	②현장관리업무담당자의 지정 및 변경 신고기한은 다음 각 호와 같다. 1. 현장관리업무담당자를 지정한 경우: 토석채취허가를 받은 날, 채석신고를 한 날 또는 토석을 매입하거나 무상양여 받은 날부터 30일 이내 2. 현장관리업무담당자를 변경한 경우: 현장관리업무담당자를 변경한 날부터 30일 이내 ③법 제46조의3제1항 각 호에 해당하는 자가 현장관리업무담당자를 지정 또는 변경한 경우에는 농림축산식품부령으로 정하는 신고서에 현장관리업무담당자의 재직증명서를 첨부하여 산림청장등에게 신고하여야 한다. [본조신설 2015.9.25]	[본조신설 2007.7.27] 제50조의3(현장관리업무담당자의 지정 및 변경 신고) 영 제50조의3제3항에 따른 현장관리업무담당자 지정 또는 변경 신고서는 별지 제44호의3서식에 따른다. [본조신설 2015.9.30]

② 현장관리업무담당자는 둘 이상의 토석채취사업장의 업무를 겸할 수 없다. 다만, 동일한 사업자가 연접하여 토석채취허가를 받는 등 대통령령으로 정하는 경우에는 그러하지 아니하다. <신설 2017.4.18>

③ 현장관리업무담당자는 대통령령으로 정하는 기관에서 토석채취사업장의 안전 확보 및 산림피해 방지 등의 업무 수행에 필요한 교육을 받아야 한다. <개정 2017.4.18>

④ 제1항에 따른 현장관리업무담당자의 업무 지정기준, 지정 및 변경신고기한, 신고방법 등과 제3항에 따른 교육의 기간·내용·비용 및 그 밖에 교육에 필요한 사항은 대통령령으로 정한다. <개정 2017.4.18>

[본조신설 2015.3.27]

[시행일 : 2017.10.19] 제46조의3

제50조의4(현장관리업무담당자 교육기관) 법 제46조의3제2항에서 "대통령령으로 정하는 기관"이란 다음 각 호의 어느 하나에 해당하는 기관을 말한다.
1. 법 제36조의2에 따른 한국산림토석협회
2. 산지보전협회
3. 그 밖에 산림청장이 현장관리업무담당자에 대한 교육기관으로 인정하여 고시하는 법인

[본조신설 2015.9.25]

제50조의5(현장관리업무담당자 교육기간 등) ① 현장관리업무담당자는 법 제46조의3제1항에 따라 지정 또는 변경된 날부터 6개월 이내에 직무를 수행하는 데 필요한 신규교육을 34시간 이상 받아야 한다.

② 제1항에 따른 신규교육을 받은 현장관리업무담당자가 2년 이내에

산지관리법	산지관리법 시행령	산지관리법 시행규칙

	다른 토석채취사업장의 현장관리업무담당자로 지정 또는 변경된 경우에는 제1항에 따른 신규교육을 받은 것으로 본다.
	③제1항에 따른 신규교육을 받거나 제2항에 따라 신규교육을 받은 것으로 보는 현장관리업무담당자는 신규교육을 이수한 날(제2항에 해당하는 현장관리업무담당자는 원래 신규교육을 받은 날)부터 매 2년이 되는 날을 기준으로 전후 6개월 사이에 보수교육을 21시간 이상 받아야 한다.
	④제1항 및 제3항에 따른 교육에는 다음 각 호의 사항이 포함되어야 한다.
	  1. 토석채취사업장의 재해예방 및 안전관리에 관한 사항
	  2. 토석채취사업장 환경피해 저감	

	등에 관한 사항 3. 토석채취지 복구에 관한 제도 및 기술에 관한 사항 4. 토석채취 제도 및 정책에 관한 사항 5. 토석채취 기술에 관한 사항 ⑤법 제46조의3제1항 각 호의 어느 하나에 해당하는 자는 제50조의4에 따른 현장관리업무담당자 교육기관에 교재비, 강의료, 그 밖에 현장관리업무담당자에 대한 교육에 필요한 비용을 납부하여야 한다. <개정 2016.12.30> [본조신설 2015.9.25]	

산지관리법	산지관리법 시행령	산지관리법 시행규칙
제47조(타인 토지 출입 등) ①산림청장등은 소속 공무원으로 하여금 기본계획 및 지역계획의 수립을 위한 산지기본조사, 산지지역조사, 보전산지의 지정·변경 또는 지정해제, 산지전용·일시사용제한지역의 지정·해제 등 산지의 보전·이용 등에 관한 사항을 조사하게 하기 위하여 필요한 경우에는 타인의 토지에 출입하게 하거나 그 토지를 일시 사용하게 할 수 있으며, 부득이한 경우에는 입목·죽 또는 그 밖의 장애물을 제거하거나 변경하게 할 수 있다. <개정 2012.2.22> ②제1항에 따라 타인의 토지에 출입하려는 사람과 타인의 토지를 일시 사용하거나 장애물을 제거하거나 변경하려는 사람은 그 출입·사용 또는 제거하거나 변경하려는 날의 3일 전까지 그 토지의 소유		

자·점유자 또는 관리인에게 그 일시와 장소를 알려야 한다.

③일출 전이나 일몰 후에는 해당 토지 점유자의 승낙 없이는 택지나 담 또는 울타리로 둘러싸인 타인의 토지에 출입할 수 없다.

④제1항에 따라 조사를 하는 사람은 그 권한을 표시하는 증표를 지니고 이를 관계인에게 보여주어야 한다.

⑤제4항에 따른 증표에 관한 사항은 농림축산식품부령으로 정한다. <개정 2013.3.23>

[전문개정 2010.5.31]

제48조(토지 출입 등에 따른 손실보상) ①산림청장등은 제47조제1항에 따른 행위로 인하여 손실을 입은 자가 있으면 그 손실을 보상하여야 한다. <개정 2012.2.22>

②제1항에 따른 손실보상에 관하여는 산림청장등과 손실을 입은 자

제51조(조사공무원의 증표) 법 제44조의2제4항 및 제47조제5항에 따른 증표는 별지 제45호서식에 따른다.

[전문개정 2011.1.5]

산지관리법	산지관리법 시행령	산지관리법 시행규칙
가 협의하여야 한다. <개정 2012.2.22> ③산림청장등 또는 손실을 입은 자는 제2항에 따른 협의가 성립되지 아니하거나 협의를 할 수 없을 때에는 「공익사업을 위한 토지 등의 취득 및 보상에 관한 법률」 제49조에 따른 관할 토지수용위원회에 재결을 신청할 수 있다. <개정 2012.2.22> [전문개정 2010.5.31] **제49조(청문)** 산림청장등은 다음 각 호의 어느 하나의 처분을 하려면 대통령령으로 정하는 바에 따라 미리 청문을 하여야 한다. <개정 2012.2.22, 2016.12.2> 1. 제20조에 따라 산지전용허가 또는 산지일시사용허가를 취소하거나 목적사업의 중지를 명하려는 경우		

2. 제29조제4항에 따라 채석단지의 지정을 해제하려는 경우
3. 제31조제1항에 따라 토석채취허가를 취소하거나 토석채취 또는 채석의 중지를 명하려는 경우

[전문개정 2010.5.31]
[시행일 : 2017.6.3] 제49조

제50조(수수료) 다음 각 호의 어느 하나에 해당하는 자는 대통령령으로 정하는 바에 따라 수수료를 내야 한다. 다만, 국가나 지방자치단체가 공용·공공용 시설을 설치하는 경우 등 대통령령으로 정하는 경우에는 그러하지 아니하다. <개정 2012.2.22>
1. 제14조에 따른 산지전용허가를 신청하는 자
2. 제15조에 따른 산지전용신고를 하는 자
3. 제15조의2에 따른 산지일시사용허가를 신청하거나 산지일시사용신

제51조(수수료) ①법 제50조의 규정에 의한 수수료는 별표 9와 같다.
②제1항의 규정에 의한 수수료는 국가행정기관에 납부하는 경우에는 수입인지로 납부하고, 지방자치단체에 납부하는 경우에는 당해 지방자치단체의 수입증지로 납부한다. 이 경우 납부한 수수료는 반환하지 아니한다.
③국가행정기관 또는 지방자치단체의 장은 정보통신망을 이용하여 전자화폐·전자결제 등의 방법으로 제1항의 규정에 의한 수수료를 납부하게 할 수 있다. <신설 2004.3.17>

산지관리법	산지관리법 시행령	산지관리법 시행규칙
고를 하는 자 4. 제21조에 따른 용도변경의 승인을 신청하는 자 5. 제25조제1항에 따른 토석채취허가를 신청하거나 같은 조 제2항에 따른 토사채취신고를 하는 자 6. 제29조제2항에 따른 채석단지의 지정을 신청하는 자 6의2. 제40조에 따른 복구설계서의 승인을 받으려는 자 7. 제42조에 따른 복구준공검사를 신청하는 자 [전문개정 2010.5.31] 제51조(권리·의무의 승계 등) ①다음 각 호의 어느 하나에 해당하는 자는 이 법에 따른 변경신고 등을 통하여 제37조제1항 각 호의 어느 하나에 해당하는 처분을 받거나 신고 등을 한 자의 권리·의무를 승계한다.	④법 제50조 각 호 외의 부분 단서에서 "대통령령으로 정하는 경우"란 다음 각 호의 경우를 말한다. <신설 2012.8.22> 1. 국가나 지방자치단체가 공용·공공용 시설을 설치하는 경우 2. 농림어업인이 법 제15조의2제2항 제4호의 용도로 산지일시사용을 하려는 경우	

1. 산지의 소유자가 제37조제1항 각 호의 어느 하나에 해당하는 처분을 받거나 신고 등을 한 후 매매·양도·경매 등으로 그 소유권이 변경된 경우: 그 산지의 매수인·양수인 등 변경된 산지소유자
2. 제1호 이외의 자가 제37조제1항 각 호의 어느 하나에 해당하는 처분을 받거나 신고 등을 한 후 사망하거나 그 권리·의무를 양도한 경우: 그 상속인 또는 양수인

②제1항 각 호에 해당하는 자가 사유발생일부터 30일 이내에 변경신고 등을 하지 아니한 경우 해당 허가 등이 취소 또는 철회된 것으로 본다.

③제1항에 해당하지 아니하는 경우와 제2항에 따라 허가 등이 취소 또는 철회된 것으로 보는 경우에

산지관리법	산지관리법 시행령	산지관리법 시행규칙
는 다음 각 호의 사항에 대하여 산지의 소유자, 정당한 권원(權原)에 의하여 산지를 사용·수익할 수 있는 자 및 산지의 소유자·점유자의 승계인에 대하여도 그 효력이 있다. 1. 제37조제2항에 따른 재해방지조치 의무 2. 제39조에 따른 복구의무 3. 제40조에 따른 복구설계서의 제출 의무 4. 제40조의2에 따른 복구공사의 감리 선임 5. 제44조에 따른 불법전용산지에 대한 복구의무 [전문개정 2017.4.18]		

제52조(권한의 위임 등) ①이 법에 따른 산림청장의 권한은 대통령령으로 정하는 바에 따라 그 일부를 그 소속기관의 장, 시·도지사 또는 시장·군수·구청장에게 위임할 수 있다. ②산림청장은 이 법에 따른 사업을 대통령령으로 정하는 바에 따라 「산림조합법」에 따른 산림조합중앙회, 산림조합 또는 협회로 하여금 대행하게 할 수 있다. <개정 2016.12.2> [전문개정 2010.5.31] [시행일 : 2017.6.3] 제52조 **제52조의2(벌칙 적용에서 공무원 의제)** ①다음 각 호의 어느 하나에 해당하는 사람은 「형법」 제129조부터 제132조까지의 규정에 따른 벌칙을 적용할 때에는 공무원으로 본다. 1. 제3조의4제3항에 따라 산지기본조사를 위탁받아 산지기본조사	제52조(권한의 위임 등) ①산림청장은 법 제52조제1항에 따라 다음 각 호의 권한을 그 소관에 따라 산림청장의 소관이 아닌 국유림, 공유림 또는 사유림의 산지인 경우에는 시·도지사에게, 산림청장의 소관인 국유림의 산지인 경우에는 지방산림청장에게 각각 위임한다. <개정 2004.1.9, 2005.8.5, 2006.1.26, 2007.2.1, 2007.7.27, 2008.7.24, 2009.4.20, 2009.11.26, 2010.12.7, 2013.12.17> 1. 법 제6조제3항제2호에 따른 공익용산지인 보전산지의 지정해제 1의2. 법 제6조제3항제3호에 따른 3만제곱미터 이상 100만제곱미터 미만의 보전산지 지정해제 2. 삭제 <2012.8.22> 3. 삭제 <2012.8.22> 3의2. 삭제 <2012.8.22> 4. 삭제 <2012.8.22> 5. 삭제 <2012.8.22>

산지관리법	산지관리법 시행령	산지관리법 시행규칙
(제3조의4제1항제2호에 관한 조사에 한정한다)를 수행하는 협회 등 기관의 임직원 2. 제3조의5제2항에 따라 산지관리정보체계의 구축·운영을 위탁받은 산지전문기관의 임직원 ②산지관리위원회의 위원 중 공무원이 아닌 위원은 「형법」이나 그 밖의 법률에 따른 벌칙을 적용할 때에는 공무원으로 본다. [본조신설 2016.12.2] [종전 제52조의2는 제52조의3으로 이동 <2016.12.2>] [시행일 : 2017.6.3] 제52조의2	② 삭제 <2010.12.7> ③산림청장은 법 제52조제1항에 따라 다음 각호의 권한을 지방산림청장에게 위임한다. <개정 2004.1.9, 2005.8.5, 2006.1.26, 2007.7.27, 2009.4.20, 2010.12.7, 2012.8.22, 2013.12.17> 1. 법 제8조제1항에 따른 산지면적이 50만제곱미터 이상 200만제곱미터 미만(보전산지의 경우에는 3만제곱미터 이상 100만제곱미터 미만)인 산림청장 소관인 국유림의 산지에 대한 지역등의 지정협의·결정협의 및 변경협의 2. 산지전용 면적 및 산지일시사용 면적이 50만제곱미터 이상 200만제곱미터 미만(보전산지의 경우에는 3만제곱미터 이상 100만제곱미터 미만)인 산림청장 소관인 국유림의	

	산지에 대한 다음 각 목의 권한 가. 법 제14조에 따른 산지전용허가·변경허가·변경신고·협의 나. 법 제15조의2제1항 및 제3항에 따른 산지일시사용허가·변경허가 및 기간연장 허가 다. 법 제17조제2항에 따른 산지전용기간의 연장허가 라. 법 제20조에 따른 산지전용허가·산지일시사용허가의 취소, 목적사업의 중지, 시설물의 철거, 산지로의 복구, 그 밖에 필요한 조치의 명령 마. 법 제21조제1항에 따른 용도변경의 승인 3. 법 제18조의4제1항에 따른 관계 전문기관의 지정 또는 조사협의체의 구성 및 조사·검토 결과의 반영 4. 법 제27조제2항제1호에 따른 광구에서의 토석의 매각 5. 법 제35조의 규정에 의한 국유림의	

산지관리법	산지관리법 시행령	산지관리법 시행규칙
	산지안에서 토석채취면적이 10만 제곱미터 이상의 토석의 매각·무상양여 6. 법 제36조의 규정에 의한 국유림의 산지안에서 토석채취면적이 10만 제곱미터 이상의 토석의 매각계약의 해제 및 무상양여의 취소 7. 삭제 <2013.12.17> 8. 위임된 사항에 관한 법 제49조에 따른 청문 9. 위임된 사항에 관한 법 제57조에 따른 과태료의 부과·징수 ④산림청장은 법 제52조제1항에 따라 다음 각 호의 권한을 그 소관에 따라 산림청장의 소관이 아닌 국유림, 공유림 또는 사유림의 산지인 경우에는 시장·군수·구청장에게, 산림청장의 소관인 국유림의 산지인 경우에는 국유림관리소장에게 각각 위임한다.	

| | <개정 2004.1.9, 2005.8.5, 2007.2.1, 2007.7.27, 2009.4.20, 2010.12.7, 2012.5.22, 2012.8.22, 2015.11.11>
 1. 법 제6조제3항 각 호 외의 부분 후단에 따른 산지특성평가의 실시
 2. 법 제6조제3항제3호에 따른 3만제곱미터 미만의 보전산지 지정해제
 3. 삭제 <2012.8.22>
 4. 삭제 <2012.8.22>
 5. 삭제 <2012.8.22>
 6. 삭제 <2012.8.22>
 7. 삭제 <2012.8.22>
 8. 삭제 <2012.8.22>
 9. 삭제 <2012.8.22>
 10. 삭제 <2012.8.22>
 11. 삭제 <2012.8.22>
 12. 삭제 <2012.8.22>
 13. 삭제 <2012.8.22>
 14. 삭제 <2012.8.22>
 15. 삭제 <2012.8.22>
 16. 삭제 <2012.8.22> | |

산지관리법	산지관리법 시행령	산지관리법 시행규칙
	⑤산림청장은 법 제52조제1항에 따라 산림청장의 소관이 아닌 국유림, 공유림 또는 사유림의 산지에 대한 다음 각 호의 권한을 시장·군수·구청장에게 위임한다. <신설 2013.12.17> 1. 법 제19조 및 제19조의2에 따른 대체산림자원조성비의 부과·징수·감면 및 환급 2. 법 제37조에 따른 조사·점검·검사, 복구에 필요한 조치명령, 복구대행 및 대집행, 비용충당 및 예치금의 예치 3. 법 제38조에 따른 복구비의 예치 4. 법 제39조제2항 및 제3항에 따른 중간복구명령 및 복구의무의 면제 5. 법 제40조에 따른 복구설계서의 승인, 변경승인 및 복구설계서 제출기간의 연장 6. 법 제40조의2제4항에 따른 이의신	

	청의 접수 7. 법 제41조에 따른 복구대행·비용충당 및 대집행 8. 법 제42조에 따른 복구준공검사, 하자보수보증금의 예치명령 및 예치면제 9. 법 제43조에 따른 복구비의 반환 10. 법 제44조제1항 및 제2항에 따른 시설물의 철거 또는 산지의 복구명령, 복구 대집행 및 비용충당(법 제44조제3항에 따라 준용되는 권한을 포함한다) 11. 법 제44조의2제1항 및 제3항에 따른 불법전용산지의 조사 및 그 조사결과에 따른 필요한 조치의 명령 12. 법 제46조의2에 따른 포상금의 지급 13. 법 제47조에 따른 타인 토지의 출입, 일시사용, 장애물의 제거 및 변경	

산지관리법	산지관리법 시행령	산지관리법 시행규칙
	14. 법 제48조에 따른 손실보상 15. 위임된 사항에 관한 법 제49조에 따른 청문 16. 위임된 사항에 관한 법 제57조에 따른 과태료의 부과·징수 ⑥산림청장은 법 제52조제1항에 따라 산림청장의 소관인 국유림의 산지에 대한 다음 각 호의 권한을 국유림관리소장에게 위임한다. 다만, 동부지방산림청 관할 지역에 있는 국유림의 산지에 대한 제1호부터 제3호까지, 제3호의2, 제3호의3 및 제4호의 권한(위임된 사항에 관한 제8호부터 제18호까지, 제18호의2, 제19호부터 제22호까지의 권한을 포함한다)은 동부지방산림청장에게 위임한다. <개정 2010.12.7, 2012.5.22, 2012.8.22, 2013.12.17, 2014.9.24, 2014.12.31, 2015.9.25>	

1. 법 제8조제1항에 따른 산지면적이 50만제곱미터 미만(보전산지의 경우에는 3만제곱미터 미만)인 지역 등의 지정협의·결정협의 및 변경협의
2. 법 제13조 및 제13조의2에 따른 산지전용·일시사용제한지역의 산지매수
3. 산지전용 면적 및 산지일시사용 면적이 50만제곱미터 미만(보전산지의 경우에는 3만제곱미터 미만)인 산지에 대한 다음 각 목의 권한
가. 법 제14조에 따른 산지전용허가·변경허가·변경신고·협의
나. 삭제 <2014.9.24>
다. 법 제15조의2에 따른 산지일시사용허가·변경허가 및 기간연장허가
라. 법 제17조에 따른 산지전용기간 변경신고의 수리 및 산지전용기간 연장허가

산지관리법	산지관리법 시행령	산지관리법 시행규칙
	마. 법 제20조에 따른 산지전용허가·산지일시사용허가의 취소, 목적사업의 중지, 시설물의 철거, 산지로의 복구, 그 밖에 필요한 조치의 명령 바. 법 제21조제1항에 따른 용도변경의 승인 3의2. 법 제15조에 따른 산지전용신고·변경신고의 수리 3의3. 법 제15조의2에 따른 산지일시사용신고·변경신고의 수리 4. 법 제19조 및 제19조의2에 따른 대체산림자원조성비의 부과·징수·환급 및 감면 5. 법 제30조에 따른 채석단지에서의 채석신고·변경신고 및 채석기간의 연장신고 6. 법 제35조에 따른 국유림의 산지에서 토석채취면적이 10만제곱미터	

	미만인 토석의 매각·무상양여 7. 법 제36조에 따른 국유림의 산지에서 토석채취면적이 10만제곱미터 미만인 토석의 매각계약의 해제 및 무상양여의 취소 8. 법 제37조에 따른 조사·점검·검사, 복구에 필요한 조치명령, 복구대행 및 대집행, 비용충당 및 예치금의 예치 9. 법 제38조에 따른 복구비의 예치 10. 법 제39조제2항 및 제3항에 따른 중간복구명령 및 복구의무의 면제 11. 법 제40조에 따른 복구설계서의 승인, 변경승인 및 복구설계서 제출기간의 연장 12. 법 제40조의2제4항에 따른 이의신청의 접수 13. 법 제41조에 따른 복구대행·비용충당 및 대집행 14. 법 제42조에 따른 복구준공검사, 하자보수보증금의 예치명령 및 예	

산지관리법	산지관리법 시행령	산지관리법 시행규칙
	치면제 15. 법 제43조에 따른 복구비의 반환 16. 법 제44조제1항 및 제2항에 따른 시설물의 철거 또는 산지의 복구명령, 복구대집행 및 비용충당(법 제44조제3항에 따라 준용되는 권한을 포함한다) 17. 법 제44조의2제1항 및 제3항에 따른 불법전용산지의 조사 및 그 조사결과에 따른 필요한 조치의 명령 18. 법 제46조의2에 따른 포상금의 지급 18의2. 법 제46조의3에 따른 현장관리업무담당자의 지정 또는 변경 신고의 접수 19. 법 제47조에 따른 타인 토지의 출입, 토지의 일시사용, 장애물의 제거 및 변경	

20. 법 제48조에 따른 손실보상
21. 위임된 사항에 관한 법 제49조에 따른 청문
22. 위임된 사항에 관한 법 제57조에 따른 과태료의 부과·징수

⑦산림청장은 제1항 및 제3항부터 제6항까지의 규정에도 불구하고 법 제52조제1항의 규정에 따라 국립수목원장·국립산림품종관리센터장·국립산림과학원장 또는 국립자연휴양림관리소장 소관의 국유림에 대한 다음 각 호의 사항에 관한 권한을 그 소관에 따라 국립수목원장·국립산림품종관리센터장·국립산림과학원장 또는 국립자연휴양림관리소장에게 위임한다. <개정 2004.1.9, 2005.8.5, 2007.2.1, 2007.7.27, 2009.4.20, 2009.11.26, 2010.12.7, 2013.12.17, 2015.11.11>

1. 법 제6조제3항 각 호 외의 부분 후단에 따른 산지특성평가의 실시

산지관리법	산지관리법 시행령	산지관리법 시행규칙

	1의2. 법 제6조제3항제3호의 규정에 해당하는 경우의 보전산지 지정해제
	2. 법 제8조제1항의 규정에 의한 200만제곱미터 미만(보전산지의 경우에는 100만제곱미터 미만)인 지역등의 지정협의·결정협의 및 변경협의
	2의2. 법 제13조 및 제13조의2에 따른 산지전용·일시사용제한지역의 산지매수
	3. 산지전용 면적 및 산지일시사용 면적이 200만제곱미터 미만(보전산지의 경우에는 100만제곱미터 미만)인 산지에 대한 다음 각 목의 권한
	  가. 법 제14조에 따른 산지전용허가·변경허가·변경신고·협의
	  나. 법 제15조에 따른 산지전용신	

고·변경신고의 수리
다. 법 제15조의2에 따른 산지일시사용허가·변경허가·기간연장허가 및 신고·변경신고의 수리
라. 법 제17조에 따른 산지전용기간 연장허가 및 산지전용기간 변경신고의 수리
마. 법 제20조에 따른 산지전용허가·산지일시사용허가의 취소, 목적사업의 중지, 시설물의 철거, 산지로의 복구, 그 밖에 필요한 조치의 명령
바. 법 제21조제1항에 따른 용도변경의 승인

3의2. 법 제18조의4제1항에 따른 관계전문기관의 지정 또는 조사협의체의 구성 및 조사·검토 결과의 반영

4. 법 제19조 및 법 제19조의2의 규정에 의한 대체산림자원조성비의 부과·징수·환급 및 감면

산지관리법	산지관리법 시행령	산지관리법 시행규칙
	4의2. 법 제30조에 따른 채석단지에서의 채석신고·변경신고 및 채석기간의 연장신고 5. 법 제35조에 따른 국유림의 산지에서 토석의 매각·무상양여 5의2. 법 제36조에 따른 국유림의 산지에서 토석의 매각계약의 해제 및 무상양여의 취소 6. 제6항제6호부터 제16호까지의 권한 7. 법 제46조의2에 따른 포상금의 지급 8. 삭제 <2010.12.7> 9. 삭제 <2010.12.7> 10. 위임된 사항에 관한 법 제57조의 규정에 의한 과태료의 부과·징수 ⑧시·도지사, 시장·군수·구청장, 지방산림청장, 국유림관리소장, 국립수목원장, 국립산림품종관리센터장,	제51조의2(보고) 영 제52조제8항에 따라 관할청(산림청장은 제외한다)은 매반기가 끝나는 달의 다음 달

	국립산림과학원장 또는 국립자연휴양림관리소장은 제1항부터 제7항까지의 규정에 따라 위임받은 권한을 행사한 때에는 그 결과를 농림축산식품부령으로 정하는 바에 따라 산림청장에게 보고하여야 한다. <개정 2004.1.9, 2005.8.5, 2006.1.26, 2008.7.24, 2009.4.20, 2013.3.23>	10일까지 산림청장에게 별지 제46호서식, 별지 제46호의2서식, 별지 제47호서식부터 별지 제49호서식까지의 서식으로 산지전용 현황, 산지일시사용 현황, 토석채취허가 현황, 토석채취 용도별 현황, 복구 현황을 보고하여야 한다. <개정 2009.4.20, 2011.1.5, 2015.11.25> [본조신설 2008.7.16]
제52조의3(규제의 재검토) 정부는 제12조에 따른 보전산지에서의 행위제한에 대하여 2010년 12월 31일을 기준으로 하여 5년마다 그 타당성을 검토하여 제한행위의 폐지, 완화 또는 유지 등의 조치를 하여야 한다. [본조신설 2010.5.31] [제52조의2에서 이동 <2016.12.2>] [시행일 : 2017.6.3] 제52조의3	제52조의2(규제의 재검토) ①산림청장은 다음 각 호의 사항에 대하여 다음 각 호의 기준일을 기준으로 5년마다 (매 5년이 되는 해의 기준일과 같은 날 전까지를 말한다) 그 타당성을 검토하여 개선 등의 조치를 하여야 한다. <개정 2014.12.9> 1. 제20조제6항 및 별표 4의2 제1호 각 목에 따른 산지전용허가 면적 제한의 예외에 신·재생에너지 시설의 설치를 포함시킬지 여부: 2014년 1월 1일	제51조의3(규제의 재검토) ①산림청장은 다음 각 호의 사항에 대하여 다음 각 호의 기준일을 기준으로 3년마다 (매 3년이 되는 해의 기준일과 같은 날 전까지를 말한다) 그 타당성을 검토하여 개선 등의 조치를 하여야 한다. 1. 제6조에 따른 산지전용·일시사용 제한지역에서의 허용행위: 2017년 1월 1일 2. 제7조에 따른 농림어업인의 범위: 2017년 1월 1일 3. 제8조에 따른 임업용산지에서의

산고정리법	산고정리법 시행령	산고정리법 시행규칙

산고정리법 시행령:

2. 제23조 및 별표 5에 따른 대지재산권 자산조정비 감정대상자 및 감정비 비용 : 2014년 1월 1일

② 신용평가등급 제32조제3항에 따른 토지재개발사업의 평가 및 평가 대상에 있어 2017년 1월 1일 이후의 기준일(매 3년이 되는 기준일과 같은 날 평가한다)로 그 다음 감정평가 등의 조치를 한 경우 한다. <개정 2016.12.30>

[전문개정 2013.12.30]

제52조의3(고유수식재평가의 차이) 신청 감정평가(제52조에 따른 신청결정의 경우를 포함한다) 등 감정평가를 위하여 의뢰받은 평가법인 경우 「개정령 제19조제1항에 따른 주식 행하는 기관이 감정평가 지표를 지정할 수 있다. <개정 2012.8.22, 2016.12.30>

산고정리법 시행규칙:

행위제한 : 2017년 1월 1일
4. 제10조제2항에 따른 사용중지 가정평가 및 평가의뢰 시 가정평가비 선정 및 평가비 기본 : 2017년 1월 1일

5. 제16조 및 별표 2에 따른 신청용 가격의 평가기준 : 2017년 1월 1일 일

6. 제25조 및 별표 4에 따른 토지·도 시재개발사업의 평가기준 : 2017년 1월 1일

7. 제26조제1항에 따른 토지재개발기 타의 연결정과 신청 및 토지재개발 기타의 평가되고 기준 : 2017년 1월 1일

8. 제28조에 따른 가용의 정상을 조사 기준 : 2017년 1월 1일

9. 제44조제1항에 따른 감정평가의 등록의 관례 : 2017년 1월 1일

	1. 법 제14조에 따른 산지전용허가, 변경허가, 변경신고 및 협의에 관한 사무 2. 법 제15조에 따른 산지전용신고, 변경신고 및 협의에 관한 사무 3. 제21조에 따른 대체산림자원조성비 납부에 관한 사무 4. 제46조에 따른 복구비 예치에 관한 사무 [본조신설 2012.1.6]	10. 제46조 및 별표 7에 따른 복구장 비기준 : 2017년 1월 1일 [전문개정 2016.12.30]
제6장 벌칙 <개정 2010.5.31> 제53조(벌칙) 보전산지에 대하여 다음 각 호의 어느 하나에 해당하는 자는 5년 이하의 징역 또는 5천만원 이하의 벌금에 처하고, 보전산지 외의 산지에 대하여 다음 각 호의 어느 하나에 해당하는 자는 3년 이하의 징역 또는 3천만원 이하의	**제6장 벌칙** 제53조(과태료의 부과) 법 제57조제1항 및 제2항에 따른 과태료의 부과기준은 별표 10과 같다. <개정 2015.9.25> [전문개정 2008.7.24]	**제6장 벌칙** 제52조 삭제 <2008.7.16>

산지관리법	산지관리법 시행령	산지관리법 시행규칙
벌금에 처한다. 이 경우 징역형과 벌금형을 병과(倂科)할 수 있다. <개정 2012.2.22, 2016.12.2> 1. 제14조제1항 본문을 위반하여 산지전용허가를 받지 아니하고 산지전용을 하거나 거짓이나 그 밖의 부정한 방법으로 산지전용허가를 받아 산지전용을 한 자 2. 제15조의2제1항 본문을 위반하여 산지일시사용허가를 받지 아니하고 산지일시사용을 하거나 거짓이나 그 밖의 부정한 방법으로 산지일시사용허가를 받아 산지일시사용을 한 자 2의2. 제16조제1항제1호를 위반하여 산지전용 또는 산지일시사용의 목적사업을 시행하기 위하여 다른 법률에 따른 인가·허가·승인 등의 행정처분이 필요한 경		

우 그 행정처분을 받지 아니하고 산지전용 또는 산지일시사용을 한 자
3. 제25조제1항 본문을 위반하여 토석채취허가를 받지 아니하고 토석채취를 하거나 거짓이나 그 밖의 부정한 방법으로 토석채취허가를 받아 토석채취를 한 자
4. 제28조제3항을 위반하여 자연석을 채취한 자
5. 제35조제1항에 따라 매입하거나 무상양여받지 아니하고 국유림의 산지에서 토석채취를 한 자

[전문개정 2010.5.31]

[시행일 : 2017.6.3] 제53조

제54조(벌칙) 보전산지에 대하여 다음 각 호의 어느 하나에 해당하는 자는 3년 이하의 징역 또는 3천만원 이하의 벌금에 처하고, 보전산지 외의 산지에 대하여 다음 각 호

산지관리법	산지관리법 시행령	산지관리법 시행규칙
의 어느 하나에 해당하는 자는 2년 이하의 징역 또는 2천만원 이하의 벌금에 처한다. <개정 2012.2.22, 2016.12.2> 1. 제14조제1항 본문을 위반하여 변경허가를 받지 아니하고 산지전용을 하거나 거짓이나 그 밖의 부정한 방법으로 변경허가를 받아 산지전용을 한 자 2. 제15조의2제1항 본문을 위반하여 변경허가를 받지 아니하고 산지일시사용을 하거나 거짓이나 그 밖의 부정한 방법으로 변경허가를 받아 산지일시사용을 한 자 3. 제19조제2항제1호 후단을 위반하여 대체산림자원조성비를 내지 아니하고 산지전용을 하거나 산지일시사용을 한 자		

3의2. 제20조제2항에 따른 산지전용 또는 산지일시사용 중지명령을 위반한 자
4. 제25조제1항 본문을 위반하여 변경허가를 받지 아니하고 토석채취를 하거나 거짓이나 그 밖의 부정한 방법으로 변경허가를 받아 토석채취를 한 자
5. 제31조제1항에 따른 토석채취 또는 채석의 중지명령을 위반한 자

[전문개정 2010.5.31]

[시행일 : 2017.6.3] 제54조

제55조(벌칙) 보전산지에 대하여 다음 각 호의 어느 하나에 해당하는 자는 2년 이하의 징역 또는 2천만원 이하의 벌금에 처하고, 보전산지 외의 산지에 대하여 다음 각 호의 어느 하나에 해당하는 자는 1년 이하의 징역 또는 1천만원 이하의 벌금에 처한다. <개정 2016.12.2>

산지관리법	산지관리법 시행령	산지관리법 시행규칙
1. 제15조제1항 전단에 따라 산지전용신고를 하지 아니하고 산지전용을 하거나 거짓이나 그 밖의 부정한 방법으로 산지전용신고를 하고 산지전용한 자 2. 제15조의2제2항 전단에 따라 산지일시사용신고를 하지 아니하고 산지일시사용을 하거나 거짓이나 그 밖의 부정한 방법으로 산지일시사용신고를 하고 산지일시사용을 한 자 3. 거짓이나 그 밖의 부정한 방법으로 제18조의2제1항 또는 제3항에 따른 산지전용타당성조사를 한 자 또는 그 조사결과를 허위로 통보하거나 변조하여 제출한 자 4. 제21조제1항을 위반하여 승인을 받지 아니하고 산지전용된 토지를 다른 용도로 사용한 자		

5. 제25조제2항 전단을 위반하여 토사채취신고를 하지 아니하고 토사를 채취하거나 거짓이나 그 밖의 부정한 방법으로 토사채취신고를 하고 토사채취를 한 자
6. 제30조제1항 전단을 위반하여 채석신고를 하지 아니하고 채석단지에서 채석을 하거나 거짓이나 그 밖의 부정한 방법으로 채석신고를 하고 채석단지 안에서 채석을 한 자
7. 제37조제2항 각 호에 따른 조치명령을 위반한 자
8. 제39조제4항을 위반하여 폐기물이 포함된 토석 또는 폐기물로 산지를 복구한 자
9. 제40조의2제1항(제44조제3항에서 준용하는 경우를 포함한다)·제2항을 위반하여 감리를 받지 아니하거나 거짓으로 감리한 자

산지관리법	산지관리법 시행령	산지관리법 시행규칙
10. 제44조제1항에 따른 시설물의 철거명령이나 형질변경한 산지의 복구명령을 위반한 자 [전문개정 2010.5.31] [시행일 : 2017.6.3] 제55조 제56조(양벌규정) 법인의 대표자나 법인 또는 개인의 대리인, 사용인, 그 밖의 종업원이 그 법인 또는 개인의 업무에 관하여 제53조부터 제55조까지의 어느 하나에 해당하는 위반행위를 하면 그 행위자를 벌하는 외에 그 법인 또는 개인에게도 해당 조문의 벌금형을 과(科)한다. 다만, 법인 또는 개인이 그 위반행위를 방지하기 위하여 해당 업무에 관하여 상당한 주의와 감독을 게을리하지 아니한 경우에는 그러하지 아니하다. [전문개정 2010.5.31]		

제57조(과태료) ① 다음 각 호의 어느 하나에 해당하는 자에게는 1천만원 이하의 과태료를 부과한다. <개정 2012.2.22, 2016.12.2>
 1. 제14조제1항 단서, 제15조제1항 후단, 제15조의2제1항 단서 및 같은 조 제2항 각 호 외의 부분 후단, 제25조제1항 각 호 외의 부분 단서 및 같은 조 제2항 후단 또는 제30조제1항 후단을 위반하여 변경신고를 하지 아니한 자
 2. 제40조제1항 전단(제44조제3항에서 준용하는 경우를 포함한다)에 따른 기간 이내에 복구설계서를 산림청장등에게 제출하지 아니한 자
 3. 제40조의2제2항(제44조제3항에서 준용하는 경우를 포함한다)을 위반하여 시정통지의 내용을 보고하지 아니한 자

산지관리법	산지관리법 시행령	산지관리법 시행규칙
4. 제44조의2제1항·제2항을 위반하여 업무보고 및 자료제출이나 현지조사를 거부·방해 또는 기피한 자 5. 제18조의5제3항에 따른 연대서명부를 거짓으로 작성하여 이의신청을 한 자 ②다음 각 호의 어느 하나에 해당하는 자에게는 500만원 이하의 과태료를 부과한다. <신설 2015.3.27> 1. 제46조의3제1항을 위반한 자 2. 제46조의3제2항을 위반한 자 ③제1항 및 제2항에 따른 과태료는 대통령령으로 정하는 바에 따라 산림청장등이 부과·징수한다. <개정 2012.2.22, 2015.3.27> [전문개정 2010.5.31] [시행일 : 2017.6.3] 제57조		

부 칙
<법률 제6841호, 2002.12.30>

제1조(시행일) 이 법은 공포후 9월이 경과한 날부터 시행한다.

제2조(보전임지 등에 관한 경과조치) ①이 법 시행 당시 종전의 산림법 제16조제1항 및 제17조제1항의 규정에 의하여 지정·고시된 보전임지중 생산임지는 제4조제1항제1호 가목 및 제5조의 규정에 의하여 지정·고시된 임업용산지로, 공익임지는 제4조제1항제1호 나목 및 제5조의 규정에 의하여 지정·고시된 공익용산지로 본다.

②이 법 시행 당시 종전의 산림법 제16조의2제2항의 규정에 의하여 작성된 산림이용기본도는 제4조제2항의 규정에 의하여 산지이용구분도가 작성될 때까지는 이를 이 법에 의한 산지이용구분도로 본다.

부 칙
<대통령령 제18108호, 2003.9.29>

제1조(시행일) 이 영은 2003년 10월 1일부터 시행한다.

제2조(임업용산지안에서의 행위제한에 관한 적용례) ①제12조제3항 및 제4항의 규정은 이 영 시행후 최초로 임업용산지의 산지전용허가가 신청되는 것부터 적용한다.

②이 영 시행전에 농림어업인이 농림어업을 경영할 목적으로 주택 및 그 부대시설을 건축하기 위하여 종전의 산림법 제16조제1항의 규정에 의한 생산임지를 전용한 면적(이 영 시행전의 전용허가신청에 의하여 이 영 시행후 전용된 면적을 포함한다)에 대하여는 제12조제4항의 규정을 적용하지 아니한다.

제3조(보전임지의 전용 등에 관한 경과조치) 이 영 시행당시 다음 각호

부 칙
<농림부령 제1450호, 2003.10.22>

제1조(시행일) 이 규칙은 공포한 날부터 시행한다.

제2조(복구비의 분할예치에 관한 적용례) 제38조의 규정은 이 규칙 시행후 최초로 법 제37조제1항 각호의 1에 해당하는 허가 등을 신청하거나 신고 등을 하는 분부터 적용한다.

제3조(산지이용구분대장의 비치·작성에 관한 경과조치) 산림청장은 법 제4조제2항의 규정에 의하여 산지이용구분도가 작성될 때까지는 국유림관리소장 또는 시장·군수·구청장으로 하여금 제2조제7항에 규정에 의한 산지이용구분대장에 갈음하여 종전의 산림법시행규칙 제20조의 규정에 의한 보전임지지정대장을 작성·비치하도록 할 수 있다.

산지관리법	산지관리법 시행령	산지관리법 시행규칙
제3조(허가 등의 신청에 관한 경과조치) 이 법 시행 당시 다음 각호의 1에 해당하는 허가·협의 등이 신청된 것에 대하여는 종전의 산림법에 의한다. 1. 종전의 산림법 제18조제1항 및 제2항의 규정에 의한 보전임지의 전용허가 2. 종전의 산림법 제18조제3항의 규정에 의한 지역·지구·구역 등의 지정 등에 관한 협의 3. 종전의 산림법 제87조제1항의 규정에 의한 토석의 매각 또는 무상양여 등 4. 종전의 산림법 제90조의 규정에 의한 산림의 형질변경허가 또는 형질변경신고 5. 종전의 산림법 제90조의2의 규정에 의한 채석허가	의 1에 해당하는 허가·협의 등이 신청된 경우 그 허가·협의 등의 기준 및 제한에 관하여는 종전의 산림법시행령에 의한다. 1. 종전의 산림법 제18조제1항 및 제2항의 규정에 의한 보전임지의 전용허가 2. 종전의 산림법 제18조제3항의 규정에 의한 지역·지구·구역 등의 지정 등에 관한 협의 3. 종전의 산림법 제87조제1항의 규정에 의한 토석의 매각 또는 무상양여 등 4. 종전의 산림법 제90조의 규정에 의한 산림의 형질변경허가 또는 형질변경신고 5. 종전의 산림법 제90조의2의 규정에 의한 채석허가 6. 종전의 산림법 제90조의5의 규	제4조(산지전용허가기준에 관한 경과조치) 제18조제1항의 규정에 의한 면적을 계산함에 있어서 다음 각호의 면적은 이를 합산하지 아니한다. 1. 이 규칙 시행전에 종전의 산림법 제90조의 규정에 의하여 산림의 형질변경허가를 하거나 형질변경신고를 하여 전용된 면적(이 규칙 시행전의 형질변경허가 또는 형질변경신고에 의하여 이 규칙 시행후 산지전용된 면적을 포함한다) 2. 이 규칙 시행전에 종전의 산림법 제90조의 규정에 의한 형질변경허가 또는 형질변경신고가 의제되는 행정처분을 받고 전용된 면적(관계 행정기관의 장이 종전의 산림법 제90조의 규정에 의한 형질변경허가 또는 형질변

6. 종전의 산림법 제90조의5의 규정에 의한 채석단지안에서의 채석신고
7. 종전의 산림법 제90조의6의 규정에 의한 토사채취허가 또는 토사채취신고

제4조(처분 등에 관한 경과조치) ①이 법 시행 당시 종전의 산림법에 의하여 다음 표의 왼쪽 칸의 허가 등을 받거나 신고를 한 자와 이 법 시행일 이후 부칙 제3조의 규정에 의하여 다음 표의 왼쪽 칸의 허가 등을 받거나 신고를 한 자는 이 법에 의한 다음 표의 오른쪽 칸의 허가 등을 받거나 신고를 한 자로 본다.

②이 법 시행 당시 종전의 산림법 제90조의2의 규정에 의하여 채석허가를 받은 자는 이 법 시행후 1년안에 제25조제2항의 규정에 의한 장비 등을 갖추어야 한다.

정에 의한 채석단지안에서의 채석신고
7. 종전의 산림법 제90조의6의 규정에 의한 토사채취허가 또는 토사채취신고

제4조(대체산림자원조성비에 관한 경과조치) ①이 영 시행당시 종전의 산림법시행령 제24조의2제5항의 규정에 따라 산림청장이 고시한 대체조림비의 부과기준단가는 제24조제4항의 규정에 따라 산림청장이 고시한 대체산림자원조성비의 단위면적당 금액으로 본다.

②이 영 시행전에 보전임지의 전용허가 또는 산림의 형질변경허가(다른 법률의 규정에 의하여 보전임지전용허가 또는 산림의 형질변경허가가 의제되는 인가·허가 등을 포함한다)를 신청하였거나 산림형질변경신고를 한 것에 관한 대체조림비의 감면은 종전의 규정

경신고가 의제되는 행정처분에 관하여 이 규칙 시행전에 관할청과 협의한 전용면적을 포함한다)

제5조(복구비산정기준에 관한 경과조치) 이 규칙 시행당시 종전의 산림법시행규칙 제98조제1항의 규정에 따라 산림청장이 정한 복구비용예치기준은 제39조의 규정에 따라 산림청장이 결정하여 고시한 단위면적당 복구비 산정기준으로 본다.

제6조(다른 법령의 개정) ①산림법시행규칙중 다음과 같이 개정한다.

제9조의15제1호 및 제2호중 "형질변경"을 각각 "산지전용"으로 한다.

제11조중 "제94조제2항 내지 제4항"을 "제94조제2항 및 제4항"으로 한다.

제19조, 제19조의2 및 제19조의3, 제19조의5 내지 제19조의7, 제

산지관리법	산지관리법 시행령	산지관리법 시행규칙
<table><tr><th>종전의 산림법에 의거 허가 등</th><th>이 법에 의한 허가등</th></tr><tr><td>1. 종전의 산림법 제18조제1항 및 제2항의 규정에 의한 보전임지의 전용허가</td><td>1. 제14조 또는 제15조의 규정에 의한 산지전용허가 또는 산지전용신고</td></tr><tr><td>2. 종전의 산림법제18조제3항의 규정에 의한 지역·지구·구역등의 지정 등에 관한 협의</td><td>2. 제8조의 규정에 의한 지역·지구·구역 등의 지정 등에 관한 협의</td></tr><tr><td>3. 종전의 산림법 제18조의2의 규정에 의한 전용산림의 용도변경 승인</td><td>3. 제21조의 규정에 의한 용도변경 승인</td></tr><tr><td>4. 종전의 산림법 제87조제1항의 규정에 의한 토석의 매각 또는 무상양여 등</td><td>4. 제35조의 규정에 의한 석재 및 토사의 매각 또는 무상양여</td></tr><tr><td>5. 종전의 산림법 제90조의 규정에 의한 산림의 형질변경허가 또는 형질변경신고</td><td>5. 제14조·제15조 또는 제17조의 규정에 의한 산지용 허가 또는 산지전용신고</td></tr><tr><td>6. 종전의 산림법 제90조의2의 규정에 의한 채석허가</td><td>6. 제25조의 규정에 의한 채석허가</td></tr><tr><td>7. 종전의 산림법 제90조의3제1항의 규정에 의한 토석의 매매계약 및 채석허가</td><td>7. 제27조제2항의 규정에 의한 석재의 매매계약및 채석허가</td></tr><tr><td>8. 종전의 산림법 제90조의5의 규정에 의한 채석단지안에서의 채석신고</td><td>8. 제30조의 규정에 의한 채석단지에서의 채석신고</td></tr><tr><td>9. 종전의 산림법 제90조의6의 규정에 의한 토사채취허가 또는 토사채취신고</td><td>9. 제32조의 규정에 의한 토사채취허가 또는 토사채취신고</td></tr></table> 제5조(대체조림비의 납입에 관한 경과조치) ①이 법 시행 당시 종전의 산림법 제20조의2제1항 및 제2항	에 의한다. 제5조(지방도 연변가시지역에서의 채석허가 및 토사채취허가에 관한 경과조치) 2000년 5월 16일 이전에 지방도 연변가시지역 500미터안의 지역에서 채석허가 또는 토사채취허가를 받은 자가 당해 허가지역에 연접하여 계속 채석을 하고자 하거나 토사채취를 하고자 하는 경우에는 제36조제3항제4호 다목(제43조제3항에서 규정하는 경우를 포함한다)의 규정을 적용하지 아니한다. <개정 2005.8.5> 제6조(다른 법령의 개정) ①산림법시행령중 다음과 같이 개정한다. 제4조제1항 각호외의 부분 단서중 "제2호·제2호의2·제5호·제12호·제14호 내지 제27호"를 "제5호·제12호 및 제14호 내지 제24	19조의9, 제19조의10, 제19조의12, 제19조의13 및 제20조를 각각 삭제한다. 제27조제3항 및 제38조중 "산림의 형질변경"을 각각 "산지의 형질변경"으로 한다. 제48조제1항중 "입목벌채·토지형질변경(임도시설·광업시추·온천수 시추와 개발에 따른 통수시설 및 소규모 토사채취의 경우에 한한다)"를 "입목벌채"로 하고, 동조제4항을 삭제한다. 제58조제4항을 삭제한다. 제60조제1항제9호중 "산림의 형질변경"을 "산지의 형질변경"으로 한다. 제73조·제74조 및 제76조 내지 제79조를 각각 삭제한다. 제5장제1절의 제목 "산림의 형질변

의 규정에 의하여 대체조림비를 납입한 자는 제19조제1항 및 제2항의 규정에 의하여 대체산림자원조성비를 납부한 자로 본다.

② 이 법 시행 당시 종전의 산림법 제20조의2제1항 및 제2항의 규정에 의하여 대체조림비를 납입하여야 하는 자는 제19조제1항 및 제2항의 규정에 의하여 대체산림자원조성비를 납부하여야 하는 자로 본다.

③ 이 법 시행 당시 종전의 산림법 제20조의2제3항의 규정에 의하여 대체조림비를 환급받을 수 있는 자는 제19조제4항의 규정에 의하여 대체산림자원조성비를 환급받을 수 있는 자로 본다.

제6조(산림형질변경제한지역 및 채석허가 등의 제한에 관한 경과조치)
① 이 법 시행 당시 종전의 산림법 제90조제8항제1호의 규정에 의하

호"로 하고, 동항제1호의2·제2호 및 제2호의2를 각각 삭제하며, 동항제11호 다목중 "제2호의 규정에 의하여 전용협의를 한 요존국유림"을 "요존국유림"으로 하고, 동항제25호 및 제27호를 각각 삭제한다.

제4조제3항제1호·제2호·제15호 및 제16호를 각각 삭제하고, 동조제4항제2호 및 제3호를 각각 다음과 같이 한다.

2. 법 제90조제1항 본문 및 제2항의 규정에 의한 입목벌채, 임산물의 굴취·채취의 허가

3. 법 제90조제1항 단서 및 제3항의 규정에 의한 입목벌채, 임산물의 굴취·채취(임업시험 또는 연구를 위한 임산물의 굴취·채취에 한한다)신고의 수리

제22조, 제22조의2 내지 제22조의4, 제23조, 제24조, 제24조의2

경 등"을 "입목의 벌채 등"으로 한다.

제87조제1항제5호중 "법 제18조제1항의 규정에 의한 전용허가를 받거나 동조제3항의 규정에 의한 협의"를 "산지관리법 제14조제1항의 규정에 의한 산지전용허가를 받거나 동조제2항의 규정에 의한 협의"로 한다.

제87조의2중 "법 제90조제8항 단서"를 "법 제90조제5항 단서"로 한다.

제88조, 제88조의2 내지 제88조의4, 제89조, 제90조, 제90조의2, 제91조 및 제92조를 각각 삭제한다.

제94조제2항 본문중 "법 제90조제4항제9호"를 "법 제90조제4항제8호"로 하고, 동조제3항을 삭제하며, 동조제4항 본문중 "법 제90조제4항제9호"를 "법 제90조제4항

산지관리법	산지관리법 시행령	산지관리법 시행규칙
여 산림의 형질변경을 하여서는 아니될 지역으로 시·도지사 또는 지방산림관리청장이 고시한 지역(이 법 제9조제1항제1호 및 제2호의 규정에 해당하는 지역에 한한다)은 제9조의 규정에 의하여 산림청장이 지정·고시한 산지전용제한지역으로 본다. ②이 법 시행 당시 종전의 산림법 제90조의2제6항제1호의 규정에 의하여 채석허가를 하여서는 아니될 지역으로 시·도지사가 고시한 지역(이 법 제28조제1항제2호 및 제33조제1항제2호의 규정에 해당하는 지역에 한한다)은 제28조제1항제2호 및 제33조제1항제2호의 규정에 의하여 산림청장이 지정·고시한 지역으로 본다.	내지 제24조의4, 제24조의9, 제24조의10 및 제24조의12를 각각 삭제한다. 제32조제2항제5호중 "산림형질변경"을 "산지의 형질변경"으로 한다. 제44조제1항제1호중 "산림의 형질변경"을 각각 "산지의 형질변경"으로 한다. 제60조제1항제2호중 "산림형질변경"을 "산지의 형질변경"으로 한다. 제78조 및 제80조 내지 제82조를 각각 삭제한다. 제5장제1절의 제목 "산림의 형질변경 등"을 "입목의 벌채 등"으로 한다. 제91조의4 내지 제91조의12를 각각 삭제한다.	제8호"로 하고, 동항제1호중 "제88조의3제1항제9호의 규정에 의하여 형질변경신고"를 "산지관리법 제15조의 규정에 의하여 산지전용신고"로 하며, 동항제8호를 삭제한다. 제95조, 제95조의2 내지 제95조의10, 제96조, 제97조, 제97조의2, 제97조의4 내지 제97조의9, 제98조, 제98조의2 내지 제98조의5, 제99조, 제99조의2 및 제99조의3을 각각 삭제한다. 제99조의4제1항중 "운전면허·해기사면허 및 건설기계조종사면허의 취소 또는 효력정지나 당해 자동차·선박 및 장비"를 "운전면허 및 해기사면허의 취소 또는 효력정지나 당해 자동차 및 선박"으로 한다.

제7조(시설물의 철거 또는 원상회복을 위한 조치명령 등에 관한 경과조치) ①이 법 시행 당시 종전의 산림법 제90조제11항의 규정에 의한 시설물의 철거 또는 원상회복명령을 받은 자는 제44조의 규정에 의하여 시설물의 철거 또는 복구명령을 받은 자로 본다.
②이 법 시행 당시 종전의 산림법 제87조제2항·제90조의4제1항·제90조의5제4항 및 제90조의6제4항의 규정에 의하여 재해방지 등을 위한 시설물의 설치, 채석의 중단 또는 토사채취의 중단 등의 조치명령을 받은 자는 제37조의 규정에 의하여 석재 및 토사의 굴취·채취의 중단 또는 재해방지나 복구에 필요한 조치명령을 받은 자로 본다.

제8조(복구비의 예치 등에 관한 경과조치) ①이 법 시행 당시 종전의 산

제93조제3항을 삭제하고, 동조제4항중 "제1항 내지 제3항"을 "제1항 및 제2항"으로, "임산물을 적재 또는 운송하거나 장비를 사용하여 불법으로 산림형질변경을 하는 경우"를 "임산물을 적재 또는 운송하는 경우"로 한다.

제95조제5항중 "산림법 제90조제1항 단서"를 "산지관리법 제15조제1항"으로, "산림형질변경신고"를 "산지전용신고"로 한다.

제112조를 삭제한다.

②산림청과그소속기관직제중 다음과 같이 개정한다.

제9조제2항제12호중 "산림"을 "산지"로 하고, 동항제13호중 "보전임지"를 "보전산지"로 하며, 동항제14호중 "대체조림비"를 "대체산림자원조성비"로 하고, 동항제15호중 "산림형질변경"을 "산지전용"으로 한다.

별표 1의 산림사업의 종류란 제4호중 "법 제91조제5항의 규정에 의한 형질변경된 산림의 복구"를 "산지관리법 제41조의 규정에 의한 산지의 복구"로 한다.

별표 7 및 별표 8, 별표 8의2 내지 별표 8의4, 별표 9 및 별표 9의2를 각각 삭제한다.

별표 9의3중 건설기계·조종사면허란을 삭제한다.

별지 제17호서식, 별지 제18호서식, 별지 제20호서식, 별지 제20호의3서식 내지 별지 제20호의6서식 및 별지 제20호의9서식 내지 별지 제20호의12서식을 각각 삭제한다.

별지 제48호서식의 제11조제1항 및 별지 제48호의2서식의 제11조제1항중 "산림의 형질변경"을 각각 "산지의 형질변경"으로 한다.

산지관리법	산지관리법 시행령	산지관리법 시행규칙
림법 제91조제1항 및 제2항의 규정에 의하여 예치한 복구비용 또는 예치하여야 하는 복구비용은 제38조제1항 및 제2항의 규정에 의하여 예치한 복구비 또는 예치하여야 하는 복구비로 본다. ②이 법 시행 당시 종전의 산림법 제91조제3항의 규정에 의하여 복구를 하여야 하는 자는 제39조의 규정에 의하여 복구를 하여야 하는 자로 본다. ③이 법 시행 당시 종전의 산림법 제91조제4항의 규정에 의하여 승인을 얻은 복구설계서는 제40조의 규정에 의하여 승인을 얻은 복구설계서로 본다. **제9조(하자보수보증금의 예치에 관한 경과조치)** 이 법 시행 당시 종전의 산림법 제91조의2제2항의 규정에	제10조제2항제22호중 "산림형질변경"을 "산지의 형질변경"으로 한다. ③임업 및산촌진흥촉진에관한법률시행령중 다음과 같이 개정한다. 제19조제1항제2호중 "산림형질변경"을 "산지의 형질변경"으로 한다. ④개발이익환수에관한법률시행령중 다음과 같이 개정한다. 별표 1 제10호의 사업명란중 "산림법에 의한 산림형질변경허가 또는 보전임지전용허가"를 "산지관리법에 의한 산지전용허가"로 한다. 별표 2 제10호의 사업명란중 "산림법에 의한 산림형질변경허가 또는 보전임지전용허가"를 "산지관리법에 의한 산지전용허가"로 한다.	별지 제61호서식, 별지 제62호서식 및 별지 제63호서식 내지 별지 제63호의3서식을 각각 삭제한다. 별지 제69호서식 앞쪽의 제목란을 다음과 같이 한다. <table><tr><td>입목벌채신고서</td><td>처리기간</td></tr><tr><td></td><td>5일</td></tr></table> 별지 제69호서식 앞쪽의 제8항란을 다음과 같이 한다. <table><tr><td>⑧벌채면적</td><td>ha</td></tr></table> 별지 제69호서식 앞쪽의 제13항란중 "벌채·형질변경기간"을 "벌채기간"으로 하고, 동쪽 제15항란을 삭제하며, 구비서류란을 다음과 같이한다. <table><tr><td>구비서류 : 없음</td><td>수수료</td></tr><tr><td></td><td>없음</td></tr></table>

의하여 예치한 하자보수보증금 또는 예치하여야 하는 보수보증금은 제42조제2항의 규정에 의하여 예치한 하자보수보증금 또는 예치하여야 하는 하자보수보증금으로 본다.

제10조(벌칙에 관한 경과조치) 이 법 시행전의 행위에 대한 벌칙의 적용에 있어서는 종전의 산림법의 규정에 의한다.

제11조(다른 법률의 개정) ①산림법 중 다음과 같이 개정한다.

제2조제1항제8호·제16조·제16조의2·제17조·제18조·제18조의2·제19조·제20조·제20조의2·제20조의4 및 제55조의3제2호·제8호 내지 제10호를 각각 삭제한다.

제75조제3항중 "산림의 형질변경"을 "산지관리법의 규정에 의한 산지전용"으로 하고, 동조제5항·제

⑤건축법시행령중 다음과 같이 개정한다.

제3조제2항제3호중 "산림법 제90조의 규정에 의한 산림형질변경허가"를 "산지관리법 제14조의 규정에 의한 산지전용허가"로 한다.

제8조제4항제10호를 다음과 같이 한다.

10. 산지관리법 제8조, 동법 제10조, 동법 제12조, 동법 제14조 및 동법 제18조와 산림법 제62조, 동법 제70조 및 동법 제90조

⑥국토의계획 및이용에관한법률시행령중 다음과 같이 개정한다.

제25조제3항제5호중 "산림법에 의한 보전임지"를 "산지관리법에 의한 보전산지"로 한다.

제59조제2항 후단중 "산림안에서의 개발행위"를 "산지안에서의 개발행위"로, "산림법 제91조제

별지 제71호서식, 별지 제72호서식 내지 별지 제72호의5서식, 별지 제72호의7서식 내지 별지 제72호의9서식, 별지 제73호의2서식, 별지 제73호의3서식, 별지 제74호서식, 별지 제74호의2서식 내지 별지 제74호의5서식, 별지 제74호의7서식, 별지 제75호서식(1) 내지 별지 제75호서식(3), 별지 제75호의2서식(1) 내지 별지 제75호의2서식(3), 별지 제75호의3서식(1), 별지 제75호의3서식(2), 별지 제75호의4서식 및 별지 제76호서식을 각각 삭제한다.

②산림청과그소속기관직제시행규칙 중 다음과 같이 개정한다.

제4조제4항제3호중 "보전임지"를 "보전산지"로 하고, 동항제4호중 "대체조림비"를 "대체산림자원조성비"로 하며, 동항제5호중 "산

산지관리법	산지관리법 시행령	산지관리법 시행규칙
87조·제90조의2 내지 제90조의6·제91조 및 제91조의2를 각각 삭제한다. 제90조를 다음과 같이 한다. 제90조(입목벌채 등의 허가와 신고) ①산림안에서 입목의 벌채, 임산물(산지관리법 제2조제3호·제4호의 규정에 의한 석재 및 토사를 제외한다. 이하 이 조에서 같다)의 굴취·채취를 하고자 하는 자는 농림부령이 정하는 바에 따라 시장·군수 또는 지방산림관리청장의 허가를 받아야 한다. 다만, 농림부령이 정하는 경우에는 시장·군수 또는 지방산림관리청장에게 신고하여야 한다. ②제1항 본문의 규정에 의하여 입목의 벌채 또는 임산물의 굴취·채취의 허가를 받은 자가 허가받	1항의 규정에 의한 복구비용을"을 "산지관리법 제38조의 규정에 의한 복구비를"로 한다. ⑦농어촌정비법시행령중 다음과 같이 개정한다. 제71조제3호중 "산림법에 의한 보전임지"를 "산지관리법에 의한 보전산지"로 한다. ⑧농지법시행령중 다음과 같이 개정한다. 별표 2 제15호의2중 "산림법 제16조제1항제2호의 규정에 의한 준보전임지"를 "산지관리법 제4조제1항제2호의 규정에 의한 준보전산지"로 한다. ⑨부동산중개업법시행령중 다음과 같이 개정한다. 별표의 2차시험의 시험내용란중 "산림법"을 "산림법·산지관리법"으로 한다.	림형질변경"을 "산지전용"으로 한다. 제5조제5항제3호중 "산림형질변경"을 "산지의 형질변경"으로 한다. ③농지법시행규칙중 다음과 같이 개정한다. 제44조의2 본문중 "준보전임지"를 "준보전산지"로 한다. **제7조(다른 법령과의 관계)** 이 규칙 시행당시 다른 법령에서 종전의 산림법시행규칙 및 그 규정을 인용하고 있는 경우 이 규칙중 그에 해당하는 규정이 있는 때에는 이 규칙 또는 이 규칙의 해당 규정을 인용한 것으로 본다.

은 사항중 농림부령이 정하는 사항을 변경하고자 하는 때에는 농림부령이 정하는 바에 따라 시장·군수 또는 지방산림관리청장의 변경허가를 받아야 한다.
③제1항 단서의 규정에 의하여 입목의 벌채 또는 임산물의 굴취·채취의 신고를 한 자가 신고한 사항중 농림부령이 정하는 사항을 변경하고자 하는 때에는 농림부령이 정하는 바에 따라 시장·군수 또는 지방산림관리청장에게 변경신고를 하여야 한다.
④제1항의 규정에 불구하고 다음 각호의 1에 해당하는 경우에는 제1항의 규정에 의한 허가 또는 신고없이 입목의 벌채 또는 임산물의 굴취·채취를 할 수 있다.
1. 제11조 또는 제73조제4항의 규정에 의하여 영림계획에 따라 시업을 하는 경우

⑩상속세 및증여세법시행령중 다음과 같이 개정한다.
제16조제1항제3호중 "산림법의 규정에 의한 보전임지중 영림계획"을 "산지관리법에 의한 보전산지중 산림법에 의한 영림계획"으로 한다.
⑪석탄산업법시행령중 다음과 같이 개정한다.
제41조제4항제6호를 다음과 같이 한다.
6. 산지관리법 제38조의 규정에 의한 복구비
⑫전통사찰보존법시행령중 다음과 같이 개정한다.
제2조제1항제3호 마목중 "산림법 제17조의 규정에 의한 보전임지"를 "산지관리법 제4조제1항제1호의 규정에 의한 보전산지"로 한다.

산지관리법	산지관리법 시행령	산지관리법 시행규칙
2. 제31조제3항의 규정에 의한 휴양림조성계획의 승인을 얻은 산림의 경우 3. 수목원조성 및진흥에관한법률 제7조의 규정에 의한 수목원조성계획의 승인을 얻은 산림의 경우 4. 산림청장 소속의 시험연구기관이 소관 국유림에서 시험·연구에 필요한 사업을 하는 경우 5. 문화재청장이 소관 국유림에서 문화재보호를 위한 사업을 하는 경우 6. 산지관리법 제14조 또는 제15조의 규정에 의하여 산지전용허가를 받았거나 산지전용신고를 한 자가 산지전용에 수반되는 입목의 벌채 또는 임산물의 굴취·채취를 하고자 하는 경우	⑬지방세법시행령중 다음과 같이 개정한다. 제194조의15제2항제1호 본문중 "동법 제17조의 규정에 의한 보전임지"를 "산지관리법 제4조제1항제1호의 규정에 의한 보전산지"로, "동법의 규정에 의한 영림계획인가"를 "산림법에 의한 영림계획인가"로 한다. ⑭지적법시행령중 다음과 같이 개정한다. 제13조제1항중 "산림법"을 "산지관리법"으로 한다. ⑮폐광지역개발지원에관한특별법시행령중 다음과 같이 개정한다. 제11조의 제목중 "산림법"을 "산지관리법"으로 하고, 동조제3항 본문중 "보전임지에 대하여는 산림법시행령 제24조제2항 및 제3	

7. 다음 각목의 1에 해당하는 자가 석재 또는 토사의 굴취·채취에 수반되는 입목의 벌채 또는 임산물의 굴취·채취를 하고자 하는 경우
   가. 산지관리법 제25조제1항의 규정에 의하여 채석허가를 받거나 제30조제1항의 규정에 의하여 채석신고를 한 자
   나. 산지관리법 제32조제1항의 규정에 의하여 토사채취허가를 받거나 동조제2항의 규정에 의하여 토사채취신고를 한 자
   다. 산지관리법 제35조의 규정에 의하여 국유림의 산지에서의 석재·토사의 매각 또는 무상양여를 받은 자
8. 그밖에 국민생활의 편의를 위한 경미한 행위로서 농림부령이 정하는 경우

항의 규정에 불구하고 산림법 제18조제1항의 규정에 의한 보전임지 전용허가"를 "보전산지에 대하여는 산지관리법시행령 제20조제4항 및 별표 4의 규정에 불구하고 산지관리법 제14조의 규정에 의한 산지전용허가"로 한다.

제26조제4항제5호중 "산림법"을 "산지관리법"으로 한다.

⑯환경정책기본법시행령중 다음과 같이 개정한다.

별표 2의 제2호 라목란을 다음과 같이 한다.

| 라. 산지관리법 적용지역 | (1) 산지관리법 제4조제1항제1호 나목의 규정에 의한 공익용산지에서의 사업계획면적이 1만제곱미터 이상인 것 | 사업의 허가전 |
| | (2) 공익용산지외의 산지에서의 사업계획 면적이 5만제곱미터 이상인 것 | 사업의 허가전 |

산지관리법	산지관리법 시행령	산지관리법 시행규칙
⑤국토 및 자연의 보전, 문화재 및 국가의 중요한 시설의 보호 그밖에 공익상 산림의 보호가 필요한 지역으로서 대통령령이 정하는 지역에 해당하는 경우에는 입목의 벌채를 하여서는 아니된다. 다만, 농림부령이 정하는 경미한 사항의 경우에는 그러하지 아니하다. 제93조중 "제90조·제90조의2·제90조의3·제90조의5 및 제90조의6의 규정"을 "제90조의 규정"으로 한다. 제94조중 "부정임산물을 적재 또는 운송하거나 장비를 사용하여 불법으로 산림형질변경을 하는 경우에는"을 "부정임산물을 적재 또는 운송하는 경우에는"으로 한다. 제96조중 "제90조제1항·제90조	별표 2의 비고란 제4호를 다음과 같이 한다. 4. 제2호 라목은 산지관리법 제14조, 동법 제25조 또는 동법 제32조의 규정에 의한 산지전용허가·채석허가 또는 토사채취허가(이하 이 호에서 "산지전용허가등"이라 한다)만을 받아 시행하는 사업에 한하여 적용하고, 개발사업지역안에서 산지전용허가등과 함께 건축법 등 다른 법률에 의한 허가를 받아 시행하는 사업의 경우에는 제2호 가목 내지 다목 및 마목 내지 아목을 적용한다. 별표 3 바목의 행정계획의 종류란 중 "산림법 제90조의4"를 "산지관리법 제29조"로 한다. ⑰환경·교통·재해등에관한영향평	

의2·제90조의3·제90조의5 및 제90조의6의 규정"을 "제90조제1항의 규정"으로 한다.

제117조제2호를 다음과 같이 한다.

2. 주근(柱根)을 채취한 때

제118조를 다음과 같이 한다.

제118조 (입목벌채의 죄 등) ①다음 각호의 1에 해당하는 자는 5년 이하의 징역 또는 1천500만원 이하의 벌금에 처한다. 이 경우 징역형과 벌금형을 병과할 수 있다.

1. 산림소유자 또는 입목·죽을 소유·사용·수익할 수 있는 권리가 있는 자가 이 법에 위반하여 입목·죽(조림된 묘목을 포함한다)을 벌채한 자
2. 정당한 사유없이 타인의 산림에 공작물을 설치한 자
3. 제62조제1항의 규정을 위반한 자

가법시행령중 다음과 같이 개정한다.

별표 1 제1호 타목의 대상사업의 범위란중 "산림법 제2조제1항제1호의 규정에 의한 산림"을 "산지관리법 제2조제1호의 규정에 의한 산지"로 하고, 동란의 (3)중 "산림의 형질변경면적"을 "산지전용면적"으로 하며, 동목(3)의 평가서 제출시기 또는 협의요청시기란중 "산림법 제90조제1항의 규정에 의한 형질변경허가전"을 "산지관리법 제14조의 규정에 의한 산지전용허가전"으로 한다.

별표 1 제1호 더목의 대상사업의 범위란 (2)중 "산림법 제2조제1항제1호의 규정에 의한 산림"을 "산지관리법 제2조제1호의 규정에 의한 산지"로, "산림훼손면적"을 "산지훼손면적"으로 하고, 동목(2)의 평가서 제출시기 또는

산지관리법	산지관리법 시행령	산지관리법 시행규칙
4. 제90조제1항부터 제3항까지의 규정을 위반한 자 5. 입목・죽, 목재 또는 주근에 표시한 기호・인장을 변경 또는 삭제한 자 6. 정당한 사유없이 산림안에서 입목・죽을 손상하거나 고사하게 한 자 ②제1항제1호・제2호 또는 제6호의 규정에 위반한 자로서 그 피해가격이 원산지가격으로 1만원 미만인 때에는 그 정상에 따라 구류 또는 과료에 처할 수 있다. ③상습으로 제1항의 죄를 범한 자는 10년 이하의 징역에 처한다. 제121조를 다음과 같이 한다. 제121조(벌칙) 제36조제3항의 규정에 의하여 수입추천 신청을 할 때 정한 용도외의 용도로 수입임산물을 사용한 자에 대하여는 2년	협의요청시기란중 "산림법 제90조제1항의 규정에 의한 산림형질변경허가전 또는 동법 제90조의2의 규정에 의한 채석허가전, 제90조의6제1항의 규정에 의한 토사채취허가전"을 "산지관리법 제14조의 규정에 의한 산지전용허가전, 동법 제25조의 규정에 의한 채석허가전 또는 동법 제32조의 규정에 의한 토사채취허가전"으로 한다. 별표 1 제3호 라목의 대상사업의 범위란중 "산림법 제2조제1항제1호의 규정에 의한 산림"을 "산지관리법 제2조제1호의 규정에 의한 산지"로 하고, 동란의 (2)중 "산림형질변경면적"을 "산지훼손면적"으로 하며, 동목(2)의 평가서 제출시기 또는 협의요청시	

이하의 징역 또는 1천만원 이하의 벌금에 처한다.

제122조제1항을 다음과 같이 한다.

①제103조제3항의 규정에 의한 명령을 위반한 자는 200만원 이하의 벌금에 처한다.

②수목원조성 및진흥에관한법률중 다음과 같이 개정한다.

제8조제9호를 다음과 같이 하고, 동조에 제10호를 다음과 같이 신설한다.

9. 산지관리법 제14조·제15조의 규정에 의한 산지전용허가 및 산지전용신고

10. 산림법 제57조의 규정에 의한 보안림 지정해제 및 동법 제62조제1항·제90조제1항의 규정에 의한 입목벌채 등의 허가·신고

③사방사업법중 다음과 같이 개정한다.

기란중 "산림법 제90조제1항의 규정에 의한 산림형질변경허가전, 동법 제90조의2의 규정에 의한 채석허가전 또는 제90조의6제1항의 규정에 의한 토사채취허가전"을 "산지관리법 제14조의 규정에 의한 산지전용허가전, 동법 제25조의 규정에 의한 채석허가전 또는 동법 제32조의 규정에 의한 토사채취허가전"으로 한다.

⑱행정권한의위임 및 위탁에관한규정중 다음과 같이 개정한다.

제31조제5항중 "입목의 벌채, 산림의 형질변경 또는 임산물의 굴취·채취의 허가 또는 신고, 허가의 취소, 시설물의 철거 또는 원상회복을 위하여 필요한 조치를 명하는 권한"을 "입목의 벌채 또는 임산물의 굴취·채취의 허가 또는 신고에 관한 권한"으로

산지관리법	산지관리법 시행령	산지관리법 시행규칙
제9조제3항 후단중 "산림법 제90조제1항·제90조의2제1항 및 제90조의6제1항"을 "산지관리법 제14·제15조·제25조제1항·제32조제1항 및 산림법 제90조제1항"으로 한다. 제14조제3항중 "산림법 제90조제1항·제90조의2제1항 또는 제90조의6제1항"을 "산지관리법 제14조·제15조·제25조제1항·제32조제1항 및 산림법 제90조제1항"으로 한다. 제19조제2항중 "산림법 제91조의 규정에 의하여 산림의 복구비용을"을 "산지관리법 제38조의 규정에 의한 복구비를"로 한다. 제24조중 "산림법 제90조제1항·제90조의2제1항 및 제90조의6제1항"을 "산지관리법 제14	한다. 제7조 (다른 법령과의 관계) 이 영 시행당시 다른 법령에서 종전의 산림법시행령 및 그 규정을 인용하고 있는 경우 이 영중 그에 해당하는 규정이 있는 때에는 이 영 또는 이 영의 해당규정을 인용한 것으로 본다.	

조·제15조·제25조제1항·제32조제1항 및 산림법 제90조제1항"으로 한다.

④개발이익환수에관한법률중 다음과 같이 개정한다.

제7조제2항제5호중 "산림법 제16조제1항제2호의 규정에 의한 준보전임지"를 "산지관리법 제4조제1항제2호의 규정에 의한 준보전산지"로 한다.

⑤개발제한구역의지정 및관리에관한특별조치법중 다음과 같이 개정한다.

제13조제1항제1호를 다음과 같이 한다.

1. 산지관리법 제14조·제15조의 규정에 의한 산지전용허가 및 산지전용신고와 산림법 제90조제1항의 규정에 의한 입목벌채 등의 허가·신고

⑥건축법중 다음과 같이 개정한다.

산지관리법	산지관리법 시행령	산지관리법 시행규칙
제8조제6항제5호를 다음과 같이 한다. 　5. 산지관리법 제14조·제15조의 규정에 의한 산지전용허가 및 산지전용신고(도시계획구역안인 경우에 한한다) ⑦고속철도건설촉진법중 다음과 같이 개정한다. 제8조제1항제11호를 다음과 같이 한다. 　11. 산지관리법 제14조·제15조의 규정에 의한 산지전용허가 및 산지전용신고, 동법 제25조제1항의 규정에 의한 채석허가, 산림법 제57조의 규정에 의한 보안림의 지정해제, 동법 제62조제1항·제90조제1항의 규정에 의한 입목벌채 등의 허가 ⑧과학관육성법중 다음과 같이 개정한다.		

제8조제6호를 다음과 같이 한다.
　6. 산지관리법 제14조·제15조의 규정에 의한 산지전용허가 및 산지전용신고
⑨관광진흥법중 다음과 같이 개정한다.
제15조제1항제2호 및 제55조제10호를 각각 다음과 같이 한다.
　2. 산지관리법 제14조·제15조의 규정에 의한 산지전용허가 및 산지전용신고와 산림법 제62조제1항·제90조제1항의 규정에 의한 입목벌채 등의 허가·신고
　10. 산지관리법 제14조·제15조의 규정에 의한 산지전용허가 및 산지전용신고와 산림법 제62조제1항·제90조제1항의 규정에 의한 입목벌채 등의 허가·신고
⑩광업법중 다음과 같이 개정한다.

산지관리법	산지관리법 시행령	산지관리법 시행규칙
제47조의2제1항제2호중"동법 제90조의 규정에 의한 입목의벌채, 산림의 형질변경 또는 임산물의 굴취·채취의 허가"를"동법 제90조제1항의 규정에 의한 입목 벌채 또는 임산물의 굴취·채취의 허가 및 산지관리법 제14조·제15조의 규정에 의한 산지전용허가 및 산지전용신고(산지를 형질변경하여 채광한 후 복구하는 경우에 한한다)"로 한다. ⑪공공철도건설촉진법중 다음과 같이 개정한다. 제6조제1항제11호를 다음과 같이 한다. 　11. 산지관리법 제14조·제15조의 규정에 의한 산지전용허가 및 산지전용신고, 산림법 제57조의 규정에 의한 보안림		

의 지정해제, 동법 제62조의 규정에 의한 보안림안에서의 벌채 등의 허가 및 동법 제90조제1항의 규정에 의한 입목벌채 등의 허가 ⑫산업집적활성화 및 공장설립에관한법률중 다음과 같이 개정한다. 제13조의2제1항제2호를 다음과 같이 하고, 제13조의5제1항중 "산림법 제91조"를 "산지관리법 제39조"로 한다. 2. 산지관리법 제14조·제15조의 규정에 의한 산지전용허가 및 산지전용신고, 동법 제21조의 규정에 의한 산지전용된 토지의 용도변경 승인 및 산림법 제90조제1항의 규정에 의한 입목벌채 등의 허가·신고 ⑬공유수면매립법중 다음과 같이 개정한다. 제16조제1항제4호를 다음과 같		

산지관리법	산지관리법 시행령	산지관리법 시행규칙
이 한다. 　4. 산지관리법 제14조·제15조의 규정에 의한 산지전용허가 및 산지전용신고, 산림법 제57조의 규정에 의한 보안림의 지정해제 및 동법 제62조제1항·제90조제1항의 규정에 의한 입목벌채 등의 허가 ⑭교통체계효율화법중 다음과 같이 개정한다. 제16조제4호를 다음과 같이 한다. 　4. 산지관리법 제14조·제15조의 규정에 의한 산지전용허가 및 산지전용신고, 산림법 제62조의 규정에 의한 보안림안에서의 입목·죽 벌채 등의 허가 및 동법 제90조제1항의 규정에 의한 입목벌채 등의 허가		

⑮국토의계획 및이용에관한법률중 다음과 같이 개정한다.

제6조제3호중 "산림법에 의한 보전임지"를 "산지관리법에 의한 보전산지"로 한다.

제8조제3항제1호 가목을 다음과 같이 한다.

  가. 산지관리법 제4조제1항제1호의 규정에 의한 보전산지

제42조제2항중 "산림법에 의하여 보전임지"를 "산지관리법에 의하여 보전산지"로 하고, 동조제3항중 "보전임지"를 "보전산지"로 한다.

제56조제3항중 "개발행위에 관하여는 산림법"을 "개발행위에 관하여는 산지관리법"으로 한다.

제61조제1항제10호를 다음과 같이 한다.

  10. 산지관리법 제14조·제15조의 규정에 의한 산지전용허

산지관리법	산지관리법 시행령	산지관리법 시행규칙

가 및 산지전용신고, 동법 제25조의 규정에 의한 채석허가, 동법 제32조의 규정에 의한 토사채취허가·신고 및 산림법 제90조제1항의 규정에 의한 입목벌채 등의 허가·신고
제76조제5항제3호중 "보전임지"를 "보전산지"로, "산림법"을 "산지관리법"으로 한다.
제81조제5항제1호 및 제2호를 각각 다음과 같이 한다.
  1. 산지관리법 제14조·제15조의 규정에 의한 산지전용허가 및 산지전용신고
  2. 산림법 제90조제1항의 규정에 의한 입목벌채 등의 허가·신고
제82조제2항제3호중 "산림법"을 "산림법 또는 산지관리법"으로		

한다.

제92조제1항제13호를 다음과 같이 한다.

13. 산지관리법 제14조·제15조의 규정에 의한 산지전용허가 및 산지전용신고, 동법 제25조의 규정에 의한 채석허가, 동법 제32조의 규정에 의한 토사채취허가·신고 및 산림법 제90조제1항의 규정에 의한 입목벌채 등의 허가·신고

⑯기업활동규제완화에관한특별조치법중 다음과 같이 개정한다.

제15조제1호를 다음과 같이 한다.

1. 산지관리법 제14조·제15조의 규정에 의한 산지전용허가 및 산지전용신고와 산림법 제90조제1항의 규정에 의한 입목벌채 등의 허가·신고

산지관리법	산지관리법 시행령	산지관리법 시행규칙
제19조를 다음과 같이 한다. 제19조(산지전용허가에 관한 특례) 산지관리법 제14조 및 제15조의 규정에 의한 산지전용 중 공업용지의 조성을 위한 15만제곱미터 미만의 산지전용의 허가의 권한은 동법 제52조의 규정에 불구하고 시·도지사가 이를 행사한다. 이 경우 산지관리법 제14조·제15조·제20조 그 밖에 산지전용과 관련되는 규정중 산림청장은 이를 시·도지사로 본다. ⑰농산물가공산업육성법중 다음과 같이 개정한다. 제5조제4항제2호를 다음과 같이 한다. 2. 산지관리법 제14조·제15조의 규정에 의한 산지전용허가 및 산지전용신고와 산림법 제		

90조제1항의 규정에 의한 입목벌채 등의 허가

⑱농어촌구조개선특별회계법중 다음과 같이 개정한다.

제4조의2제1항제1호를 다음과 같이 한다.

1. 산지관리법 제19조의 규정에 의한 대체산림자원조성비 및 산림법 제37조제2항의 규정에 의한 수입이익금

⑲농어촌도로정비법중 다음과 같이 개정한다.

제12조제1항제4호를 다음과 같이 한다.

4. 산지관리법 제14조·제15조의 규정에 의한 산지전용허가 및 산지전용신고와 산림법 제62조제1항·제90조제1항의 규정에 의한 입목벌채 등의 허가

산지관리법	산지관리법 시행령	산지관리법 시행규칙
⑳농어촌정비법중 다음과 같이 개정한다. 　제87조제1항제5호를 다음과 같이 한다. 　　5. 산지관리법 제14조·제15조의 규정에 의한 산지전용허가 및 산지전용신고, 산림법 제62조제1항·제90조제1항의 규정에 의한 입목벌채 등의 허가 및 동법 제73조의 규정에 의한 불요존국유림과 산림청장이 관리하지 아니하는 국유림내의 입목·죽의 벌채승인 또는 동의 ㉑농어촌주택개량촉진법중 다음과 같이 개정한다. 　제6조제1항제3호를 다음과 같이 한다. 　　3. 산지관리법 제14조·제15조의 규정에 의한 산지전용허가		

및 산지전용신고(산림법의 규정에 의한 산림유전자원보호림·채종림 및 시험림의 경우를 제외한다)와 산림법 제62조제1항·제90조제1항의 규정에 의한 입목벌채 등의 허가

㉒농지법중 다음과 같이 개정한다.
제36조제1항제4호중"산림법에 의한 산림의 형질변경 허가를 받지 아니하거나 신고"를"산지관리법 제14조·제15조의 규정에 의한 산지전용허가를 받지 아니하거나 산지전용신고"로 한다.

㉓댐건설 및주변지역지원등에관한법률중 다음과 같이 개정한다.
제9조제1항제3호를 다음과 같이 한다.
  3. 산지관리법 제14조·제15조의 규정에 의한 산지전용허가 및 산지전용신고, 동법 제25

산지관리법	산지관리법 시행령	산지관리법 시행규칙
조의 규정에 의한 채석허가 및 산림법 제62조제1항·제90조제1항의 규정에 의한 입목벌채 등의 허가 ㉔도로법중 다음과 같이 개정한다. 제25조의2제1항제4호를 다음과 같이 한다. 4. 산지관리법 제8조의 규정에 의한 보전산지에서의 구역 등의 지정, 동법 제14조·제15조의 규정에 의한 산지전용허가 및 산지전용신고, 동법 제32조의 규정에 의한 토사채취허가 및 산림법 제62조제1항·제90조제1항의 규정에 의한 입목벌채 등의 허가 ㉕도시개발법중 다음과 같이 개정한다. 제19조제1항제9호를 다음과 같이 한다.		

9. 산지관리법 제14조·제15조의 규정에 의한 산지전용허가 및 산지전용신고, 동법 제25조의 규정에 의한 채석허가, 동법 제32조의 규정에 의한 토사채취허가 및 산림법 제62조제1항·제90조제1항의 규정에 의한 입목벌채 등의 허가

제69조중 "산림법"을 "산지관리법"으로, 대체산림비"를 "대체산림자원조성비"로 한다.

㉖도시 및주거환경정비법중 다음과 같이 개정한다.

제32조제1항제6호를 다음과 같이 한다.

6. 산지관리법 제14조·제15조의 규정에 의한 산지전용허가 및 산지전용신고와 산림법 제62조제1항·제90조의 규정에 의한 허가. 다만, 산림법에 의한 산림유전자원보호림·채종

산지관리법	산지관리법 시행령	산지관리법 시행규칙
림 및 시험림의 경우를 제외한다. ㉗도시철도법중 다음과 같이 개정한다. 제23조제1항제8호를 다음과 같이 한다. 　8. 산지관리법 제14조·제15조의 규정에 의한 산지전용허가 및 산지전용신고와 산림법 제90조의 규정에 의한 입목벌채 등의 허가·신고 ㉘무역거래기반조성에관한법률중 다음과 같이 개정한다. 제11조제2호를 다음과 같이 한다. 　2. 산지관리법 제19조의 규정에 의한 대체산림자원조성비 ㉙문화산업진흥기본법중 다음과 같이 개정한다. 제27조제1항제1호를 다음과 같		

이 한다.
　1. 산지관리법 제19조의 규정에 의한 대체산림자원조성비
㉚박물관 및미술관진흥법중 다음과 같이 개정한다.
제20조제1항제6호를 다음과 같이 한다.
　6. 산지관리법 제14조·제15조의 규정에 의한 산지전용허가 및 산지전용신고, 산림법 제57조의 규정에 의한 보안림의 지정해제, 동법 제62조제1항·제90조제1항의 규정에 의한 입목벌채 등의 허가·신고
㉛벤처기업육성에관한특별조치법중 다음과 같이 개정한다.
제22조제1항제3호를 다음과 같이 한다.
　3. 산지관리법 제19조의 규정에 의한 대체산림자원조성비
㉜사회간접자본시설에대한민간투

산지관리법	산지관리법 시행령	산지관리법 시행규칙

자법중 다음과 같이 개정한다.
제56조제1항중 "산림"을 "산지"로, "산림법"을 "산지관리법"으로, "대체조림비"를 "대체산림자원조성비"로 한다.
㉝산업기술단지지원에관한특례법 중 다음과 같이 개정한다.
제16조제1항제3호를 다음과 같이 한다.
  3. 산지관리법 제19조의 규정에 의한 대체산림자원조성비
㉞산업입지 및 개발에관한법률중 다음과 같이 개정한다.
제21조제1항제10호를 다음과 같이 한다.
  10. 산지관리법 제14조·제15조의 규정에 의한 산지전용허가 및 산지전용신고와 산림법 제62조제1항·제90조제1항의 규정에 의한 입목벌채 등의		

허가

㉟소기업 및소상공인지원을위한특별조치법중 다음과 같이 개정한다.

제4조제2항제3호를 다음과 같이 한다.

3. 산지관리법 제19조의 규정에 의한 대체산림자원조성비

㊱소하천정비법중 다음과 같이 개정한다.

제10조의2제1항제6호를 다음과 같이 한다.

6. 산지관리법 제14조·제15조의 규정에 의한 산지전용허가 및 산지전용신고와 산림법 제62조제1항·제90조제1항의 규정에 의한 입목벌채 등의 허가

㊲송유관안전관리법중 다음과 같이 개정한다.

제4조제1항제11호를 다음과 같

산지관리법	산지관리법 시행령	산지관리법 시행규칙
이 한다. 11. 산지관리법 제14조·제15조의 규정에 의한 산지전용허가 및 산지전용신고, 산림법 제62조제1항의 규정에 의한 보안림에서의 행위허가 및 동법 제90조제1항의 규정에 의한 입목벌채 등의 허가 ㊳수도권신공항건설촉진법중 다음과 같이 개정한다. 제8조제1항제12호를 다음과 같이 한다. 12. 산지관리법 제14조·제15조의 규정에 의한 산지전용허가 및 산지전용신고, 산림법 제62조제1항의 규정에 의한 보안림구역안에서의 입목벌채 등의 허가 및 동법 제90조제1항의 규정에 의한 입목벌채 등의 허가		

㊴수도법중 다음과 같이 개정한다.
제31조제1항제8호를 다음과 같이 한다.
  8. 산지관리법 제14조・제15조의 규정에 의한 산지전용허가 및 산지전용신고와 산림법 제62조제1항・제90조제1항의 규정에 의한 입목벌채 등의 허가. 다만, 산림법에 의한 산림유전자원보호림・채종림 및 시험림의 경우를 제외한다.
㊵수산물품질관리법중 다음과 같이 개정한다.
제17조제2항제2호를 다음과 같이 한다.
  2. 산지관리법 제14조・제15조의 규정에 의한 산지전용허가 및 산지전용신고와 산림법 제90조제1항의 규정에 의한 입목벌채 등의 허가・신고
㊶신항만건설촉진법중 다음과 같

산지관리법	산지관리법 시행령	산지관리법 시행규칙
이 개정한다. 제9조제2항제11호를 다음과 같이 한다. 　11. 산지관리법 제14조·제15조의 규정에 의한 산지전용허가 및 산지전용신고, 산림법 제57조의 규정에 의한 보안림 지정의 해제, 동법 제62조제1항의 규정에 의한 보안림안에서의 입목벌채 등의 허가 및 동법 제90조제1항의 규정에 의한 입목벌채 등의 허가 ㊷연안관리법중 다음과 같이 개정한다. 제18조제1항제5호를 다음과 같이 한다. 　5. 산지관리법 제14조·제15조의 규정에 의한 산지전용허가 및 산지전용신고, 산림법 제57조의 규정에 의한 보안림의 지		

정해제, 동법 제62조제1항·제90조제1항의 규정에 의한 입목벌채 등의 허가·신고

㊸옥외광고물등관리법중 다음과 같이 개정한다.

제3조제1항제3호를 다음과 같이 한다.

3. 산지관리법에 의한 보전산지

㊹유통단지개발촉진법중 다음과 같이 개정한다.

제13조제1항제3호를 다음과 같이 한다.

3. 산지관리법 제14조·제15조의 규정에 의한 산지전용허가 및 산지전용신고, 산림법 제62조제1항의 규정에 의한 벌채 등의 허가, 동법 제73조의 규정에 의한 국유림안에서의 벌채승인 또는 동의 및 동법 제90조제1항의 규정에 의한 입목벌채 등의 허가

산지관리법	산지관리법 시행령	산지관리법 시행규칙
제38조중 "산림법"을 산지관리법 "으로, "대체조림비"를 "대체산림자원조성비"로 한다. ㊺유통산업발전법중 다음과 같이 개정한다. 제18조제1항제2호를 다음과 같이 한다. 2. 산지관리법 제14조·제15조의 규정에 의한 산지전용허가 및 산지전용신고, 산림법 제62조제1항의 규정에 의한 벌채 등의 허가 및 동법 제73조의 규정에 의한 국유림안에서의 벌채승인 또는 동의 및 동법 제90조제1항의 규정에 의한 입목벌채 등의 허가 ㊻자연공원법중 다음과 같이 개정한다. 제21조제7호를 다음과 같이 한다.		

7. 산지관리법 제14조·제15조의 규정에 의한 산지전용허가 및 산지전용신고, 산림법 제62조(제52조에서 준용하는 경우를 포함한다)·제90조제1항의 규정에 의한 입목벌채 등의 허가 및 동법 제73조제2항의 규정에 의한 입목·죽의 벌채 승인 또는 허가

㊼장사등에관한법률중 다음과 같이 개정한다.

제13조제5항중 "산림법 제90조의 규정에 의한 입목벌채등의 허가"를 "산지관리법 제14조·제15조의 규정에 의한 산지전용허가 및 산지전용신고와 산림법 제90조제1항의 규정에 의한 입목벌채 등의 허가"로 한다.

㊽전원개발에관한특례법중 다음과 같이 개정한다.

산지관리법	산지관리법 시행령	산지관리법 시행규칙
제6조제1항제11호를 다음과 같이 한다. 　11. 산지관리법 제14조·제15조의 규정에 의한 산지전용허가 및 산지전용신고, 산림법 제62조제1항·제90조제1항의 규정에 의한 입목벌채 등의 허가 및 동법 제75조의 규정에 의한 국유림의 대부 또는 사용의 허가 ㊾전통사찰보존법중 다음과 같이 개정한다. 제6조제1항제4호중 "산림법 제17조의 규정에 의한 보전임지"를 "산지관리법 제5조의 규정에 의한 보전산지"로 하고, 동조제3항제4호를 다음과 같이 한다. 　4. 산지관리법 제14조·제15조의 규정에 의한 산지전용허가		

및 산지전용신고와 산림법 제90조제1항의 규정에 의한 입목벌채 등의 허가 ㊿접경지역지원법중 다음과 같이 개정한다. 제9조제1항제1호를 다음과 같이 한다. 1. 산지관리법 제14조·제15조의 규정에 의한 산지전용허가 및 산지전용신고와 산림법 제90조제1항의 규정에 의한 입목벌채 등의 허가·신고 ㉛제주도개발특별법중 다음과 같이 개정한다. 제60조제1항제2호를 다음과 같이 한다 2. 산지관리법 제14조·제15조의 규정에 의한 산지전용허가 및 산지전용신고, 산림법 제57조의 규정에 의한 보안림의 지정해제, 동법 제62조제1항의		

산지관리법	산지관리법 시행령	산지관리법 시행규칙
규정에 의한 보안림구역안에서의 행위의 허가, 동법 제73조의 규정에 의한 국유림안에서의 벌채 승인 또는 동의 및 동법 제90조제1항의 규정에 의한 입목벌채 등의 허가 제66조중 "산림법"을 "산지관리법"으로, "대체조림비"를 "대체산림자원조성비"로 한다. ㊾주택건설촉진법중 다음과 같이 개정한다. 제33조제4항제9호를 다음과 같이 한다. 9. 산지관리법 제14조·제15조의 규정에 의한 산지전용허가 및 산지전용신고와 산림법 제62조제1항·제90조제1항의 규정에 의한 허가. 다만, 산림법에 의한 산림유전자원보호림·채종림 및 시험림의 경우를 제외		

한다.
㉝중소기업진흥 및제품구매촉진에 관한법률중 다음과 같이 개정한다.
제59조제1항제10호를 다음과 같이 한다.
10. 산지관리법 제14조·제15조의 규정에 의한 산지전용허가 및 산지전용신고와 산림법 제62조제1항·제90조제1항의 규정에 의한 입목벌채 등의 허가

㉞중소기업창업지원법중 다음과 같이 개정한다.
제22조제1항제6호를 다음과 같이 한다.
6. 산지관리법 제14조·제15조의 규정에 의한 산지전용허가 및 산지전용신고와 산림법 제90조제1항의 규정에 의한 입목벌채 등의 허가·신고

산지관리법	산지관리법 시행령	산지관리법 시행규칙
(55)지방세법중 다음과 같이 개정한다. 제263조제2항중 "산림법에 의하여 지정된 보전임지"를 "산지관리법에 의하여 지정된 보전산지"로 한다. (56)지방소도읍육성지원법중 다음과 같이 개정한다. 제9조제1항제2호를 다음과 같이 한다. 2. 산지관리법 제14조·제15조의 규정에 의한 산지전용허가 및 산지전용신고, 산림법 제62조제1항·제90조제1항의 규정에 의한 입목벌채 등의 허가 및 동법 제73조의 규정에 의한 불요존국유림과 산림청장이 관리하지 아니하는 국유림내의 입목·죽의 벌채 승인 (57)지역균형개발 및지방중소기업육		

성에관한법률중 다음과 같이 개정한다.

제18조제1항제3호를 다음과 같이 한다.

3. 산지관리법 제14조 및 제15조의 규정에 의한 산지전용허가 및 산지전용신고, 산림법 제62조·제90조제1항의 규정에 의한 입목벌채 등의 허가 및 동법 제73조의 규정에 의한 불요존국유림과 산림청장이 관리하지 아니하는 국유림내의 입목·죽의 벌채 승인

㊽청소년기본법중 다음과 같이 개정한다.

제38조제1항제6호를 다음과 같이 한다.

6. 산지관리법 제14조·제15조의 규정에 의한 산지전용허가 및 산지전용신고와 산림법 제62조제1항의 규정에 의한 보안

산지관리법	산지관리법 시행령	산지관리법 시행규칙
림구역안에서의 행위의 허가 제45조제1항제10호를 다음과 같이 한다. 10. 산지관리법 제14조·제15조의 규정에 의한 산지전용허가 및 산지전용신고, 산림법 제62조제1항의 규정에 의한 보안림구역안에서의 행위의 허가 및 동법 제90조제1항의 규정에 의한 입목벌채 등의 허가 (59)체육시설의설치·이용에관한법률중 다음과 같이 개정한다. 제31조제1항제2호를 다음과 같이 한다. 2. 산지관리법 제14조·제15조의 규정에 의한 산지전용허가 및 산지전용신고, 산림법 제90조제1항의 규정에 의한 입목벌채 등의 허가. 다만, 사업계획구역내 형질변경을 하지 아니		

하고 보전하는 산지의 경우에는 그러하지 아니하다.
⑥⓪초지법중 다음과 같이 개정한다.
제3조제2항중 "산림법에 의한 보전임지"를 "산지관리법에 의한 보전산지"로 한다.
제20조제3호를 다음과 같이 한다.
3. 산지관리법 제14조·제15조의 규정에 의한 산지전용허가 및 산지전용신고(국유림의 효율적 관리를 위하여 그 입지·임상 및 면적 등을 고려하여 대통령령이 정하는 국유림을 제외한다), 산림법 제8조의 규정에 의한 영림계획변경의 인가, 제62조제1항(제52조에서 준용하는 경우를 포함한다) 및 제90조제1항의 규정에 의한 입목벌채 등의 허가

산지관리법	산지관리법 시행령	산지관리법 시행규칙
㉛택지개발촉진법중 다음과 같이 개정한다. 　제11조제1항제12호를 다음과 같이 한다. 　12. 산지관리법 제14조·제15조의 규정에 의한 산지전용허가 및 산지전용신고와 산림법 제62조제1항·제90조제1항의 규정에 의한 입목벌채 등의 허가·신고 ㉜폐광지역개발지원에관한특별법중 다음과 같이 개정한다. 　제10조 제목중 "산림법"을 "산지관리법 등"으로 하고, 동조제1항중 "산림법 제18조제4항의 규정에 의한 보전임지의 전용에 관한 허가 또는 협의의 범위 및 기준"을 "산지관리법 제18조제1항의 규정에 의한 산지전용허가기준"으로 하며, 동조제2		

항중 "보전임지의 전용허가"를 "보전산지의 산지전용허가"로 한다.

제12조제1항제1호중 "동법 제90조의2의 규정에 의한 채석허가"를 "산지관리법 제25조의 규정에 의한 채석허가"로 한다.

㉓폐기물처리시설설치촉진 및주변지역지원등에관한법률중 다음과 같이 개정한다.

제12조제1항제12호를 다음과 같이 한다.

12. 산지관리법 제14조·제15조의 규정에 의한 산지전용허가 및 산지전용신고와 산림법 제62조제1항·제90조제1항의 규정에 의한 입목벌채 등의 허가

㉔하수도법중 다음과 같이 개정한다.

제13조의2제1항제8호를 다음과 같이 한다.

산지관리법	산지관리법 시행령	산지관리법 시행규칙
8. 산지관리법 제14조·제15조의 규정에 의한 산지전용허가 및 산지전용신고와 산림법 제90조제1항의 규정에 의한 입목벌채 등의 허가. 다만, 산림법에 의한 산림유전자원보호림·채종림·보안림 및 시험림의 경우를 제외한다 ㉕하천법중 다음과 같이 개정한다. 제32조제1항제13호를 다음과 같이 한다. 13. 산지관리법 제14조·제15조의 규정에 의한 산지전용허가 및 산지전용신고, 동법 제25조의 규정에 의한 채석허가, 산림법 제57조의 규정에 의한 보안림의 지정해제, 동법 제62조제1항의 규정에 의한 보안림안에서의 입목벌채 등의 허가 및 동법 제90조제1항의 규정에 의한		

입목벌채 등의 허가
⑯학교시설사업촉진법중 다음과 같이 개정한다.

제5조제9호를 다음과 같이 한다.

9. 산지관리법 제14조·제15조의 규정에 의한 산지전용허가 및 산지전용신고, 산림법 제57조의 규정에 의한 보안림의 지정해제, 동법 제62조제1항의 규정에 의한 보안림안에서의 벌채 등의 허가 및 동법 제90조제1항의 규정에 의한 입목벌채 등의 허가·신고

⑰한강수계상수원수질개선 및주민지원등에관한법률중 다음과 같이 개정한다.

제15조제1항제11호를 다음과 같이 한다.

11. 산지관리법 제14조·제15의 규정에 의한 산지전용허가 및 산지전용신고, 동법 제25조의 규정에 의한 채석허가, 산림법 제57

산지관리법	산지관리법 시행령	산지관리법 시행규칙
조의 규정에 의한 보안림의 지정해제 및 동법 제62조제1항·제90조제1항의 규정에 의한 입목벌채 등의 허가 ⑱한국가스공사법중 다음과 같이 개정한다. 제16조의3제13호를 다음과 같이 한다. 13. 산지관리법 제14조·제15조의 규정에 의한 산지전용허가 및 산지전용신고, 산림법 제62조제1항의 규정에 의한 보안림구역안에서의 행위허가 및 동법 제90조제1항의 규정에 의한 입목벌채 등의 허가 ⑲한국수자원공사법중 다음과 같이 개정한다. 제18조제1항제10호를 다음과 같이 한다.		

10. 산지관리법 제14조·제15조의 규정에 의한 산지전용허가 및 산지전용신고, 동법 제25조의 규정에 의한 채석허가, 산림법 제57조의 규정에 의한 보안림의 지정해제 및 동법 제62조제1항·제90조제1항의 규정에 의한 입목벌채 등의 허가

⑰한국토지공사법중 다음과 같이 개정한다.

제19조제1항제11호를 다음과 같이 한다.

11. 산지관리법 제14조·제15조의 규정에 의한 산지전용허가 및 산지전용신고와 산림법 제62조제1항·제90조제1항의 규정에 의한 입목벌채 등의 허가

⑪항공법중 다음과 같이 개정한다.

제96조제1항제12호를 다음과 같이 한다.

12. 산지관리법 제14조·제15조의

산지관리법	산지관리법 시행령	산지관리법 시행규칙
규정에 의한 산지전용허가 및 산지전용신고, 산림법 제62조제1항의 규정에 의한 보안림구역안에서의 입목벌채 등의 허가 및 동법 제90조제1항의 규정에 의한 입목벌채 등의 허가 ㉒항만법중 다음과 같이 개정한다. 제11조제1항제9호를 다음과 같이 한다. 9. 산지관리법 제14조·제15조의 규정에 의한 산지전용허가 및 산지전용신고, 산림법 제62조제1항의 규정에 의한 보안림안에서의 벌채 등의 허가 및 동법 제90조제1항의 규정에 의한 입목벌채 등의 허가 ㉓화물유통촉진법중 다음과 같이 개정한다. 제37조제1항제8호를 다음과 같이 한다.		

8. 산지관리법 제14조·제15조의 규정에 의한 산지전용허가 및 산지전용신고, 산림법 제62조제1항의 규정에 의한 보안림안에서의 행위허가 및 동법 제90조제1항의 규정에 의한 입목벌채 등의 허가

⑭경제자유구역의지정 및운영에관한법률중 다음과 같이 개정한다.

제11조제1항제2호중 "산림법 제18조의 규정에 의한 보전임지의 전용허가, 동법"을 "산지관리법 제14조·제15조의 규정에 의한 산지전용허가 및 산지전용신고, 산림법"으로, "제90조"를 "제90조제1항"으로 한다.

제15조제2항중 "산림법"을 "산지관리법"으로, "대체조림비"를 "대체산림자원조성비"로 한다.

제27조제1항제14호중 "제90조·제90의2·제90조의6"을 "제90

산지관리법	산지관리법 시행령	산지관리법 시행규칙
조, 산지관리법 제14조·제15조·제25조 및 제32조"로, "산림형질변경"을 "산지전용"으로 한다. **제12조(다른 법률과의 관계)** 이 법 시행 당시 다른 법률에서 종전의 산림법 및 그 규정을 인용하고 있는 경우 이 법중 그에 해당하는 규정이 있는 때에는 종전의 규정에 갈음하여 이 법 또는 이 법의 해당 규정을 인용한 것으로 본다.		
부 칙 <법률 제7167호, 2004.2.9> (야생동·식물보호법)	부 칙 <대통령령 제18213호, 2004.1.9> (산림청과그소속기관직제)	부 칙 <농림부령 제1452호, 2004.1.13> (산림청과그소속기관직제시행규칙)
제1조(시행일) 이 법은 공포후 1년이 경과한 날부터 시행한다. 제2조 내지 제28조 생략 제29조(다른 법률의 개정) ① 내지 ⑦ 생략 ⑧산지관리법중 다음과 같이 개정한	제1조(시행일) 이 영은 공포한 날부터 시행한다. 제2조(다른 법령의 개정) ①생략 ②산지관리법시행령중 다음과 같이 개정한다. 제34조제1항제1호를 다음과 같이	제1조(시행일) 이 규칙은 공포한 날부터 시행한다. 제2조(다른 법령의 개정) ①생략 ②산지관리법시행규칙중 다음과 같이 개정한다. 제18조제2항, 제34조 각호외의 부

다.
제4조제1항 나목(4)를 다음과 같이 한다.
  (4) 야생동·식물보호법 제27조의 규정에 의한 야생동·식물특별보호구역 및 동법 제33조의 규정에 의한 시·도야생동·식물보호구역 및 야생동·식물보호구역의 산지
⑨ 내지 ⑮생략
제30조 생략
	한다.
	  1. 국립산림과학원
	    제52조제1항 각호외의 부분 단서·동조제3항 각호외의 부분 단서·동조제4항 각호외의 부분 단서·동조제6항·동조제7항 각호외의 부분 및 동조제8항중 "임업연구원장"을 각각 "국립산림과학원장"으로 한다.
	③ 내지 ⑧생략
	제3조 생략
		분, 제35조제1항, 동조제4항 단서 및 제5항, 제36조제1항 각호외의 부분 및 제2항·제3항, 제37조제1항 단서 및 제2항 전단, 제38조제1항·제2항 및 동조제3항 전단, 제40조제1항 및 동조제3항 각호외의 부분, 제41조제1항 각호외의 부분 및 제2항, 제42조제2항 전단, 동조제3항 내지 제5항 및 동조제6항 전단, 제43조제1항, 제44조제2항·제4항 및 제5항 전단, 제45조제1항 각호외의 부분 본문 및 제2항 각호외의 부분중 "임업연구원장"을 각각 "국립산림과학원장"으로 한다.
		별지 제3호서식 앞쪽, 별지 제4호서식 앞쪽, 별지 제5호서식 앞쪽, 별지 제8호서식 앞쪽, 별지 제10호서식 앞쪽, 별지 제12호서식 앞쪽, 별지 제13호서식 앞쪽, 별지 제15호서식, 별지 제31호서식

산지관리법	산지관리법 시행령	산지관리법 시행규칙
		제1쪽, 별지 제35호서식 앞쪽, 별지 제36호서식, 별지 제37호서식 앞쪽, 별지 제38호서식, 별지 제39호서식 앞쪽, 별지 제40호서식 앞쪽, 별지 제41호서식 앞쪽, 별지 제42호서식 앞쪽 및 별지 제45호서식 뒤쪽중 "임업연구원장"을 각각 "국립산림과학원장"으로 한다. 별지 제3호서식 뒤쪽, 별지 제4호서식 뒤쪽, 별지 제8호서식 뒤쪽, 별지 제10호서식 뒤쪽, 별지 제12호서식 뒤쪽, 별지 제13호서식 뒤쪽, 별지 제31호서식 제3쪽, 별지 제35호서식 뒤쪽, 별지 제37호서식 뒤쪽, 별지 제39호서식 뒤쪽, 별지 제40호서식 뒤쪽, 별지 제41호서식 뒤쪽 및 별지 제42호서식 뒤쪽중 "임업연구원"을 각각 "국

부 칙
<법률 제7284호, 2004.12.31>
(신에너지 및재생에너지개발·이용·
보급촉진법)

제1조(시행일) 이 법은 공포후 6월이 경과한 날부터 시행한다.

제2조 및 제3조 생략

제4조(다른 법률의 개정) ① 및 ②생략

③산지관리법중 다음과 같이 개정한다.

제10조제7호중 "대체에너지개발 및이용·보급촉진법에 의한 대체에너지"를 "신에너지 및재생에너지개발·이용·보급촉진법에 의한 신·재생에너지"로 한다.

④ 내지 ⑧생략

제5조 생략

부 칙
<대통령령 제18312호, 2004.3.17>
(전자적민원처리를위한가석방자관리규정
등중개정령)

이 영은 공포한 날부터 시행한다.

부 칙
<농림부령 제1505호, 2005.8.24>

①(**시행일**) 이 규칙은 공포한 날부터 시행한다.

②(**허가 등의 신청에 관한 경과조치**) 이 규칙 시행당시 다음 각 호의 어느 하나에 해당하는 허가·신고 등이 신청되거나 접수된 것에 대하여는 종전의 규정에 의한다.

1. 법 제14조의 규정에 의한 산지전용허가
2. 법 제15조의 규정에 의한 산지전용신고
3. 법 제25조의 규정에 의한 채석허가
4. 법 제29조의 규정에 의한 채석단지의 지정
5. 법 제30조의 규정에 의한 채석신고

립산림과학원"으로 한다.

③ 내지 ⑥생략

산지관리법	산지관리법 시행령	산지관리법 시행규칙
부 칙 <법률 제7297호, 2004.12.31> (자연환경보전법) 제1조(시행일) 이 법은 공포후 1년이 경과한 날부터 시행한다. 제2조 내지 제7조 생략 제8조 (다른 법률의 개정) ①생략 ②산지관리법중 다음과 같이 개정한다. 제4조제1항제1호 나목(10)중 "생태계보전지역"을 "생태·경관보전지역"으로 한다. ③ 내지 ⑥생략 제9조 생략	**부 칙** <대통령령 제18457호, 2004.6.29> (전원개발촉진법시행령) 제1조(시행일) 이 영은 2004년 7월 1일부터 시행한다. <단서 생략> 제2조 생략 제3조 (다른 법령의 개정) ① 내지 ⑥ 생략 ⑦산지관리법시행령중 다음과 같이 개정한다. 제44조제2항제2호 가목중 "전원개발에관한특례법"을 "전원개발촉진법"으로 한다. 별표1 제3호중 "전원개발에관한특례법"을 "전원개발촉진법"으로 한다. ⑧ 내지 ⑮생략	6. 법 제32조의 규정에 의한 토사채취허가 또는 토사채취신고 **부 칙** <농림부령 제1514호, 2006.1.26> (산림청과 그 소속기관 직제 시행규칙) 제1조(시행일) 이 규칙은 공포한 날부터 시행한다. 제2조(다른 법령의 개정) ① 내지 ③ 생략 ④산지관리법 시행규칙 일부를 다음과 같이 개정한다. 제2조제2항중 "지방산림관리청국유림관리소장"을 "지방산림청국유림관리소장"으로 하고, 동조제5항중 "지방산림관리청장"을 "지방산림청장"으로 하며, 제10조제4항, 제18조제2항, 제34조 각 호 외의 부분 본문 및 제35조제1항·동조제4항 단서 및 동조제5항

	제4조 생략	중 "지방산림관리청장"을 각각 "지방산림청장"으로 한다.
		별지 제1호서식중 "지방산림관리청"을 "지방산림청"으로 하고, 별지 제3호서식 앞쪽, 별지 제4호서식 앞쪽, 별지 제5호서식 앞쪽, 별지 제8호서식 앞쪽, 별지 제10호서식 앞쪽, 별지 제12호서식 앞쪽, 별지 제13호서식 앞쪽, 별지 제15호서식, 별지 제35호서식 앞쪽 및 별지 제45호서식 뒤쪽중 "지방산림관리청장, 지방산림관리청국유림관리소장"을 각각 "지방산림청장, 지방산림청국유림관리소장"으로 한다.
		별지 제3호서식 뒤쪽, 별지 제4호서식 뒤쪽, 별지 제8호서식 뒤쪽, 별지 제10호서식 뒤쪽, 별지 제12호서식 뒤쪽, 별지 제13호서식 뒤쪽, 별지 제31호서식 제3쪽 및 별지 제35호서식 뒤쪽중 "지방산

산지관리법	산지관리법 시행령	산지관리법 시행규칙
		림관리청, 지방산림관리청국유림관리소"를 각각 "지방산림청, 지방산림청국유림관리소"로 하고, 별지 제31호서식 제1쪽중 "지방산림관리청장·지방산림관리청국유림관리소장"을 "지방산림청장·지방산림청국유림관리소장"으로 한다. 별지 제7호서식 앞쪽, 별지 제9호서식 앞쪽, 별지 제36호서식, 별지 제37호서식 앞쪽, 별지 제38호서식, 별지 제39호서식 앞쪽, 별지 제40호서식 앞쪽, 별지 제41호서식 앞쪽 및 별지 제42호서식 앞쪽중 "지방산림관리청국유림관리소장"을 각각 "지방산림청국유림관리소장"으로 한다. 별지 제7호서식 뒤쪽, 별지 제9호서식 뒤쪽, 별지 제37호서식 뒤

쪽, 별지 제39호서식 뒤쪽, 별지 제40호서식 뒤쪽, 별지 제41호서식 뒤쪽 및 별지 제42호서식 뒤쪽중 "지방산림관리청국유림관리소"를 각각 "지방산림청국유림관리소"로 한다.
⑤ 내지 ⑦생략

부 칙
<농림부령 제1521호, 2006.4.3>

이 규칙은 공포한 날부터 시행한다.

부 칙
<농림부령 제1529호, 2006.6.30>
(행정정보의 공동이용 및 문서감축을 위한 「국유임산물매각규칙」 등 일부 개정령)

이 규칙은 공포한 날부터 시행한다.

부 칙
<농림부령 제1534호, 2006.8.4>
(산림자원의 조성 및 관리에 관한 법률 시행규칙)

제1조(시행일) 이 규칙은 2006년 8월

부 칙
<법률 제7335호, 2005.1.14>
(부동산가격공시 및감정평가에관한법률)

제1조(시행일) 이 법은 공포한 날부터 시행한다.
제2조 내지 제10조 생략
제11조(다른 법률의 개정) ① 내지 ⑧ 생략
⑨산지관리법중 다음과 같이 개정한다.
제13조제2항 전단중 "지가공시 및 토지등의평가에관한법률"을 "부동산가격공시 및감정평가에관한법률"로, "동법 제10조의 규정에

부 칙
<대통령령 제18740호, 2005.3.18>
(청소년활동진흥법 시행령)

제1조 (시행일) 이 영은 공포한 날부터 시행한다.
제2조 및 제3조 생략
제4조 (다른 법령의 개정) ① 내지 ⑦ 생략
⑧산지관리법시행령 일부를 다음과 같이 개정한다.
제12조제8항제3호중 "청소년기본법 제3조제5호"를 "「청소년활동진흥법」 제10조제1호"로 한다.
별표 1의 제3호중 "청소년기본법

산지관리법	산지관리법 시행령	산지관리법 시행규칙
의하여"를 "동법 제9조의 규정에 의하여"로 한다. ⑩ 내지 ㉔생략 제12조 생략 부　칙 <법률 제7677호, 2005.8.4> (국유림의 경영 및 관리에 관한 법률) 제1조(시행일) 이 법은 공포 후 1년이 경과한 날부터 시행한다. 제2조 내지 제6조 생략 제7조(다른 법률의 개정) ①생략 　②산지관리법 일부를 다음과 같이 개정한다. 　　제25조제5항제3호중 "산림법 제72조제1항 본문의 규정에 의하	제3조제6호"를 "「청소년활동진흥법 시행령」제47조제1항"으로 한다. 별표 5의 제4호 나목 대상시설란 (8)중 "청소년기본법 제3조제5호"를 "「청소년활동진흥법」제10조제1호"로 한다. ⑨ 내지 ⑫생략 제5조 생략 부　칙 <대통령령 제18911호, 2005.6.30> (근로자직업능력 개발법 시행령) 제1조(시행일) 이 영은 2005년 7월 1일부터 시행한다. 제2조 내지 제4조 생략 제5조(다른 법령의 개정) ① 내지 ⑧ 생략 ⑨산지관리법시행령 일부를 다음과 같이 개정한다.	5일부터 시행한다. 제2조 내지 제4조 생략 제5조(다른 법령의 개정) 산지관리법 시행규칙 일부를 다음과 같이 개정한다. 제24조제1항제10호중 "「산림법 시행규칙」제9조의19의 규정에 의한 임도의 설계·시설기준"을 "「산림자원의 조성 및 관리에 관한 법률 시행규칙」제3조제2항에 따른 임도의 설계·시설기준"으로 한다. 제31조제1항제9호중 "「산림법 시행규칙」제9조의19의 규정에 의한 임도의 설계·시설기준"을 "「산림자원의 조성 및 관리에 관한 법률 시행규칙」제3조제2항에 따른 임도의 설계·시설기준"으로 한다.

여 산림청장이 관리·처분"을 "「국유림의 경영 및 관리에 관한 법률」 제4조제1항 본문의 규정에 의하여 산림청장이 경영관리"로 한다.

③ 내지 ⑥생략

제8조 생략

부　칙
<법률 제7678호, 2005.8.4>
(산림자원의 조성 및 관리에 관한 법률)

제1조(시행일) 이 법은 공포 후 1년이 경과한 날부터 시행한다.

제2조 내지 제10조 생략

제11조(다른 법률의 개정) ① 내지 ㉜ 생략

㉝산지관리법 일부를 다음과 같이 개정한다.

제4조제1항제1호 가목(1)을 다음과 같이 한다.

(1)「산림자원의 조성 및 관리에 관한 법률」에 의한 채종림(採種

제12조제8항제5호중 "근로자직업훈련촉진법 제15조제1항"을 "「근로자직업능력 개발법」제27조제1항"으로 한다.

⑩ 내지 ⑰생략

제6조 생략

부　칙
<대통령령 제18931호, 2005.6.30>
(철도건설법 시행령)

제1조(시행일) 이 영은 2005년 7월 1일부터 시행한다.

제2조 및 제3조 생략

제4조(다른 법령의 개정) ① 내지 ③ 생략

④산지관리법시행령 일부를 다음과 같이 개정한다.

제44조제2항제2호 가목중 "공공철도건설촉진법"을 "「철도건설법」"으로 한다.

⑤ 내지 ⑧생략

별표 3 제1호의 첨부서류란(다)중 "「산림법 시행규칙」 제9조의19의 규정에 의한 임도의 설계·시설기준"을 "「산림자원의 조성 및 관리에 관한 법률 시행규칙」 제3조제2항에 따른 임도의 설계·시설기준"으로 한다.

제6조 생략

산지관리법	산지관리법 시행령	산지관리법 시행규칙
林) 및 시험림의 산지, 「국유림의 경영 및 관리에 관한 법률」에 의한 요존국유림(要存國有林) 제4조제1항제1호 나목(1)중 "산림법"을 "「산림자원의 조성 및 관리에 관한 법률」"로, "자연휴양림"을 "「산림문화·휴양에 관한 법률」에 의한 자연휴양림"으로 한다. ㉞ 내지 <87>생략 제12조 생략 부 칙 <법률 제8283호, 2007.1.26> 제1조(시행일) 이 법은 공포 후 6개월이 경과한 날부터 시행한다. 제2조(구역 등의 지정 등에 관한 적용	부 칙 <대통령령 제18932호, 2005.6.30> (철도사업법 시행령) 제1조 (시행일) 이 영은 2005년 7월 1일부터 시행한다. 제2조 내지 제4조 생략 제5조 (다른 법령의 개정) ① 내지 ⑤ 생략 ⑥산지관리법시행령 일부를 다음과 같이 개정한다. 별표 5 제1호 라목중 "철도법 제2조제1항"을 "「철도사업법」 제2조제1호"로 한다. ⑦ 내지 ⑪생략 부 칙 <대통령령 제18994호, 2005.8.5> 제1조(시행일) 이 영은 공포한 날부터 시행한다. 제2조(채석허가기준에 관한 적용례)	

례) 제8조의 개정규정은 이 법 시행 후 최초로 산림청장에게 협의를 신청하는 것부터 적용한다.

제3조(보전산지 안에서의 행위제한 및 적용특례에 관한 적용례) 제12조의 개정규정은 이 법 시행 후 최초로 산지전용을 신청하는 것부터 적용한다.

제4조(산지전용허가 및 산지전용신고에 관한 적용례) 제14조 및 제15조의 개정규정은 이 법 시행 후 최초로 산지전용허가를 신청하거나 산지전용을 신고하는 것부터 적용한다.

제5조(대체산림자원조성비의 환급에 관한 적용례) 제19조 및 제19조의2의 개정규정은 이 법 시행 후 최초로 제19조제1항 각 호의 규정에 따른 산지전용허가·신고 또는 행정처분을 신청하는 것부터 적용한다.

별표 8 제5호 및 동표 비고 제1호의 개정규정은 이 영 시행후 채석허가를 신청하는 것부터 적용한다.

제3조(허가 등의 신청에 관한 경과조치) 이 영 시행당시 다음 각 호의 어느 하나에 해당하는 허가·신고·협의 등이 신청되거나 접수된 것에 대하여는 종전의 규정에 의한다.

1. 법 제8조의 규정에 의한 지역·지구·구역 등의 지정 등에 관한 협의
2. 법 제14조의 규정에 의한 산지전용허가
3. 법 제15조의 규정에 의한 산지전용신고
4. 법 제21조의 규정에 의한 용도변경 승인
5. 법 제25조의 규정에 의한 채석허가
6. 법 제27조의 규정에 의한 석재의 매매계약 및 채석허가

산지관리법	산지관리법 시행령	산지관리법 시행규칙
제6조(용도변경 승인 등에 관한 적용례) 제21조의 개정규정은 이 법 시행 후 최초로 산지전용허가를 신청하거나 산지전용을 신고하는 것부터 적용한다. 제7조(산지의 지목변경 제한에 관한 적용례) 제21조의2의 개정규정은 이 법 시행 후 최초로 산지전용허가를 신청하거나 산지전용을 신고하는 것부터 적용한다. 제8조(토석채취허가 등에 관한 적용례) 제25조, 제25조의2 내지 제25조의4, 제26조 내지 제29조, 제31조 내지 제34조의 개정규정은 이 법 시행 후 최초로 토석채취허가를 신청하거나 토사채취를 신고하는 것부터 적용한다. 제9조(국유림의 산지 안의 토석의 매각 등에 관한 적용례) 제35조의 개	7. 법 제32조의 규정에 의한 토사채취허가 또는 토사채취신고 8. 법 제35조의 규정에 의한 석재 및 토사의 매각 또는 무상양여 제4조(채석경제성의 평가전문조사기관에 관한 경과조치) 이 영 시행당시 종전의 규정에 의하여 응용이학분야의 엔지니어링활동주체 또는 기술사 사무소에서 실시중인 채석경제성의 평가는 제34조제1항제3호 및 제5호의 개정규정에 불구하고 이 영에 의한 채석경제성의 평가전문조사기관에 의하여 평가된 것으로 본다. 제5조(과태료에 관한 경과조치) 이 영 시행전의 행위에 대한 과태료의 적용에 있어서는 종전의 규정에 의한다.	

정규정은 이 법 시행 후 최초로 국유림의 산지 안의 토석매각 또는 무상양여를 신청하는 것부터 적용한다.

제10조(벌칙 및 과태료에 관한 경과조치) 이 법 시행 전의 행위에 대한 벌칙 및 과태료의 적용에서는 종전의 규정에 따른다.

제11조(다른 법률의 개정) ①경제자유구역의지정및운영에관한법률 일부를 다음과 같이 개정한다.

제27조제1항제14호 중 "산지관리법 제14조·제15조·제25조 및 제32조의 규정에 의한 산지전용·채석 및 토사채취 허가 등"을 "「산지관리법」 제14조·제15조 및 제25조의 규정에 따른 산지전용·토석채취허가 등"으로 한다.

②국토의 계획 및 이용에 관한 법률 일부를 다음과 같이 개정한다.

제61조제1항제10호 및 제92조제1

부 칙
〈대통령령 제19292호, 2006.1.26〉
(산림청과 그 소속기관 직제)

제1조(시행일) 이 영은 공포한 날부터 시행한다.

제2조(다른 법령의 개정) ① 내지 ③ 생략

④산지관리법 시행령 일부를 다음과 같이 개정한다.

제7조제3항 및 제4항중 "지방산림관리청장"을 각각 "지방산림청장"으로 하고, 동조제3항중 "지방산림관리청국유림관리소장"을 "지방산림청국유림관리소장"으로 하며, 제9조제4항·제52조제1항·제3항 및 제8항중 "지방산림관리청장"을 각각 "지방산림청장"으로 한다.

⑤ 내지 ⑦생략

제3조 생략

산지관리법	산지관리법 시행령	산지관리법 시행규칙
항제13호 중 "동법 제25조의 규정에 의한 채석허가, 동법 제32조의 규정에 의한 토사채취허가·신고"를 각각 "동법 제25조제1항의 규정에 따른 토석채취허가, 동법 제25조제2항의 규정에 따른 토사채취신고"로 한다. ③기업도시개발특별법 일부를 다음과 같이 개정한다. 제13조제1항제18호 중 "채석허가 및 동법 제32조의 규정에 의한 토사채취허가"를 "토석채취허가"로 한다. ④농어촌정비법 일부를 다음과 같이 개정한다. <개정 2007.4.11> 제92조제1항제4호 중 "제32조에 따른 토사채취허가"를 "제25조에 따른 토석채취허가(토사에 한한다)"로 한다.	부 칙 <대통령령 제19373호, 2006.3.8> (지역균형개발 및 지방중소기업 육성에 관한 법률) 제1조(시행일) 이 영은 2006년 3월 9일부터 시행한다. <단서 생략> 제2조 내지 제4조 생략 제5조(다른 법령의 개정) ① 내지 ③ 생략 ④산지관리법 시행령 일부를 다음과 같이 개정한다. 별표 1 제3호의 협의대상지역등란 중 "동법 제34조의 규정에 의한 복합단지의 실시계획승인"을 "동법 제38조의5에 따른 지역종합개발사업 실시계획의 승인"으로 한다. ⑤ 내지 ⑩생략	

⑤댐건설 및주변지역지원등에관한 법률 일부를 다음과 같이 개정한다.

제9조제1항제3호 중 "채석허가"를 "토석채취허가(석재에 한한다)"로 한다.

⑥도로법 일부를 다음과 같이 개정한다.

제25조의2제1항제4호 중 "동법 제32조의 규정에 의한 토사채취허가"를 "동법 제25조의 규정에 따른 토석채취허가(토사에 한한다)"로 한다.

⑦도시개발법 일부를 다음과 같이 개정한다.

제19조제1항제9호 중 "채석허가, 동법 제32조의 규정에 의한 토사채취허가"를 "토석채취허가"로 한다.

⑧사방사업법 일부를 다음과 같이 개정한다.

부 칙

<대통령령 제19563호, 2006.6.29>
(제주특별자치도 설치 및 국제자유도시 조성을 위한 특별법 시행령)

제1조(시행일) 이 영은 2006년 7월 1일부터 시행한다.

제2조 내지 **제6조** 생략

제7조(다른 법령의 개정) ① 내지 ㉕ 생략

㉖산지관리법 시행령 일부를 다음과 같이 개정한다.

별표 5 제2호 아목을 다음과 같이 한다.

아. 「제주특별자치도 설치 및 국제자유도시 조성을 위한 특별법」 제217조에 따라 지정된 제주투자진흥지구 안에서 동법 시행령 제36조제1항 각 호의 어느 하나에 해당하는 사업을 영위하기 위하여 설치하는 시설 및 동법 제229조에 따라 시행승인을 얻은 개발사업 중 「체육시설의 설치·이용에 관한 법률」 제10조제1항제1호에 따른 골프장업의 시설	50	50

산지관리법	산지관리법 시행령	산지관리법 시행규칙
제9조제3항 후단·제14조제3항 및 제24조 중 "제25조제1항·제32조제1항"을 각각 "제25조제1항"으로 한다. ⑨산림자원의 조성 및 관리에 관한 법률 일부를 다음과 같이 개정한다. 제30조제3항제5호 중 "산지전용, 채석, 토사채취"를 "산지전용 및 토석채취"로 한다. ⑩신행정수도 후속대책을 위한 연기·공주지역 행정중심복합도시 건설을 위한 특별법 일부를 다음과 같이 개정한다. 제22조제1항제22호 중 "채석허가 및 동법 제32조의 규정에 의한 토사채취허가"를 "토석채취허가"로 한다. ⑪자연재해대책법 일부를 다음과 같이 개정한다.	㉗ 내지 ㉜생략 제8조 생략 부 칙 〈대통령령 제19639호, 2006.8.4〉 (산림자원의 조성 및 관리에 관한 법률 시행령) 제1조(시행일) 이 영은 2006년 8월 5일부터 시행한다. 제2조 내지 제4조 생략 제5조(다른 법령의 개정) ① 내지 ⑯ 생략 ⑰산지관리법 시행령 일부를 다음과 같이 개정한다. 제4조제1항제3호중 "「산림법」 제71조제1항제1호"를 "「국유림의 경영 및 관리에 관한 법률」 제16조제1항제1호"로 한다. 제10조제2항제3호중 "「산림법」 제67조제1항"을 "「산림자원의	

제49조제4항제15호 중 "채석허가 및 동법 제32조의 규정에 의한 토사채취허가 등"을 "토석채취허가 등"으로 한다.

⑫주한미군기지이전에따른평택시등의지원등에관한특별법 일부를 다음과 같이 개정한다.

제5조제1항제10호 중 "채석허가"를 "토석채취허가(석재에 한한다)"로 한다.

⑬폐광지역개발 지원에 관한 특별법 일부를 다음과 같이 개정한다.

제12조제1항제1호 중 "채석허가"를 "토석채취허가(석재에 한한다)"로 한다.

⑭하천법 일부를 다음과 같이 개정한다.

제32조제1항제13호 중 "채석허가"를 "토석채취허가(석재에 한한다)"로 한다.

⑮한강수계 상수원 수질개선 및 주민지원 등에 관한 법률」제47조제1항"으로 한다.

제12조제11항제11호중 "「산림법」제3조"를 "「산림자원의 조성 및 관리에 관한 법률」제4조"로 한다.

제14조제1항중 "「산림법」"을 "「산림자원의 조성 및 관리에 관한 법률」 및 「산림문화·휴양에 관한 법률」"로 한다.

제36조제6호중 "「산림법」 제31조제1항, 동법 제49조제1항, 동법 제56조제1항, 동법 제67조제1항 및 동법 제71조제1항제1호"를 "「산림문화·휴양에 관한 법률」제13조제1항, 「국유림의 경영 및 관리에 관한 법률」 제16조제1항제1호, 「산림자원의 조성 및 관리에 관한 법률」 제19조제1항·제43조제1항 및 제47조제1항"으로, 동조제8호중 "「산

산지관리법	산지관리법 시행령	산지관리법 시행규칙
민지원 등에 관한 법률 일부를 다음과 같이 개정한다. 제15조제1항제11호 중 "채석허가"를 "토석채취허가(석재에 한한다)"로 한다. ⑯한국수자원공사법 일부를 다음과 같이 개정한다. 제18조제1항제10호 중 "채석허가"를 "토석채취허가(석재에 한한다)"로 한다. **제12조(다른 법령과의 관계)** 이 법 시행 당시 다른 법령에서 종전의 규정에 따른 채석허가 또는 토사채취허가를 인용하고 있는 경우에는 그에 갈음하여 이 법의 규정에 의한 토석채취허가를 인용한 것으로 본다.	림법」제49조제1항"을, "「산림자원의 조성 및 관리에 관한 법률」제19조제1항"으로 한다. 제50조제1항제1호 본문중 "산림법 제2조제7호의 규정에 의한 산림토목기술자"를 "「산림자원의 조성 및 관리에 관한 법률」 제30조에 따른 산림공학기술자"로 한다. 별표 3 제11호의 설치조건란(2)중 "「산림법」 제90조의 규정에 의한 허가를 받거나 신고를 하여 간벌한 경우"를 "「산림자원의 조성 및 관리에 관한 법률」제36조제1항·제4항에 따른 허가를 받거나 신고를 하여 간벌한 경우"로 한다. 별표 4 제3호의 세부기준란중 "「산림법」 제49조의 규정에 따	

부 칙
<법률 제8351호, 2007.4.11>
(농어촌정비법)

제1조(시행일) 이 법은 공포한 날부터 시행한다. 다만, ···<생략>··· 부칙 제14조제16항 및 제18항의 개정규정은 2007년 7월 27일부터 ···<생략>··· 시행한다.

제2조부터 제13조까지 생략

제14조(다른 법률의 개정) ①부터 ⑮까지 생략

⑯법률 제8283호 산지관리법 일부개정법률 일부를 다음과 같이 개정한다.

부칙 제11조제4항을 다음과 같이 한다.

④농어촌정비법 일부를 다음과 같이 개정한다.

제92조제1항제4호 중 "제32조에 따른 토사채취허가"를 "제25조에 따른 토석채취허가(토사에 한한 라 지정된 수형목(秀型木) 및 동법 제67조의 규정에 따라 지정된 보호수"를 "「산림자원의 조성 및 관리에 관한 법률」제19조제1항에 따라 지정된 수형목(秀型木) 및 동법제47조제1항에 따라 지정된 보호수"로 한다.

별표 8 비고의 제3호 가목중 "「산림법」제31조제1항, 동법 제49조제1항, 동법 제56조제1항 및 동법 제67조제1항의 규정에 의한 자연휴양림·채종림·보안림·시험림"을, "「산림문화·휴양에 관한 법률」제13조제1항에 따른 자연휴양림, 「산림자원의 조성 및 관리에 관한 법률」제19조제1항에 따른 채종림, 동법 제43조제1항에 따른 보안림, 동법제47조제1항에 따른 시험림"으로 한다.

⑱ 내지 ㉟생략

산지관리법	산지관리법 시행령	산지관리법 시행규칙
다)"로 한다. ⑰부터 ㉒까지 생략 제15조 생략 부　칙 <법률 제8355호, 2007.4.11> (광업법) 제1조(시행일) 이 법은 공포한 날부터 시행한다. 제2조부터 제4조까지 생략 제5조(다른 법률의 개정) ①부터 ⑨까지 생략 　⑩산지관리법 일부를 다음과 같이 개정한다. 　　제27조제1항 각 호 외의 부분 본문 중 "광업법 제5조의 규정에 의한"을 "「광업법」 제3조제3호 및 같은 조 제4호"로 한다. 　⑪부터 ⑳까지 생략 제6조 생략	제6조 생략 부　칙 <대통령령 제19864호, 2007.2.1> 제1조(시행일) 이 영은 공포한 날부터 시행한다. 제2조(중앙산지관리위원회의 심의에 관한 적용례) 제27조제3호 및 제32조제2항의 개정규정은 이 영 시행 후 최초로 채석허가를 신청하는 것부터 적용한다. 제3조(복구비의 예치 등에 관한 적용례) 제46조의 개정규정은 이 영 시행 후 최초로 산지전용허가를 신청하거나 산지전용신고를 하는 것부터 적용한다. 제4조(산지전용신고의 범위 등에 관한 적용례) 별표 3 제11호의 개정	부　칙 <농림부령 제1545호, 2007.1.10> ①(시행일) 이 규칙은 공포한 날부터 시행한다. ②(산지전용허가기준에 관한 적용례) 제18조의 개정규정은 이 규칙 시행 후 최초로 산지전용허가를 신청하는 것부터 적용한다. 부　칙 <농림부령 제1566호, 2007.7.27> 제1조(시행일) 이 규칙은 공포한 날부터 시행한다. 제2조(산지전용허가의 신청 등에 관한 적용례) 제10조의 개정규정은 이 규칙 시행 후 최초로 산지전용허가의 신청 등을 하는 것부터 적

부　칙
<법률 제8504호, 2007.7.13>
이 법은 공포한 날부터 시행한다.

부　칙
<법률 제8754호, 2007.12.21>
이 법은 공포한 날부터 시행한다.

부　칙
<법률 제8852호, 2008.2.29>
(정부조직법)

제1조(시행일) 이 법은 공포한 날부터 시행한다. 다만, ····<생략>···, 부칙 제6조에 따라 개정되는 법률 중 이 법의 시행 전에 공포되었으나 시행일이 도래하지 아니한 법률을 개정한 부분은 각각 해당 법률의 시행일부터 시행한다.

제2조부터 제5조까지 생략

제6조(다른 법률의 개정) ①부터 ⑬까지 생략

규정은 이 영 시행 후 최초로 산지전용신고를 하는 것부터 적용한다.

제5조(산지전용허가기준 등에 관한 적용례) 별표 4 제6호 및 제7호의 개정규정은 이 영 시행 후 최초로 산지전용허가를 신청하는 것부터 적용한다.

제6조(대체산림자원조성비의 감면에 관한 적용례) 별표 5 제1호·제2호 및 제4호의 개정규정은 이 영 시행 후 최초로 산지전용허가를 신청하는 것부터 적용한다.

제7조 삭제 <2010.12.7>

제8조(채석허가에 필요한 장비 등의 기준에 관한 적용례) 별표 6 비고란 제4호의 개정규정은 이 영 시행 후 최초로 채석허가를 신청하는 것부터 적용한다.

용한다.

제3조(산지전용신고에 관한 적용례) 제13조제3항의 개정규정은 이 규칙 시행 후 최초로 산지전용신고를 하는 것부터 적용한다.

제4조(토석채취허가의 신청 등에 관한 적용례) 제24조 및 제24조의2의 개정규정은 이 규칙 시행 후 최초로 토석채취허가의 신청 등을 하는 것부터 적용한다.

제5조(복구설계서의 작성기준 등에 관한 적용례) 제42조의 개정규정은 이 규칙 시행 후 최초로 복구설계서의 승인을 신청하는 것부터 적용한다.

제6조(다른 법령과의 관계) 이 규칙 시행 당시 다른 법령에서 종전의 「산지관리법 시행규칙」 및 그 규정을 인용하고 있는 경우 이 규칙 중 그에 해당하는 규정이 있는 때에는 이 규칙 또는 이 규칙의 해당

산지관리법	산지관리법 시행령	산지관리법 시행규칙
⑭산지관리법 일부를 다음과 같이 개정한다. 제4조제3항, 제7조제3항, 제10조제10호, 제12호제1항제13호·제2항제6호, 제14조제1항, 제15조제1항 본문·제7호·제8호·제3항, 제17조제1항제1호·제2호, 제19조제2항제2호, 제20조 각 호외의 부분, 제21조제1항 각 호외의 부분, 제25조제1항 단서·제2항 전단 및 후단·제3항·제4항, 제27조제3항, 제29조제5항, 제30조제1항 전단 및 후단·제3항, 제32조제1항 후단·제2항 전단 및 후단·제3항·제4항, 제35조제6항, 제38조제1항 본문·제2항·제5항, 제39조제4항, 제40조제2항·제3항, 제42조제2항·제3항, 제43조제3항, 제46	부 칙 〈대통령령 제20205호, 2007.7.27〉 제1조(시행일) 이 영은 공포한 날부터 시행한다. 제2조(지역등의 지정 등에 관한 적용례) 제6조, 제7조 및 별표 2의 개정규정은 이 영 시행 후 최초로 산림청장에게 협의를 신청하는 것부터 적용한다. 제3조(보전산지 안에서의 행위제한에 관한 적용례) 제12조 및 제13조의 개정규정은 이 영 시행 후 최초로 산지전용허가를 신청하거나 산지전용신고를 하는 것부터 적용한다. 제4조(산지전용허가 및 산지전용신고에 관한 적용례) 제15조, 제17조, 별표 3 및 별표 4의 개정규정은 이 영 시행 후 최초로 산지전용허가를 신청하거나 산지전용신고를 하는	규정을 인용한 것으로 본다. 부 칙 〈농림부령 제422호, 2007.9.27〉 (광업법 시행규칙) 제1조(시행일) 이 규칙은 공포한 날부터 시행한다. 제2조(다른 법령의 개정) ① 및 ② 생략 ③산지관리법 시행규칙 일부를 다음과 같이 개정한다. 제18조제3항제5호 중 "제45조제1항의 규정"을 "제40조제1항"으로 한다. 제28조 전단 중 "제29조제1항의 규정"을 "제24조제1항"으로 한다. ④ 및 ⑤ 생략 제3조 생략

조제4항, 제47조제5항 중 "농림부령"을 각각 "농림수산식품부령"으로 한다.

⑮부터 ⑩까지 생략

제7조 생략

부 칙
<법률 제8976호, 2008.3.21>
(도로법)

제1조(시행일) 이 법은 공포한 날부터 시행한다. <단서 생략>

제2조부터 제8조까지 생략

제9조(다른 법률의 개정) ①부터 ㊶까지 생략

㊷산지관리법 일부를 다음과 같이 개정한다.

제25조의2제1항제1호 중 "「도로법」 제11조"를 "「도로법」 제8조"로 한다.

㊸부터 <99>까지 생략

제10조 생략

것부터 적용한다.

제5조(산지전용기간의 연장허가 등에 관한 적용례) 제19조의 개정규정은 이 영 시행 후 최초로 산지전용기간의 연장허가 등을 신청하는 것부터 적용한다.

제6조(대체산림자원조성비의 환급·감면에 관한 적용례) 제25조의2 및 별표 5의 개정규정은 이 영 시행 후 최초로 산지전용허가·신고 또는 산지전용허가나 산지전용신고가 의제되거나 배제되는 행정처분을 신청하는 것부터 적용한다. 다만, 별표 5 제4호나목(15)의 개정규정은 이 영 시행 후 「공공기관 지방이전에 따른 혁신도시 건설 및 지원에 관한 특별법」 제14조에 따라 최초로 산지전용허가가 의제되는 것부터 적용한다.

제7조(용도변경의 승인 등에 관한 적용례) 제26조의 개정규정은 이 영

부 칙
<농림수산식품부령 제3호, 2008.3.3>
(산림청과 그 소속기관 직제 시행규칙)

제1조(시행일) 이 규칙은 공포한 날부터 시행한다.

제2조 생략

제3조(다른 법령의 개정) ①부터 ⑤까지 생략

⑥산지관리법 시행규칙 일부를 다음과 같이 개정한다.

제28조 각 호 외의 부분 중 "산업자원부장관"을 "지식경제부장관"으로 한다.

제4조제2항 각 호 외의 부분 본문, 제6조제1항·제2항 본문, 제7조 각 호 외의 부분, 제8조제1항·제2항 본문·제4항·제5항, 제9조제1항·제2항 본문·제3항 각 호 외의 부분, 제9조의2제2항, 제10조제2항 각 호 외의 부분 본문·제4항 각 호 외의 부분, 제

산지관리법	산지관리법 시행령	산지관리법 시행규칙
부　칙 <법률 제9401호, 2009.1.30> (국유재산법) 제1조(시행일) 이 법은 공포 후 6개월이 경과한 날부터 시행한다. <단서 생략> 제2조부터 제9조까지 생략 제10조(다른 법률의 개정) ①부터 ㊸까지 생략 　㊹ 산지관리법 일부를 다음과 같이 개정한다. 　　제13조제3항 중 "「국유재산법」 제12조"를 "「국유재산법」 제9조"로 한다. ㊺부터 <86>까지 생략 제11조 생략	시행 후 최초로 용도변경승인을 신청하는 것부터 적용한다. 제8조(토석채취허가 등에 관한 적용례) 제32조, 제32조의2, 제32조의3, 제34조부터 제37조까지, 제39조, 별표 7, 별표 8, 별표 8의2, 별표 9 및 별표 10의 개정규정은 이 영 시행 후 최초로 토석채취허가를 신청하거나 토사채취신고를 하는 것부터 적용한다. 제9조(복구설계서의 승인에 관한 경과조치) 이 영 시행 당시 종전의 규정에 따라 산지전용허가 등이 신청되거나 접수된 것에 대한 복구설계서의 제출기간에 대하여는 제48조의 개정규정에도 불구하고 종전의 규정에 따른다. 제10조(다른 법령의 개정) ①「산림자원의 조성 및 관리에 관한 법률	12조제2항 본문, 제13조제2항 각 호 외의 부분 본문·제3항 각 호 외의 부분, 제14조제1항 본문·제2항, 제16조, 제17조제2항, 제18조제1항, 제24조제3항 각 호 외의 부분, 제24조의2제2항 각 호 외의 부분, 제25조, 제30조제2항 각 호 외의 부분, 제46조 및 제47조제2항 각 호 외의 부분 중 "농림부령"을 각각 "농림수산식품부령"으로 한다. 별표 5 제3호 중 "재정경제부장관"을 "기획재정부장관"로 한다. ⑦부터 ⑩까지 생략 부　칙 <농림수산식품부령 제27호, 2008.7.16> 제1조(시행일) 이 규칙은 공포한 날부터 시행한다. 제2조(복구설계서 승인기준에 관한

부 칙
<법률 제9722호, 2009.5.27>

이 법은 공포 후 6개월이 경과한 날부터 시행한다.

부 칙
<법률 제9982호, 2010.1.27>
(광업법)

제1조(시행일) 이 법은 공포 후 1년이 경과한 날부터 시행한다.
제2조부터 제9조까지 생략
제10조(다른 법률의 개정) ①부터 ⑤까지 생략
⑥ 산지관리법 일부를 다음과 같이 개정한다.
제27조제1항제2호 중 "채광작업"을 "채굴작업"으로 하고, 같은 조 제2항 각 호 외의 부분 본문 중 "채광하기"를 "채굴하기"로, "채광계획인가"를 "채굴계획의 인가"로, "광업권자"를 "채굴권자"로

시행령」 일부를 다음과 같이 개정한다.
제43조제8호 각 목 외의 부분 중 "석재 또는 토사"를 "토석"으로 하고, 같은 호 가목 중 "채석허가"를 "토석채취허가"로 하며, 같은 호 나목 중 "「산지관리법」 제32조제1항에 따라 토사채취허가를 받거나 동조제2항"을 "「산지관리법」 제25조제2항"으로 하고, 같은 호 다목 중 "석재·토사"를 "토석"으로 한다.
②폐광지역개발 지원에 관한 특별법 시행령 일부를 다음과 같이 개정한다.
제11조제3항 본문 중 "「산지관리법」 제14조"를 "「산지관리법」 제15조"로 한다.
제11조(다른 법령과의 관계) 이 영 시행 당시 다른 법령에서 종전의 「산지관리법 시행령」 및 그 규정

적용례) 별표 6의 개정규정은 이 규칙 시행 후 복구설계서의 승인 및 변경승인을 신청하는 것부터 적용한다.

부 칙
<농림수산식품부령 제67호, 2009.4.20>

제1조(시행일) 이 규칙은 공포한 날부터 시행한다.
제2조(임업용산지에서의 행위제한에 관한 적용례) 제8조제1항의 개정규정은 이 규칙 시행 후 최초로 산지전용허가를 신청하거나 산지전용신고를 하는 것부터 적용한다.
제3조(산지전용신고에 관한 적용례) 제13조제2항의 개정규정은 이 규칙 시행 후 최초로 산지전용신고를 하는 것부터 적용한다.
제4조(산지전용허가기준에 관한 적용례) 제18조제3항제4호 및 제6호의 개정규정은 이 규칙 시행 후 최초로 산지전용허가를 신청하는 것부

산지관리법	산지관리법 시행령	산지관리법 시행규칙
한다. 제35조제4항 중 "채광계획인가"를 "채굴계획의 인가"로 한다. 제37조제1항 각 호 외의 부분 단서 중 "채광"을 "채굴"로 한다. ⑦부터 ⑩까지 생략 **부　　칙** 〈법률 제10001호, 2010.2.4〉 (매장문화재 보호 및 조사에 관한 법률) **제1조(시행일)** 이 법은 공포 후 1년이 경과한 날부터 시행한다. **제2조부터 제4조까지 생략** **제5조(다른 법률의 개정)** ① 산지관리법 일부를 다음과 같이 개정한다. 제15조제1항제10호를 다음과 같이 한다. 　10.「매장문화재 보호 및 조사에 관한 법률」에 따른 매장문화재 지표조사	을 인용하고 있는 경우 이 영 중 그에 해당하는 규정이 있는 때에는 이 영 또는 이 영의 해당 규정을 인용한 것으로 본다. **부　　칙** 〈대통령령 제20244호, 2007.9.6〉 (폐기물관리법 시행령) **제1조(시행일)** 이 영은 공포한 날부터 시행한다. 〈단서 생략〉 **제2조부터 제5조까지 생략** **제6조(다른 법령의 개정)** ①부터 ④까지 생략 ⑤산지관리법 시행령 일부를 다음과 같이 개정한다. 제12조제5항제1호나목 (3)중 "「폐기물관리법 시행령」 별표 2 제1호라목"을 "「폐기물관리법 시행령」 별표 3 제1호라목"으로 하고, 제13조제3항제2호 중 "	터 적용한다. **제5조(복구설계서 제출면제 범위 및 승인기준에 관한 적용례)** 제42조제1항 및 별표 6의 개정규정은 이 규칙 시행 후 최초로 복구설계서 승인 및 변경승인을 신청하는 것부터 적용한다. **제6조(하자보수보증금의 예치에 관한 적용례)** 제44조제3항의 개정규정은 이 규칙 시행 후 최초로 산지전용허가를 신청하거나 산지전용신고를 하는 것부터 적용한다. **부　　칙** 〈농림수산식품부령 제95호, 2009.11.27〉 **제1조(시행일)** 이 규칙은 2009년 11월 28일부터 시행한다. **제2조(산지전용허가기준 등의 적합여부 확인 등에 관한 적용례)** 제18조의2부터 제18조의5까지의 신설

②부터 ⑤까지 생략
제6조 생략

부 칙
<법률 제10331호, 2010.5.31>

제1조(시행일) 이 법은 공포 후 6개월이 경과한 날부터 시행한다. 다만, 제18조의2, 제18조의4제1항 각 호 외의 부분 단서, 제40조의2, 제44조제3항(제40조의2와 관련된 부분에 한한다), 제55조제3호·제9호, 제56조(제55조제3호 및 제9호와 관련된 사항에 한한다), 제57조제1항제3호의 개정규정은 2011년 7월 1일부터 시행한다.

제2조(불법전용산지에 관한 임시특례) ① 이 법 시행 당시 적법한 절차를 거치지 아니하고 산지를 5년 이상 계속하여 다음 각 호의 어느 하나에 해당하는 용도로 이용 또는 관리하고 있는 자는 그 사실을 이

「폐기물관리법」 제2조제7호"를 "「폐기물관리법」 제2조제8호"로 한다.
⑥부터 ⑰까지 생략
제7조 생략

부 칙
<대통령령 제20383호, 2007.11.15>
(대기환경보전법 시행령)

제1조(시행일) 이 영은 공포한 날부터 시행한다. <단서 생략>
제2조부터 제9조까지 생략
제10조(다른 법령의 개정) ①부터 ③까지 생략
④산지관리법 시행령 일부를 다음과 같이 개정한다.
제12조제6항제5호 중 "「대기환경보전법」 제36조의2제2항제2호의 규정에 의한"을 "「대기환경보전법」 제58조제2항제2호에 따른"으로 한다.
⑤부터 ⑫까지 생략

규정은 이 규칙 시행 후 최초로 산지관리법 제8조제1항에 따른 협의를 신청하거나 같은 법 제14조에 따라 산지전용허가(다른 법률에 따라 산지전용허가가 의제되는 행정처분을 포함한다)를 신청하는 것부터 적용한다.

부 칙
<농림수산식품부령 제95호, 2009.11.27>

제1조(시행일) 이 규칙은 2009년 11월 28일부터 시행한다.
제2조(산지전용허가기준 등의 적합여부 확인 등에 관한 적용례) 제18조의2부터 제18조의5까지의 신설 규정은 이 규칙 시행 후 최초로 산지관리법 제8조제1항에 따른 협의를 신청하거나 같은 법 제14조에 따라 산지전용허가(다른 법률에 따라 산지전용허가가 의제되는 행정처분을 포함한다)를 신청하는 것부

산지관리법	산지관리법 시행령	산지관리법 시행규칙
법 시행일부터 1년 이내에 농림수산식품부령으로 정하는 바에 따라 시장·군수·구청장에게 신고하여야 한다. 1. 국방·군사시설 2. 대통령령으로 정하는 공용·공공용 시설 또는 농림어업용 시설(농림어업인이 주된 주거용으로 사용하고 있는 시설을 포함한다) ②시장·군수·구청장은 제1항에 따라 신고된 산지가 이 법 또는 다른 법률에 따른 산지전용의 행위 제한 및 허가기준이나 대통령령으로 정하는 기준에 적합한 산지인 경우에는 심사를 거쳐 산지전용허가 등 지목 변경에 필요한 처분을 할 수 있다. ③제2항에 따른 처분을 하는 경우에	제11조 생략 부　칙 <대통령령 제20428호, 2007.11.30> (수질 및 수생태계 보전에 관한 법률 시행령) 제1조 (시행일) 이 영은 공포한 날부터 시행한다. 제2조부터 제5조까지 생략 제6조(다른 법령의 개정) ①부터 ⑦까지 생략 ⑧ 산지관리법 시행령 일부를 다음과 같이 개정한다. 제12조제10항제3호 본문 중 "「수질환경보전법」"을 "「수질 및 수생태계 보전에 관한 법률」"로 하고, 같은 항 제4호 중 "「수질환경보전법」"을 "「수질 및 수생태계 보전에 관한 법률」"로, "별표 8"을 "별표 13"으로 하며, 제32조의2제1항제2호바목 중 "	터 적용한다. 부　칙 <농림수산식품부령 제103호, 2009.12.15> (농어촌정비법 시행규칙) 제1조(시행일) 이 규칙은 공포한 날부터 시행한다. <단서 생략> 제2조 및 제3조 생략 제4조(다른 법령의 개정) ①부터 ③까지 생략 ④산지관리법 시행규칙 일부를 다음과 같이 한다. 제18조제3항제4호 중 "농수산업생산기반"을 "농업생산기반"으로, "농어촌생활환경정비사업"을 "생활환경정비사업"으로 한다. 제5조 생략

는 이 법을 적용한다. 다만, 산지를 전용한 시점의 규정이 신고자에게 유리한 경우에는 산지전용 시점의 규정을 적용한다.

④시장·군수·구청장은 제2항에 따른 산지전용허가 등을 하고자 하는 산지가 산지전용이 제한되는 산지이거나 다른 법률에 따른 인가·허가·승인 등의 행정처분이 필요한 산지인 경우에는 미리 관계 행정기관의 장과 협의를 하여야 한다.

⑤제2항에 따른 심사의 방법 및 처분절차 등에 관한 사항은 대통령령으로 정한다.

제3조(산지관리기본계획의 수립 등에 관한 적용례) 제3조의2의 개정규정에 따라 처음으로 수립하는 산지관리기본계획은 2012년 12월 31일까지 수립하여야 한다. 다만, 다른 법률에 따른 계획과 연계를 위하여

「수질환경보전법」 제2조제7호"를 "「수질 및 수생태계 보전에 관한 법률」 제2조제13호"로 한다.

⑨부터 ㉒까지 생략

제7조 생략

부 칙
<대통령령 제20506호, 2007.12.31>
(전자적 업무처리의 활성화를 위한 국유재산법 시행령 등 일부개정령)

이 영은 공포한 날부터 시행한다.

부 칙
<대통령령 제20696호, 2008.2.29>
(산림청과 그 소속기관 직제)

제1조(시행일) 이 영은 공포한 날부터 시행한다.

제2조 생략

제3조(다른 법령의 개정) ①부터 ⑦까지 생략

⑧산지관리법 시행령 일부를 다음과 같이 개정한다.

부 칙
<농림수산식품부령 제137호, 2010.8.5>
(어업면허의 관리 등에 관한 규칙)

제1조(시행일) 이 규칙은 공포한 날부터 시행한다.

제2조(다른 법령의 개정) ① 생략

②산지관리법 시행규칙 일부를 다음과 같이 개정한다.

제7조제3호 중 "「수산업법」 제2호제11호"를 "「수산업법」 제2조제12호"로 한다.

부 칙
<농림수산식품부령 제162호, 2011.1.5>

제1조(시행일) 이 규칙은 공포한 날부터 시행한다. 다만, 제4조제2항제6호, 제10조제2항제2호, 제18조, 제39조제4호의2 및 제42조의2의 개정규정은 2011년 7월 1일부터 시행한다.

산지관리법	산지관리법 시행령	산지관리법 시행규칙
필요하면 그 계획기간을 조정할 수 있다. 제4조(산지전용타당성조사에 관한 적용례) 제18조의2의 개정규정은 그 개정규정 시행 후 최초로 산지전용허가나 산지일시사용허가를 신청하는 분부터 적용한다. 제5조(산지의 복구 시 성토 및 산지복구공사 감리 등에 관한 적용례) ① 제39조제4항의 개정규정은 이 법 시행 후 최초로 복구설계서를 제출하는 분부터 적용한다. ②제40조의2의 개정규정은 그 개정규정 시행 후 최초로 복구설계서를 제출하는 분부터 적용한다. 제6조(지방이양에 따른 경과조치) 이 법 시행 당시 종전의 제15조, 제17조, 제20조, 제21조, 제25조, 제26조, 제28조, 제30조, 제31조, 제37	제12조제7항 중 "문화관광부장관"을 "문화체육관광부장관"으로 하고, 같은 조 제9항제1호 중 "과학기술부장관"을 "교육과학기술부장관"으로 한다. 제28조제5항제1호 중 "농림부·환경부·건설교통부"를 "농림수산식품부·환경부·국토해양부"로 한다. 제34조제1항제3호 중 "과학기술부장관"을 "지식경제부장관"으로 한다. 제6조제1항, 제8조제4항제1호, 제12조제3항·제6항제4호·제6항제5호·제13항, 제13조제3항제1호, 제14조의2제1항, 제15조제1항·제3항 본문, 제16조제1항, 제17조제1항, 제19조제1항 본문·제3항 본문, 제21조제2항 각	제2조(불법전용산지에 관한 임시특례) 법률 제10331호 산지관리법 일부개정법률 부칙 제2조제1항에 따라 불법전용산지를 신고하려는 자는 별지 제50호서식의 불법전용산지신고서에 다음 각 호의 서류를 첨부하여 시장·군수·구청장에게 제출하여야 한다. 1. 「측량·수로조사 및 지적에 관한 법률」 제24조에 따른 지적측량수행자가 측량한 신고대상 산지의 분할측량성과도 또는 등록전환측량성과도 1부 2. 신고대상 산지를 5년 이상 계속하여 다른 용도로 이용 또는 관리하고 있는 사실을 입증하기 위한 서류(공과금 영수증 또는 공부의 사본 등 해당 서류가 있는 경우만 해당한다)

조부터 제40조까지, 제41조부터 제44조까지, 제47조부터 제49조까지 및 제57조에 따라 신청, 신고 등이 접수된 사항에 대하여는 종전의 규정에 따른다.

제7조(산지일시사용허가·신고에 관한 경과조치) ①이 법 시행 당시 종전의 제14조 및 제15조에 따라 산지전용허가를 받거나 산지전용신고가 수리된 사항이 제15조의2제1항 및 제2항의 개정규정에 해당되는 경우에는 산지일시사용허가를 받거나 산지일시사용신고가 수리된 것으로 본다.

②이 법 시행 당시 종전의 제14조 및 제15조에 따라 산지전용신청 또는 신고가 접수된 사항이 제15조의2제1항 및 제2항의 개정규정에 해당되는 경우에는 산지일시사용신청 또는 신고가 접수된 것으로 본다.

호 외의 부분, 제24조제2항 단서, 제32조제1항·제3항, 제36조제3항제1호 본문, 제39조제1항·제4항·제5항, 제44조제1항, 제45조제1항, 제46조제2항 각 호 외의 부분, 제46조의2 각 호 외의 부분 후단, 제50조제1항제2호·제2항, 제50조의2제3항 및 제53조제4항 중 "농림부령"을 각각 "농림수산식품부령"으로 한다.

별표 1 제3호의 협의대상지역등란 중 "건설교통부장관"을 "국토해양부장관"으로 한다.

별표 4 제7호의 세부기준란 중 "산업자원부장관"을 "지식경제부장관"으로 한다.

⑨부터 ⑫까지 생략

3. 별지 제51호서식에 따른 산지이용확인서 1부(신고대상 산지의 소재지 리·동에 5년 이상 계속하여 거주하고 있는 자 중 통·반·리장 1명을 포함한 3명 이상이 확인하여야 한다)
4. 「측량·수로조사 및 지적에 관한 법률」 제80조에 따른 토지이동신청서 1부
5. 「농지법」 제50조에 따른 농지원부 등본 등 농지취득자격이 있는 자가 사용하고 있는 사실을 입증하기 위한 서류(신고대상 산지가 「농지법」에 따른 농작물의 경작 또는 다년생식물의 재배에 이용되는 시설·토지인 경우만 해당한다)
6. 「산림자원의 조성 및 관리에 관한 법률 시행령」 제30조제1항에 따른 산림공학기술자 또는 「국가기술자격법」에 따른 산

산지관리법	산지관리법 시행령	산지관리법 시행규칙
제8조(산지전용·일시사용제한지역에 관한 경과조치) 이 법 시행 당시 종전의 제9조제1항에 따라 지정된 산지전용제한지역은 제9조제1항의 개정규정에 따라 산지전용·일시사용제한지역으로 지정된 것으로 본다. 제9조(산지의 지목변경 제한에 관한 경과조치) 이 법 시행 당시 종전의 규정에 따라 산지전용신고를 한 자의 지목변경 제한에 관하여는 제21조의2의 개정규정에도 불구하고 종전의 규정에 따른다. 제10조(「매장문화재 보호 및 조사에 관한 법률」에 따른 매장문화재 지표조사에 관한 경과조치) 제15조의2제2항제6호의 개정규정 중 "「매장문화재 보호 및 조사에 관한 법률」에 따른 매장문화재 지표조사"	부　칙 <대통령령 제20763호, 2008.4.3> (하천법 시행령) 제1조(시행일) 이 영은 2008년 4월 7일부터 시행한다. 제2조 생략 제3조(다른 법령의 개정) ①부터 ⑦까지 생략 ⑧ 산지관리법 시행령 일부를 다음과 같이 개정한다. 제32조의2제1항제2호마목을 다음과 같이 한다. 마. 「하천법」 제7조제1항에 따른 하천 ⑨부터 ⑳까지 생략 제4조 생략	림기사·토목기사·측량 및 지형공간정보기사 이상의 자격증 소지자가 조사·작성한 표고 및 평균경사도조사서 1부(신고대상 산지가 2003년 10월 1일 이후에 전용된 경우만 해당한다) 7. 산지소유자의 동의서 1부(국방·군사시설 또는 공용·공공용시설을 관리하고 있는 자가 신고하는 경우만 해당한다) 제3조(지역등의 지정·결정 협의서류에 관한 적용례) 제4조제2항제6호의 개정규정은 2011년 7월 1일 이후 최초로 산지에서의 지역등의 지정·결정에 관한 협의를 요청하는 것부터 적용한다. 제4조(협의대상 지역등의 경계표시에 관한 적용례) 제4조제3항의 개정규정은 이 규칙 시행 후 최초로 지역

는 2011년 2월 4일까지는 "「문화재보호법」에 따른 문화재 지표조사"로 본다.

제11조(「광업법」 제3조제3호의2·제3호의3에 관한 경과조치) 제27조제1항 각 호 외의 부분 본문 중 "「광업법」 제3조제3호의2·제3호의3"은 2011년 1월 27일까지는 "「광업법」 제3조제3호"로 본다.

제12조(다른 법률의 개정) ①2011대구세계육상선수권대회, 2014인천아시아경기대회 및 2015광주하계유니버시아드대회 지원법 일부를 다음과 같이 개정한다.

제28조제1항제5호 중 "산지전용신고"를 "산지전용신고 및 제15조의2에 따른 산지일시사용허가·신고"로 한다.

②2012여수세계박람회 지원특별법 일부를 다음과 같이 개정한다.

제30조제1항제20호 중 "산지전용

부 칙
<대통령령 제20854호, 2008.6.20>
(농업·농촌 및 식품산업 기본법 시행령)

제1조(시행일) 이 영은 2008년 6월 22일부터 시행한다.

제2조부터 제4조까지 생략

제5조(다른 법령의 개정) ①부터 ⑭까지 생략

⑮산지관리법 시행령 일부를 다음과 같이 개정한다.

제12조제5항제1호 각 목 외의 부분 중 "「농업·농촌기본법 시행령」 제4조의 규정에 의한 생산자단체"를 "「농업·농촌 및 식품산업 기본법 시행령」 제4조에 따른 생산자단체"로 한다.

⑯부터 ㉒까지 생략

제6조 생략

등의 지정·결정에 관한 협의를 요청하는 것부터 적용한다.

제5조(채석단지에서의 채석신고에 관한 적용례) 제30조제4항제3호의2의 개정규정은 이 규칙 시행 후 최초로 채석신고 또는 채석신고의 변경신고가 접수되는 것부터 적용한다.

제6조(복구비의 산정기준에 관한 적용례) 제39조제4호의2의 개정규정은 2011년 7월 1일 이후에 최초로 복구비를 예치하여야 하는 것부터 적용한다.

제7조(복구설계서 승인에 관한 적용례) 제42조제1항제3호 및 제2항의 개정규정은 이 규칙 시행 후 최초로 복구설계서 승인을 신청하는 것부터 적용한다.

제8조(허가구역 등의 경계 표시에 관한 경과조치) 이 규칙 시행 당시 산지전용허가·변경허가 또는 변경신고에 따른 구역의 경계 표시에

산지관리법	산지관리법 시행령	산지관리법 시행규칙
신고"를 "산지전용신고, 같은 법 제15조의2에 따른 산지일시사용허가·신고"로 한다. ③개발제한구역의 지정 및 관리에 관한 특별조치법 일부를 다음과 같이 개정한다. 제14조제1항제1호 중 "산지전용신고"를 "산지전용신고, 같은 법 제15조의2에 따른 산지일시사용허가·신고"로 한다. ④건축법 일부를 다음과 같이 개정한다. 제10조제6항제2호 본문 및 제11조제5항제5호 본문 중 "산지전용신고"를 각각 "산지전용신고, 같은 법 제15조의2에 따른 산지일시사용허가·신고"로 한다. ⑤경제자유구역의 지정 및 운영에 관한 특별법 일부를 다음과 같이 개정한다.	부　칙 〈대통령령 제20936호, 2008.7.24〉 제1조(시행일) 이 영은 공포한 날부터 시행한다. 제2조(산지전용제한지역지정의 해제에 관한 적용례) 제11조제1호의 개정규정은 이 영 시행 후 최초로 산림청장에게 산지전용제한지역지정의 해제를 요청한 것부터 적용한다. 제3조(산지관리위원회 위원의 결격사유에 관한 적용례) 제31조의4제1항 및 제2항의 개정규정은 이 영 시행 후 최초로 중앙산지관리위원회 또는 지방산지관리위원회의 위원이 되는 자부터 적용한다. 제4조(토석채취허가의 절차 및 심사 등에 관한 적용례) 제32조제2항의 개정규정은 이 영 시행 후 최초로 토석채취허가 또는 변경허가의 신	관하여는 제10조제7항의 개정규정에도 불구하고 종전의 규정에 따른다. 제9조(토석의 매각대금 결정방법에 관한 경과조치) 이 규칙 시행 당시 매각계약 절차가 진행 중인 토석의 매각대금 결정방법은 제35조제2항의 개정규정에도 불구하고 종전의 규정에 따른다. 제10조(구적도에 관한 경과조치) 이 규칙 시행 당시 토석채취, 토사채취, 채석단지에서의 채석 또는 토석의 매입 및 무상양여절차와 관련하여 종전의 규정에 따라 제출한 구적도는 이 규칙의 개정규정에 따라 측량된 구적도로 본다. 제11조(다른 법령의 개정) ①국유림의 경영 및 관리에 관한 법률 시행규칙 일부를 다음과 같이 개정한다.

제11조제1항제2호 중 "산지전용신고"를 "산지전용신고, 같은 법 제15조의2에 따른 산지일시사용허가·신고"로 하고, 제27조제8호 중 "「산지관리법」 제14조, 제15조, 제17조"를 "「산지관리법」 제14조, 제15조, 제15조의2, 제17조"로 한다.

⑥공공기관 지방이전에 따른 혁신도시 건설 및 지원에 관한 특별법 일부를 다음과 같이 개정한다.

제14조제1항제21호 중 "산지전용신고"를 "산지전용신고, 같은 법 제15조의2에 따른 산지일시사용허가·신고"로 한다.

⑦법률 제10272호 공유수면 관리 및 매립에 관한 법률 일부를 다음과 같이 개정한다.

제39조제1항제9호 중 "산지전용신고"를 "산지전용신고, 같은 법 제15조의2에 따른 산지일시사용허

청을 받거나 변경신고를 하는 것부터 적용한다.

제5조(복구비의 예치 면제에 관한 적용례) 제46조제1항제2호의 개정규정은 이 영 시행 후 최초로 법 제37조제1항 각 호의 어느 하나에 해당하는 허가 등의 처분을 신청하거나 신고 등을 하는 공용·공공용 시설의 설치사업부터 적용한다.

제6조(하자보수보증금의 예치 면제에 관한 적용례) 제49조제1호의 개정규정은 이 영 시행 후 최초로 복구준공검사를 신청하는 것부터 적용한다.

제7조(산지에서의 지역등의 협의에 관한 적용례) 별표 2의 개정규정은 이 영 시행 후 최초로 협의를 요청하는 것부터 적용한다.

제8조(신고대상 시설 및 행위의 범위 등에 관한 적용례) 별표 3의 개정규정은 이 영 시행 후 최초로 산지

제23조제1항제6호를 다음과 같이 한다.

6. 「산지관리법 시행규칙」 제10조, 제13조, 제15조의2 및 제15조의3에 따른 산지전용·산지일시사용의 검토에 필요한 서류(산지전용·산지일시사용이 수반되는 경우만 해당하며, 제1호부터 제5호까지의 서류와 중복되는 서류는 생략한다)

②산림자원의 조성 및 관리에 관한 법률 시행규칙 일부를 다음과 같이 개정한다.

제10조제1항제4호 중 "「산지관리법 시행규칙」 제13조제2항 각 호의 서류"를 "「산지관리법 시행규칙」 제15조의3제2항에 따른 서류"로 하고, 같은 조 제8항제1호 중 "「산지관리법 시행규칙」 제15조에 따른 산지전용신고"를 "「산지관리법」 제15조의3에 따

산지관리법	산지관리법 시행령	산지관리법 시행규칙
가·신고"로 한다. ⑧과학관육성법 일부를 다음과 같이 개정한다. 제8조제6호 중 "산지전용신고"를 "산지전용신고, 같은 법 제15조의2에 따른 산지일시사용허가·신고"로 한다. ⑨관광진흥법 일부를 다음과 같이 개정한다. 제16조제1항제2호 및 제58조제1항제10호 중 "산지전용신고"를 각각 "산지전용신고, 같은 법 제15조의2에 따른 산지일시사용허가·신고"로 한다. ⑩광업법 일부를 다음과 같이 개정한다. 제43조제1항제9호 중 "산지전용신고"를 "산지전용신고, 같은 법 제15조의2에 따른 산지일시사용허가·신고"로 한다.	전용신고 또는 변경신고를 하는 것부터 적용한다. 제9조(대체산림자원조성비 감면대상 및 감면비율에 관한 적용례) 별표 5의 개정규정은 이 영 시행 후 최초로 법 제19조제1항 각 호에 따른 산지전용허가·신고 또는 행정처분을 신청하는 것부터 적용한다. 제10조(권한의 위임 등에 관한 경과조치) 이 영 시행 당시 보전산지의 지정해제, 산지전용허가, 토석채취허가 등이 신청되어 그 절차가 진행 중인 것에 대하여는 제52조의 개정규정에도 불구하고 종전의 규정에 따른다. 부 칙 <대통령령 제21025호, 2008.9.22> (군사기지 및 군사시설 보호법 시행령) 제1조(시행일) 이 영은 공포한 날부터	른 산지일시사용신고"로 한다. 제44조제1항제3호 중 "「산지관리법 시행규칙」 제13조제2항 각 호의 서류"를 "「산지관리법 시행규칙」 제15조의3제2항에 따른 서류"로 하고, 같은 조 제2항제5호 중 "「산지관리법 시행규칙」 제15조에 따른 산지전용신고"를 "「산지관리법」 제15조의3에 따른 산지일시사용신고"로 한다. 부 칙 <농림수산식품부령 제212호, 2011.10.24> 제1조(시행일) 이 규칙은 공포한 날부터 시행한다. 제2조(복구설계 승인기준에 관한 적용례) 별표 6 제3호가목 후단의 개정규정은 이 규칙 시행 후 최초로 광물의 채굴을 위한 산지일시사용허가의 신청이나 토석채취허가의

⑪ 국가통합교통체계효율화법 일부를 다음과 같이 개정한다.

제52조제1항제13호 및 제80조제1항제7호 중 "산지전용신고"를 각각 "산지전용신고, 같은 법 제15조의2에 따른 산지일시사용허가·신고"로 한다.

⑫ 국유림의 경영 및 관리에 관한 법률 일부를 다음과 같이 개정한다.

제21조제2항 중 "산지전용신고와"를 "산지전용신고, 같은 법 제15조의2에 따른 산지일시사용허가·신고 및"으로 한다.

⑬ 국토의 계획 및 이용에 관한 법률 일부를 다음과 같이 개정한다.

제61조제1항제10호·제81조제5항제1호 및 제92조제1항제13호 중 "산지전용신고"를 각각 "산지전용신고, 같은 법 제15조의2에 따른 산지일시사용허가·신고"로 한다.

시행한다.

제2조 및 제3조 생략

제4조(다른 법령의 개정) ①부터 ⑬까지 생략

⑭ 산지관리법 시행령 일부를 다음과 같이 개정한다.

제32조의2제1항제4호가목을 다음과 같이 한다.

가.「군사기지 및 군사시설 보호법」제2조제2호에 따른 군사시설

⑮부터 ㉖까지 생략

부 칙
〈대통령령 제21098호, 2008.10.29〉
(건축법 시행령)

제1조(시행일) 이 영은 공포한 날부터 시행한다. 〈단서 생략〉

제2조 및 제3조 생략

제4조(다른 법령의 개정) ①부터 ⑫까지 생략

신청 또는 채석단지의 지정을 신청하여 해당 허가나 지정을 받은 광물의 채굴·토석채취지의 경우부터 적용한다.

부 칙
〈농림수산식품부령 제314호, 2012.10.26〉

제1조(시행일) 이 규칙은 공포한 날부터 시행한다.

제2조(채석단지의 지정신청에 관한 적용례) 제29조제1항의 개정규정은 이 규칙 시행 후 채석단지의 지정을 신청하는 경우부터 적용한다.

제3조(복구설계서의 작성기준에 관한 적용례) 제42조제1항의 개정규정은 이 규칙 시행 후 복구설계서의 승인을 신청하는 경우부터 적용한다.

제4조(산지복구공사를 감리하는 자의 선정기준에 관한 적용례) 제42조의2제2항의 개정규정은 이 규칙 시행

산지관리법	산지관리법 시행령	산지관리법 시행규칙
⑭금강수계 물관리 및 주민지원 등에 관한 법률 일부를 다음과 같이 개정한다. 제26조제1항제11호 중 "산지전용신고"를 "산지전용신고, 같은 법 제15조의2에 따른 산지일시사용허가·신고"로 한다. ⑮기업도시개발 특별법 일부를 다음과 같이 개정한다. 제13조제1항제18호 중 "산지전용신고"를 "산지전용신고, 같은 법 제15조의2에 따른 산지일시사용허가·신고"로 한다. ⑯기업활동 규제완화에 관한 특별조치법 일부를 다음과 같이 개정한다. 제19조를 다음과 같이 한다 제19조(산지전용허가에 관한 특례) 「산지관리법」 제14조, 제15조	⑬산지관리법 시행령 일부를 다음과 같이 개정한다. 제26조제1항제1호가목 중 "「건축법」 제18조의 규정에 의한"을 "「건축법」 제22조에 따른"으로 한다. ⑭부터 ㊳까지 생략 부　칙 〈대통령령 제21181호, 2008.12.24〉 (방사성폐기물 관리법 시행령) 제1조(시행일) 이 영은 2009년 1월 1일부터 시행한다. 제2조 및 제3조 생략 제4조(다른 법령의 개정) ① 및 ② 생략 ③산지관리법 시행령 일부를 다음과 같이 개정한다. 별표 5의 제4호나목에 (16)란을 다음과 같이 신설한다.	후 산지복구공사를 실시하는 경우부터 적용한다. 제5조(산지전용의 변경신고에 관한 경과조치) 이 규칙 시행 당시 산지전용의 변경신고 절차가 진행 중인 경우에는 제10조제4항의 개정규정에도 불구하고 종전의 규정에 따른다. 부　칙 〈농림수산식품부령 제336호, 2013.1.23〉 (법령서식 개선 등을 위한 국유림의 경영 및 관리에 관한 법률 시행규칙 등 일부개정령) 이 규칙은 공포한 날부터 시행한다. 부　칙 〈농림축산식품부령 제24호, 2013.3.23.〉 (산림청과 그 소속기관 직제 시행규칙) 제1조(시행일) 이 규칙은 공포한 날부터 시행한다. 제2조 생략 제3조(다른 법령의 개정) ①부터 ⑦까

및 제15조의2에 따른 산지전용 및 산지일시사용 중 공업용지의 조성을 위한 15만제곱미터 미만의 산지전용 및 산지일시사용의 허가의 권한은 같은 법 제52조에도 불구하고 광역시장 또는 도지사(특별자치도지사를 포함한다. 이하 "시·도지사"라 한다)가 이를 행사한다. 이 경우 「산지관리법」 제14조·제15조·제15조의2·제20조, 그 밖에 산지전용 및 산지일시사용과 관련되는 규정 중 "산림청장"은 "시·도지사"로 본다.

⑰낙동강수계 물관리 및 주민지원 등에 관한 법률 일부를 다음과 같이 개정한다.

제28조제1항제11호 중 "산지전용신고"를 "산지전용신고, 같은 법 제15조의2에 따른 산지일시사용허가·신고"로 한다.

| (16) 「방사성폐기물 관리법」 제2조제3호에 따른 방사성폐기물관리시설 | 50 | 50 |

④부터 ⑥까지 생략

제5조 생략

부 칙
<대통령령 제21185호, 2008.12.24>
(환경영향평가법 시행령)

제1조(시행일) 이 영은 2009년 1월 1일부터 시행한다. <단서 생략>

제2조 및 제3조 생략

제4조(다른 법령의 개정) ①부터 ⑦까지 생략

⑧산지관리법 시행령 일부를 다음과 같이 개정한다.

제36조제3항제3호 각 목 외의 부분 단서 중 "「환경·교통·재해 등에 관한 영향평가법」에 따른 영향평가"를 "「환경영향평가법」에 따른 환경영향평가"로 한다.

지 생략

⑧산지관리법 시행규칙 일부를 다음과 같이 개정한다.

제4조제2항 각 호 외의 부분 본문, 제6조제1항, 제7조 각 호 외의 부분, 제8조제1항·제4항·제5항, 제9조제1항, 같은 조 제3항 각 호 외의 부분, 제10조제2항 각 호 외의 부분 본문, 같은 조 제4항 각 호 외의 부분, 제12조제2항 본문, 제13조제2항 본문, 같은 조 제3항 각 호 외의 부분, 제15조의2제2항 각 호 외의 부분, 제15조의3제3항 각 호 외의 부분, 같은 조 제5항 각 호 외의 부분, 제15조의4제1항, 제16조, 제17조제2항, 제18조제2항 각 호 외의 부분, 같은 조 제3항, 같은 조 제4항 각 호 외의 부분, 제18조의3제2항, 제24조제3항 각 호 외의 부분, 제24조의2제2항 각

산지관리법	산지관리법 시행령	산지관리법 시행규칙
⑱농어촌도로 정비법 일부를 다음과 같이 개정한다. 　제12조제1항제4호 중 "산지전용신고"를 "산지전용신고, 같은 법 제15조의2에 따른 산지일시사용허가·신고"로 한다. ⑲농어촌정비법 일부를 다음과 같이 개정한다. 　제106조제2항제17호 중 "산지전용신고"를 "산지전용신고, 같은 법 제15조의2에 따른 산지일시사용허가·신고"로 한다. ⑳농어촌주택개량촉진법 일부를 다음과 같이 개정한다. 　제6조제1항제3호 중 "산지관리법 제14조·제15조의 규정에 의한 산지전용허가 및 산지전용신고"를 "「산지관리법」 제14조·제15조 및 제15조의2에 따른 산지	제39조제2항제4호를 다음과 같이 한다. 　4.「환경영향평가법」에 따른 평가결과(환경영향평가대상사업에 해당하는 경우에만 해당한다) ⑨부터 ㉒까지 생략 제5조 생략 부　칙 〈대통령령 제21214호, 2008.12.31〉 (행정안전부와 그 소속기관 직제) 제1조(시행일) 이 영은 공포한 날부터 시행한다. 〈단서 생략〉 제2조부터 제4조까지 생략 제5조(다른 법령의 개정) ①부터 ⑭까지 생략 ⑮산지관리법 시행령 일부를 다음과 같이 개정한다. 　별표 4 제4호 적용범위 공통의 세부기준란 및 같은 표 제7호 적용	호 외의 부분, 제25조, 제30조제2항 각 호 외의 부분, 제46조 및 제47조제2항 각 호 외의 부분 중 "농림수산식품부령"을 각각 "농림축산식품부령"으로 한다. 제28조 각 호 외의 부분 전단 중 "지식경제부장관"을 "산업통상자원부장관"으로 한다. ⑨부터 ⑪까지 생략 부　칙 〈농림축산식품부령 제52호, 2013.10.31〉 제1조(시행일) 이 규칙은 공포한 날부터 시행한다. 제2조(산지전용허가를 받은 사항의 변경신고에 관한 적용례) 제10조제4항제4호의 개정규정은 이 규칙 시행 후 산지전용허가를 받은 사항을 변경하는 경우부터 적용한다.

전용허가ㆍ산지전용신고 및 산지일시 사용허가ㆍ신고"로 한다.
㉑법률 제9762호 농업생산기반시설 및 주변지역 활용에 관한 특별법 일부를 다음과 같이 개정한다.
제15조제1항제19호 중 "산지전용신고"를 "산지전용신고, 같은 법 제15조의2에 따른 산지일시사용허가ㆍ신고"로 한다.
㉒법률 제9760호 농업인등의 농외소득 활동 지원에 관한 법률 일부를 다음과 같이 개정한다.
제11조제1항제11호 중 "산지전용신고"를 "산지전용신고, 같은 법 제15조의2에 따른 산지일시사용허가ㆍ신고"로 한다.
㉓대덕연구개발특구 등의 육성에 관한 특별법 일부를 다음과 같이 개정한다.
제29조제1항제2호 중 "「산지관리법」 제14조 및 같은 법 제15조

범위 공통의 세부기준란 사목 중 "농림부령이"를 각각 "농림수산식품부령으로"로 한다.
별표 8 비고란 1 중 "건설교통부장관"을 "국토해양부장관"으로 한다.
⑩⑥부터 ⑰⑤까지 생략

부　칙
<대통령령 제21427호, 2009.4.20>

제1조(시행일) 이 영은 공포한 날부터 시행한다.
제2조(산지전용허가기준의 적용범위 등에 관한 적용례) 별표 4 제7호 및 비고란 제3호의 개정규정은 이 영 시행 후 최초로 산지전용허가를 신청하는 분부터 적용한다.
제3조(대체산림자원조성비 감면대상 및 감면비율에 관한 적용례) 별표 5 제4호나목(17)란ㆍ(18)란의 개정규정은 이 영 시행 후 최초로 법

제3조(입목축적 조사 시 표준지 선정 기준에 관한 적용례) 별표 1의 개정규정은 이 규칙 시행 후 산지에서의 지역등의 지정ㆍ결정에 관한 협의를 위하여 입목축적을 조사하는 경우부터 적용한다.
제4조(평균경사도 측정방법에 관한 적용례) 별표 1의3의 개정규정은 이 규칙 시행 후 산지전용허가기준의 충족 여부를 판단하기 위하여 평균경사도를 측정하는 경우부터 적용한다.

부　칙
<농림축산식품부령 제66호, 2013.12.31>
(행정규제기본법 개정에 따른 규제 재검토기한 설정을 위한 국유림의 경영 및 관리에 관한 법률 시행규칙 등 일부개정령)

이 규칙은 2014년 1월 1일부터 시행한다.

산지관리법	산지관리법 시행령	산지관리법 시행규칙
의 규정에 따른 산지전용허가 및 산지전용신고"를 "「산지관리법」 제14조·제15조 및 제15조의2에 따른 산지전용허가·산지전용신고 및 산지일시사용허가·신고"로 한다. ㉔댐건설 및 주변지역지원 등에 관한 법률 일부를 다음과 같이 개정한다. 　제9조제1항제3호 중 "산지전용신고"를 "산지전용신고, 같은 법 제15조의2에 따른 산지일시사용허가·신고"로 한다. ㉕도로법 일부를 다음과 같이 개정한다. 　제25조제1항제4호 중 "산지전용신고"를 "산지전용신고, 같은 법 제15조의2에 따른 산지일시사용허가·신고"로 한다.	제19조제1항 각 호에 따른 산지전용허가·신고 또는 행정처분을 신청하는 분부터 적용한다. **제4조(채석단지의 세부지정기준에 관한 경과조치)** 이 영 시행 당시 채석단지의 지정절차가 진행 중인 것에 대하여는 제39조제3항의 개정규정에도 불구하고 종전의 규정에 따른다. **제5조(권한의 위임에 관한 경과조치)** 이 영 시행 당시 토석의 매각·무상양여, 토석의 매각계약의 해제 및 무상양여의 취소 등의 절차가 진행 중인 것에 대하여는 제52조제3항·제6항 및 제7항의 개정규정에도 불구하고 종전의 규정에 따른다.	부　칙 〈농림축산식품부령 제96호, 2014.7.2〉 (개인정보 보호를 위한 국유림의 경영 및 관리에 관한 법률 시행규칙 등 일부개정령) 이 규칙은 공포한 날부터 시행한다. 부　칙 〈농림축산식품부령 제100호, 2014.8.14〉 **제1조(시행일)** 이 규칙은 공포한 날부터 시행한다. **제2조(산지일시사용신고 첨부서류에 관한 경과조치)** 이 규칙 시행 전에 법 제15조의2제2항에 따라 풍력발전시설의 진입로 설치를 위하여 산지일시사용신고 또는 변경신고를 한 자에 대해서는 제15조의3제2항 및 별지 제7호의4서식의 개정규정에도 불구하고 종전의 규정에 따른다.

㉖도시개발법 일부를 다음과 같이 개정한다.

제19조제1항제9호 중 "산지전용신고"를 "산지전용신고, 같은 법 제15조의2에 따른 산지일시사용허가·신고"로 한다.

㉗도시 및 주거환경정비법 일부를 다음과 같이 개정한다.

제32조제1항제6호 본문 중 "산지전용신고"를 "산지전용신고, 같은 법 제15조의2에 따른 산지일시사용허가·신고"로 한다.

㉘도시철도법 일부를 다음과 같이 개정한다.

제23조제1항제5호 중 "산지전용신고"를 "산지전용신고, 같은 법 제15조의2에 따른 산지일시사용허가·신고"로 한다.

㉙도청이전을 위한 도시건설 및 지원에 관한 특별법 일부를 다음과 같이 개정한다.

부　칙
<대통령령 제21528호, 2009.6.9>
(전통사찰의 보존 및 지원에 관한 법률 시행령)

제1조(시행일) 이 영은 공포한 날부터 시행한다.

제2조(다른 법령의 개정) ①부터 ⑤까지 생략

⑥산지관리법 시행령 일부를 다음과 같이 개정한다.

별표 1 제2호의 협의대상지역등란 및 별표 5 제4호나목(18)의 대상시설란 중 "「전통사찰보존법」"을 각각 "「전통사찰의 보존 및 지원에 관한 법률」"로 한다.

⑦ 및 ⑧ 생략

제3조 생략

부　칙
<대통령령 제21626호, 2009.7.7>
(규제일몰제 적용을 위한 옥외광고물 등 관리법 시행령 등 일부개정령)

이 영은 공포한 날부터 시행한다.

제3조(산지일시사용신고가 의제되는 행정처분을 하기 위하여 제출하여야 하는 첨부서류에 관한 경과조치) 이 규칙 시행 전에 법 제15조의2제4항에 따라 산지일시사용신고가 의제되는 행정처분을 하기 위하여 산림청장 등에게 협의를 요청한 관계 행정기관의 장에 대해서는 별지 제7호의5서식의 개정규정에도 불구하고 종전의 규정에 따른다.

부　칙
<농림축산식품부령 제110호, 2014.9.25>

제1조(시행일) 이 규칙은 2014년 9월 25일부터 시행한다.

제2조(대체산림자원조성비 분할납부에 관한 적용례) 제19조제3항의 개정규정은 이 규칙 시행 전에 산림청 등 관할청이 대체산림자원조성비의 분할납부 신청을 접수한 경우에 대해서도 적용한다.

산지관리법	산지관리법 시행령	산지관리법 시행규칙
제16조제1항제17호 중 "산지전용신고"를 "산지전용신고, 같은 법 제15조의2에 따른 산지일시사용허가·신고"로 한다. ㉚법률 제10267호 동·서·남해안권발전 특별법 일부개정법률 일부를 다음과 같이 개정한다. 제15조제1항제15호 중 "산지전용신고"를 "산지전용신고, 같은 법 제15조의2에 따른 산지일시사용허가·신고"로 한다. ㉛마리나항만의 조성 및 관리 등에 관한 법률 일부를 다음과 같이 개정한다. 제16조제1항제13호 중 "산지전용의 신고"를 "산지전용신고, 같은 법 제15조의2에 따른 산지일시사용허가·신고"로 한다. ㉜무인도서의 보전 및 관리에 관한	부 칙 <대통령령 제21774호, 2009.10.8> (농어업경영체 육성 및 지원에 관한 법률 시행령) 제1조(시행일) 이 영은 공포한 날부터 시행한다. 제2조(다른 법령의 개정) ①부터 ⑩까지 생략 ⑪산지관리법 시행령 일부를 다음과 같이 개정한다. 제12조제5항제1호 각 목 외의 부분 중 "같은 법 제28조에 따른 영농조합법인, 같은 법 제29조에 따른 농업회사법인 또는 「수산업법」 제10조에 따른 영어조합법인"을 "「농어업경영체 육성 및 지원에 관한 법률」 제16조에 따른 영농조합법인과 영어조합법인 또는 같은 법 제19조에 따른 농업회사법인"으로 한다.	제3조(채석단지 지정·변경지정 신청에 관한 경과조치) 이 규칙 시행 전에 종전의 제29조제1항에 따라 채석단지의 지정 또는 변경지정 신청을 한 자(면적이 20만제곱미터 이상 30만제곱미터 미만인 채석단지의 지정 또는 변경지정 신청을 한 자로 한정한다)는 제29조제1항의 개정규정에 따라 시·도지사에게 채석단지의 지정 또는 변경지정 신청을 한 것으로 본다. 제4조(산지전용타당성조사 신청의 처리기간에 관한 경과조치) 이 규칙 시행 전에 법 제18조의2제1항에 따른 산지전용타당성조사를 신청한 자의 처리기간에 대해서는 별지 제9호의2서식의 개정규정에도 불구하고 종전의 규정에 따른다.

법률 일부를 다음과 같이 개정한다.

제18조제1항제4호 중 "산지전용신고"를 "산지전용신고, 같은 법 제15조의2에 따른 산지일시사용허가·신고"로 한다.

㉝물류시설의 개발 및 운영에 관한 법률 일부를 다음과 같이 개정한다.

제21조제1항제11호 및 제30조제1항제15호 중 "산지전용신고"를 각각 "산지전용신고, 같은 법 제15조의2에 따른 산지일시사용허가·신고"로 한다.

㉞박물관 및 미술관 진흥법 일부를 다음과 같이 개정한다.

제20조제1항제6호 중 "산지전용신고"를 "산지전용신고, 같은 법 제15조의2에 따른 산지일시사용허가·신고"로 한다.

㉟보금자리주택건설 등에 관한 특별

⑫부터 ⑮까지 생략

부　칙
〈대통령령 제21807호, 2009.11.2〉
(궤도운송법 시행령)

제1조(시행일) 이 영은 공포한 날부터 시행한다.

제2조(다른 법령의 개정) ①부터 ⑫까지 생략

⑬산지관리법 시행령 일부를 다음과 같이 개정한다.

제10조제1항제1호 "삭도 또는 궤도시설"을 "궤도시설"로 한다.

제12조제1항제4호를 다음과 같이 한다.

4. 「궤도운송법」에 따른 궤도

제32조의2제1항제2호나목을 다음과 같이 한다.

나. 「궤도운송법」 제2조제1호에 따른 궤도

⑭부터 ㉕까지 생략

제3조 생략

부　칙
〈농림축산식품부령 제118호, 2014.12.24〉
(규제 재검토기한 설정 등 규제정비를 위한 국유림의 경영 및 관리에 관한 법률 시행규칙 등 일부개정령)

이 규칙은 2015년 1월 1일부터 시행한다.

부　칙
〈농림축산식품부령 제121호, 2014.12.31〉

이 규칙은 공포한 날부터 시행한다.

부　칙
〈농림축산식품부령 제164호, 2015.9.30〉

이 규칙은 공포한 날부터 시행한다.

부　칙
〈농림축산식품부령 제173호, 2015.11.25〉

제1조(시행일) 이 규칙은 공포한 날부터 시행한다.

제2조(산지전용허가 신청서류에 관한 적용례) 제10조제2항제6호, 제8호

산지관리법	산지관리법 시행령	산지관리법 시행규칙
법 일부를 다음과 같이 개정한다. 제18조제1항제20호 및 제35조제4항제12호 본문 중 "산지전용신고"를 각각 "산지전용신고, 같은 법 제15조의2에 따른 산지일시사용허가·신고"로 한다. ㊱사방사업법 일부를 다음과 같이 개정한다. 제9조제3항 후단·제14조제3항 및 제24조 중 "「산지관리법」 제14조·제15조·제25조제1항"을 각각 "「산지관리법」 제14조·제15조·제15조의2·제25조제1항"으로 한다. ㊲산림자원의 조성 및 관리에 관한 법률 일부를 다음과 같이 개정한다. 제36조제1항 전단 중 "「산지관리법」 제2조제3호·제4호"를 "	부 칙 〈대통령령 제21850호, 2009.11.26〉 제1조(시행일) 이 영은 2009년 11월 28일부터 시행한다. 제2조(다른 법령의 인용에 따른 경과조치) 2009년 12월 9일까지는 별표 1 제3호 중 "「농어촌정비법」 제94조에 따른 한계농지 등 정비지구"는 "「농어촌정비법」 제80조에 따른 한계농지정비지구"로 보고, 별표 5 제2호가목 중 "「농어촌정비법」 제94조에 따른 한계농지 등 정비지구에 같은 법 제92조 각 호의"는 "「농어촌정비법」 제80조에 따른 한계농지정비지구에 같은 법 제78조 각 호의"로 본다. 부 칙 〈대통령령 제21881호, 2009.12.14〉 (측량·수로조사 및 지적에 관한 법률 시행령)	및 제10호의 개정규정은 이 규칙 시행 이후 산지전용허가를 신청하는 경우부터 적용한다. 제3조(쇄골재용 석재에 대한 토석채취연장기간에 관한 적용례) 제26조제6항의 개정규정은 이 규칙 시행 이후 쇄골재용 석재에 대하여 토석채취허가를 받는 경우부터 적용한다. 제4조(산지전용허가의 세부사항에 관한 적용례) 별표 1의3 제5호 및 같은 표 비고 제4호의 개정규정은 이 규칙 시행 이후 산지전용허가를 신청하는 경우부터 적용한다. 부 칙 〈농림축산식품부령 제184호, 2015.12.30〉 (법령서식 일괄 개정을 위한 국유림의 경영 및 관리에 관한 법률 시행규칙 등 일부개정령) 이 규칙은 공포한 날부터 시행한다.

「산지관리법」 제2조제4호·제5호"로 하고, 같은 조 제6항 중 "「산지관리법」 제15조에 따른 산지전용신고"를 "「산지관리법」 제15조의2에 따른 산지일시사용신고"로 한다.

㊳산업입지 및 개발에 관한 법률 일부를 다음과 같이 개정한다.

제21조제1항제10호 중 "산지전용신고"를 "산지전용신고, 같은 법 제15조의2에 따른 산지일시사용허가·신고"로 한다.

㊴법률 제10252호 산업집적활성화 및 공장설립에 관한 법률 일부개정법률 일부를 다음과 같이 개정한다.

제13조의2제1항제2호, 제33조의2제1항제5호 및 제45조의4제1항제5호 중 "산지전용신고"를 "산지전용신고, 같은 법 제15조의2에 따른 산지일시사용허가·신고

제1조(시행일) 이 영은 공포한 날부터 시행한다. <단서 생략>

제2조부터 제5조까지 생략

제6조(다른 법령의 개정) ①부터 ㉔까지 생략

㉕ 산지관리법 시행령 일부를 다음과 같이 개정한다.

제6조제2항제2호 중 "「지적법」 제19조"를 "「측량·수로조사 및 지적에 관한 법률」 제79조"로 한다.

제12조제11항제8호 중 "「지적법」 제38조제1항의 규정에 의한 지적측량기준점표지 및 「측량법」 제3조제1항의 규정에 의한 측량표(測量標)"를 "「측량·수로조사 및 지적에 관한 법률」 제8조에 따른 측량기준점표지"로 한다.

㉖부터 ㊱까지 생략

제7조 생략

부　칙
<농림축산식품부령 제213호, 2016.6.8>

제1조(시행일) 이 규칙은 공포한 날부터 시행한다.

제2조(산지전용허가기준의 세부사항에 관한 적용례) 별표 1의3 제3호가목4)의 개정규정은 이 규칙 시행 후 산지전용허가를 신청하는 경우부터 적용한다.

부　칙
<농림축산식품부령 제235호, 2016.12.30>

제1조(시행일) 이 규칙은 공포한 날부터 시행한다.

제2조(재해위험성 검토의견서 제출대상 산지면적 기준에 관한 적용례) 제10조제2항제1호차목의 개정규정은 이 규칙 시행 이후 법 제14조에 따라 산지전용허가 또는 변경허가를 신청하는 경우부터 적용한다. 이 경우 제10조제2항제1호차

산지관리법	산지관리법 시행령	산지관리법 시행규칙
"로 한다. ㊵새만금사업 촉진을 위한 특별법 일부를 다음과 같이 개정한다. 제15조제1항제24호 중 "산지전용신고"를 "산지전용신고, 같은 법 제15조의2에 따른 산지일시사용허가·신고"로 한다. ㊶법률 제10223호 소하천정비법 일부개정법률 일부를 다음과 같이 개정한다. 제10조의2제1항제5호 중 "산지전용신고"를 "산지전용신고, 같은 법 제15조의2에 따른 산지일시사용허가·신고"로 한다. ㊷송유관 안전관리법 일부를 다음과 같이 개정한다. 제4조제1항제11호 중 "산지전용신고"를 "산지전용신고, 같은 법 제15조의2에 따른 산지일시사용허	부　　칙 〈대통령령 제21882호, 2009.12.14〉 (항만법 시행령) 제1조(시행일) 이 영은 공포한 날부터 시행한다. 〈단서 생략〉 제2조부터 제5조까지 생략 제6조(다른 법령의 개정) ①부터 ⑨까지 생략 ⑩산지관리법 시행령 일부를 다음과 같이 개정한다. 별표 5 제1호차목의 대상시설란 중 "「항만법」제2조제6호"를 "「항만법」제2조제5호"로 한다. ⑪부터 ㉗까지 생략 제7조 생략 부　　칙 〈대통령령 제21887호, 2009.12.15〉 (농어촌정비법 시행령) 제1조(시행일) 이 영은 공포한 날부터	목의 개정규정에 따라 합산하는 산지의 면적은 이 규칙 시행 이후 산지전용허가 또는 변경허가를 신청한 산지의 면적으로 한정한다. 제3조(승계인의 복구비 예치에 관한 적용례) 제40조제6항의 개정규정은 이 규칙 시행 이후 같은 항 각 호의 개정규정에 따른 명의변경의 신고를 하는 경우부터 적용한다. 제4조(복구준공검사의 신청에 관한 적용례) 제43조제1항 단서의 개정규정은 이 규칙 시행 이후 복구준공검사신청서를 제출하는 경우부터 적용한다.

가·신고"로 한다.

㊸수도권신공항건설 촉진법 일부를 다음과 같이 개정한다.

제8조제1항제12호 중 "산지전용신고"를 "산지전용신고, 같은 법 제15조의2에 따른 산지일시사용허가·신고"로 한다.

㊹수도법 일부를 다음과 같이 개정한다.

제46조제1항제7호 본문 중 "산지전용신고"를 "산지전용신고, 같은 법 제15조의2에 따른 산지일시사용허가·신고"로 한다.

㊺수산물품질관리법 일부를 다음과 같이 개정한다.

제17조제2항제2호 중 "산지전용신고"를 "산지전용신고, 같은 법 제15조의2에 따른 산지일시사용허가·신고"로 한다.

㊻식품산업진흥법 일부를 다음과 같이 개정한다.

시행한다. <단서 생략>

제2조부터 제10조까지 생략

제11조(다른 법령의 개정) ①부터 ⑲까지 생략

⑳산지관리법 시행령 일부를 다음과 같이 개정한다.

제11조제2호 중 "「농어촌정비법」 제2조제7호에 따른 농어촌생활환경정비사업"을 "「농어촌정비법」 제2조제10호에 따른 생활환경정비사업"으로 한다.

제12조제5항제2호 중 "「농어촌정비법」 제68조 및 같은 법 제69조"를 "「농어촌정비법」 제82조 및 같은 법 제83조"로, "농어촌관광휴양단지"를 "농어촌 관광휴양단지"로 한다.

별표 1 제3호의 협의대상지역등란 중 "「농어촌정비법」 제80조에 따른 한계농지정비지구"를 "「농어촌정비법」 제94조에 따른 한

산지관리법	산지관리법 시행령	산지관리법 시행규칙
제16조제3항제7호 중 "산지전용신고"를 "산지전용신고, 같은 법 제15조의2에 따른 산지일시사용허가·신고"로 한다. ㊼신발전지역 육성을 위한 투자촉진 특별법 일부를 다음과 같이 개정한다. 제15조제1항제15호 중 "산지전용신고"를 "산지전용신고, 같은 법 제15조의2에 따른 산지일시사용허가·신고"로 한다. ㊽신항만건설촉진법 일부를 다음과 같이 개정한다. 제9조제2항제11호 중 "산지전용신고"를 "산지전용신고, 같은 법 제15조의2에 따른 산지일시사용허가·신고"로 한다. ㊾신행정수도 후속대책을 위한 연기·공주지역 행정중심복합도시 건	계농지등 정비지구"로 한다. 별표 5 제2호가목의 대상시설란 중 "「농어촌정비법」 제2조제4호의 규정에 의한"을 "「농어촌정비법」 제2조제4호에 따른"으로, "「농어촌정비법」 제80조의 규정에 의한 한계농지정비지구에 같은 법 제78조 각호의 1의 규정에 의한"을 "「농어촌정비법」 제94조에 따른 한계농지등 정비지구에 같은 법 제92조 각 호의 어느 하나에 따른"으로 한다. ㉑부터 ㊳까지 생략 **제12조** 생략 **부 칙** <대통령령 제22073호, 2010.3.9> (산림보호법 시행령) **제1조(시행일)** 이 영은 2010년 3월 10일부터 시행한다.	

설을 위한 특별법 일부를 다음과 같이 개정한다.

제22조제1항제22호 중 "산지전용신고"를 "산지전용신고, 같은 법 제15조의2에 따른 산지일시사용허가·신고"로 한다.

(50)아시아문화중심도시 조성에 관한 특별법 일부를 다음과 같이 개정한다.

제33조제1항제2호 중 "산지전용신고"를 "산지전용신고, 같은 법 제15조의2에 따른 산지일시사용허가·신고"로 한다.

(51)어촌·어항법 일부를 다음과 같이 개정한다.

제8조제16호 중 "허가 또는 신고"를 "허가 또는 신고, 같은 법 제15조의2에 따른 산지일시사용허가·신고"로 한다.

(52)연안관리법 일부를 다음과 같이 개정한다.

제2조(다른 법령의 개정) ①부터 ⑤까지 생략

⑥산지관리법 시행령 일부를 다음과 같이 개정한다.

제10조제2항제3호 중 "「산림자원의 조성 및 관리에 관한 법률」 제47조제1항의 규정"을 "「산림보호법」 제13조제1항"으로 한다.

제32조의2제1항제1호 중 "같은 법 제47조제1항"을 "「산림보호법」 제13조제1항"으로 한다.

제32조의2제3항제5호를 다음과 같이 한다.

5. 「산림자원의 조성 및 관리에 관한 법률」 제19조제1항에 따른 채종림(採種林)과 같은 법 제47조제1항에 따른 시험림 및 「산림보호법」 제7조제1항에 따른 산림보호구역

⑦부터 ⑬까지 생략

제3조 생략

산지관리법	산지관리법 시행령	산지관리법 시행규칙
제26조제1항제5호 중 "「산지관리법」 제14조 및 제15조에 따른 산지전용허가 및 산지전용신고"를 "「산지관리법」 제14조·제15조 및 제15조의2에 따른 산지전용허가·산지전용신고 및 산지일시사용허가·신고"로 한다. ㉝영산강·섬진강수계 물관리 및 주민지원 등에 관한 법률 일부를 다음과 같이 개정한다. 제26조제1항제11호 중 "산지전용신고"를 "산지전용신고, 같은 법 제15조의2에 따른 산지일시사용허가·신고"로 한다. ㉞유비쿼터스도시의 건설 등에 관한 법률 일부를 다음과 같이 개정한다. 제15조제1항제13호 중 "전용허가 또는 신고"를 "전용허가 또는 신고, 같은 법 제15조의2에 따른	부 칙 <대통령령 제22513호, 2010.12.7> 제1조(시행일) 이 영은 공포한 날부터 시행한다. 다만, 제20조의2부터 제20조의4까지 및 제48조의2의 개정규정은 2011년 7월 1일부터 시행한다. 제2조(불법전용산지에 관한 임시특례) ①법률 제10331호 산지관리법 일부개정법률(이하 이 조에서 "개정법률"이라 한다) 부칙 제2조제1항제2호에 따른 공용·공공용 시설은 다음 각 호와 같다. 1. 법 제10조제2호 및 제3호의 시설 2. 법 제12조제1항제8호의 시설 3. 법 제12조제2항제5호의 시설 4. 「국토의 계획 및 이용에 관한 법률」 제2조제13호에 따른 공공시설	

산지일시사용허가·신고"로 한다.
㉟유통산업발전법 일부를 다음과 같이 개정한다.

제30조제1항제2호 중 "산지전용신고"를 "산지전용신고, 같은 법 제15조의2에 따른 산지일시사용허가·신고"로 한다.

㊱자연공원법 일부를 다음과 같이 개정한다.

제21조제7호 중 "산지전용신고"를 "산지전용신고, 같은 법 제15조의2에 따른 산지일시사용허가·신고"로 한다.

㊲자연재해대책법 일부를 다음과 같이 개정한다.

제49조제4항제15호 중 "산지전용신고"를 "산지전용신고, 같은 법 제15조의2에 따른 산지일시사용허가·신고"로 한다.

㊳장사 등에 관한 법률 일부를 다음

②개정법률 부칙 제2조제1항제2호에 따른 농림어업용 시설은 다음 각 호와 같다.
1. 법 제10조제4호 및 제5호의 시설
2. 법 제12조제1항제2호부터 제5호까지의 시설
3. 「농어업재해대책법」 제2조제10호부터 제12호까지의 시설
4. 「농지법」에 따른 농작물의 경작 또는 다년생식물의 재배에 이용되는 시설(토지를 포함한다)
5. 「초지법」에 따른 다년생개량목초 및 사료작물의 재배에 이용되는 시설(토지를 포함한다)

③개정법률 부칙 제2조제2항에서 "대통령령으로 정하는 기준에 적합한 산지"란 다음 각 호의 기준을 모두 충족하는 산지를 말한다.
1. 법 제44조제1항에 따른 시설물

산지관리법	산지관리법 시행령	산지관리법 시행규칙
과 같이 개정한다. 제14조제5항 본문 중 "산지전용신고"를 "산지전용신고, 같은 법 제15조의2에 따른 산지일시사용허가·신고"로 한다. (59)법률 제9887호 재래시장 및 상점가 육성을 위한 특별법 일부개정법률 일부를 다음과 같이 개정한다. 제40조제1항제6호 본문 중 "산지전용신고"를 "산지전용신고, 같은 법 제15조의2에 따른 산지일시사용허가·신고"로 한다. (60)재해위험 개선사업 및 이주대책에 관한 특별법 일부를 다음과 같이 개정한다. 제17조제1항제15호 중 "산지전용신고"를 "산지전용신고, 같은 법 제15조의2에 따른 산지일시사용허가·신고"로 한다.	의 철거명령 또는 형질변경된 산지의 복구명령을 받은 산지가 아닐 것 2. 법 제15조제2항에 따른 산지전용신고기준 또는 법 제18조에 따른 산지전용허가기준에 부합할 것. 다만, 해당 기준을 적용하는 것이 현저히 불합리하다고 인정하는 경우에는 산림청장이 정하여 고시하는 바에 따라 그 기준을 일부 완화하여 적용할 수 있다. 3. 신고하는 산지가 자기 소유의 산지일 것(제2항에 따른 시설을 사용하고 있는 경우만 해당한다) 4. 「농지법」에 따른 농지취득자격이 있는 자가 사용하고 있을 것(제2항제4호의 시설을 사용하고 있는 경우만 해당한다)	

㉑저수지·댐의 안전관리 및 재해예방에 관한 법률 일부를 다음과 같이 개정한다.

제21조제13호 중 "산지전용신고"를 "산지전용신고, 같은 법 제15조의2에 따른 산지일시사용허가·신고"로 한다.

㉒전원개발촉진법 일부를 다음과 같이 개정한다.

제6조제1항제10호 중 "「산지관리법」 제14조·제15조·제25조에 따른 산지전용허가·산지전용신고 및 토석채취허가"를 "「산지관리법」 제14조·제15조 및 제15조의2에 따른 산지전용허가·산지전용신고 및 산지일시사용허가·신고, 같은 법 제25조에 따른 토석채취허가"로 한다.

㉓전통사찰의 보존 및 지원에 관한 법률 일부를 다음과 같이 개정한다.

④시장·군수·구청장은 개정법률 부칙 제2조에 따라 불법전용산지의 신고를 받은 경우에는 항공사진 판독, 현지조사 및 관계자 의견청취 등의 방법으로 심사할 수 있다.

⑤시장·군수·구청장은 제4항에 따라 그 심사를 완료한 경우에는 그 신고한 자에게 심사결과를 서면으로 통지하여야 한다. 이 경우 그 심사결과에 따라 지목변경이 필요한 경우에는 그 지목변경에 필요한 처분을 함께 통지하여야 한다.

⑥그 밖에 불법전용산지의 신고·심사 및 통지 등에 관한 세부절차는 산림청장이 정하여 고시한다.

제3조(지역등의 지정·결정 협의에 관한 적용례) ①제6조제1항 후단 및 별표 2의 개정규정은 이 영 시행 후 최초로 산림청장에게 지역등의

산지관리법	산지관리법 시행령	산지관리법 시행규칙
제9조제5항제4호 중 "산지전용신고"를 "산지전용신고, 같은 법 제15조의2에 따른 산지일시사용허가·신고"로 한다. ㉞접경지역지원법 일부를 다음과 같이 개정한다. 제9조제1항제1호 중 "산지전용신고"를 "산지전용신고, 같은 법 제15조의2에 따른 산지일시사용허가·신고"로 한다. ㉟제주특별자치도 설치 및 국제자유도시 조성을 위한 특별법 일부를 다음과 같이 개정한다. 제230조제1항제2호 중 "산지전용신고"를 "산지전용신고, 같은 법 제15조의2에 따른 산지일시사용허가·신고"로 한다. 제244조제1항 중 "제15조, 제17조"를 "제15조, 제15조의2, 제17조	지정·결정을 위한 협의를 요청하는 것부터 적용한다. ②이 영 시행 당시 지정 또는 결정된 지역등의 면적을 변경하지 아니하고 산지전용면적을 10퍼센트 미만으로 하는 사항에 대하여 산림청장과의 협의를 진행 중인 경우에는 종전의 규정에 따른다. **제4조(산지전용허가기준에 관한 적용례)** 별표 4의 개정규정은 이 영 시행 후 최초로 산지전용허가를 신청하는 것부터 적용한다. **제5조(산지전용신고 등의 경계표시에 관한 적용례)** 제17조제1항 후단의 개정규정(제18조의3제1항에 따라 준용되는 경우를 포함한다)은 이 영 시행 후 최초로 산지전용신고 또는 산지일시사용신고를 하는 것부터 적용한다.	

"로 하고, 같은 조 제2항 중 "제15조제1항·제3항, 제25조"를 "제15조제1항·제3항, 제15조의2, 제25조"로, "같은 항 제2호·제4호"를 "같은 항 제2호·제3호"로 하며, 같은 조 제3항 각 호 외의 부분 및 같은 항 제3호 중 "제18조제3항"을 각각 "제18조제4항"으로 하고, 같은 항 제1호 및 제2호 중 "산지전용제한지역"을 각각 "산지전용·일시사용제한지역"으로 한다.

㊅㊅ 주택법 일부를 다음과 같이 개정한다.

제17조제1항제12호 본문 중 "산지전용신고"를 "산지전용신고, 같은 법 제15조의2에 따른 산지일시사용허가·신고"로 한다.

㊅㊆ 주한미군 공여구역주변지역 등 지원 특별법 일부를 다음과 같이 개정한다.

제6조(대체산림자원조성비의 분할납부 및 감면에 관한 적용례) 제21조제2항제6호 및 별표 5의 개정규정은 이 영 시행 후 최초로 산지전용허가 또는 산지일시사용허가를 신청하거나 다른 법률에 따라 산지전용허가 또는 산지일시사용허가가 의제·배제되는 행정처분을 위하여 협의를 요청하는 것부터 적용한다.

제7조(산지일시사용신고에 관한 경과조치) 이 영 시행 당시 제12조제5항제1호라목의 개정규정에 따른 시설을 설치하기 위하여 산지일시사용신고 절차가 진행 중인 경우에는 해당 개정규정에도 불구하고 종전의 규정에 따른다.

제8조(권한의 위임에 따른 경과조치) 이 영 시행 당시 제52조제1항·제3항 및 제7항의 개정규정에 따라 위임사무가 변경된 부분에 대한

산지관리법	산지관리법 시행령	산지관리법 시행규칙
제29조제1항제7호 중 "산지전용신고"를 "산지전용신고, 같은 법 제15조의2에 따른 산지일시사용허가·신고"로 한다. ⑱주한미군기지 이전에 따른 평택시 등의 지원 등에 관한 특별법 일부를 다음과 같이 개정한다. 제5조제1항제10호 중 "산지전용신고"를 "산지전용신고, 같은 법 제15조의2에 따른 산지일시사용허가·신고"로 한다. ⑲중소기업진흥에 관한 법률 일부를 다음과 같이 개정한다. 제81조제1항제9호 중 "산지전용신고"를 "산지전용신고, 같은 법 제15조의2에 따른 산지일시사용허가·신고"로 한다. ⑳중소기업창업 지원법 일부를 다음과 같이 개정한다.	행정절차가 진행 중인 경우에는 그 개정규정에도 불구하고 종전의 규정에 따른다. **제9조(다른 법령의 개정)** ①국유림의 경영 및 관리에 관한 법률 시행령 일부를 다음과 같이 개정한다. 제12조제1항제2호 중 "산지전용제한지역"을 "산지전용·일시사용제한지역"으로 한다. 제17조제1항제2호 중 "산지전용"을 "산지전용·산지일시사용"으로, "동법 제18조에 따른 산지의 전용기준"을 "같은 법 제15조의2 또는 제18조에 따른 산지전용·일시사용기준"으로 한다. ②산림자원의 조성 및 관리에 관한 법률 시행령 일부를 다음과 같이 개정한다. 제42조제2항제1호 중 "「산지관리	

제35조제1항제6호 중 "산지전용신고"를 "산지전용신고, 같은 법 제15조의2에 따른 산지일시사용허가·신고"로 한다.

㉹ 지능형 로봇 개발 및 보급 촉진법 일부를 다음과 같이 개정한다.

제36조제1항제2호 중 "산지전용신고"를 "산지전용신고, 같은 법 제15조의2에 따른 산지일시사용허가·신고"로 한다.

㉺ 지방소도읍육성지원법 일부를 다음과 같이 개정한다.

제9조제1항제2호 중 "산지전용신고"를 "산지전용신고, 같은 법 제15조의2에 따른 산지일시사용허가·신고"로 한다.

㉻ 지역균형개발 및 지방중소기업 육성에 관한 법률 일부를 다음과 같이 개정한다.

제18조제1항제3호 중 "산지전용신고"를 "산지전용신고, 같은 법 제

법」제14조제1항에 따른 산지전용허가를 받거나 동조제2항에 따른 협의를 거쳐 허가·인가 등의 처분을 받은 면적 중 그 허가나 처분시의"를 "「산지관리법」 제14조·제15조·제15조의2에 따른 산지전용허가·산지전용신고·산지일시사용허가 또는 산지일시사용신고(다른 법령에 따라 허가 또는 신고가 의제되거나 배제되는 행정처분을 받아 산지전용·산지일시사용하는 경우를 포함한다)에 따른"으로 한다.

제43조제7호 중 "「산지관리법」 제14조 또는 제15조에 따라 산지전용허가를 받았거나 산지전용신고를 한 자"를 "「산지관리법」 제14조·제15조의2제1항에 따른 산지전용허가·산지일시사용허가를 받거나 같은 법 제15조·제15조의2제2항에 따른 산지

산지관리법	산지관리법 시행령	산지관리법 시행규칙
15조의2에 따른 산지일시사용허가·신고"로 한다. ⑭지역특화발전특구에 대한 규제특례법 일부를 다음과 같이 개정한다. 　제40조제1항제2호 중 "산지전용신고"를 "산지전용신고, 같은 법 제15조의2에 따른 산지일시사용허가·신고"로 한다. ⑮철도건설법 일부를 다음과 같이 개정한다. 　제11조제1항제14호 중 "산지전용신고"를 "산지전용신고, 같은 법 제15조의2에 따른 산지일시사용허가·신고"로 한다. ⑯청소년활동진흥법 일부를 다음과 같이 개정한다. 　제33조제1항제5호 및 제52조제1항제10호 중 "산지전용신고"를	전용신고·산지일시사용신고를 한 자(다른 법령에 따라 허가 또는 신고가 의제되거나 배제되는 행정처분을 받은 자를 포함한다)"로 한다. ③지역특화발전특구에 대한 규제특례법 시행령 일부를 다음과 같이 개정한다. 　제12조제1항제1호 및 제2호 중 "「산지관리법 시행령」제20조제4항"을 각각 "「산지관리법 시행령」제20조제6항"으로 한다. ④ 폐광지역 개발 지원에 관한 특별법 시행령 일부를 다음과 같이 개정한다. 　제11조제2항 본문 중 "「산지관리법 시행령」제12조·제13조·제20조제4항 및 별표 4에도 불구하고「산지관리법」제14조에 따	

각각 "산지전용신고, 같은 법 제15조의2에 따른 산지일시사용허가·신고"로 한다.

⑦⑦체육시설의 설치·이용에 관한 법률 일부를 다음과 같이 개정한다.

제28조제1항제2호 본문 중 "산지전용신고"를 "산지전용신고, 같은 법 제15조의2에 따른 산지일시사용허가·신고"로 한다.

⑦⑧초지법 일부를 다음과 같이 개정한다.

제20조제1항제3호 중 "산지관리법 제14조·제15조의 규정에 의한 산지전용허가 및 산지전용신고"를 "「산지관리법」 제14조·제15조 및 제15조의2에 따른 산지전용허가·산지전용신고 및 산지일시사용허가·신고"로 한다.

⑦⑨태권도 진흥 및 태권도공원 조성 등에 관한 법률 일부를 다음과 같이 개정한다.

른 산지전용허가를"을 "「산지관리법 시행령」 제12조·제13조·제18조의2·제20조제4항·별표 3의2 및 별표 4에도 불구하고 「산지관리법」 제14조·제15조의2에 따른 산지전용허가·산지일시사용허가를"로 한다.

부 칙
<대통령령 제22556호, 2010.12.28>
(광업법 시행령)

제1조(시행일) 이 영은 2011년 1월 28일부터 시행한다.

제2조 생략

제3조(다른 법령의 개정) ①생략

②산지관리법 시행령 일부를 다음과 같이 개정한다.

제10조제4항 중 "굴진채광((굴진채광)"을 "굴진채굴(掘進採掘)"로 한다.

제19조제2항제1호 전단 중 "채광"을 "채굴"로 하고, 같은 호 후단

산지관리법	산지관리법 시행령	산지관리법 시행규칙
제15조제1항제1호 중 "산지전용신고"를 "산지전용신고, 같은 법 제15조의2에 따른 산지일시사용허가·신고"로 한다. ⑧⑩택지개발촉진법 일부를 다음과 같이 개정한다. 제11조제1항제12호 중 "산지전용신고"를 "산지전용신고, 같은 법 제15조의2에 따른 산지일시사용허가·신고"로 한다. ⑧⑪폐기물처리시설 설치촉진 및 주변지역지원 등에 관한 법률 일부를 다음과 같이 개정한다. 제12조제1항제11호 중 "산지전용신고"를 "산지전용신고, 같은 법 제15조의2에 따른 산지일시사용허가·신고"로 한다. ⑧⑫하천법 일부를 다음과 같이 개정한다.	을 "채굴"로 하고, 같은 호 후단 중 "광업권"을 "채굴권"으로 한다. ③부터 ⑥까지 생략 **부 칙** 〈대통령령 제22560호, 2010.12.29〉 (문화재보호법 시행령) **제1조(시행일)** 이 영은 2011년 2월 5일부터 시행한다. **제2조부터 제4조까지 생략** **제5조(다른 법령의 개정)** ①부터 ⑤까지 생략 ⑥산지관리법 시행령 일부를 다음과 같이 개정한다. 제32조의3제1항제4호바목 중 "「문화재보호법」 제2조제3항"을 "「문화재보호법」 제2조제4항"으로 한다. 제32조의3제3항제4호 중 "「문화	

제32조제1항제15호 중 "산지전용신고"를 "산지전용신고, 같은 법 제15조의2에 따른 산지일시사용허가·신고"로 한다.

㉘학교시설사업 촉진법 일부를 다음과 같이 개정한다.

제5조제7호 중 "산지전용신고"를 "산지전용신고, 같은 법 제15조의2에 따른 산지일시사용허가·신고"로 한다.

㉘한강수계 상수원수질개선 및 주민지원 등에 관한 법률 일부를 다음과 같이 개정한다.

제15조제1항제11호 중 "산지전용신고"를 "산지전용신고, 같은 법 제15조의2에 따른 산지일시사용허가·신고"로 한다.

㉘한국가스공사법 일부를 다음과 같이 개정한다.

제16조의3제12호 중 "산지전용신고"를 "산지전용신고, 같은 법 제15조의2에 따른 산지일시사용허가·신고"로 한다.

제16조의3제12호 중 "산지전용신고"를 "산지전용신고, 같은 법 제

재보호법」 제2조제3항"을 "「문화재보호법」 제2조제4항"으로 한다.

⑦부터 ⑮까지 생략

제6조 생략

부　　칙

<대통령령 제22649호, 2011.1.28>
(매장문화재 보호 및 조사에 관한 법률 시행령)

제1조(시행일) 이 영은 2011년 2월 5일부터 시행한다.

제2조부터 제6조까지 생략

제7조(다른 법령의 개정) ①생략

②산지관리법 시행령 일부를 다음과 같이 개정한다.

제18조의2제2항제3호 중 "「문화재보호법」"을 "「매장문화재 보호 및 조사에 관한 법률」"로 한다.

제46조제1항제5호나목 중 "「문화재보호법」"을 "「매장문화재 보호 및 조사에 관한 법률」"로, "

산지관리법	산지관리법 시행령	산지관리법 시행규칙
15조의2에 따른 산지일시사용허가·신고"로 한다. ㉖ 한국수자원공사법 일부를 다음과 같이 개정한다. 　제18조제1항제11호 중 "산지전용신고"를 "산지전용신고, 같은 법 제15조의2에 따른 산지일시사용허가·신고"로 한다. ㉗ 항공법 일부를 다음과 같이 개정한다. 　제96조제1항제10호 중 "산지전용신고"를 "산지전용신고, 같은 법 제15조의2에 따른 산지일시사용허가·신고"로 한다. ㉘ 항만공사법 일부를 다음과 같이 개정한다. 　제23조제1항제10호 중 "산지전용신고"를 "산지전용신고, 같은 법 제15조의2에 따른 산지일시사용허가·신고"로 한다.	문화재"를 "매장문화재"로 한다. 제47조제4호나목 중 "「문화재보호법」"을 "「매장문화재 보호 및 조사에 관한 법률」"로, "문화재"를 "매장문화재"로 한다.<table><tr><td>자.「매장문화재 보호 및 조사에 관한 법률」에 따른 매장문화재 지표조사</td><td>산지전용·일시사용제한지역이 아닌 산지</td><td>「매장문화재 보호 및 조사에 관한 법률」제6조에 따른 매장문화재 지표조사일 것</td></tr></table>별표 3의3 제8호자목을 다음과 같이 한다. ③ 및 ④ 생략 제8조 생략 　　　　부　　칙 〈대통령령 제22881호, 2011.4.6〉 제1조(시행일) 이 영은 공포한 날부터 시행한다. 다만, 별표 2 비고 제2호	

(89)항만법 일부를 다음과 같이 개정한다.

제85조제1항제14호 중 "산지전용신고"를 "산지전용신고, 같은 법 제15조의2에 따른 산지일시사용허가·신고"로 한다.

제13조(다른 법령과의 관계) 이 법 시행 당시 다른 법령에서 종전의 규정을 인용하고 있는 경우 이 법 중 그에 해당하는 규정이 있는 때에는 종전의 규정을 갈음하여 이 법의 해당 규정을 인용한 것으로 본다.

부 칙

<법률 제10977호, 2011.7.28>
(야생생물 보호 및 관리에 관한 법률)

제1조(시행일) 이 법은 공포 후 1년이 경과한 날부터 시행한다.

제2조부터 제9조까지 생략

제10조(다른 법률의 개정) ①부터 ⑦까지 생략

및 별표 4 비고 제2호의 개정규정은 공포 후 6개월이 경과한 날부터 시행한다.

제2조(지방산지관리위원회 보궐위원의 임기에 관한 적용례) 제31조제7항의 개정규정은 이 영 시행 후 최초로 위촉되는 보궐위원부터 적용한다.

제3조(보전산지 면적비율에 관한 적용례) ①별표 2 비고 제5호의 개정규정은 이 영 시행 후 최초로 지역등의 지정·결정을 위하여 산림청장에게 협의가 요청되는 것부터 적용한다.

②별표 4 제2호라목의 개정규정은 이 영 시행 당시 지역등의 지정·결정을 위한 협의가 진행 중인 경우에도 적용한다.

제4조(수수료 납부에 관한 적용례) 별표 9 비고의 개정규정은 이 영 시행 후 최초로 산지전용, 산지일

산지관리법	산지관리법 시행령	산지관리법 시행규칙
⑧산지관리법 일부를 다음과 같이 개정한다. 제4조제1항제1호나목4)를 다음과 같이 한다. 4) 「야생생물 보호 및 관리에 관한 법률」 제27조에 따른 야생생물 특별보호구역 및 같은 법 제33조에 따른 야생생물 보호구역의 산지 ⑨부터 ⑳까지 생략 제11조 생략 부　　칙 <법률 제11352호, 2012.2.22> 제1조(시행일) 이 법은 공포 후 6개월이 경과한 날부터 시행한다. 다만, 제39조제4항의 개정규정은 공포한 날부터 시행한다. 제2조(산지전용기간에 관한 적용례) 제17조제1항제1호 단서 및 제2호	시사용, 용도변경 및 산지복구준공검사를 신청하는 것부터 적용한다. 부　　칙 <대통령령 제22977호, 2011.6.24> (기초연구진흥 및 기술개발지원에 관한 법률 시행령) 제1조(시행일) 이 영은 공포한 날부터 시행한다. 제2조 생략 제3조(다른 법령의 개정) ①부터 ㉓까지 생략 ㉔산지관리법 시행령 일부를 다음과 같이 개정한다. 제12조제9항제1호 중 "「기술개발촉진법」 제7조제1항제2호의 규정에 의한"을 "「기초연구진흥 및 기술개발지원에 관한 법률」 제14조제1항제2호에 따른"으로	

단서의 개정규정은 이 법 시행 후 최초로 산지전용허가 또는 산지전용신고를 신청하는 것부터 적용한다.

제3조(대체산림자원조성비의 분할납부 및 환급에 관한 적용례) ①제19조제2항 각 호 외의 부분 단서의 개정규정은 이 법 시행 후 최초로 산지전용허가 또는 산지일시사용허가를 신청하는 것부터 적용한다. ②제19조의2제4호의 개정규정은 이 법 시행 후 최초로 목적사업을 완료하지 못하고 산지일시사용기간이 만료되는 것부터 적용한다.

제4조(산지전용·산지일시사용 중지명령에 관한 적용례) 제20조제2항의 개정규정은 이 법 시행 후 최초로 같은 조 제1항의 개정규정 각 호의 사유에 해당하는 행정처분부터 적용한다.

한다.
㉕부터 ㊼까지 생략

부　칙
<대통령령 제23297호, 2011.11.16>
(산업입지 및 개발에 관한 법률 시행령)

제1조(시행일) 이 영은 공포한 날부터 시행한다. <단서 생략>

제2조(다른 법령의 개정) ①부터 ⑫까지 생략

⑬산지관리법 시행령 일부를 다음과 같이 개정한다.
제21조제2항제1호 중 "「산업입지 및 개발에 관한 법률」 제2조제5호"를 "「산업입지 및 개발에 관한 법률」 제2조제8호"로 한다.

⑭부터 ⑳까지 생략

부　칙
<대통령령 제23356호, 2011.12.8.>
(영유아보육법 시행령)

제1조(시행일) 이 영은 2011년 12월

산지관리법	산지관리법 시행령	산지관리법 시행규칙
제5조(분과위원회의 심의에 관한 적용례) 제22조제3항 후단의 개정규정은 이 법 시행 후 최초로 분과위원회에서 심의하는 사항부터 적용한다. 제6조(복구비 예치에 관한 적용례) 제38조제3항의 개정규정은 이 법 시행 후 최초로 복구비를 재산정하는 것부터 적용한다. 제7조(불법산지전용지의 복구 등에 관한 적용례) 제44조제1항제4호의 개정규정은 이 법 시행 후 최초로 조치명령을 위반한 자부터 적용한다. 제8조(청문에 관한 적용례) 제49조제1호 및 제3호의 개정규정은 이 법 시행 후 최초로 목적사업의 중지 또는 채석의 중지를 명하는 것부터 적용한다.	8일부터 시행한다. <단서 생략> 제2조(다른 법령의 개정) ①부터 ㉘까지 생략 ㉙산지관리법 시행령 일부를 다음과 같이 개정한다. 제12조제8항제4호나목 중 "직장보육시설"을 "직장어린이집"으로 한다. ㉚부터 ㊴까지 생략 부　　칙 <대통령령 제23488호, 2012.1.6> (민감정보 및 고유식별정보 처리 근거 마련을 위한 과세자료의 제출 및 관리에 관한 법률 시행령 등 일부개정령) 제1조(시행일) 이 영은 공포한 날부터 시행한다. <단서 생략> 제2조 생략	

제9조(수수료 납부에 관한 적용례) 제50조제6호의2의 개정규정은 이 법 시행 후 최초로 복구설계서의 승인을 신청하는 것부터 적용한다.

제10조(권한 변경에 관한 경과조치) 이 법 시행 당시 다음 각 호의 어느 하나에 해당하는 절차가 진행 중인 경우에는 권한 변경에 관한 해당 규정의 개정규정에도 불구하고 종전의 규정에 따른다.
1. 제18조의4의 개정규정에 따른 산지전용허가기준 등의 충족 여부 확인
2. 제19조 및 제19조의2의 개정규정에 따른 대체산림자원조성비의 부과·징수 및 환급
3. 제25조제2항·제4항 및 제5항의 개정규정에 따른 토사채취신고(변경신고를 포함한다), 토사채취기간의 변경신고 및 토사채취신고의 의제를 위한 협의 절차

부 칙

<대통령령 제23529호, 2012.1.25>
(국방·군사시설 사업에 관한 법률 시행령)

제1조(시행일) 이 영은 2012년 1월 26일부터 시행한다.

제2조(다른 법령의 개정) ①부터 ④까지 생략

⑤산지관리법 시행령 일부를 다음과 같이 개정한다.

별표 5 제1호바목의 대상시설란 중 "「국방·군사시설 사업에 관한 법률」제2조제1항"을 "「국방·군사시설 사업에 관한 법률」제2조제1호"로 한다.

⑥부터 ⑭까지 생략

제3조 생략

부 칙

<대통령령 제23797호, 2012.5.22>

제1조(시행일) 이 영은 공포한 날부터 시행한다. 다만, 별표 3의2 제2호

산지관리법	산지관리법 시행령	산지관리법 시행규칙
4. 제30조의 개정규정에 따른 채석신고, 그 변경신고 및 채석기간의 연장신고 5. 제31조의 개정규정에 따른 허가의 취소, 채석의 중지 및 그 밖에 필요한 조치의 명령 **제11조(산지일시사용의 변경허가 및 변경신고에 관한 경과조치)** ①이 법 시행 당시 산지일시사용의 변경허가 절차가 진행 중인 경우에는 제15조의2제1항 단서의 개정규정에도 불구하고 종전의 규정에 따른다. ②이 법 시행 당시 산지일시사용의 변경신고에 대한 절차가 진행 중인 경우에는 제15조의2제2항 각 호 외의 부분 후단의 개정규정에도 불구하고 종전의 규정에 따른다. **제12조(산지전용허가기준 등에 관한 경과조치)** 이 법 시행 당시 산지전	가목3) 및 같은 표 비고란 제5호의 개정규정은 공포 후 6개월이 경과한 날부터 시행한다. **제2조(채석단지의 지정에 관한 적용례)** 제39조제3항의 개정규정은 이 영 시행 후 최초로 채석단지 지정을 신청하거나 채석단지를 직권으로 지정하는 경우부터 적용한다. **제3조(산지전용·일시사용제한지역에서의 허용행위에 관한 적용례)** 별표 3의2 제2호가목3)의 개정규정은 이 영 시행 후 최초로 산지일시사용허가를 신청하거나 산지일시사용신고를 하는 경우부터 적용한다. **제4조(대체산림자원조성비의 감면에 관한 적용례)** 별표 5 비고란 제7호의 개정규정은 이 영 시행 후 최초로 산지전용허가 또는 산지일시사	

용허가절차가 진행 중인 경우에는 제18조제4항의 개정규정(보전산지가 산지전용허가대상 산지에 포함되는 부분만 해당한다)에도 불구하고 종전의 규정에 따른다.

제13조(벌칙에 관한 경과조치) 이 법 시행 전의 행위에 대하여 벌칙을 적용할 때에는 종전의 규정에 따른다.

제14조(다른 법률의 개정) ①공공기관 지방이전에 따른 혁신도시 건설 및 지원에 관한 특별법 일부를 다음과 같이 개정한다.

제14조제1항제21호를 다음과 같이 한다.

21. 「산지관리법」 제14조에 따른 산지전용허가, 같은 법 제15조에 따른 산지전용신고, 같은 법 제15조의2에 따른 산지일시사용허가·신고 및 같은 법 제25조에 따른 토석채취허가

용허가를 신청하거나 다른 법률에 따라 산지전용허가 또는 산지일시사용허가가 의제·배제되는 행정처분을 위하여 협의를 요청하는 경우부터 적용한다.

제5조(토석채취허가 등에 관한 적용례) 별표 8 제1호가목 및 같은 표 제8호의 개정규정은 이 영 시행 후 최초로 토석채취허가를 신청하거나 채석단지 지정을 신청하거나 채석단지를 직권으로 지정하는 경우부터 적용한다.

부 칙
<대통령령 제23966호, 2012.7.20>
(환경영향평가법 시행령)

제1조(시행일) 이 영은 2012년 7월 22일부터 시행한다. <단서 생략>

제2조부터 제4조까지 생략

제5조(다른 법령의 개정) ①부터 ⑮까지 생략

산지관리법	산지관리법 시행령	산지관리법 시행규칙
②기업도시개발 특별법 일부를 다음과 같이 개정한다. 　제13조제1항제16호를 다음과 같이 한다. 　16. 「산지관리법」 제6조에 따른 보전산지의 변경·해제, 같은 법 제11조에 따른 산지전용·일시사용제한지역 지정의 해제, 같은 법 제14조에 따른 산지전용허가, 같은 법 제15조에 따른 산지전용신고, 같은 법 제15조의2에 따른 산지일시사용허가·신고 및 같은 법 제25조에 따른 토석채취허가 ③농어촌정비법 일부를 다음과 같이 개정한다. 　제106조제2항제17호 중 "같은 법 제11조에 따른 산지전용제한지역"을 "같은 법 제11조에 따른 산	⑯산지관리법 시행령 일부를 다음과 같이 개정한다. 　제36조제3항제3호 각 목 외의 부분 중 "「환경정책기본법」에 따른 사전환경성검토"를 "「환경영향평가법」에 따른 소규모 환경영향평가"로 한다. ⑰부터 ㉘까지 생략 제6조 생략 　　　　부　칙 <대통령령 제24001호, 2012.7.31> (야생생물 보호 및 관리에 관한 법률 시행령) 제1조(시행일) 이 영은 공포한 날부터 시행한다. 제2조(다른 법령의 개정) ①부터 ④까지 생략 　⑤산지관리법 시행령 일부를 다음과 같이 개정한다. 　제32조의3제3항제3호 중 "「야생	

지전용·일시사용제한지역"으로 한다.
④ 도청이전을 위한 도시건설 및 지원에 관한 특별법 일부를 다음과 같이 개정한다.

제16조제1항제17호 중 "같은 법 제11조에 따른 산지전용제한지역"을 "같은 법 제11조에 따른 산지전용·일시사용제한지역"으로 한다.

⑤ 신행정수도 후속대책을 위한 연기·공주지역 행정중심복합도시건설을 위한 특별법 일부를 다음과 같이 개정한다.

제22조제1항제22호를 다음과 같이 한다.

22. 「산지관리법」 제6조에 따른 보전산지의 변경·해제, 같은 법 제11조에 따른 산지전용·일시사용제한지역 지정의 해제, 같은 법 제14조에 따른 산지전용허가,

동·식물보호법」 제27조에 따른 야생동·식물특별보호구역"을 "「야생생물 보호 및 관리에 관한 법률」 제27조에 따른 야생생물 특별보호구역"으로 한다.

⑥부터 ⑨까지 생략

제3조 생략

부 칙
<대통령령 제24020호, 2012.8.3.>
(사회복지사업법 시행령)

제1조(시행일) 이 영은 2012년 8월 5일부터 시행한다. <단서 생략>

제2조 생략

제3조(다른 법령의 개정) ①부터 ④까지 생략

⑤ 산지관리법 시행령 일부를 다음과 같이 개정한다.

제12조제8항제2호 중 "「사회복지사업법」 제2조제3호의 규정에 의한"을 "「사회복지사업법」 제

산지관리법	산지관리법 시행령	산지관리법 시행규칙
같은 법 제15조에 따른 산지전용신고, 같은 법 제15조의2에 따른 산지일시사용허가·신고 및 같은 법 제25조에 따른 토석채취허가 ⑥임업 및 산촌 진흥촉진에 관한 법률 일부를 다음과 같이 개정한다. 제20조제3호 중 "「산지관리법」제12조제1항제1호부터 제12호까지"를 "「산지관리법」제12조제1항제1호부터 제13호까지"로 한다. ⑦토지이용규제 기본법 일부를 다음과 같이 개정한다. 별표 연번 130 및 131을 각각 다음과 같이 한다. | 130	「산지관리법」제9조	산지전용·일시사용제한지역
131	「산지관리법」제25조의3	토석채취제한지역		2조제4호에 따른"으로 한다. ⑥부터 ⑫까지 생략 부　칙 〈대통령령 제24059호, 2012.8.22〉 제1조(시행일) 이 영은 2012년 8월 23일부터 시행한다. 제2조(복구비의 예치 등에 관한 적용례) 제46조제1항제1호 단서의 개정규정은 이 영 시행 후 법 제37조제1항 각 호의 어느 하나에 해당하는 허가 등의 처분을 받거나 신고 등을 하려는 경우부터 적용한다. 제3조(복구의무의 면제에 관한 적용례) 제47조의 개정규정은 이 영 시행 후 복구의무 면제를 신청하는 경우부터 적용한다. 제4조(수수료 면제에 관한 적용례) 제51조제4항의 개정규정은 이 영 시행 후 법 제50조 각 호의 어느 하나	

부 칙
<법률 제11690호, 2013.3.23>
(정부조직법)

제1조(시행일) ①이 법은 공포한 날부터 시행한다.
②생략
제2조부터 제5조까지 생략
제6조(다른 법률의 개정) ①부터 ㉞까지 생략
㉟산지관리법 일부를 다음과 같이 개정한다.
제3조의4제4항, 제4조제3항, 제5조제1항 본문, 제10조제10호라목, 제12조제1항제14호라목, 같은 조 제2항제6호라목, 제14조제1항 단서, 제15조제1항 각 호 외의 부분 후단, 같은 조 제3항, 제15조의2제1항 단서, 같은 조 제2항 각 호 외의 부분 후단, 같은 항 제12호, 제17조제1항제1호 본

에 해당하는 행위를 하는 경우부터 적용한다.
제5조(대체산림자원조성비 감면에 관한 적용례) 별표 5의 개정규정은 이 영 시행 후 산지전용허가 또는 산지일시사용허가를 신청하거나 다른 법률에 따라 산지전용허가 또는 산지일시사용허가가 의제·배제되는 행정처분을 위하여 협의를 요청하는 경우부터 적용한다.
제6조(채석경제성평가의 방법·기준에 관한 적용례) 별표 7의 개정규정은 이 영 시행 후 시·도지사 또는 시장·군수·구청장에게 제출하는 채석경제성평가에 관한 결과부터 적용한다.
제7조(산지에서의 지역등 협의기준 등에 관한 경과조치) 이 영 시행 당시 산지에서의 지역등 협의, 산지일시사용신고, 산지전용허가 및 토석채취허가 절차가 진행 중인 경우

산지관리법	산지관리법 시행령	산지관리법 시행규칙
문, 같은 항 제2호 본문, 제18조의4제2항, 제18조의5제3항·제4항, 제19조제2항 각 호 외의 부분 단서, 같은 항 제2호 후단, 제20조제1항 각 호 외의 부분 본문, 제21조제1항 각 호 외의 부분, 제25조제1항 각 호 외의 부분 단서, 같은 조 제2항 전단·후단, 같은 조 제3항제1호·제2호, 같은 조 제4항, 제27조제3항, 제29조제5항, 제30조제1항 전단·후단, 같은 조 제3항, 제35조제6항, 제38조제1항 본문, 같은 조 제2항·제5항, 제39조제5항, 제40조제2항·제3항, 제40조의2제5항, 제42조제2항 본문, 같은 조 제3항, 제43조제3항, 제46조제5항 및 제47조제5항 중 "농림수산식품부령"을 각각 "농림축산식품부령"으로 한다.	에는 별표 2, 별표 3의3 제6호, 별표 4, 별표 8, 별표 8의2의 개정규정에도 불구하고 종전의 규정에 따른다. **제8조(과태료에 관한 경과조치)** ①이 영 시행 전의 위반행위에 대하여 과태료 부과기준을 적용할 때에는 별표 10의 개정규정에도 불구하고 종전의 규정에 따른다. ②이 영 시행 전의 위반행위로 받은 과태료 부과처분은 별표 10의 개정규정에 따른 위반행위의 횟수의 산정에 포함하지 아니한다. 부　칙 <대통령령 제24452호, 2013.3.23> (산림청과 그 소속기관 직제) **제1조(시행일)** 이 영은 공포한 날부터 시행한다. **제2조** 생략	

㉛부터 ⑦⓪까지 생략

제7조 생략

부 칙
<법률 제11794호, 2013.5.22>
(건설기술 진흥법)

제1조(시행일) 이 법은 공포 후 1년이 경과한 날부터 시행한다.

제2조부터 제24조까지 생략

제25조(다른 법률의 개정) ①부터 ⑫까지 생략

⑬산지관리법 일부를 다음과 같이 개정한다.

제40조의2제1항제3호 중 "「건설기술관리법」"을 "「건설기술 진흥법」"으로 한다.

⑭부터 ㉕까지 생략

제26조 생략

부 칙
<법률 제11998호, 2013.8.6>
(지방세외수입금의 징수 등에 관한 법률)

제3조(다른 법령의 개정) ①부터 ⑧까지 생략

⑨산지관리법 시행령 일부를 다음과 같이 개정한다.

제6조제1항 각 호 외의 부분, 제8조제4항제1호, 제12조제3항, 같은 조 제6항제4호, 같은 조 제7항, 제13조제3항제1호, 제14조의2제1항, 제15조제1항 각 호 외의 부분, 같은 조 제3항 본문, 제16조제1항, 제17조제1항 전단·후단, 제18조의4제1항제1호·제2호, 제19조제1항 본문, 같은 조 제3항 본문, 제20조의3제1항, 같은 조 제2항제2호, 같은 항 제3호, 제20조의4, 제21조제2항 각 호 외의 부분, 제24조제2항 단서, 제32조제1항·제3항, 같은 조 제6항 전단, 제36조제3항제1호 본문, 제39조제1항·제6항·제7항, 제44조제1항, 제46조제3항

산지관리법	산지관리법 시행령	산지관리법 시행규칙
제1조(시행일) 이 법은 공포 후 1년이 경과한 날부터 시행한다. 제2조 생략 제3조(다른 법률의 개정) ①부터 ㉙까지 생략 ㉚산지관리법 일부를 다음과 같이 개정한다. 제19조제8항 중 "국세 체납처분 또는 지방세 체납처분의 예에 따라 징수할 수 있다"를 "국세 체납처분의 예 또는 「지방세외수입금의 징수 등에 관한 법률」에 따라 징수할 수 있다"로 한다. ㉛부터 ㉛까지 생략 부　칙 〈법률 제12248호, 2014.1.14〉 (도로법) 제1조(시행일) 이 법은 공포 후 6개월이 경과한 날부터 시행한다.	각 호 외의 부분, 제46조의2 각 호 외의 부분 후단, 제50조제1항제2호, 같은 조 제2항, 제50조의2제3항 및 제52조제8항 중 "농림수산식품부령"을 각각 "농림축산식품부령"으로 한다. 제12조제9항제1호 중 "교육과학기술부장관"을 "미래창조과학부장관"으로 한다. 제28조제5항제1호 중 "농림수산식품부·환경부·국토해양부"를 "농림축산식품부·환경부·국토교통부"로 한다. 제34조제1항제3호 중 "지식경제부장관"을 "산업통상자원부장관"으로 한다. 별표 1 제3호의 협의대상지역등란 중 "국토해양부장관"을 "국토교통부장관"으로 한다.	

제2조부터 제23조까지 생략
제24조(다른 법률의 개정) ①부터 ㊽까지 생략
　㊼산지관리법 일부를 다음과 같이 개정한다.
　　제25조의3제1항제1호 중 "「도로법」 제8조"를 "「도로법」 제10조"로 한다.
　㊽부터 ⑫㉖까지 생략
제25조 생략

　　　　　부　칙
　　〈법률 제12412호, 2014.3.11〉
　　　　(농어촌구조개선 특별회계법)

제1조(시행일) 이 법은 공포한 날부터 시행한다. 〈단서 생략〉
제2조(다른 법률의 개정) ① 및 ② 생략
　③산지관리법 일부를 다음과 같이 개정한다.
　　제19조제3항 본문 중 "「농어촌구

별표 2 비고 제2호 중 "농림수산식품부령"을 "농림축산식품부령"으로 한다.
별표 3의2 제1호가목3)나) 중 "지식경제부장관"을 "산업통상자원부장관"으로 하고, 같은 표 비고 제5호 중 "농림수산식품부령"을 "농림축산식품부령"으로 한다.
별표 4 제1호다목1) 본문 및 같은 표 비고 제2호 중 "농림수산식품부령"을 각각 "농림축산식품부령"으로 한다.
⑩부터 ⑫까지 생략

　　　　　부　칙
　　〈대통령령 제24474호, 2013.3.23〉
　　　　(과학기술기본법 시행령)

제1조(시행일) 이 영은 공포한 날부터 시행한다.
제2조(다른 법령의 개정) ①부터 ⑫까지 생략
　⑬산지관리법 시행령 일부를 다음과

산지관리법	산지관리법 시행령	산지관리법 시행규칙
조개선특별회계법」"을 "「농어촌구조개선 특별회계법」"으로 한다. ④부터 ⑥까지 생략 제3조 생략 부　칙 <법률 제12513호, 2014.3.24> 이 법은 공포 후 6개월이 경과한 날부터 시행한다. 부　칙 <법률 제12738호, 2014.6.3> (공간정보의 구축 및 관리 등에 관한 법률) 제1조(시행일) 이 법은 공포 후 1년이 경과한 날부터 시행한다. <단서 생략> 제2조(다른 법률의 개정) ①부터 ㉝까지 생략 ㉞산지관리법 일부를 다음과 같이 개정한다.	같이 개정한다. 제12조제9항제3호 중 "국가과학기술위원회"를 "국가과학기술심의회"로 한다. ⑭부터 ⑱까지 생략 부　칙 <대통령령 제24638호, 2013.6.28> (부가가치세법 시행령) 제1조(시행일) 이 영은 2013년 7월 1일부터 시행한다. <단서 생략> 제2조부터 제15조까지 생략 제16조(다른 법령의 개정) ①부터 ⑮까지 생략 ⑯산지관리법 시행령 일부를 다음과 같이 개정한다. 별표 5 제2호카목1) 및 2) 외의 부분 중 "「부가가치세법」 제5조"를 "「부가가치세법」 제8조"로 한다.	

제2조제1호 각 목 외의 부분 단서 중 "「측량·수로조사 및 지적에 관한 법률」 제67조제1항"을 "「공간정보의 구축 및 관리 등에 관한 법률」 제67조제1항"으로 한다.

㉟부터 ㊺까지 생략

제3조 생략

부 칙

<법률 제13256호, 2015.3.27>

제1조(시행일) 이 법은 공포 후 6개월이 경과한 날부터 시행한다. 다만, 제19조제2항제1호 및 제2호의 개정규정은 공포한 날부터 시행한다.

제2조(현장관리업무담당자의 지정에 관한 경과조치) 이 법 시행 당시 제46조의3제1항 각 호의 개정규정의 어느 하나에 해당하게 된 자는 이 법 시행 후 3개월 이내에 현장관리업무담당자를 지정하여야 한다.

⑰부터 ㊲까지 생략

제17조 생략

부 칙

<대통령령 제25009호, 2013.12.17>

제1조(시행일) 이 영은 공포한 날부터 시행한다.

제2조(산지에서의 지역등의 지정·결정을 위한 협의 통보에 관한 적용례) 제7조제3항 및 제4항의 개정규정은 이 영 시행 당시 산지에서의 지역등의 지정·결정을 위한 협의 절차가 진행 중인 경우에 대해서도 적용한다.

제3조(산지에서의 지역등의 지정·결정을 위한 협의기준 등에 관한 적용례) 별표 2 비고 제4호, 별표 3의2 제1호, 같은 표 비고 제3호, 별표 4 제1호마목11) 및 같은 표 비고 제5호의 개정규정은 이 영 시행 당시 산지에서의 지역등

산지관리법	산지관리법 시행령	산지관리법 시행규칙
부 칙 <법률 제13729호, 2016.1.6> (광산안전법) 제1조(시행일) 이 법은 공포 후 1년이 경과한 날부터 시행한다. 제2조부터 제5조까지 생략 제6조(다른 법률의 개정) ①부터 ⑤까지 생략 ⑥산지관리법 일부를 다음과 같이 개정한다. 제37조제2항 각 호 외의 부분 단서 중 "「광산보안법」"을 "「광산안전법」"으로 한다. ⑦부터 ⑩까지 생략 제7조 생략 부 칙 <법률 제13796호, 2016.1.19> (부동산 가격공시에 관한 법률) 제1조(시행일) 이 법은 2016년 9월 1	의 지정·결정을 위한 협의, 산지전용허가 또는 산지일시사용허가 절차가 진행 중인 경우에 대해서도 적용한다. 부 칙 <대통령령 제25050호, 2013.12.30> (행정규제기본법 개정에 따른 규제 재검토기한 설정을 위한 주택법 시행령 등 일부개정령) 이 영은 2014년 1월 1일부터 시행한다. <단서 생략> 부 칙 <대통령령 제25127호, 2014.1.28> (수질 및 수생태계 보전에 관한 법률 시행령) 제1조(시행일) 이 영은 2014년 1월 31일부터 시행한다. <단서 생략> 제2조 생략 제3조(다른 법령의 개정) ① 및 ②생략 ③산지관리법 시행령 일부를 다음과 같이 개정한다.	

일부터 시행한다.

제2조 생략

제3조(다른 법률의 개정) ①부터 ⑭까지 생략

⑮산지관리법 일부를 다음과 같이 개정한다.

제13조제2항 전단 중 "「부동산 가격공시 및 감정평가에 관한 법률」"을 "「부동산 가격공시에 관한 법률」"로, "같은 법 제9조"를 "같은 법 제8조"로 한다.제19조제9항 중 "「부동산 가격공시 및 감정평가에 관한 법률」"을 "「부동산 가격공시에 관한 법률」"로 한다.

⑯부터 ㉗까지 생략

제4조 생략

제32조의3제1항제2호바목 중 "「수질 및 수생태계 보전에 관한 법률」 제2조제13호"를 "「수질 및 수생태계 보전에 관한 법률」 제2조제14호"로 한다.

④ 및 ⑤ 생략

부 칙
<대통령령 제25249호, 2014.3.11>
(국가균형발전 특별법 시행령)

제1조(시행일) 이 영은 공포한 날부터 시행한다. <단서 생략>

제2조 및 제3조 생략

제4조(다른 법령의 개정) ①부터 ⑥까지 생략

⑦산지관리법 시행령 일부를 다음과 같이 개정한다.

별표 5 제3호파목의 대상시설란 중 "「국가균형발전 특별법」 제2조제10호"를 "「국가균형발전 특별법」 제2조제9호"로 한다.

별표 8의2의 비고 제5호 중 "「국

산지관리법	산지관리법 시행령	산지관리법 시행규칙
부 칙 <법률 제14773호, 2017.4.18> 제1조(시행일) 이 법은 공포 후 6개월이 경과한 날부터 시행한다. 다만, 제40조의2제1항, 제44조제3항 및 제51조의 개정규정은 공포한 날부터 시행한다. 제2조(권리·의무의 승계 등에 관한 적용례) 제51조의 개정규정은 같은 개정규정 시행 이후 권리·의무의 승계사유가 발생한 경우부터 적용한다. 제3조(다른 법률의 개정) 제주특별자치도 설치 및 국제자유도시 조성을 위한 특별법 일부를 다음과 같이 개정한다. 　제280조제2항 중 "제8조제1항 전단·후단, 같은 조 제2항"을 "제8조제1항·제2항"으로 한다.	가균형발전 특별법」제2조제10호"를 "「국가균형발전 특별법」제2조제9호"로 한다. ⑧부터 ⑫까지 생략 부 칙 <대통령령 제25448호, 2014.7.7> (도시철도법 시행령) 제1조(시행일) 이 영은 2014년 7월 8일부터 시행한다. 제2조 생략 제3조(다른 법령의 개정) ①부터 ⑭까지 생략 ⑮산지관리법 시행령 일부를 다음과 같이 개정한다. 　별표 5 제1호자목 중 "「도시철도법」제3조제1호"를 "「도시철도법」제2조제2호"로 한다. ⑯부터 ㉘까지 생략 제4조 생략	

부　칙

<대통령령 제25456호, 2014.7.14>
(도로법 시행령)

제1조(시행일) 이 영은 2014년 7월 15일부터 시행한다.

제2조부터 제4조까지 생략

제5조(다른 법령의 개정) ①부터 ㉓까지 생략

㉔산지관리법 시행령 일부를 다음과 같이 개정한다.

제32조의3제1항제2호다목을 다음과 같이 한다.

다. 「도로법」 제10조에 따른 도로 별표 4의2 제4호아목 중 "「도로법」 제8조"를 "「도로법」 제10조"로 한다.

㉕부터 ㊿까지 생략

제6조 생략

산지관리법	산지관리법 시행령	산지관리법 시행규칙
	부　칙 <대통령령 제25550호, 2014.8.12> 제1조(시행일) 이 영은 공포한 날부터 시행한다. 제2조(산지일시사용허가·신고에 관한 경과조치) 이 영 시행 전에 풍력발전시설 및 그 진입로의 설치를 위하여 법 제15조의2제1항 본문에 따라 산지일시사용허가를 받았거나 법 제15조의2제2항에 따라 산지일시사용신고를 한 자에 대해서는 별표 3의2 제2호가목·나목 및 별표 3의3 제3호가목·나목의 개정규정에도 불구하고 종전의 규정에 따른다. 부　칙 <대통령령 제25625호, 2014.9.24> 제1조(시행일) 이 영은 2014년 9월 25일부터 시행한다.	

제2조(대체산림자원조성비 분할납부에 관한 적용례) 제21조제2항 각 호 외의 부분의 개정규정은 이 영 시행 전에 산림청 등 관할청이 대체산림자원조성비의 분할납부 신청을 접수한 경우에 대해서도 적용한다.

제3조(채석단지의 지정에 관한 경과조치) 이 영 시행 전에 종전의 제39조에 따라 산림청장이 직권 또는 신청에 의하여 지정 또는 변경지정한 채석단지로서 그 면적이 20만제곱미터 이상 30만제곱미터 미만인 채석단지는 제39조의 개정규정에 따라 시·도지사가 지정 또는 변경지정 한 것으로 본다.

부　　칙
<대통령령 제25751호, 2014.11.19>
(행정자치부와 그 소속기관 직제)

제1조(시행일) 이 영은 공포한 날부터

산지관리법	산지관리법 시행령	산지관리법 시행규칙
	시행한다. 다만, 부칙 제5조에 따라 개정되는 대통령령 중 이 영 시행 전에 공포되었으나 시행일이 도래 하지 아니한 대통령령을 개정한 부분은 각각 해당 대통령령의 시행일부터 시행한다. 제2조부터 제4조까지 생략 제5조(다른 법령의 개정) ①부터 ㉙까지 생략 ㉒산지관리법 시행령 일부를 다음과 같이 개정한다. 제28조제5항제1호 중 "소방방재청"을 "국민안전처"로 한다. ㉓부터 ㊸까지 생략 부　　칙 <대통령령 제25840호, 2014.12.9> (규제 재검토기한 설정 등 규제정비를 위한 건축법 시행령 등 일부개정령) 제1조(시행일) 이 영은 2015년 1월 1	

일부터 시행한다.

제2조부터 제16조까지 생략

부　칙
<대통령령 제25952호, 2014.12.31>

제1조(시행일) 이 영은 공포한 날부터 시행한다.

제2조(산지에서의 지역등의 지정·결정에 관한 협의 통보에 관한 경과조치) 이 영 시행 전에 산림청장등이 법 제8조제11항에 따라 관계 행정기관의 장으로부터 산지에서의 지역등의 지정 또는 결정에 관한 협의를 요청받은 경우에는 제7조제2항 및 제4항의 개정규정에도 불구하고 종전의 규정에 따른다.

부　칙
<대통령령 제26302호, 2015.6.1>
(공간정보의 구축 및 관리 등에 관한 법률 시행령)

제1조(시행일) 이 영은 2015년 6월 4일부터 시행한다.

산지관리법	산지관리법 시행령	산지관리법 시행규칙
	제2조(다른 법령의 개정) ①부터 ㉝까지 생략 ㉞산지관리법 시행령 일부를 다음과 같이 개정한다. 제2조제5호 중 "「측량·수로조사 및 지적에 관한 법률」"을 "「공간정보의 구축 및 관리 등에 관한 법률」"로 한다. 제6조제2항제2호 중 "「측량·수로조사 및 지적에 관한 법률」"을 "「공간정보의 구축 및 관리 등에 관한 법률」"로 한다. 제12조제13항제8호 중 "「측량·수로조사 및 지적에 관한 법률」"을 "「공간정보의 구축 및 관리 등에 관한 법률」"로 한다. ㉟부터 <54>까지 생략 **제3조** 생략	

부 칙

<대통령령 제26416호, 2015.7.20>
(수목원·정원의 조성 및 진흥에 관한 법률 시행령)

제1조(시행일) 이 영은 2015년 7월 21일부터 시행한다.

제2조(다른 법령의 개정) ①부터 ⑧까지 생략

⑨산지관리법 시행령 일부를 다음과 같이 개정한다.

제10조제1항제8호 중 "「수목원조성 및 진흥에 관한 법률」"을 "「수목원·정원의 조성 및 진흥에 관한 법률」"로 한다.

제32조의3제3항제1호 중 "「수목원조성 및 진흥에 관한 법률」 제2조제1호에 따른 수목원"을 "「수목원·정원의 조성 및 진흥에 관한 법률」 제2조제1호 및 제1호의2에 따른 수목원 및 정원"으로 한다.

산지관리법	산지관리법 시행령	산지관리법 시행규칙
	⑩부터 ⑬까지 생략 제3조 생략 부　칙 <대통령령 제26561호, 2015.9.25> 이 영은 2015년 9월 28일부터 시행한다. 부　칙 <대통령령 제26627호, 2015.11.11> 제1조(시행일) 이 영은 공포한 날부터 시행한다. 다만, 제12조제2항제1호, 제17조제2항제3호 및 별표 3 제4호라목의 개정규정은 2016년 1월 21일부터 시행하고, 제20조의2 제1항의 개정규정은 2016년 1월 1일부터 시행한다. 제2조(산지복구공사의 감리대상에 관한 적용례) 제48조의2의 개정규정은 이 영 시행 이후 법 제40조제1	

항에 따라 산지복구설계서의 승인을 신청하는 경우부터 적용한다.

제3조(산지전용신고 대상시설 설치 기준에 관한 적용례) 별표 3 비고 제5호의2의 개정규정은 이 영 시행 이후 법 제15조에 따른 산지전용신고를 하는 경우부터 적용한다.

제4조(산지일시사용허가 대상시설 설치 기준에 관한 적용례) 별표 3의2 비고 제6호의2의 개정규정은 이 영 시행 이후 법 제15조의2제1항에 따른 산지일시사용허가를 신청하는 경우부터 적용한다.

제5조(대체산림자원조성비 감면대상에 관한 적용례 등) ①별표 5 제1호의 개정규정은 이 영 시행 이후 법 제19조제5항제1호에 따른 산지전용 또는 산지일시사용을 신청하는 경우부터 적용한다.

②이 영 시행 전에 법 제19조제5항 제3호에 따른 산지전용 또는 산지

산지관리법	산지관리법 시행령	산지관리법 시행규칙
	일시사용을 신청한 경우에는 별표 5 제3호의 개정규정에도 불구하고 종전의 규정에 따른다. 제6조(산지전용타당성조사 대상에 관한 경과조치) 부칙 제1조 단서에 따른 시행일 전에 법 제8조제1항 전단에 따른 협의를 신청하거나 법 제14조 또는 제15조의2에 따른 산지전용허가 또는 산지일시사용허가(다른 법률에 따라 산지전용허가 또는 산지일시사용허가가 의제되는 행정처분을 포함한다)를 신청한 경우에는 제20조의2제1항의 개정규정에도 불구하고 종전의 규정에 따른다. 제7조(대체산림자원조성비의 환급에 관한 경과조치) 이 영 시행 전에 법 제14조 또는 제15조의2에 따른 산지전용허가 또는 산지일시사용허	

가를 신청하거나 다른 법률에 따라 산지전용허가 또는 산지일시사용허가가 의제·배제되는 행정처분을 위하여 협의를 요청한 경우에는 제25조의2제6항제3호의 개정규정에도 불구하고 종전의 규정에 따른다.

제8조(토석채취허가의 기준에 관한 경과조치) 이 영 시행 전에 법 제25조제1항에 따른 토석채취허가를 신청한 경우에는 제36조제2항제1호, 같은 조 제3항제3호가목 및 제37조제2항제4호의 개정규정에도 불구하고 종전의 규정에 따른다.

제9조(산지전용허가기준에 관한 경과조치) 이 영 시행 전에 법 제14조에 따른 산지전용허가를 신청한 경우에는 별표 4 제2호나목 및 같은 표 비고 제3호의 개정규정에도 불구하고 종전의 규정에 따른다.

산지관리법	산지관리법 시행령	산지관리법 시행규칙
	부 칙 <대통령령 제26754호, 2015.12.22> (수산업·어촌 발전 기본법 시행령) 제1조(시행일) 이 영은 2015년 12월 23일부터 시행한다. 제2조(다른 법령의 개정) ①부터 ㉖까지 생략 ㉗산지관리법 시행령 일부를 다음과 같이 개정한다. 제12조제5항제1호 각 목 외의 부분 중 "「농어업·농어촌 및 식품산업 기본법」 제3조제4호에 따른 생산자단체"를 "「농업·농촌 및 식품산업 기본법」 제3조제4호에 따른 생산자단체, 「수산업·어촌 발전 기본법」 제3조제5호에 따른 생산자단체"로 한다. ㉘부터 ㊷까지 생략 제3조 생략	

부　칙

<대통령령 제26922호, 2016.1.22>
(제주특별자치도 설치 및 국제자유도시 조성을 위한 특별법 시행령)

제1조(시행일) 이 영은 2016년 1월 25일부터 시행한다.

제2조 및 제3조 생략

제4조(다른 법령의 개정) ①부터 ㉕까지 생략

㉖산지관리법 시행령 일부를 다음과 같이 개정한다.

별표 5 제2호하목 중 "「제주특별자치도 설치 및 국제자유도시 조성을 위한 특별법」 제217조"를 "「제주특별자치도 설치 및 국제자유도시 조성을 위한 특별법」 제162조"로, "같은 법 제229조"를 "같은 법 제147조"로 한다.

㉗부터 ㊻까지 생략

제5조 및 제6조 생략

산지관리법	산지관리법 시행령	산지관리법 시행규칙
	부　칙 <대통령령 제27235호, 2016.6.21> 제1조(시행일) 이 영은 공포한 날부터 시행한다. 제2조(광물 채굴을 위한 산지일시사용기간 연장 절차에 관한 경과조치) 이 영 시행 전에 광물의 채굴을 위한 산지일시사용기간의 연장을 신청한 경우로서 이 영 시행 당시 종전의 제18조의4제3항 각 호 외의 부분 본문에 따라 중앙산지관리위원회 또는 지방산지관리위원회의 심의가 진행 중인 경우에는 제18조의4제3항의 개정규정에도 불구하고 종전의 규정에 따른다. 부　칙 <대통령령 제27299호, 2016.6.30> (행정규제 정비를 위한 개발제한구역의 지정 및 관리에 관한 특별조치법 시행령 등 일부개정령)	

제1조(시행일) 이 영은 2016년 7월 1일부터 시행한다. <단서 생략>

제2조 생략

제3조(「산지관리법 시행령」 개정에 관한 적용례) 「산지관리법 시행령」 별표 4 제2호다목1)의 개정규정은 이 영 시행 이후 법 제14조에 따른 산지전용허가를 신청하는 경우부터 적용한다.

제4조부터 제15조까지 생략

부 칙
<대통령령 제27444호, 2016.8.11>
(주택법 시행령)

제1조(시행일) 이 영은 2016년 8월 12일부터 시행한다.

제2조부터 제6조까지 생략

제7조(다른 법령의 개정) ①부터 ㊱까지 생략

㊲산지관리법 시행령 일부를 다음과 같이 개정한다.

제12조제10항제6호가목 중 "「주

산지관리법	산지관리법 시행령	산지관리법 시행규칙
	택법」제16조"를 "「주택법」제15조"로 한다. ㊳부터 ㊵까지 생략 제8조 생략 부　칙 <대통령령 제27464호, 2016.8.29> (2018 평창 동계올림픽대회 및 동계패럴림픽대회 지원 등에 관한 특별법 시행령) 제1조(시행일) 이 영은 2016년 8월 30일부터 시행한다. 제2조 및 제3조 생략 제4조(다른 법령의 개정) ① 및 ② 생략 ③산지관리법 시행령 일부를 다음과 같이 개정한다. 별표 5 제1호파목의 대상시설란 중 "「2018 평창 동계올림픽대회 및 장애인동계올림픽대회 지원 등에 관한 특별법」제2조제2호"를 "	

「2018 평창 동계올림픽대회 및 동계패럴림픽대회 지원 등에 관한 특별법」 제2조제2호"로 하고, 같은 표 제2호더목의 대상시설란 중 "「2018 평창 동계올림픽대회 및 장애인동계올림픽대회 지원 등에 관한 특별법」 제49조"를 "「2018 평창 동계올림픽대회 및 동계패럴림픽대회 지원 등에 관한 특별법」 제49조"로 한다.

④ 및 ⑤ 생략

제5조 생략

부　칙
<대통령령 제27471호, 2016.8.31>
(부동산 가격공시에 관한 법률 시행령)

제1조(시행일) 이 영은 2016년 9월 1일부터 시행한다.

제2조(다른 법령의 개정) ①부터 ㉒까지 생략

㉓산지관리법 시행령 일부를 다음과 같이 개정한다.

산지관리법	산지관리법 시행령	산지관리법 시행규칙
	제24조제4항 각 호 외의 부분 전단 중 "「부동산 가격공시 및 감정평가에 관한 법률」"을 "「부동산 가격공시에 관한 법률」"로 한다. ㉔부터 ㊲까지 생략 **제3조** 생략 부　칙 <대통령령 제27506호, 2016.9.22> (기초연구진흥 및 기술개발지원에 관한 법률 시행령) **제1조(시행일)** 이 영은 2016년 9월 23일부터 시행한다. **제2조 및 제3조** 생략 **제4조(다른 법령의 개정)** ①부터 ⑪까지 생략 ⑫산지관리법 시행령 일부를 다음과 같이 개정한다. 제12조제9항제1호 중 "「기초연구진흥 및 기술개발지원에 관한 법	

률」제14조제1항제2호에 따른"을 "「기초연구진흥 및 기술개발 지원에 관한 법률」제14조의2제1항에 따라 인정받은"으로 한다.
⑬부터 ㉔까지 생략

부　칙

<대통령령 제27725호, 2016.12.30>

제1조(시행일) 이 영은 공포한 날부터 시행한다.

제2조(산지의 면적에 대한 허가기준에 관한 적용례) 별표 4의2 비고 제2호의 개정규정은 이 영 시행 이후 법 제14조에 따라 산지전용허가 또는 변경허가를 신청하는 경우부터 적용한다. 이 경우 별표 4의2 비고 제2호의 개정규정에 따라 합산하는 산지의 면적은 이 영 시행 이후 산지전용허가 또는 변경허가를 신청한 산지의 면적으로 한정한다.

제3조(대체산림자원조성비의 면제에 관한 적용례) 별표 5 비고 제6호의

산지관리법	산지관리법 시행령	산지관리법 시행규칙
	2의 개정규정은 이 영 시행 전에 법률 제13252호 국유림의 경영 및 관리에 관한 법률 일부개정법률 부칙 제2조제2항에 따라 지목변경에 필요한 산지전용허가를 한 경우에도 적용한다. **제4조(경계표시에 관한 경과조치)** 이 영 시행 전에 법 제14조에 따라 산지전용허가 또는 변경허가를 신청하거나 변경신고를 한 경우의 경계표시에 관하여는 제15조의 개정규정에도 불구하고 종전의 규정에 따른다. 부 칙 <대통령령 제27767호, 2017.1.6> (광산안전법 시행령) **제1조(시행일)** 이 영은 2017년 1월 7일부터 시행한다. **제2조 및 제3조** 생략	

제4조(다른 법령의 개정) ①부터 ⑤까지 생략

⑥산지관리법 시행령 일부를 다음과 같이 개정한다.

제13조제3항제4호 중 "「광산보안법」제2조제5호의 규정에 의한"을 "「광산안전법」제2조제5호에 따른"으로 한다.

⑦부터 ⑩까지 생략

제5조 생략

산지관리법	산지관리법 시행령	산지관리법 시행규칙

◆ 산지관리법 시행령 별표 ◆

[영별표 1] <개정 2016.12.30>

산지에서의 지역 등의 협의의 범위(제7조제1항 관련)

구분	협의대상지역등
1. 보전목적 및 개발목적으로 이용하기 위한 지역 등의 지정 또는 결정	「국토의 계획 및 이용에 관한 법률」 제2조제15호부터 제17호까지의 규정에 따른 용도지역·용도지구 및 용도구역
	「연안관리법」 제2조제3호에 따른 연안육역
	그 밖에 다른 법률에 따라 보전목적 및 개발목적으로 이용하기 위하여 지정 또는 결정되는 지역 등
2. 보전목적으로 이용하기 위한 지역등의 지정 또는 결정	「문화재보호법」 제7조에 따른 사적·명승·천연기념물, 같은 법 제9조에 따른 보호구역, 같은 법 제10조에 따른 국가지정문화재 및 「고도(古都)보존에 관한 특별법」 제8조에 따른 특별보존지구·역사문화환경지구
	「소하천정비법」 제2조제2호 및 제4조에 따른 소하천구역 및 소하천예정지
	「습지보전법」 제8조에 따른 습지보호지역·습지주변관리지역 및 습지개선지역
	「수도법」 제7조에 따른 상수원보호구역
	「전통사찰의 보존 및 지원에 관한 법률」 제6조에 따른 전통사찰보존구역
	「지하수법」 제12조에 따른 지하수보전구역
	「토양환경보전법」 제17조에 따른 토양보전대책지역
	「환경정책기본법」 제22조에 따른 환경보전을 위한 특별대책지역
	그 밖에 다른 법률에 따라 보전목적으로 이용하기 위하여 지정 또는 결정되는 지역 등
3. 개발목적으로 이용하기 위한 지역등의 지정 또는 결정	「경제자유구역의 지정 및 운영에 관한 법률」 제4조에 따른 경제자유구역
	「관광진흥법」 제52조에 따른 관광지 및 관광단지와 같은 법 제70조에 따른 관광특구

	「농어촌정비법」 제94조에 따른 한계농지등 정비지구
	「댐건설 및 주변지역지원 등에 관한 법률」 제7조에 따른 기본계획
	「도시 및 주거환경 정비법」 제4조에 따른 정비구역
	「도시개발법」 제3조에 따른 도시개발구역
	「문화산업진흥 기본법」 제24조에 따른 문화산업단지
	「산업입지 및 개발에 관한 법률」 제2조제8호에 따른 산업단지
	「산업집적 활성화 및 공장설립에 관한 법률」 제22조에 따른 지식기반산업집적지구
	「석탄산업법」 제39조의8에 따른 탄광지역진흥사업 추진대상지역
	「수도권신공항건설 촉진법」 제2조제3호에 따른 수도권신공항건설예정지역
	「신항만건설촉진법」 제5조에 따른 신항만건설예정지역
	「물류시설의 개발 및 운영에 관한 법률」 제22조에 따른 물류단지
	「유통산업발전법」 제29조에 따른 공동집배송센터
	「자유무역지역의 지정 등에 관한 법률」 제4조에 따른 자유무역지역
	「전원개발촉진법」 제11조에 따른 전원개발사업예정구역
	「지역균형개발 및 지방중소기업 육성에 관한 법률」 제4조·제9조 및 제26조의3에 따른 광역개발권역·개발촉진지구 및 특정지역과 같은 법 제38조의2에 따른 지역종합개발지구 등
	「청소년활동진흥법」 제47조제1항에 따른 청소년수련지구
	「택지개발촉진법」 제2조제3호에 따른 택지개발예정지구
	「폐광지역개발 지원에 관한 특별법」 제3조에 따른 폐광지역 진흥지구
	「항공법」 제2조제7호에 따른 공항구역 중 국토교통부장관이 공항개발예정구역으로 고시한 지역
	「항만법」 제9조에 따른 항만공사의 시행 및 허가와 관련된 지역

	등 및 동법 제43조에 따른 항만배후단지
	그 밖에 다른 법률에 따라 개발목적으로 이용하기 위하여 지정 또는 결정되는 지역 등

[영별표 2] <개정 2016.12.30>

산지에서의 지역 등의 협의기준(제7조제2항 관련)

1. 산림경영을 위하여 장기간 투자된 보전산지이거나 임업 및 산촌의 진흥을 위하여 필요한 보전산지는 특정 용도로 이용하려는 지역등의 지정·결정의 목적에 필요한 최소한의 면적이어야 한다.
2. 집단적인 조림성공지 및 형질이 우량한 천연림으로서 지속가능한 산림경영을 위하여 필요하다고 인정되는 보전산지는 가능한 한 특정 용도로 이용하기 위한 지역등으로 지정·결정되어서는 아니 된다.
3. 분수령·하천·소계류·소능선 등 자연경계의 밖에 위치하는 지역으로서 지역등의 지정·결정의 목적과 직접적으로 관련되지 아니하는 산지는 그 지정·결정의 범위를 최소화하여야 한다.
4. 보전산지에 대하여 산지의 보전과 유사한 목적으로 다른 법률에 따라 지역등으로 지정·결정하려는 경우에는 그 지정·결정의 범위가 최소화되도록 하여야 한다.
5. 법 제9조에 따른 산지전용·일시사용제한지역이 편입되어서는 아니 된다. 다만, 법 제10조 각 호에 따른 행위와 관련된 협의의 경우에는 그러하지 아니하다.
6. 전용하려는 산지의 경우에는 법 제12조에 따른 행위제한에 위반되어서는 아니 된다.
7. 지역등의 지정으로 인하여 주변 산림경영에 지장을 초래하여서는 아니 된다.
8. 기반시설의 설치를 수반하여 지역등을 지정하려는 경우 주변 산림경영을 위한 기반시설과 연계하여야 한다.

9. 불가피하게 원형보전되는 산지에 대하여는 다음 각 목의 대책을 수립하여야 한다.
   가. 소나무재선충병 등 산림병해충의 예방 및 방제를 위한 대책
   나. 산불·산사태 등 산림재해를 방지하기 위한 대책
   다. 삭제 <2010.12.7>
10. 지역등으로 지정·결정하려는 산지의 평균경사도가 25도(「체육시설의 설치·이용에 관한 법률」 제10조제1항제1호에 따른 스키장업의 시설을 설치하는 경우의 평균경사도는 35도) 이하일 것.
11. 지역등으로 지정·결정하려는 산지의 헥타르당 입목축적이 산림기본통계(산림청장이 고시하는 산림기본통계를 말한다. 이하 같다)상의 관할 시·군·자치구의 헥타르당 입목축적의 150퍼센트 이하일 것. 다만, 산불발생·솎아베기 또는 인위적인 벌채를 실시한 후 5년이 지나지 아니한 때에는 그 산불발생·솎아베기 또는 벌채 전의 입목축적으로 환산하여 적용한다. 다만, 산림기본통계의 발표 다음 연도부터 다시 새로운 산림기본통계가 발표되기 전까지는 산림청장이 고시하는 시·도별 평균생장률을 적용하여 해당 연도의 관할 시·군·구의 헥타르당 입목축적을 구하며, 산불발생·솎아베기 또는 인위적인 벌채를 실시한 후 5년이 지나지 않은 때에도 해당 시·도별 평균생장률을 적용하여 그 산불발생·솎아베기 또는 벌채 전의 입목축적을 환산한다.
12. 지역등으로 지정·결정하려는 경우 기본계획 및 지역계획의 내용에 어긋나지 아니하여야 한다.
13. 지역등으로 지정·결정하려는 산지의 면적이 30만제곱미터 이상인 경우로서 해당 산지를 전용 또는 일시사용하려는 경우에는 해당 사업계획부지에 대한 보전산지의 면적비율은 매년 산림청장이 발표하는 임업통계연보상의 해당 시·군·구의 산지면적에 대한 보전산지의 면적비율(보전산지의 면적 비율이 100분의 50 이하인 경우에는 100분의 50)을 초과하여서는 아니 된다. 다만, 다음 각 목의 어느 하나에 해당하는 경우에는 그러하지 아니하다.
   가. 스키장, 집단묘지(공설묘지 및 법인묘지에 한정한다), 대중골프장, 송·배선 철탑 또는 풍력발전시설을 설치하기 위한 경우
   나. 지역등으로 지정하여 전용하려는 산지의 평균 입목축적이 산림기본통계상 해당 시·군·구의 평균 입목축적 이하인 지역에「산업입지 및 개발

에 관한 법률」 제2조제8호에 따른 산업단지 또는 「관광진흥법」 제2조제7호에 따른 관광단지를 조성하는 경우
  다. 지역등으로 지정하여 전용하려는 산지의 평균경사도가 15도 미만이고 평균입목축적(산불발생·솎아베기 또는 인위적인 벌채를 실시한 후 5년이 지나지 아니한 때에는 그 산불발생·솎아베기 또는 벌채전의 입목축적으로 환산하여 적용한다)이 산림기본통계상 해당 시·군·구의 평균입목축적의 75퍼센트 미만인 경우에는 해당 사업계획부지의 100분의 10의 범위에서 보전산지를 추가하여 편입할 수 있다.
14. 개발이 수반되는 지역등으로 지정·결정하려는 경우에는 주변의 개발상황을 고려해야 하고 기반시설과 연계되어야 한다.

※ 비고
 1. 다음 각 목의 어느 하나에 해당하는 경우에는 제10호·제11호 및 제13호를 적용하지 아니한다.
   가. 사업시행자가 지정되지 아니하거나 주민제안에 의하여 개발계획이 수립되지 아니하는 경우
   나. 국가 또는 지방자치단체가 시행하는 공용·공공용시설의 설치에 필요한 경우
   다. 관계 법령 또는 인·허가 등의 조건에 따라 민간사업자가 설치하여 국가 또는 지방자치단체에 기부채납 또는 무상귀속하게 되는 공용·공공용 시설
 2. 제1호부터 제14호까지의 기준 적용에 필요한 세부사항은 농림축산식품부령으로 정한다.
 3. 지역등을 지정·결정하려는 산지의 지형여건 또는 사업수행상 제2호, 제10호 또는 제11호의 기준을 적용하는 것이 불합리하다고 인정되는 경우에는 별표 4 비고 제4호 또는 제5호에 따라 산지전용허가기준을 완화할 수 있는 범위에서 중앙산지관리위원회 또는 지방산지관리위원회의 심의를 거쳐 이를 완화할 수 있다.
 4. 삭제 <2013.12.17>
 5. 산림청장은 제13호에 따른 보전산지 면적비율과 관련하여 전체산지면적 또는 보전산지 면적의 변경으로 보전산지 면적비율이 증가된 경우에는 임업통계연보상의 보전산지 면적비율에도 불구하고 그 증가된 보전산지 면

적비율을 적용할 수 있다.

[영별표 3] <개정 2016.12.30>

산지전용신고 대상시설 및 행위의 범위·지역·조건(제18조제2항 관련)

1. 산림경영을 위한 영구시설과 그 부대시설의 경우

대상시설·행위의 범위	대상시설·행위의 지역	대상시설·행위의 조건
가. 임산물 생산시설 또는 집하시설	산지전용·일시사용제한지역이 아닌 산지	임업인이 설치하는 시설로서 부지면적이 1만제곱미터 미만일 것
나. 임산물 가공·건조·보관시설, 임업용기자재(비료·농약 등) 보관시설, 임산물 전시·판매시설		임업인이 설치하는 시설로서 부지면적이 3천제곱미터 미만일 것

2. 「임업 및 산촌진흥 촉진에 관한 법률」에 따른 산촌개발사업으로 설치하는 영구시설과 그 부대시설의 경우

대상시설·행위의 범위	대상시설·행위의 지역	대상시설·행위의 조건
가. 임산물 생산·저장·판매·가공·이용시설	산지전용·일시사용제한지역이 아닌 산지	부지면적이 1만제곱미터 미만일 것
나. 산림의 홍보·전시·교육시설		
다. 산림휴양·치유시설		
라. 산촌주민의 소득증대시설		

3. 임업시험연구를 위한 영구시설과 그 부대시설의 경우

대상시설·행위의 범위	대상시설·행위의 지역	대상시설·행위의 조건
가. 국가 또는 지방자치단체가	제한없음	부지면적이 1만제곱미터 미만

대상시설·행위의 범위	대상시설·행위의 지역	대상시설·행위의 조건
임업시험연구를 위하여 설치하는 시설		일 것
나.「고등교육법」제2조에 따른 학교(산림과 관련된 학과·학부가 설치된 학교만 해당한다)가 임업시험연구 또는 산림과 관련된 교육목적 달성을 위하여 설치하는 시설		

4. 산림 관계 법령에 따라 조성하는 산림공익시설과 그 부대시설의 경우

대상시설·행위의 범위	대상시설·행위의 지역	대상시설·행위의 조건
가. 자연휴양림	제한 없음	「산림문화·휴양에 관한 법률」제14조제3항에 따른 시설의 종류 및 기준 등에 적합할 것
나. 수목원		「수목원·정원의 조성 및 진흥에 관한 법률」제2조제1호에 따른 기준에 적합할 것
다. 산림생태원		「산림보호법」제18조제5항에 따른 기준에 적합할 것
라. 산림욕장, 치유의 숲, 숲속야영장 또는 산림레포츠시설		「산림문화·휴양에 관한 법률」제20조제4항에 따른 시설의 종류 및 기준 등에 적합할 것
마. 유아숲체험원		「산림교육 활성화에 관한 법률」제12조제1항의 기준에 적합할 것
바. 산림교육센터		「산림교육 활성화에 관한 법률」제13조제3항의 지정기준에 적합할 것
사. 산림복지단지		「산림복지 진흥에 관한 법률」제31조에 따른 생태적 산지이용기준에 적합할 것

5. 농림어업인의 주택시설과 그 부대시설의 경우

대상시설·행위의 범위	대상시설·행위의 지역	대상시설·행위의 조건
가. 농림어업인의 주택시설과 그 부대시설	산지전용·일시사용제한지역이 아닌 산지	농림어업인이 농림어업을 직접 경영하면서 실제로 거주하기 위하여 자기소유 산지에 설치하는 시설로서 부지면적이 330제곱미터 미만일 것(이 경우 자기 소유의 기존 임도를 활용하여 설치 가능하며, 부지면적의 산정방법은 제12조제4항을 준용한다)

6. 「건축법」에 따른 건축허가 또는 건축신고 대상이 되는 영구시설과 그 부대시설의 경우

대상시설·행위의 범위	대상시설·행위의 지역	대상시설·행위의 조건
가. 농림축수산물의 창고·집하장·가공시설	공익용산지가 아닌 산지	농림어업인등이 농림어업의 경영을 목적으로 설치하는 시설일 것. 이 경우 부지면적은 다음의 구분에 따른다. 1) 5천제곱미터 이상의 농지에 농업경영을 하거나 3만제곱미터 이상의 산지에 산림경영을 하는 경우: 3천제곱미터 미만 2) 5천제곱미터 미만의 농지에 농업경영을 하거나 3만제곱미터 미만의 산지에 산림경영을 하는 경우: 1천제곱미터 미만 3) 수산물의 창고·집하장 또는 그 가공시설인 경우: 1천제곱미터 미만
나. 농기계수리시설 및 농기계 창고		농림어업인등이 농림어업의 경영을 목적으로 설치하는 시설일 것. 이 경우 부지면적은 다음의

		구분에 따른다. 1) 5천제곱미터 이상의 농지에 농업경영을 하거나 3만제곱미터 이상의 산지에 산림경영을 하는 경우: 3천제곱미터 미만 2) 5천제곱미터 미만의 농지에 농업경영을 하거나 3만제곱미터 미만의 산지에 산림경영을 하는 경우: 1천제곱미터 미만
다. 누에 등 곤충사육시설 및 관리시설		농림어업인등이 농림어업의 경영을 목적으로 설치하는 시설로서 부지면적이 3천제곱미터 미만일 것

※ 비고

1. 대상시설·행위의 지역은 이 법령 또는 다른 법령에 따라 해당 시설·행위가 허용되는 지역이어야 한다.
2. 「수목원·정원의 조성 및 진흥에 관한 법률」 제19조에 따라 지정된 국립수목원완충지역에서 할 수 있는 시설 및 행위는 제3호 및 제4호만 해당한다.
3. 제1호에서 "임업인"이란 「임업 및 산촌 진흥촉진에 관한 법률 시행령」 제2조제1호의 임업인(「산림자원의 조성 및 관리에 관한 법률」에 따라 산림경영계획의 인가를 받아 산림을 경영하고 있는 자를 말한다), 같은 조 제2호·제3호의 임업인을 말한다.
4. 제5호에서 "농림어업인"이란 「농지법」 제2조제2호에 따른 농업인, 「임업 및 산촌 진흥촉진에 관한 법률 시행령」 제2조제1호의 임업인(「산림자원의 조성 및 관리에 관한 법률」에 따라 산림경영계획의 인가를 받아 산림을 경영하고 있는 자를 말한다), 같은 조 제2호·제3호의 임업인 및 「수산업법」 제2조제12호에 따른 어업인을 말한다.
5. 제6호에서 "농림어업인등"이란 농림어업인, 「농업·농촌 및 식품산업 기본법」 제3조제4호에 따른 생산자단체, 「수산업·어촌 발전 기본법」 제3조제5호에 따른 생산자단체, 「농어업경영체 육성 및 지원에 관한 법률」 제16조에 따른 영농조합법인과 영어조합법인 및 같은 법 제19조에 따른 농업회사법인을 말한다.
5의2. 제1호부터 제6호까지에 따른 산지전용신고 대상시설을 설치하려는 경우에는 법 제40조제3항에 따른 복구설계서의 승인기준에 적합하여야 한다.
6. 산지전용신고 대상시설 및 행위의 범위·지역·조건을 적용하는 데 필요한 세부적인 사항은 산림청장이 정하여 고시한다.

[영별표 3의2] <개정 2016.12.30>

산지일시사용허가의 대상시설·행위별 지역·조건·기준(제18조의2제3항 관련)

1. 광물의 채굴 및 광해방지사업의 경우

대상시설·행위	대상시설·행위의 지역	대상시설·행위의 조건·기준
가. 노천채굴	산지전용·일시사용제한지역 및 토석채취제한지역이 아닌 산지. 다만, 고령토의 굴취·채취(그 굴취·채취로 인하여 경관이 훼손되거나 재해가 발생할 우려가 없고, 산지일시사용 후 발생하는 절토·성토면의 수직높이가 15미터 이하인 경우로 한정한다)는 제32조의3제2항제1호부터 제3호까지의 토석채취제한지역인 산지에서도 할 수 있다.	1) 별표 4 제1호 및 제2호의 기준에 적합할 것. 다만, 별표 4 제1호마목3)·4)·6)·10), 제2호다목1)·4) 및 제2호라목1)·2)의 기준은 적용하지 아니한다. 2) 일시사용하려는 산지의 평균경사도가 35도 미만이고, 일시사용하려는 산지를 100㎡의 지역으로 분할하여 각 분할지역의 경사도를 측정하였을 때 경사도가 35도 이상인 지역이 전체 지역의 35% 이하일 것 3) 일시사용하려는 산지의 면적이 3만제곱미터 이상일 것. 다만 다음의 경우에는 그러하지 아니하다. 가) 광물을 채굴하고 있는 지역에 연접하여 채굴하려는 경우 나) 산업통상자원부장관이 특별히 필요하다고 인정하여 직접 요청하는 경우로서 안전채광 및 채광 후 복구에 지장이 없다고 인정하는 경우 4) 광물이 포함되어 있는 토석을 채취하여 석재의 용도로 사용할 우려가 없을 것
나. 굴진채굴	제한없음	1) 별표 4 제1호 및 제2호의 기준에 적합할 것. 다만, 별표 4 제1호마목3)·4)·6)·10), 제2호다목1)·4) 및 제2호라목1)·2)의 기준은 적용하지 아니한다. 2) 광물이 포함되어 있는 토석을 채취하여 석재의 용도로 사용할 우려가 없을 것 3) 일시사용하려는 산지의 총면적이 2만제곱미터 미만일 것
다. 광해방지사업		1) 별표 4 제1호·제2호의 기준에 적합할 것. 다만, 별표 4 제1호마목3)·4)·6)·1)

		·7)·10), 제2호다목1)·4) 및 같은 호 라목·2)의 기준은 적용하지 아니한다. 2) 「광산피해의 방지 및 복구에 관한 법률」에 따라 이루어질 것

2. 송전시설·배전시설·전기통신송신시설·풍력발전시설·풍황계측시설·궤도시설, 매장문화재 발굴의 경우

대상시설·행위	대상시설·행위의 지역	대상시설·행위의 조건·기준
가. 송전시설·배전시설·전기통신송신시설·풍황계측시설	제한없음	1) 별표 4 제1호·제2호의 기준에 적합할 것. 다만, 별표 4 제1호마목3)·6)·10) 및 같은 표 제2호다목1) 및 같은 호 라목1)의 기준은 적용하지 아니한다. 2) 일시사용하려는 산지면적이 660제곱미터 이상인 경우에는 일시사용하려는 산지의 평균경사도는 다음의 기준을 모두 충족하여야 한다. 이 경우 일시사용하려는 산지가 분리되어 있는 경우에는 각각의 분리된 산지 중 면적이 660제곱미터 이상인 산지에 대해서도 다음의 기준을 모두 충족하여야 한다. 가) 일시사용하려는 산지의 평균 경사도가 25도 이하일 것 나) 일시사용하려는 산지를 면적 100제곱미터의 지역으로 분할하여 각 지역의 경사도를 측정하는 경우 경사도가 25도 이상인 지역의 면적이 전체 지역 면적의 100분의 40 이하일 것 3) 자재 등은 산림청장이 따로 정하여 고시하는 기준에 따라 삭도·모노레일·헬기 등으로 운반되

		도록 사업계획이 수립될 것. 다만, 별표 3의3 제3호가목에 적합하게 진입로를 설치하는 경우에는 그러하지 아니하다. 4) 산지전용·일시사용제한지역, 「백두대간 보호에 관한 법률」 제2조제2호에 따른 백두대간보호지역, 「산림문화·휴양에 관한 법률」 제2조제2호에 따른 자연휴양림, 「자연환경보전법」 제2조제12호에 따른 생태·경관보전지역, 「산림보호법」 제7조제5호에 따른 산림유전자원보호구역에서 송전탑을 설치하는 경우에는 산지경관 영향 모의실험을 실시하여 경관훼손을 줄이는 대책을 수립할 것
나. 풍력발전시설	제한없음	1) 별표 4 제1호·제2호의 기준에 적합할 것. 다만, 별표 4 제1호마목3)·6)·7)·10) 및 제2호라목1)의 기준은 적용하지 아니한다. 2) 산지경관 영향 모의실험을 실시하여 경관훼손을 줄이는 대책을 수립할 것 3) 「산림보호법」 제45조의5에 따른 산사태위험지도상 1등급지가 편입되지 아니할 것 4) 산림청장등이 재해우려가 있다고 인정하는 경우에는 사방시설, 사방댐 등 재해방지시설 설치계획을 사업계획서에 반영할 것 5) 사업구역에 편입된 산지가 속하는 사면의 가장 높은 봉우리의 중심점으로부터 수평거리 50미터 이상 떨어져 있을 것. 다만, 해발고 300미터 이하의 산지는 그러하지 아니하다. 6) 진입로를 포함하여 사업계획에

		편입된 산지면적(기존 임도구간이 편입될 경우 그 구간의 면적은 제외한다)이 10만제곱미터 이하일 것. 다만, 「국토의 계획 및 이용에 관한 법률」 제2조제4호에 따른 도시관리계획에 따라 도시계획시설 등을 설치하는 경우는 제외한다. 7) 공사착공일부터 「전기사업법」 제9조에 따라 사업의 개시를 신고한 후 3년이 되는 날까지 법 제46조에 따른 한국산지보전협회가 현장점검(법 제46조제3항제4호 및 제5호에 따른 활동으로 한정한다)을 수행하도록 하는 현장점검계획을 수립하여 이를 사업계획서에 반영할 것
다. 궤도시설	국가 또는 지방자치단체 외의 자가 설치하는 경우에는 산지전용·일시사용제한지역이 아닌 산지	가) 별표 4 제1호 및 제2호의 기준에 적합할 것. 다만, 별표 4 제1호마목3)·6)·10) 및 제2호라목1)·2)의 기준은 적용하지 아니한다. 나) 궤도시설 설치를 위한 자재 등의 운반에 관하여는 가목2)를 준용한다.
라. 매장문화재의 발굴	제한없음	별표 4 제1호 각 목의 기준에 적합할 것. 다만, 별표 4 제1호마목3)·6)의 기준은 적용하지 아니한다.

※ 비고

1. 대상시설·행위의 지역은 이 법령 또는 다른 법령에 따라 해당 시설 또는 행위가 허용되는 지역이어야 한다.
2. 제1호에 따른 광물의 채굴 및 광해방지사업의 대상시설·행위에는 폐석적치, 산물의 선별·가공·처리를 위한 시설·행위를 포함한다.

3. 삭제 <2013.12.17>
4. 산지일시사용허가기준 중에서 산지의 지형여건 또는 사업수행상 위 기준을 적용하는 것이 불합리하다고 인정되는 경우에는 중앙산지관리위원회의 심의를 거쳐 그 기준을 완화하여 적용할 수 있다.
5. 산지일시사용허가 대상시설·행위별 지역·조건·기준을 적용하는 데 필요한 세부사항은 농림축산식품부령으로 정한다.
6. 산지일시사용허가의 대상시설 및 행위별 지역·조건·기준을 적용할 때 산지의 면적에 관한 허가기준은 별표 4의2를 준용한다.
6의2. 제1호부터 제6호까지에 따른 산지일시사용허가 대상시설을 설치하거나 대상행위를 하려는 경우에는 법 제40조제3항에 따른 복구설계서 승인 기준에 적합하여야 한다.
7. 대통령령 제22513호 산지관리법 시행령 일부개정령 시행 당시 토석채취제한지역에서 종전의 규정에 따라 노천채굴을 위한 산지일시사용허가를 받아 산지일시사용기간이 만료되지 않은 자가 그 허가받은 지역에 연접하여 노천채굴을 하려는 경우에는 해당 연접지역이 토석채취제한지역이더라도 그 지역을 토석채취제한지역이 아닌 산지로 보아 제1호가목의 기준에 따라 산지일시사용허가를 할 수 있다.

[영별표 3의3] <개정 2016.12.30>

산지일시사용신고의 대상시설 및 행위별 지역·조건·기준(제18조의3제4항 관련)

1. 「건축법」에 따른 건축허가 또는 건축신고 대상이 아닌 간이농림어업용 시설과 농림수산물 간이처리시설의 경우

대상시설·행위	대상시설·행위의 지역	대상시설·행위의 조건·기준
가. 산림경영관리사	산지전용·일시사용제한지역이 아닌 산지	1) 임업인이 설치하는 시설로서 부지면적이 2백제곱미터 미만일 것 2) 주거용이 아닌 경우로서 작업대기 및 휴식공간이 바닥면적의 100분의 25 이하일 것
나. 농업용·축산업용 관리사, 농막	공익용산지가 아닌 산지	1) 농림어업인이 설치하는 시설로서 부지면적이 2백제곱미터 미만일 것 2) 주거용이 아닌 경우로서 작업대기 및 휴식공간이 바닥면적의 100분의 25 이하일 것
다. 산림작업인부 대피소 등 산림작업에 필요한 시설(주거목적이 아닌 경우만 해당한다)		부지면적이 2백제곱미터 미만일 것
라. 가목부터 다목까지 외의 간이농림어업용 시설과 농림수산물 간이처리시설		
마. 별표 3 제1호 및 제6호의 시설 중 산지일시사용 목적으로 설치하는 시설		

2. 석재·지하자원 탐사시설 또는 시추시설의 설치(지질·토양조사를 위한 시설의 설치를 포함한다)의 경우

대상시설·행위	대상시설·행위의 지역	대상시설·행위의 조건·기준
가. 석재의 탐사시설 또는 시추시설의 설치	산지전용·일시사용제한지역 및 토석채취제한지역이 아닌 산지	산정부 표고의 100분의 70 이하이고, 평균경사도가 35도 미만인 산지에 설치할 것. 다만, 연구·조사를 위한 경우에는 그러하지 아니하다.
나. 지하자원의 탐사시설 또는 시추시설의 설치	제한없음	평균 경사도가 35도 미만인 산지에 설치할 것. 다만, 연구·조사를 위한 경우에는 그러하지 아니하다.
다. 지질·토양의 조사·탐사시설	해당시설을 설치할 수 있는 지역	산정부 표고의 100분의 50 이하이고, 평균경사도가 25도 미만인 산지에 설치할 것. 다만, 연구·조사를 위한 경우에는 그러하지 아니하다.

3. 산지전용 및 산지일시사용을 위하여 임시로 설치하는 진입로의 경우

대상시설·행위	대상시설·행위의 지역	대상시설·행위의 조건·기준
가. 송전시설·배전시설·전기통신송신시설·풍황계측시설 및 궤도시설을 위한 진입로	해당 시설을 설치할 수 있는 지역	1) 「산림자원의 조성 및 관리에 관한 법률」 제9조에 따른 산림관리기반시설 중 임도시설의 타당성평가와 설계 및 시설기준에 적합할 것 2) 시설되는 진입로가 임도의 용도로 지속적인 활용이 가능하다고 인정될 것 ※ 1)·2)의 조건·기준에도 불구하고 산림청장이 필요하다고 인정하는 경우에는 별도의 조건·기준을 고시할 수 있다.
나. 풍력발전시설을 위한 진입로	해당 시설을 설치할 수 있는 지역	1) 산지경관 영향 모의실험을 실시하여 경관훼손을 줄이는 대책을 수립할 것

		2) 「산림보호법」 제45조의5에 따른 산사태위험지도상 1등급지가 편입되지 아니할 것. 다만, 재해방지시설을 설치하는 경우에는 그러하지 아니하다. 3) 연장거리는 10킬로미터 이하일 것. 이 경우 기존 임도구간은 제외한다. 4) 길어깨·옆도랑의 너비는 각각 0.5미터 이상 1미터 이하로 하고, 절토·성토사면을 제외한 도로의 유효너비는 4미터 이하일 것. 다만, 대피소, 차돌림곳, 곡선부 등의 유효너비는 그러하지 아니하다. 5) 횡단면도상 노폭(비탈면을 포함한다)의 원지반 경사가 35도를 넘는 구간이 전체 진입로의 100분의 10 이하일 것 6) 설계속도는 40㎞/h 이하일 것 7) 종단기울기는 20퍼센트 이하일 것(발전시설 사이의 연결로는 제외한다) 8) 공사착공일부터 「전기사업법」 제9조에 따라 사업의 개시를 신고한 후 3년이 되는 날까지 법 제46조에 따른 한국산지보전협회가 현장점검(법 제46조제3항제4호 및 제5호에 따른 활동으로 한정한다)을 수행하도록 하는 현장점검계획을 수립하여 이를 사업계획서에 반영할 것
다. 가목 및 나목 외의 진입로	해당 시설을 설치할 수 있는 지역	해당 시설의 설치에 필요한 최소한의 면적일 것

4. 임도, 작업로, 임산물 운반로, 숲길, 그 밖에 이와 유사한 산길을 조성하는 경우

대상시설·행위	대상시설·행위의 지역	대상시설·행위의 조건·기준
가. 임도	산지전용·일시사용제한지역이 아닌 산지	「산림자원의 조성 및 관리에 관한 법률」 제9조제4항에 따른 산림관리기반시설 중 임도시설의 타당성평가와 설계 및 시설기준에 적합할 것
나. 작업로 및 임산물 운반로 (산림경영과 관련된 궤도를 포함한다)		너비가 3미터 이내일 것. 다만, 다음의 경우에는 3미터를 초과할 수 있다. 1) 배향곡선지·차량대피소 및 차를 돌리기 위한 장소 등 부득이한 경우 2) 토석운반로를 설치하는 경우
다. 「산림문화·휴양에 관한 법률」에 따라 조성하는 산책로·탐방로·등산로·둘레길 등 숲길, 그 밖에 이와 유사한 산길	제한없음	너비가 1미터50센티미터 이내일 것. 다만, 휴식·대피를 위한 장소 등 산림청장이 필요하다고 인정하는 경우에는 1미터50센티미터를 초과할 수 있다.

5. 산지전용 및 산지일시사용을 위하여 임시로 설치하는 부대시설의 경우

대상시설·행위	대상시설·행위의 지역	대상시설·행위의 조건·기준
현장사무소, 주차장, 화장실, 창고, 숙소, 식당, 정화시설, 재해방지시설, 울타리 및 자재적치·운반시설	해당시설을 설치할 수 있는 지역	해당 시설의 설치에 필요한 최소한의 면적일 것

6. 산나물, 약초, 약용수종(藥用樹種), 조경수·야생화 등 관상산림식물 재배의 경우

대상시설·행위	대상시설·행위의 지역	대상시설·행위의 조건·기준
가. 「임업 및 산촌 진흥촉진에	산지전용·	농림어업인등이 재배하려는 경우로

관한 법률 시행령」 제8조 제1항에 따른 임산물 소득원의 지원 대상 품목(관상수는 제외한다)의 재배	일시사용제한지역이 아닌 산지	서 입목의 벌채·굴취가 수반되지 않을 것. 다만, 농림어업인등이 재배하려는 경우로서 입목의 벌채·굴취가 수반되는 경우에는 다음의 요건을 모두 갖추어야 하며, 한국임업진흥원이 재배하려는 경우로서 입목의 벌채·굴취가 수반되는 경우에는 다음 1)의 요건을 갖추어야 한다. 1) 평균경사도가 25도 미만일 것 2) 재배면적이 5만제곱미터 미만일 것 3) 「산림자원의 조성 및 관리에 관한 법률」 제13조에 따라 산림경영계획의 인가를 받았을 것. 이 경우 산림경영계획에 입목의 벌채·굴취에 관한 계획이 포함되어야 한다.
나. 「임업 및 산촌 진흥촉진에 관한 법률 시행령」 제8조제1항에 따른 임산물 소득원의 지원 대상인 관상수의 재배	산지전용·일시사용제한지역이 아닌 산지	농림어업인등이 재배하려는 경우로서 입목의 벌채·굴취가 수반되지 않을 것. 다만, 입목의 벌채·굴취가 수반되는 경우에는 다음의 요건을 모두 갖추어야 한다. 1) 평균경사도가 25도 미만일 것 2) 재배면적이 3만제곱미터 미만일 것. 다만, 재배지역이 법 제4조제1항제1호나목에 따른 공익용산지인 경우에는 1만제곱미터 미만이어야 한다. 2) 「산림자원의 조성 및 관리에 관한 법률」 제13조에 따라 산림경영계획의 인가를 받았을 것. 이 경우 산림경영계획에 입목의 벌채·굴취에 관한 계획이 포함되어야 한다.

7. 산불의 예방 및 진화 등 재해응급대책과 관련된 시설의 경우

대상시설・행위	대상시설・행위의 지역	대상시설・행위의 조건・기준
가. 산불감시탑・방화선・간이무선통신시설・간이저수조・간이헬기장 그 밖에 이와 유사한 시설	제한없음	해당 시설의 설치에 필요한 최소한의 면적일 것
나. 병해충의 구제 및 예방을 위한 시설		
다. 재해예방 및 복구를 위한 시설		

8. 그 밖의 경우

대상시설・행위	대상시설・행위의 지역	대상시설・행위의 조건・기준
가. 가축의 방목(해당 방목지에서 가축의 방목을 위하여 필요한 목초 종자의 파종을 포함한다)	공익용산지가 아닌 산지	제12조제13항제6호 및 제6호의2에 적합할 것
나. 물건의 적치	공익용산지가 아닌 산지	제12조제13항제9호에 적합할 것
다. 법 제26조에 따른 채석경제성평가를 위하여 시추하는 시설	산지전용・일시사용제한지역 및 토석채취제한지역이 아닌 산지	산정부 표고의 100분의 70 이하이고, 평균경사도가 35도 미만인 산지에 설치할 것
라. 농업용수 개발시설	공익용산지가 아닌 산지	농림어업인등이 농림어업의 경영을 목적으로 설치하는 시설로서 부지면적 5제곱미터 미만이고, 1일 양수능력이 100톤 이하일 것

마. 「장사 등에 관한 법률」에 따른 수목장림의 설치	제한없음	「장사 등에 관한 법률 시행령」 제11조·제21조제2항에 따른 공설수목장림의 설치 및 조성기준, 사설수목장림의 설치기준에 적합할 것
바. 「사방사업법」에 따른 사방시설의 설치		「사방사업법」 제7조의3에 따른 사방사업타당성평가 기준 등에 적합할 것
사. 「산림보호법」 제13조에 따라 지정된 보호수 및 야생 동·식물의 보호시설		해당 시설의 설치에 필요한 최소한의 면적일 것
아. 문화재·전통사찰과 관련된 비석, 기념탑, 그 밖에 이와 유사한 시설		
자. 「매장문화재 보호 및 조사에 관한 법률」에 따른 매장문화재 지표조사	산지전용·일시사용제한지역이 아닌 산지	「매장문화재 보호 및 조사에 관한 법률」 제6조에 따른 매장문화재 지표조사일 것
차. 무선전기통신 송수신시설	제한 없음	「전기통신사업법」 제2조제8호에 따른 전기통신사업자가 설치하는 100㎡ 이하의 시설
카. 법 제10조제9호의3에 따른 유해의 조사발굴	제한없음	유해발굴을 위한 최소한의 면적일 것

※ 비고
1. 대상시설·행위의 지역은 이 법령 또는 다른 법령에 따라 해당 시설 또는 행위가 허용되는 지역이어야 한다.
2. 「수목원 조성 및 진흥에 관한 법률」 제19조에 따라 지정된 국립수목원완충지역에서 할 수 있는 시설 및 행위는 제3호나목, 제4호, 제5호, 제7호, 제8호마목부터 자목까지의 규정만 해당한다.
3. 토석채취를 위한 부대시설(산물처리장·진입로 및 관리사무소를 말한다)의 설치는 산지일시사용에 해당한다.
4. 제1호에서 "임업인"이란 「임업 및 산촌 진흥촉진에 관한 법률 시행령」 제2조제1호의 임업인(「산림자원의 조성 및 관리에 관한 법률」에 따라 산림경영계획의 인

가를 받아 산림을 경영하고 있는 자를 말한다), 같은 조 제2호·제3호의 임업인을 말한다.
5. 제1호·제6호에서 "농림어업인"이란 「농지법」 제2조제2호에 따른 농업인, 「임업 및 산촌 진흥촉진에 관한 법률 시행령」 제2조제1호의 임업인(「산림자원의 조성 및 관리에 관한 법률」에 따라 산림경영계획의 인가를 받아 산림을 경영하고 있는 자를 말한다), 같은 조 제2호·제3호의 임업인 및 「수산업법」 제2조제12호에 따른 어업인을 말한다.
6. 제6호 및 제8호에서 "농림어업인등"이란 농림어업인, 「농업·농촌 및 식품산업기본법」 제3조제4호에 따른 생산자단체, 「수산업·어촌 발전 기본법」 제3조제5호에 따른 생산자단체, 「농어업경영체 육성 및 지원에 관한 법률」 제16조에 따른 영농조합법인과 영어조합법인 및 같은 법 제19조에 따른 농업회사법인을 말한다.
7. 산지일시사용신고 대상시설·행위별 지역·조건·기준을 적용하는 데 필요한 세부사항은 산림청장이 정하여 고시한다.
8. 대상시설을 설치하거나 대상행위를 하려는 경우에는 법 제40조제3항에 따른 복구설계서의 승인기준에 적합하여야 한다.

[영별표 4] <개정 2016.12.30>

산지전용허가기준의 적용범위와 사업별·규모별 세부기준(제20조제6항 관련)

1. 산지전용 시 공통으로 적용되는 허가기준

허가기준	세부기준
가. 인근 산림의 경영·관리에 큰 지장을 주지 아니할 것	산지전용으로 인하여 임도가 단절되지 아니할 것. 다만, 단절되는 임도를 대체할 수 있는 임도를 설치하거나 산지전용 후에도 계속하여 임도에 대체되는 기능을 수행할 수 있는 경우에는 그러하지 아니하다.
나. 희귀 야생동·식물의 보전 등 산림의 자연생태적 기능유지에 현저한 장애가 발생되지 아니할 것	개체수나 자생지가 감소되고 있어 계속적인 보호·관리가 필요한 야생동·식물이 집단적으로 서식하는 산지 또는 「산림자원의 조성 및 관리에 관한 법률」 제19조제1항에 따라 지정된 수형목(秀型木) 및 「산림보호법」 제13조에 따라 지정된 보호수가 생육하는 산지가 편입되지 아니할 것. 다만, 원형으로 보전하거나 생육에 지장이 없도록 이

	식하는 경우에는 그러하지 아니하다.
다. 토사의 유출·붕괴 등 재해발생이 우려되지 않을 것	1) 산지의 경사도, 모암(母巖), 산림상태 등 농림축산식품부령으로 정하는 산사태위험지판정기준표상의 위험요인에 따라 산사태가 발생할 가능성이 높은 것으로 판정된 지역 또는 산사태가 발생한 지역이 아닐 것. 다만, 재해방지시설의 설치를 조건으로 허가하는 경우에는 그렇지 않다. 2) 하천·소하천·구거의 선형은 자연 그대로 유지되도록 계획을 수립할 것. 다만, 재해방지시설의 설치를 조건으로 허가하는 경우에는 그렇지 않다. 3) 배수시설은 배수를 하천 또는 다른 배수시설까지 안전하게 분산 유도할 수 있도록 계획을 수립할 것. 다만, 배수량이 토사유출 또는 붕괴를 발생시킬 우려가 없는 경우에는 그렇지 않다. 4) 성토비탈면은 토양의 붕괴·침식·유출 및 비탈면의 고정과 안정을 유도하기 위한 공법을 적용할 것 5) 돌쌓기, 옹벽 등 재해방지시설을 그 절토·성토면에 설치하는 경우에는 해당 재해방지시설의 높이를 고려하여 그 재해방지시설과 건축물을 수평으로 적절히 이격할 것
라. 산림의 수원함양 및 수질보전 기능을 크게 해치지 아니할 것	전용하려는 산지는 상수원보호구역 또는 취수장(상수원보호구역 미고시 지역의 경우를 말한다)으로부터 상류방향 유하거리 10킬로미터 밖으로서 하천 양안 경계로부터 500미터 밖에 위치하여 상수원·취수장 등의 수량 및 수질에 영향을 미치지 아니할 것. 다만, 다음의 어느 하나에 해당하는 시설을 설치하는 경우에는 그러하지 아니하다. 　　1) 「하수도법」 제2조제9호·제10호·제13호에 따른 공공하수처리시설·분뇨처리시설·개인하수처리시설 　　2) 「가축분뇨의 관리 및 이용에 관한 법률」 제2조제8호에 따른 처리시설 　　3) 도수로·침사지 등 산림의 수원함양 및 수질보전을 위한 시설

마. 사업계획 및 산지전용면적이 적정하고 산지전용방법이 자연경관 및 산림훼손을 최소화하고 산지전용 후의 복구에 지장을 줄 우려가 없을 것	1) 산지전용행위와 관련된 사업계획의 내용이 구체적이고 타당하여야 하며, 허가신청자가 허가받은 후 지체 없이 산지전용의 목적사업 시행이 가능할 것 2) 목적사업의 성격, 주변경관, 설치하려는 시설물의 배치 등을 고려할 때 전용하려는 산지의 면적이 과다하게 포함되지 아니하도록 하되, 공장 및 건축물의 경우는 다음의 기준을 고려할 것 　가) 공장: 「산업집적활성화 및 공장설립에 관한 법률」 제8조에 따른 공장입지의 기준 　나) 건축물: 「국토의 계획 및 이용에 관한 법률」 제77조에 따른 건축물의 건폐율 3) 가능한 한 기존의 지형이 유지되도록 시설물이 설치될 것 4) 산지전용으로 인한 비탈면은 토질에 따라 적정한 경사도와 높이를 유지하여 붕괴의 위험이 없을 것 5) 산지전용으로 인하여 주변의 산림과 단절되는 등 산림생태계가 고립되지 아니할 것. 다만, 생태통로 등을 설치하는 경우에는 그러하지 아니하다. 6) 전용하려는 산지의 표고(標高)가 높거나 설치하려는 시설물이 자연경관을 해치지 아니할 것 7) 전용하려는 산지의 규모가 별표 4의2의 기준에 적합할 것 8) 「장사 등에 관한 법률」에 따른 화장장·납골시설·공설묘지·법인묘지·장례식장 또는 「폐기물관리법」에 따른 폐기물처리시설을 도로 또는 철도로부터 보이는 지역에 설치하는 경우에는 차폐림을 조성할 것 9) 사업계획부지 안에 원형으로 존치되거나 조성되는 산림 또는 녹지에 대하여 적정한 관리계획이 수립될 것 10) 기존 도로(도로공사의 준공검사가 완료되었거나 사용개시가 이루어진 도로를 말한다)를 이용하여 산지전용을 하거나 다음의 어느 하나에 해당하는 산지전용일 것. 다만, 개인묘지의 설치나 광고탑 설치 사업 등 그 성격상 기존 도로를 이용할 필요가 없는 경우로서 산림청장이

별도의 조건과 기준을 정하여 고시하는 경우는 제외한다.
  가) 공장설립허가를 위한 인허가(협의를 포함한다)를 받으려는 경우로서 계획상 도로의 산지전용허가를 받은 자가 그 계획상 도로의 이용에 관하여 동의한 경우
  나) 「국토의 계획 및 이용에 관한 법률」, 「도로법」, 「농어촌도로 정비법」 또는 「사도법」에 따라 고시된 후 공사 착공이 된 도로로서 도로관리청 또는 도로관리자가 도로이용에 관하여 동의한 경우
  다) 「건축법」 제2조제1항제11호나목에 따른 도로 중 준공검사가 완료되지 않았으나 실제로 통행이 가능한 도로로서 도로관리자가 도로이용에 관하여 동의한 경우
11) 「건축법 시행령」 별표 1 제1호에 따른 단독주택을 축조할 목적으로 산지를 전용하는 경우에는 자기 소유의 산지일 것(공동 소유인 경우에는 다른 공유자 전원의 동의가 있는 등 해당 산지의 처분에 필요한 요건과 동일한 요건을 갖출 것)
12) 「사방사업법」 제3조제2호에 따른 해안사방사업에 따라 조성된 산림이 사업계획부지안에 편입되지 아니할 것. 다만, 원형으로 보전하거나 시설물로 인하여 인근의 수목생육에 지장이 없다고 인정되는 경우에는 그러하지 아니한다.
13) 분묘의 중심점으로부터 5미터 안의 산지가 산지전용예정지에 편입되지 아니할 것. 다만, 다음의 어느 하나에 해당하는 조치를 할 것을 조건으로 허가하는 경우에는 그러하지 아니하다.
  가) 해당 산지의 산지전용에 대하여 「장사 등에 관한 법률」 제2조제16호에 따른 연고자의 동의를 받을 것(연고자가 있는 경우에 한정한다)
  나) 연고자가 없는 분묘의 경우에는 「장사 등에 관한 법률」 제27조 또는 제28조에 따라 분묘를 처리할 것
14) 산지전용으로 인하여 해안의 경관 및 해안산림생태계의 보전에 지장을 초래하지 아니할 것
15) 농림어업인이 자기 소유의 산지에서 직접 농

		림어업을 경영하면서 실제로 거주하기 위하여 건축하는 주택 및 부대시설을 설치하는 경우에는 자기 소유의 기존 임도를 활용하여 시설할 수 있다.

2. 산지전용면적에 따라 적용되는 허가기준

허가기준	전용면적	세부기준
가. 집단적인 조림성공지 등 우량한 산림이 많이 포함되지 아니할 것	30만제곱미터 이상의 산지전용에 적용	집단으로 조성되어 있는 조림성공지 또는 우량한 입목·죽이 집단적으로 생육하는 천연림의 편입을 최소화할 것
나. 토사의 유출·붕괴 등 재해발생이 우려되지 아니할 것	2만제곱미터 이상의 산지전용에 적용	1) 산지전용을 하려는 산지 및 그 주변 지역에 산사태가 발생할 가능성이 높지 않을 것. 다만, 산림청장은 산지전용을 하려는 자에게 재해방지시설을 설치할 것을 조건으로 산지전용허가를 할 수 있다. 2) 산지전용으로 인하여 홍수 시 하류지역의 유량 상승에 현저한 영향을 미치거나 토사유출이 우려되지 아니할 것. 다만, 홍수조절지, 침사지 또는 사방시설을 설치하는 경우에는 그러하지 아니하다.
다. 산지의 형태 및 임목의 구성 등의 특성으로 인하여 보호할 가치가 있는 산림에 해당되지 아니할 것	660제곱미터 이상의 산지전용에 적용. 다만, 비고 제1호에 해당하는 시설에는 적용하지 아니한다.	1) 전용하려는 산지의 평균경사도는 다음의 기준을 모두 충족하여야 한다. 다만, 산지 외의 토지로 둘러싸인 면적이 1만제곱미터 미만인 일단의 산지를 산지전용으로 비탈면 없이 평탄지로 조성하려는 경우와 법 제8조에 따라 산지에서의 구역 등의 지정을 위한 협의 과정에서 평균경사도 기준을 이미 검토한 경우(법 제8조에 따른 협의 과정에서 평균경사도 기준을 검토한 후 전용하려는 산지면적을 100분의 10 미만의 범위에서 변경하는 경우를 포함한다)에는 평균경사도 산정대상에서 제외할 수 있다. 가) 전용하려는 산지의 평균경사도가 25도(「체육시설의 설치·이용에 관한 법률」 제10조제1항제1호에 따른 스키장업의 시설을 설치하는 경우에는 35도) 이하일 것

		나) 전용하려는 산지를 면적 100제곱미터의 지역으로 분할하여 각 지역의 경사도를 측정하는 경우 경사도가 25도 이상인 지역의 면적이 전체 지역 면적의 100분의 40 이하일 것. 다만, 스키장업의 시설을 설치하는 경우에는 그렇지 않다. 2) 전용하려는 산지의 헥타르당 입목축적이 산림기본통계상의 관할 시·군·구의 헥타르당 입목축적(산림기본통계의 발표 다음 연도부터 다시 새로운 산림기본통계가 발표되기 전까지는 산림청장이 고시하는 시·도별 평균생장률을 적용하여 해당 연도의 관할 시·군·구의 헥타르당 입목축적으로 구하며, 산불발생·솎아베기·벌채를 실시한 후 5년이 지나지 않은 때에도 해당 시·도별 평균생장률을 적용하여 그 산불발생·솎아베기 또는 벌채 전의 입목축적을 환산한다)의 150% 이하일 것. 다만, 법 제8조에 따른 산지에서의 구역 등의 지정협의를 거친 경우로서 입목축적조사기준이 검토된 경우에는 입목축적에 대한 검토를 생략할 수 있다. 3) 전용하려는 산지 안에 생육하고 있는 50년생 이상인 활엽수림의 비율이 50퍼센트 이하일 것 4) 삭제 <2015.11.11.>
라. 사업계획 및 산지전용면적이 적정하고 산지전용방법이 자연경관 및 산림훼손을 최소화하고 산지전용 후의 복구에 지장을 줄 우려가 없을 것	30만제곱미터 이상의 산지 전용에 적용	1) 사업계획에 편입되는 보전산지의 면적이 해당 목적사업을 고려할 때 과다하지 아니할 것. 다만, 법 제8조에 따른 산지에서의 구역 등의 지정협의를 거친 경우로서 사업계획면적에 대한 보전산지의 면적비율이 이미 검토된 경우에는 해당 산지의 보전산지 면적비율에 대한 검토를 생략할 수 있다. 2) 시설물이 설치되거나 산지의 형질이 변경되는 부분 사이에 적정면적의 산림을 존치하고 수림(樹林)을 조성할 것 3) 산지전용으로 인한 토사의 이동량은 해당 목적사업 달성에 필요한 최소한의 양일 것 4) 전용하려는 산지를 대표적으로 조망할 수 있는 지역에 조망점을 선정하고, 산지경관 영향 모의실험을 실시하여 경관훼손 저감대책을 수립할 것(「자연환경보전법」 제28조제2항에 따른 심

의를 거친 경우는 제외한다)
5) 삭제 <2016. 12. 30.>

3. 산지전용대상 사업에 따라 적용되는 허가기준

허가기준	적용대상 사업	세부기준
가. 사업계획 및 산지전용면적이 적정하고 산지전용방법이 자연경관 및 산림훼손을 최소화하고 산지전용 후의 복구에 지장을 줄 우려가 없을 것	공장	공장부지 면적(「환경영향평가법」에 따른 협의 시 원형대로 보전하도록 한 지역을 포함한다)이 1만제곱미터(둘 이상의 공장을 함께 건축하거나 기존 공장부지에 접하여 건축하는 경우와 둘 이상의 부지가 너비 8미터 미만의 도로에 서로 접하는 경우에는 그 면적의 합계를 말한다) 이상일 것. 다만, 다음의 어느 하나에 해당하는 경우에는 그러하지 아니하다. 1) 「국토의 계획 및 이용에 관한 법률」 제36조에 따른 관리지역 안에서 농공단지 내에 입주가 허용되는 업종의 공장을 설치하기 위하여 전용하려는 경우 2) 「산업집적활성화 및 공장설립에 관한 법률」 제9조제2항에 따라 고시한 공장설립이 가능한 지역 안에서 공장을 설치하기 위하여 전용하려는 경우 3) 「국토의 계획 및 이용에 관한 법률」 제36조에 따른 주거지역, 상업지역, 공업지역, 계획관리지역, 생산녹지지역, 자연녹지지역에서 공장을 설치하기 위하여 전용하려는 경우
	도로	1) 산지전용·일시사용제한지역, 백두대간보호지역, 산림보호구역, 자연휴양림, 수목원, 채종림에는 터널 또는 교량으로 도로를 시설할 것. 다만, 지형여건상 우회 노선을 선정하기 어렵거나 터널·교량을 설치할 수 없는 경우 등 불가피한 경우에는 그러하지 아니하다. 2) 도로를 시설하기 위하여 산지전용을 하는 경우로서 능선방향 단면의 절취고(切取高)가 해당 도로의 표준터널 단면 유효높이의 3배 이상일 경우에는 지형여건에 따라 터널 또는 개착터널을 설치하여 주변 산림과 단절되지 아니하도록 할 것. 다만, 지형여건 또는 사업수행상 불가피하다

		고 인정되는 경우에는 그러하지 아니하다. 3) 해안에 인접한 산지에 도로를 시설하는 경우에는 해당 도로시설로 인하여 해안의 유실 또는 해안 형태의 변화를 초래하지 아니할 것

비고

1. 제2호 다목의 전용면적란 단서에 따라 해당 허가기준을 적용하지 아니하는 시설

   가. 재해복구시설

   나. 국가 또는 지방자치단체가 시행하거나 국가 또는 지방자치단체 외의 자가 국가 또는 지방자치단체의 위탁을 받아 시행하는 제46조제1항제2호 각 목의 어느 하나에 해당하는 시설

   다. 관계 법령 또는 인·허가 등의 조건에 따라 민간사업자가 시행하여 국가 또는 지방자치단체에 기부채납 또는 무상귀속하게 되는 공용·공공용 시설

2. 비고 외의 부분 제1호부터 제3호까지의 기준을 적용하는 데 필요한 세부적인 사항은 농림축산식품부령으로 정한다.

3. 해당 산지를 분할하여 660제곱미터 미만으로 산지전용하고자 사업계획을 수립한 것으로 인정되는 경우에는 비고 외의 부분 제2호 다목의 전용면적란의 규정에 불구하고 같은 목 세부기준란의 1)부터 3)까지를 적용할 수 있다.

4. 산지의 지형여건 또는 사업수행 상 제20조제7항에 따라 조례로써 완화된 허가기준(위 표 제2호가목 및 같은 호 다목1)·2)에 따른 허가기준만 해당한다)보다 더 완화된 기준을 적용하는 것이 타당하다고 인정되는 경우에는 산지전용타당성조사 후 지방산지관리위원회의 심의를 거쳐 당초 허가기준의 100분의 10의 범위에서 추가로 완화된 기준을 정할 수 있다.

5. 산지의 지형여건 또는 사업수행 상 위 표 제2호가목 및 같은 호 다목1)·2)에 따른 허가기준보다 더 완화된 기준을 적용하는 것이 타당하다고 인정되는 경우에는 산지전용타당성조사 후 중앙산지관리위원회 또는 지방산지관리위원회의 심의를 거쳐 해당 기준의 100분의 10의 범위에서 완화된 기준을 정할 수 있다.

6. 제2호라목4) 및 5)의 조망분석 및 산지경관 영향 시뮬레이션의 대상시설·규모 및 방법·절차·기준 등에 관하여 필요한 사항은 산림청장이 정하여 고시한다.

[영별표 4의2] <개정 2016.12.30>

산지의 면적에 관한 허가기준(제20조제6항 관련)

1. 법 제18조제5항에 따라 산지전용허가는 다음 각 호의 어느 하나에 해당하는 경우를 제외하고는 허가면적을 3만제곱미터 이상으로 할 수 없다.
   가. 국가·지방자치단체 및 「국토의 계획 및 이용에 관한 법률 시행령」 제120조제1항제1호부터 제13호까지의 규정에 따른 기관 또는 단체가 공용 또는 공공용 시설을 설치하는 경우
   나. 국가 또는 지방자치단체에 무상귀속되는 공용 또는 공공용 시설을 설치하는 경우
   다. 「국토의 계획 및 이용에 관한 법률」 제2조제4호에 따른 도시관리계획에 따라 도시계획시설 등을 설치하는 경우
   라. 「농어촌정비법」 제2조제4호의 농어촌정비사업에 따라 농업생산기반을 조성·확충하기 위한 농업생산기반 정비사업 또는 생활환경을 개선하기 위한 생활환경 정비사업을 하는 경우
   마. 「광업법」에 따라 광물을 채굴하거나 「초지법」 제5조에 따라 초지를 조성하려는 경우
   바. 「국토의 계획 및 이용에 관한 법률」 제36조제1항제1호 및 제2호에 따른 주거지역·상업지역·공업지역·녹지지역 및 계획관리지역에서 산지전용을 하는 경우
   사. 공장의 증·개축, 「건축법 시행령」 별표 1 제1호에 따른 660제곱미터 미만의 본인 거주 목적의 단독주택(본인 소유의 산지에 건축하는 경우만 해당한다) 및 같은 표 제3호에 따른 제1종근린생활시설을 설치하는 경우
   아. 법 제10조제10호, 제12조제1항제14호 및 같은 조 제2항제6호에 따라 임시로 시설을 설치하는 경우
   자. 제12조제13항제9호에 따라 1년 이내의 기간 동안 물건을 적치하는 경우
   차. 「과학기술기본법」 제9조제1항에 따른 국가과학기술심의회에서 심의한 연구개발사업에 따라 인공위성 발사 등을 위하여 설치하는 우주센터시설
2. 삭제 <2015.11.11>
3. 삭제 <2015.11.11>

4. 삭제 <2015.11.11>

※ 비고
 1. 산림청장등은 위 기준을 적용하는 것이 현저히 불합리하다고 인정되는 경우에는 중앙산지관리위원회 또는 지방산지관리위원회의 심의를 거쳐 그 기준을 완화하여 적용할 수 있다.
 2. 다음 각 목의 어느 하나에 해당하는 경우 이 표 제1호에 따른 허가면적은 목적사업의 동일성이 인정되는 범위에서 해당 산지전용허가(변경허가를 포함한다. 이하 이 호에서 같다)를 신청하거나 산지전용허가를 받은 산지 중 연접한 산지의 면적을 합산하여 산정한다.
   가. 동일인이 다수의 산지전용허가를 신청한 경우
   나. 산지전용허가를 받은 자가 해당 산지전용허가의 기간 중에 산지전용허가를 다시 신청한 경우

[영별표 4의3] <개정 2016.12.30>

산지전용타당성조사 조사항목·기준·방법(제20조의3제2항 관련)

1. 법 제8조제1항에 따른 협의를 신청하는 경우

구 분	조사항목	조사기준	조사방법
가. 필요성	사업의 타당성	1) 사업목적과 산지의 보전·이용계획의 연계성 2) 사업계획의 구체성 및 실현가능성 3) 협의면적규모의 적정성	자료분석·현지조사
나. 적합성	보전산지 등의 편입	별표 2 제1호·제2호·제4호 및 제5호의 기준	자료분석
	보전산지에서의 행위제한	별표 2 제6호의 기준	자료분석
	인근 산림 경영·관리에 대한 영향	별표 2 제7호 및 제8호의 기준	자료분석·현지조사
	산지의 평균경사도	별표 2 제10호의 기준	자료분석
	산지의 헥타르당 입목축적	별표 2 제11호의 기준	자료분석·현지조사
	기본계획 및 지역계획과의 적합성	별표 2 제12호의 기준	자료분석
	보전산지 편입 비율	별표 2 제13호의 기준	자료분석
다. 환경성	분수령·하천·소계류·소능선 등의 편입	별표 2 제3호의 기준	자료분석·현지조사
	형질우량 산림의 원형보존	별표 2 제9호의 기준	자료분석·현지조사

2. 법 제14조에 따른 산지전용허가(다른 법률에 따라 산지전용허가가 의제되는 행정처분을 포함한다)를 받으려는 경우

구 분	조사항목	조사기준	조사방법
가. 필요성	사업의 타당성	1) 사업목적과 산지전용계획의 연계성 2) 사업계획의 구체성 및 실현가능성	자료분석·현지조사
나. 적합성	행위제한	행위제한 저촉 여부	자료분석
	인근 산림 경영·관리에 대한 영향	별표 4 제1호가목의 세부기준	자료분석·현지조사
	우량한 산림의 편입	별표 4 제2호가목의 세부기준	자료분석·현지조사
	재해발생 우려	별표 4 제1호다목 및 제2호나목의 세부기준	자료분석·현지조사
	산림의 수원함양 및 수질보전 기능	별표 4 제1호라목의 세부기준	자료분석·현지조사
	보호할 가치가 있는 산림의 편입	별표 4 제2호다목의 세부기준	자료분석·현지조사
	사업계획 및 전용면적·방법의 적정성	별표 4 제1호마목 및 제2호라목의 세부기준	자료분석·현지조사
	공장·도로	별표 4 제3호의 세부기준	자료분석·현지조사
다. 환경성	산림의 자연생태적 기능유지	별표 4 제1호나목의 세부기준	자료분석

3. 법 제15조의2에 따른 산지일시사용허가(다른 법률에 따라 산지일시사용허가가 의제되는 행정처분을 포함한다)를 받으려는 경우

구 분	조사항목	조사기준	조사방법
가. 필요성	사업의 타당성	1) 사업목적과 일시사용계획의 연계성 2) 사업계획의 구체성 및 실현가능성	자료분석·현지조사
나. 적합성	행위제한	행위제한 저촉 여부	자료분석
	인근 산림 경영·관리에 대한 영향	별표 4 제1호가목의 세부기준	자료분석·현지조사
	우량한 산림의 편입	별표 4 제2호가목의 세부기준	자료분석·현지조사
	재해발생 우려	별표 4 제1호다목 및 제2호나목의 세부기준	자료분석·현지조사
	산림의 수원함양 및 수질보전 기능	별표 4 제1호라목의 세부기준	자료분석·현지조사
	보호할 가치가 있는 산림의 편입	별표 4 제2호다목의 세부기준	자료분석·현지조사
	사업계획 및 전용면적·방법의 적정성	별표 4 제1호마목 및 제2호라목의 세부기준	자료분석·현지조사
	대상시설·행위별 지역·조건·기준	별표 3의2 산지일시사용허가·협의의 대상시설·행위별 지역·조건·기준 중 별표 4와 중복되지 아니하는 조건·기준	자료분석·현지조사
다. 환경성	산림의 자연생태적 기능유지	별표 4 제1호나목의 세부기준	자료분석

※ 비고
1. 제1호부터 제3호까지의 조사항목·기준·방법을 적용할 때 별표 2, 별표 3의2 및 별표 4의 조건·기준에서 예외로 하거나 배제하고 있는 사항은 조사항목에서 제외한다.
2. 삭제 <2016. 6. 21>

[영별표 5] <개정 2016.12.30>

대체산림자원조성비 감면대상 및 감면비율(제23조제1항 관련)

1. 국가나 지방자치단체가 공용 또는 공공용의 목적으로 산지전용 또는 산지일시사용을 하는 경우(법 제19조제5항제1호 관련)

대상시설	감면비율(퍼센트)	
	보전산지	준보전산지
가. 「도로법」에 따른 도로(휴게시설과 대기실은 제외한다)	100	100
나. 「댐건설 및 주변지역지원 등에 관한 법률」 제2조제1호에 따른 댐	100	100
다. 「수도권신공항건설 촉진법」 제2조제2호에 따른 신공항건설사업	100	100
라. 「철도건설법」 제2조제1호 및 제2호에 따른 철도 및 고속철도	100	100
마. 공용청사, 재해방지시설, 국립묘지, 공설묘지, 생태통로 등 야생 동·식물보호시설, 공원시설, 폐기물처리시설 및 법 제12조제1항제3호에 따른 산림공익시설	100	100
바. 「국방·군사시설 사업에 관한 법률」 제2조제1호에 따른 국방·군사시설	100	100
사. 저수지·소류지·수로 등 농지개량시설	100	100
아. 「문화재보호법」에 따른 문화재의 보존·정비 및 활용시설	100	100

자. 「도시철도법」 제2조제2호에 따른 도시철도	100	100
차. 「수도법」 제3조제5호에 따른 수도	100	100
카. 「농어촌도로 정비법」 제2조에 따른 농어촌도로(휴게시설과 대기실은 제외한다)	100	100
타. 「국토의 계획 및 이용에 관한 법률」 제2조제7호에 따라 도시관리계획으로 결정된 시설 중 도로	100	100
파. 「2018 평창 동계올림픽대회 및 동계패럴림픽대회 지원 등에 관한 특별법」 제2조제2호에 따른 대회직접관련시설	100	100
하. 「박물관 및 미술관 진흥법」 제3조에 따른 국립·공립 박물관 또는 국립·공립 미술관과 「도서관법」 제2조제4호에 따른 공립 공공도서관	100	100
거. 국가 또는 지방자치단체가 설치하는 제46조제1항제2호가목부터 라목까지의 시설 중 가목부터 하목까지에 해당하지 아니하는 공용·공공용시설	50	50

2. 중요 산업시설을 설치하기 위하여 산지전용 또는 산지일시사용을 하는 경우(법 제19조제5항제2호 관련)

대상시설	감면비율(퍼센트)	
	보전산지	준보전산지
가. 「농어촌정비법」 제2조제4호에 따른 농어촌정비사업을 위한 시설(「농어촌정비법」 제94조에 따른 한계농지등 정비지구에 같은 법 제92조 각 호의 어느 하나에 따른 시설을 설치하는 경우에는 「수도권정비계획법」 제2조제1호 또는 「지방자치법」 제2조제1항제1호에 따른 수도권 또는 광역시에 속하지 아니하는 읍·면지역에 설치하는 경우만 해당한다)	100	100
나. 「특정연구기관육성법」 제2조에 따른 특정연구기관이 교육 또는 연구목적으로 설치하는 시설	100	100

다. 「벤처기업육성에 관한 특별조치법」 제18조에 따라 지정받는 벤처기업집적시설	100	100
라. 「신에너지 및 재생에너지 개발·이용·보급 촉진법」 제2조제2호에 따른 신·재생에너지설비	100	100
마. 관계 법령 또는 인·허가 등의 조건에 따라 국가 또는 지방자치단체에 기부채납(법령에 따라 국가 또는 지방자치단체에 무상귀속되는 경우를 포함한다)되는 산업시설(다른 감면 대상 시설과 중복되는 경우를 포함한다)	100	100
바. 「중소기업기본법」 제2조에 따른 중소기업이 그 창업일부터 5년 이내에 「중소기업창업 지원법」 제33조에 따라 사업계획의 승인을 받아 설립하는 공장	100	100
사. 「중소기업 진흥에 관한 법률」 제62조의10제2항 및 제3항에 따라 「산업집적활성화 및 공장설립에 관한 법률」 제2조제1호에 따른 공장의 건축면적 또는 이에 준하는 사업장의 면적이 1천제곱미터 미만인 소기업이 「수도권정비계획법」 제2조제1호에 따른 수도권 외의 지역에서 신축·증축 또는 이전하려는 공장과 소기업을 100분의 50 이상 유치하기 위하여 조성하는 「산업입지 및 개발에 관한 법률」 제2조제8호에 따른 국가산업단지, 일반산업단지, 도시첨단산업단지 또는 농공단지	100	100
아. 「과학기술기본법」 제9조제1항에 따른 국가과학기술심의회에서 심의한 연구개발사업에 따라 인공위성 발사 등을 위하여 설치하는 우주센터시설	100	100
자. 「산업입지 및 개발에 관한 법률」 제2조제8호에 따른 산업단지(「수도권정비계획법」 제2조제1호에 따른 수도권에 소재하는 산업단지 및 「체육시설의 설치·이용에 관한 법률」 제10조제1항제1호에 따른 골프장은 제외한다)	0	100

차. 「관광진흥법」 제2조제6호에 따른 관광지(규모가 50만제곱미터 이상인 관광지만 해당한다) 및 같은 조 제7호에 따른 관광단지(「수도권정비계획법」 제2조제1호에 따른 수도권에 소재하는 관광단지 및 「체육시설의 설치·이용에 관한 법률」 제10조제1항제1호에 따른 골프장은 제외한다)	0	100
카. 「물류시설의 개발 및 운영에 관한 법률」 제2조제3호 및 제6호에 따른 물류터미널사업(창고업으로서 「부가가치세법」 제8조에 따라 등록한 사업은 제외한다) 및 물류단지		
1) 국가·지방자치단체, 공기업·준정부기관, 지방공사 또는 지방공단이 시행하는 경우	0	100
2) 그 밖의 사업자가 시행하는 경우	0	50
타. 공기업·준정부기관·지방공사·지방공단 또는 「사회기반시설에 대한 민간투자법」 제2조제7호에 따른 사업시행자가 설치하는 같은 조 제1호마목, 사목부터 하목까지, 처목부터 터목까지 또는 도목의 시설	50	50
파. 「경제자유구역의 지정 및 운영에 관한 특별법」 제9조에 따른 실시계획의 승인을 받아 경제자유구역에 설치하는 시설. 다만, 「택지개발촉진법」 제2조제1호에 따른 택지와 「체육시설의 설치·이용에 관한 법률」 제10조제1항제1호에 따른 골프장업은 제외한다.	50	50
하. 「제주특별자치도 설치 및 국제자유도시 조성을 위한 특별법」 제162조에 따라 지정된 제주투자진흥지구에 설치하는 시설 및 같은 법 제147조에 따라 시행승인을 얻은 개발사업 중 「체육시설의 설치·이용에 관한 법률」 제10조제1항제1호에 따른 골프장업의 시설	50	50
거. 「기업도시개발 특별법」 제12조에 따라 실시	0	50

대상시설	보전산지	준보전산지
계획의 승인을 받아 기업도시개발구역에 설치하는 시설. 다만, 「택지개발촉진법」 제2조제1호에 따른 택지와 「체육시설의 설치·이용에 관한 법률」 제10조제1항제1호에 따른 골프장은 제외한다.		
너. 「폐광지역 개발 지원에 관한 특별법 시행령」 제11조제1항제2호 및 제3호에 따른 사업을 위한 시설	0	50
더. 「2018 평창 동계올림픽대회 및 동계패럴림픽대회 지원 등에 관한 특별법」 제49조에 따른 실시계획의 승인을 받아 동계올림픽 특별구역에 설치하는 시설. 다만, 「택지개발촉진법」 제2조제1호에 따른 택지와 「체육시설의 설치·이용에 관한 법률」 제10조제1항제1호에 따른 골프장은 제외한다.	50	100
러. 「주한미군기지 이전에 따른 평택시 등의 지원 등에 관한 특별법」 제17조에 따른 평택시개발사업과 같은 법 제23조에 따른 국제화계획지구 개발사업	0	50

3. 광물의 채굴 또는 그 밖에 산지전용 또는 산지일시사용을 하는 경우(법 제19조제5항제3호 관련)

대상시설	감면비율(퍼센트)	
	보전산지	준보전산지
가. 농림어업인등 또는 한국임업진흥원이 설치하는 주택 및 그 부대시설, 「농어촌도로 정비법」 제4조제2항제3호에 따른 농도 및 「임업 및 산촌진흥촉진에 관한 법률 시행령」 제8조제1항에 따른 임산물 소득원의 지원 대상 품목의 재배시설	100	100
나. 「유아교육법」 제2조, 「초·중등교육법」 제2조 및 「고등교육법」 제2조에 따른 각급 학교의 시설용지	100	100

다.「박물관 및 미술관 진흥법」제18조에 따라 설립계획의 승인을 얻은 사립박물관 또는 사립미술관(비영리법인이 설치하는 미술관만 해당한다)과「도서관법」제2조제4호에 따른 사립 공공도서관	100	100
라.「광산피해의 방지 및 복구에 관한 법률」제11조에 따른 광해방지사업을 위한 시설	100	100
마. 농림어업인등 또는「산림조합법」제2조에 따른 산림조합 및 산림조합중앙회가 설치하는 다음의 시설 　1) 야생조수의 인공사육시설 　2) 양어장·양식장·실외낚시터시설 　3) 농림어업용 온실·버섯재배시설 　4) 축산시설(가축사육시설 및 창고 등 부대시설을 말한다)	100	100
바.「전통사찰의 보존 및 지원에 관한 법률」제4조에 따라 지정하여 등록된 전통사찰이 불사를 위하여 설치하는 시설과 진입로·현장사무소 등 부대시설	100	100
사. 관계 법령 또는 인·허가 등의 조건에 따라 국가 또는 지방자치단체에 기부채납(법령에 따라 국가 또는 지방자치단체에 무상귀속되는 경우를 포함한다)되는 공용·공공용시설 및 재해방지시설(다른 감면 대상 시설과 중복되는 경우를 포함한다)	100	100
아.「초지법」에 따라 조성된 초지	50	100
자. 광물의 채굴	0	100
차. 비영리법인이「농어촌정비법」제2조제1호에 따른 농어촌에서「의료법」제33조에 따라 개설하는 의료기관	0	100
카. 비영리법인이「사회복지사업법」제34조에 따라 설치하는 사회복지시설 및 그 복지시설에 입소 중 사망하는 자를 위하여 설치하는 봉안시설(「장사 등에 관한 법률」제15조에 따른	0	100

사설봉안시설을 말한다)		
타. 「임대주택법」 제16조제1항제1호 및 제2호에 따른 임대주택	0	100
파. 「국가균형발전 특별법」 제2조제9호에 따른 공공기관이 동법 제18조에 따라 지방으로 이전하는 공공기관의 사옥	0	100
하. 「청소년활동진흥법」 제10조제1호에 따른 청소년수련시설	50	50
거. 「방사성폐기물 관리법」 제2조제3호에 따른 방사성폐기물 관리시설	50	50
너. 「신행정수도 후속대책을 위한 연기·공주지역 행정중심복합도시 건설을 위한 특별법」 제21조에 따라 행정중심복합도시예정지역에 설치하는 시설. 다만, 「택지개발촉진법」 제2조제1호에 따른 택지로 조성하는 경우는 제외한다.	0	50
더. 「공공기관 지방이전에 따른 혁신도시 건설 및 지원에 관한 특별법」 제12조에 따라 실시계획의 승인을 받아 혁신도시개발구역에 설치하는 시설. 다만, 「택지개발촉진법」 제2조제1호에 따른 택지로 조성하는 경우는 제외한다.	0	50
러. 「지역 개발 및 지원에 관한 법률」 제2조제2호에 따른 지역개발사업구역(같은 법 제2조제5호에 따른 낙후지역으로 한정한다)에 설치하는 다음의 어느 하나에 해당하는 시설로서, 2017년 1월 1일부터 2018년 12월 31일까지 법 제14조에 따른 산지전용허가, 법 제15조의2에 따른 산지일시사용허가 또는 법 제19조제1항제3호에 따른 행정처분을 신청한 시설. 다만, 「체육시설의 설치·이용에 관한 법률」 제10조제1항제1호에 따른 골프장업의 시설은 제외한다. 1) 「자연공원법」 제2조제10호에 따른 공원시설 및 「도시공원 및 녹지 등에 관한 법률」 제2조제4호에 따른 공원시설	0	50

| 2) 「체육시설의 설치·이용에 관한 법률」 제10조제1항제1호에 따른 체육시설업의 시설 | | |

※ 비고
1. 제1호거목의 공용·공공용시설 중 제2호·제3호 각 목의 어느 하나에 해당하는 시설을 설치하는 경우에 그 시설에 부과하는 대체산림자원조성비 감면비율은 다음의 감면비율 중 가장 높은 감면비율을 적용한다.
   가. 제1호거목의 공용·공공용 시설에 적용하는 감면비율
   나. 제2호·제3호 각 목의 해당시설에 적용하는 감면비율

1의2. 제2호자목에도 불구하고「수도권정비계획법」제2조제1호에 따른 수도권에「산업입지 및 개발에 관한 법률」제2조제8호에 따른 산업단지를 설치하기 위하여 2018년 6월 30일까지 준보전산지에 법 제14조에 따른 산지전용허가, 법 제15조의2에 따른 산지일시사용허가 또는 법 제19조제1항제3호에 따른 행정처분을 신청한 경우에는 대체산림자원조성비의 100퍼센트를 감면한다. 다만,「택지개발촉진법」제2조제1호에 따른 택지로 조성하는 경우와「체육시설의 설치·이용에 관한 법률」제10조제1항제1호에 따른 골프장업의 시설을 설치하기 위한 경우는 제외한다.

2. 제2호파목·하목·거목, 제3호너목·더목의 지역·지구·구역에 제2호·제3호 각 목의 어느 하나에 해당하는 시설을 설치하는 경우에 그 시설에 부과하는 대체산림자원조성비 감면비율은 다음의 감면비율 중 가장 높은 감면비율을 적용한다.
   가. 해당 시설을 설치하는 지역·지구·구역에 적용하는 감면비율
   나. 제2호·제3호 각 목의 해당시설에 적용하는 감면비율

3. 제3호가목에서 "농림어업인이 설치하는 주택 및 그 부대시설"이란 농림어업인이 농림어업을 직접 경영하면서 실제 거주하기 위하여 자기 소유의 산지에 660제곱미터 미만으로 설치하는 시설을 말한다.

4. 제3호마목에서 "농림어업인등"이란 농림어업인,「농업·농촌 및 식품산업 기본법」제3조제4호에 따른 생산자단체,「수산업·어촌 발전 기본법」제3조제5호에 따른 생산자단체,「농어업경영체 육성 및 지원에 관한 법률」제16조에 따른 영농조합법인과 영어조합법인 또는 같은 법 제19조에 따른 농업회사법인을 말한다.

5. 비고 제4호에서 "농림어업인"이란「농지법」제2조제2호에 따른 농업인,「임업 및 산촌 진흥촉진에 관한 법률 시행령」제2조제1호의 임업인(「산림자원의 조성 및 관리에 관한 법률」에 따라 산림경영계획의 인가를 받아 산림을 경영하고 있는 자를 말한다), 같은 조 제2호·제3호

의 임업인 및 「수산업법」 제2조제12호에 따른 어업인을 말한다.
6. 법률 제10331호 산지관리법 일부개정법률 부칙 제2조 불법전용산지에 관한 임시특례 규정에 따라 산지전용허가 등 지목변경에 필요한 처분을 한 경우에는 그 산지에 대한 대체산림자원조성비를 면제한다.
6의2. 법률 제13252호 국유림의 경영 및 관리에 관한 법률 일부개정법률 부칙 제2조제2항에 따라 지목변경에 필요한 산지전용허가를 한 경우에는 그 산지에 대한 대체산림자원조성비를 면제한다
7. 「매장문화재 보호 및 조사에 관한 법률」에 따른 매장문화재의 발굴 및 조사를 한 후 목적사업을 위하여 산지전용허가 및 산지일시사용허가를 받은 경우에는 그 매장문화재의 발굴 및 조사를 위하여 이미 납부한 대체산림자원조성비를 감면한다.

[영별표 6] 삭제<2007.7.27>
[영별표 7] <개정 2016.12.30>

채석경제성평가의 방법·기준 등(제34조제3항관련)

1. 채석경제성평가의 방법·내용
 가. 지질조사의 방법·내용
  (1) 조사방법
    지질조사는 노두(露頭)조사·전기비저항탐사·초음파 등의 방법으로 조사한다.
  (2) 조사내용
   (가) 암석의 종류 및 그 발달분포와 특성
   (나) 석재의 굴취·채취 대상 암체(巖體)의 노두 및 풍화변질대(風化變質帶)의 발달상
   (다) 지질구조 및 열극(裂隙) 발달특성
   (라) 그 밖에 지질조사에 필요한 사항
 나. 시추탐사의 방법·내용
  (1) 시추방법
    시추탐사의 시추공은 「산업표준화법」에 따른 한국산업규격(이하 "한국산업규격"이라 한다)상의 시추용 다이어몬드 코어비트 등을 이용하여 지하굴착 방법으로 시추하며, 회수된 코어는 5㎝ 이상이어야 한다.
  (2) 시추내용
    토석채취허가(석재에 한정한다)를 받으려는 자는 허가신청면적별로 다음의 시추공수 및 시추총연심도(試錐總延深度)에 따라 시추하여야 한다. 다만, 다음의

시추공수 및 시추총연심도에 따라 시추하여 채석경제성평가를 완료한 이후 해당 허가신청면적이 법 또는 다른 법률에 따라 축소된 경우에는 추가 시추를 생략할 수 있다.

허가신청 면적	시추공수	시추총연심도
1만㎡ 이상 2만㎡ 미만	3개공 이상	150m 이상
2만㎡ 이상 3만㎡ 미만	5개공 이상	300m 이상
3만㎡ 이상 10만㎡ 미만	6개공 이상	350m 이상
10만㎡ 이상	6개공에 10만㎡를 초과하는 허가신청면적 3만㎡마다 최소 1개공씩을 추가로 합산한 개수 이상	350m에 10만㎡를 초과하는 허가신청면적 3만㎡마다 최소 50m씩을 추가로 합산한 연심도 이상

(3) 종전에 토석채취허가(석재에 한정한다)를 받아 석재를 굴취·채취하였던 허가구역에 연접하여 석재를 굴취·채취하려는 경우로서 토석채취허가(석재에 한정한다)를 받으려는 사업지가 연접된 종전의 토석채취허가(석재에 한정한다)면적을 초과하지 아니하고 암반이 노출되어 암석의 종류 및 석질 등이 동일하다고 인정되는 경우에는 토석채취허가(석재에 한정한다) 시 채석경제성평가를 위한 시추탐사를 생략할 수 있다.

다. 매장량·석질분석의 방법·내용
　(1) 분석방법
　　건축용석재 또는 공예용석재에 대해서는 「산업표준화법」 제12조에 따른 한국산업표준의 석재자원 매장량 계산기준(KS E 2003), 쇄골재용석재에 대해서는 「산업표준화법」 제12조에 따른 한국산업표준의 석회석 매장량 계산기준(KS E 2801)에 따른다.
　(2) 분석내용
　　(가) 암석의 공학적 물성
　　(나) 가채매장량
라. 경제성 분석·평가의 방법·내용

(1) 분석·평가 방법
    편익/비용분석 또는 내부수익률(IRR)분석 등의 방법에 의한다.
(2) 분석·평가내용
    (가) 생산비·생산원가 분석
    (나) 경제성분석
    (다) 경제성평가

2. 채석경제성평가의 기준
  가. 암석의 공학정 물성기준(物性基準)
    (1) 건축용 또는 공예용

비중	흡수율	압축강도
2 이상	5% 이하	500kg/㎠ 이상

  (2) 쇄골재용

비중	흡수율	마모율	황산나트륨 시험 시 손실중량비(안정성)
2.45 이상	3% 이하	40% 이하	12% 이하

 나. 가채매장량 기준
    (1) 건축용석재 : 84,000세제곱미터 이상
    (2) 공예용석재 : 7,400세제곱미터 이상(오석 등의 경우 200세제곱미터 이상)
    (3) 쇄골재용석재 : 320,000세제곱미터 이상
 다. 경제성 분석·평가기준
    (1) 편익/비용비율 : 1 이상
    (2) 내부수익률(IRR) : 사회적 할인율 이상

3. 채석경제성평가보고서의 내용
  가. 사업개요(채석방법 등 개발방법을 포함한다)
  나. 현지조사
    (1) 지형 현황측량
    (2) 지질조사
  다. 석재품질과 매장량

(1) 암석의 공학적 물성
   (2) 가채매장량
   (3) 그 밖의 관련자료(매장량 및 산출구획, 시추공 위치·방향 및 시추단면선, 석재의 굴취·채취기준면을 포함한다)
 라. 경제성 분석
   (1) 생산비·생산원가 분석
   (2) 경제성분석
   (3) 경제성평가결과
 마. 그 밖에 채석경제성에 참고되는 사항

비고
 1. 제1호라목, 제2호다목 및 제3호라목에 따라 경제성 분석을 하는 경우 그 분석기간은 법 제25조제3항에 따른 채취기간으로 한다.
 2. 용어의 정의
  가. "건축용석재"란 건물의 내·외장재, 계단 또는 도로의 시설재 등으로 가공되는 석재를 말한다.
  나. "공예용석재"란 조각·비석·난석(蘭石) 등으로 가공되는 석재를 말한다.
  다. "쇄골재용 석재"란 자갈·골재로 가공되는 석재를 말한다.

[영별표 8] <개정 2016.12.30>

토석채취허가기준(제36조제1항 관련)

구분	허가기준
1. 산지의 형태	가. 지형 　토석을 굴취·채취(이하 이 표에서 "채취등"이라 한다)하려는 지역(이하 이 표에서 "채취지역"이라 한다)은 해당 산지의 표고(標高: 산자락하단부를 기준으로 한 산정부의 높이를 말한다. 이하 같다)의 100분의 70 이하일 것. 다만, 다음의 어느 하나에 해당하는 경우에는 그렇지 않다. 　　1) 채취등을 함으로써 일단의 면적이 절개사면 없이 평탄지로 될 수 있는 경우 　　2) 해당 산지의 표고가 300m 미만인 경우 　　3) 제8호라목에 따른 사업계획을 수립한 경우 나. 경사도 　채취지역의 평균 경사도는 35도 이하이어야 하고, 채취등을 완료한 후 절개사면의 기울기(비탈면의 높이에 대한 수평거리의 비율을 말한다)는 다음의 기준에 적합할 것. 다만, 채취등을 함으로써 절개사면 없이 평탄지로 될 수 있는 경우에는 그러하지 아니하다. 　　1) 건축용 석재인 경우에는 1 : 0.4 이하 　　2) 건축용 석재가 아닌 석재의 굴취·채취인 경우에는 1 : 0.5 이하 　　3) 토사의 굴취·채취인 경우에는 1 : 1.0 이하 다. 삭제 <2012.5.22> 라. 삭제 <2012.5.22>
2. 입목의 구성	가. 입목의 축적 　채취지역의 헥타르당 입목축적이 산림기본통계상의 관할 시·군·자치구의 헥타르당 입목축적의 150퍼센트 이하일 것. 다만, 산불발생·솎아베기 또는 인위적인 벌채를 실시한 후 5년이 지나지 아니한 때에는 그 산불발생·솎아베기 또는 벌채전의 입목축적으로 환산하여 적용한다. 다만, 산림기본통계의 발표 다음 연도부터 다시 새로운 산림기본통계가 발표되기 전까지는 산림청장이 고시하는 시·도별 평균생장률을 적용하여 해당 연도의 관할 시·군·구의 헥타르당 입목축적을 구하며, 산불발생·솎아베기·벌채를 실시한 후 5년이 지나지 않은 때에도 해당 시·도별 평균생장률을 적용하여 그 산불발생·솎아베기 또는 벌채 전의 입목축적을 환산한다. 나. 입목의 분포 　채취지역 안에 생육하고 있는 50년생 이상인 활엽수림의 비율이 50퍼센트 이하일 것

3. 허가면적	채취하려는 일단의 면적이 5만제곱미터 이상일 것. 다만, 다음 각 목의 어느 하나에 해당하는 경우에는 그렇지 않다. 　가. 허가를 받아 채취를 하고 있는 지역에 연접된 산지의 전체면적이 5만제곱미터 미만인 경우 　나. 잔여산지를 계속 채취함으로써 비탈면 없이 평탄지로 될 수 있는 경우 　다. 채취지역의 비탈면 복구를 위하여 불가피하게 석재를 채취하여야 하는 경우(법 제40조제3항에 따른 복구설계서의 승인기준을 충족하기 위하여 필요한 최소한의 면적에 한정한다) 　라. 산지전용을 하는 과정에서 부수적으로 석재를 채취하는 경우 　마. 토석채취허가를 받은 지역에 연접하여 토석채취허가를 받으려는 경우 이미 토석채취허가를 받은 면적의 100분의 20 범위에서 채취면적을 확대하려는 경우(1회에 한정한다) 　바. 토석채취에 필요한 부대시설(산물처리장·진입로 및 관리사무소를 말한다)을 설치하거나 변경하려는 경우 　사. 지하채취 등 토석채취허가를 받은 면적의 변경 없이 토석채취량이 증가되는 경우 　아. 토석채취허가를 토사채취 용도로 받은 경우	
4. 완충구역의 설정 등	가. 완충구역의 설정 　채취등으로 인한 인접지의 붕괴방지를 위하여 제3호가목부터 라목까지 및 바목에 해당하는 경우를 제외하고는 허가구역의 경계로부터 안쪽으로 너비 10미터의 완충구역을 설정하여야 한다. 이 경우 같은 구역 에서는 채취등을 하여서는 아니 된다. 나. 토사유출방지시설 　채취등으로 인한 토사유출 방지를 위하여 물이 고이는 지역에 침사지를 설치하여야 한다.	
5. 토석채취방법	가. 표토를 제거하기 위한 경우를 제외하고는 채취지역의 상부에서부터 하부로 계단식으로 채취등을 하거나 비탈면 없이 평탄지가 되도록 채취등을 하여야 한다. 이 경우 계단식으로 채취등을 하는 때에는 하나의 계단에 대한 채취등이 완료된 후 다음 계단에 대하여 채취등을 하여야 한다. 나. 지하로 채취등을 하는 경우에는 복구계획서에 반영된 되메우기에 적정한 흙의 조달계획이 타당하고 실현가능하여야 한다. 다. 진동·소음·먼지가 최소화되도록 채취할 것 라. 표토는 연차별 사업계획에 따라 채취하여야 하며, 복구에 필요한 표토 및 토사는 외부로 반출하지 않을 것	
6. 주변 산림의 경영 및 관리	채취등으로 인하여 임도가 단절되지 아니할 것. 다만, 단절되는 임도를 대체할 수 있는 임도를 설치하거나 채취등을 한 이후에도 계속하	

	여 임도에 대체되는 기능을 수행할 수 있는 경우에는 그러하지 아니하다.
7. 사업계획 및 산림훼손 방지	가. 채취등과 관련된 사업계획의 내용이 구체적이고 타당하여 허가 신청자가 허가받은 후 지체 없이 채취등이 가능할 것 나. 연차별 입목벌채계획 및 토석채취·생산·반출계획이 구체적이고 타당할 것 다. 목적사업의 성격, 주변경관, 설치하려는 시설물의 배치 등을 고려할 때 부대시설 면적이 과다하게 포함되지 않을 것 라. 분진, 토사유출, 산사태 등을 방지하기 위한 피해방지계획이 타당할 것. 이 경우 토석채취 완료지에 대한 중간 복구계획 등 피해방지계획도 포함해야 한다. 마. 「사방사업법」 제3조제2항에 따른 해안사방사업에 따라 조성된 산림이 사업계획부지 안에 편입되지 아니할 것.

8. 경관훼손 및 재해방지	가. 산지경관 영향 모의실험을 실시하여 채취지역의 표고를 낮추는 등 경관훼손을 줄이는 대책을 수립할 것(채취면적이 7만제곱미터 이상인 경우만 해당한다)
	나. 가공시설을 도로·가옥 또는 공장 등에서 보이는 지역에 설치하는 경우에는 차폐림(遮蔽林)을 조성하여 소음·분진 방지 및 경관보전 대책을 수립할 것. 다만, 암반 지형 등으로 인해 차폐림을 조성할 수 없는 경우에는 차폐시설로 대신할 수 있다.
	다. 토석채취 후 복구대상 비탈면의 수직높이가 15미터 이상인 경우에는 수직높이 15미터 이하의 간격으로 비탈면의 너비를 제외한 너비 5미터 이상의 소단이 조성되도록 채취할 것. 이 경우 복구대상 비탈면의 수직높이가 60미터 이상인 경우에는 수직높이 60미터 이하의 간격으로 비탈면의 너비를 제외한 너비 10미터 이상의 소단을 추가로 조성하는 등 재해방지 대책을 수립할 것
	라. 경관훼손을 방지하기 위해 능선 너머 반대사면의 하단부까지 채취하려는 경우에는 채취 후 발생하는 비탈면이 가장 최소화되도록 다음의 요건을 모두 충족하도록 사업계획을 수립할 것
	  1) 채취로 인한 채취지역의 절개사면 수직높이가 20미터 이하일 것
	  2) 채취지역이 외부에서 보이지 않도록 산지의 상부에서부터 하부로 계단식으로 채취할 것

※ 비고
1. 당초 허가신청시의 사업계획과 달리 제5호에 따라 계단식으로 채취등을 하지 아니하거나 채취지역의 하부를 발파하여 복구가 어려운 비탈면이 발생한 경우에는 법 제31조에 따라 허가취소 등의 조치를 할 수 있다. 이 경우 쇄골재를 채취하는

때에는 「골재채취법」 제19조제1항에 따라 국토교통부장관에게 해당 골재채취업의 등록취소 또는 영업정지를 명하도록 요청할 수 있다.
2. 제1호부터 제7호까지의 기준을 적용하는데 필요한 세부적인 사항이 있는 경우에는 산림청장이 정하여 고시한다.
3. 다음 각 목의 어느 하나에 해당하지 아니하는 요존국유림으로서 이를 통과하지 아니하고는 토석을 운반할 수 없는 경우에는 채취등을 하려는 면적의 100분의 10의 범위에서 요존국유림 안에 운반로를 설치할 수 있다.
   가. 「산림문화·휴양에 관한 법률」 제13조제1항에 따른 자연휴양림, 「산림자원의 조성 및 관리에 관한 법률」 제19조제1항에 따른 채종림, 같은 법 제43조제1항에 따른 보안림, 동법 제47조제1항에 따른 시험림
   나. 「수목원·정원의 조성 및 진흥에 관한 법률」 제2조제1호 및 제1호의2에 따른 수목원 및 정원
   다. 「사방사업법」 제2조제4호에 따른 사방지
4. 토석을 굴취·채취하려는 산지의 지형여건 또는 사업의 성격상 위 기준을 적용하는 것이 불합리하다고 인정되는 경우에는 다음 각 목의 경우에 한하여 중앙산지관리위원회 또는 지방산지관리위원회의 심의를 거쳐 완화하여 적용할 수 있다.
   가. 제1호가목(산지의 표고)
   나. 제3호(토석채취면적)
5. 산정부 및 산자락하단부의 결정방법은 다음 각 목과 같다.
   가. "산정부"란 사업구역에 편입된 산지가 속하는 사면의 가장 높은 봉우리를 말한다. 다만, 복합사면의 경우 사업구역의 경계선으로부터 1km 이내에 있는 가장 높은 지점을 말한다.
   나. "산자락하단부"란 사업구역에 편입된 산지가 속하는 사면의 임상도상 임경지(林境地)의 가장 높은 지점을 말한다.
   다. "임경지"란 국립산림과학원이 제작한 축척 1/25,000의 임상도에 표시된 산지와 다른 토지와의 경계를 말한다. 다만, 다음의 어느 하나에 해당하는 토지와의 경계는 이를 임경지로 보지 않는다.
      1) 도로·철도 등 선형으로 이루어진 토지
      2) 면적 3ha 미만의 농지·초지 등 산지가 아닌 토지(이하 "농지·초지등"이라 한다)
   라. 임상도가 없는 지역 또는 현지와 임상도가 불일치하는 지역의 경우에는 산지에 의해 단절되지 않고 연속해 연결된 농지·초지등(산지전용허가·신고를 받아 다른 용도로 이용되고 있는 토지 또는 구거·도로와 연속해 연결된 농지·초지등은 제외한다)의 가장 높은 지점을 산자락하단부로 본다.

[영별표 8의2] <개정 2016.12.30>

석재의 굴취·채취장비 및 기술 인력(제36조제4항 관련)

1. 토목용·조경용 석재의 굴취·채취를 위한 장비 및 기술인력
    가. 천공기(穿孔機): 무한궤도식인 것 1대 이상
    나. 굴삭기: 바켓용량이 0.7세제곱미터 이상인 것 1대 이상
    다. 로우더(Loader): 바켓용량이 0.7세제곱미터 이상인 것 1대 이상
    라. 운반장비: 15톤 이상의 트럭 1대 이상
    마. 기술인력: 굴삭기·로우더 및 운반장비에 대한 각각의 운전 또는 조종에 관한 면허나 자격을 가진 자 1인 이상

2. 건축용·공예용 석재의 굴취·채취를 위한 장비 및 기술인력
    가. 천공기: 무한궤도식인 것 1대 이상
    나. 굴삭기: 바켓용량이 0.7세제곱미터 이상인 것 1대 이상
    다. 로우더: 바켓용량이 0.7세제곱미터 이상인 것 1대 이상
    라. 운반장비: 15톤 이상인 트럭 1대 이상
    마. 석재절단기: 1대 이상[분당 0.8세제곱미터 이상, 와이어소(Wire-saw) 또는 젯버너(Zet-burner)
    바. 기술인력: 굴삭기·로우더 및 운반장비에 대한 각각의 운전 또는 조종에 관한 면허나 자격을 가진 자 1명 이상

3. 쇄골재용 석재의 굴취·채취를 위한 장비 및 기술인력
    「골재채취법」에 따른 산림골재채취업의 등록을 한 자로서 같은 법 시행령 제19조제2항에 따른 장비 및 기술인력 등을 갖춘 자

※비고
    1. 「건설기계관리법」의 적용을 받는 장비는 같은 법에 따라 등록된 것이어야 한다.
    2. 장비는 자기 소유의 장비이어야 한다. 다만, 신청인이 다음 각 목의 어느 하나에 해당하는 자와 계약을 체결하여 장비를 사용하는 경우로서 계약서 사본을 제출하는 경우에는 그렇지 않다.
        가. 「여신전문금융업법」 제3조에 따른 시설대여업을 등록한 자
        나. 「건설기계관리법」 제21조에 따라 건설기계사업을 등록한 자
    3. 제2호 단서에 따라 계약을 체결하여 장비를 사용하는 경우에는 해당 연도 12월 31일까지 장비사용 현황과 그 증빙서류를 제출하여야 한다.
    4. 건축용 또는 공예용 채석을 하는 경우로서 무동력도구(엔진·기관·공기압축기 등

기계적 동력을 사용하지 아니하는 도구를 말한다)만을 이용하여 석재의 굴취·채취를 하는 경우에는 제2호에 따른 장비 및 기술인격기준을 적용하지 아니한다.
5. 「국가균형발전 특별법」 제2조제9호에 따른 공공기관(중앙행정기관과 그 소속기관을 제외한다)이 제32조의2제1호, 제2호 또는 제4호에 따라 토석채취허가(석재에 한정한다)를 신청한 경우로서 제1호부터 제3호까지의 규정에서 정하고 있는 장비 및 기술인력을 가진 자와 석재의 굴취·채취에 관한 계약을 체결한 경우에는 제1호부터 제3호까지의 규정을 적용하지 아니할 수 있다.

[영별표 8의3] <개정 2012.8.22>

포상금지급기준(제50조의2제1항 관련)

구분	포상금 지급기준(건당)
1. 법 제14조제1항 본문 또는 법 제15조의2제1항 본문을 위반하여 허가를 받지 아니하고 산지전용·산지일시사용을 하거나 거짓이나 그 밖의 부정한 방법으로 허가를 받아 산지전용·산지일시사용을 한 자를 신고 또는 고발한 경우	50만원
2. 법 제15조제1항 전단 또는 법 제15조의2제2항 전단에 따라 신고를 하지 아니하고 산지전용·산지일시사용을 하거나 거짓이나 그 밖의 부정한 방법으로 신고를 하고 산지전용·산지일시사용을 한 자를 신고 또는 고발한 경우	30만원
3. 법 제25조제1항 본문을 위반하여 토석채취허가를 받지 아니하고 토석을 굴취·채취하거나 거짓이나 그 밖의 부정한 방법으로 토석채취허가를 받아 토석을 굴취·채취한 자를 신고 또는 고발한 경우	50만원

[영별표 9] <개정 2016.12.30>

수수료(제51조제1항 관련)

구분	금액
1. 법 제14조 및 제15조의2제1항에 따른 산지전용허가 및 산지일시사용허가	가. 허가를 신청하는 산지면적이 1만제곱미터 이하인 경우: 2만원 나. 허가를 신청하는 산지면적이 1만제곱미터를 초과하는 경우: 2만원에 1천제곱미터를 초과할 때마다 2천원을 가산한 금액
2. 법 제15조 및 제15조의2제2항에 따른 산지전용신고 및 산지일시사용신고	가. 신고하는 산지면적이 1만제곱미터 이하인 경우: 5천원 나. 신고하는 산지면적이 1만제곱미터를 초과하는 경우: 5천원에 2천제곱미터를 초과할 때마다 1천원을 가산한 금액
3. 법 제21조에 따른 용도변경승인	5천원
4. 법 제25조제1항에 따른 토석채취허가	가. 허가를 신청하는 산지면적이 1만제곱미터 이하인 경우: 2만원 나. 허가를 신청하는 산지면적이 1만제곱미터를 초과하는 경우: 2만원에 1천제곱미터를 초과할 때마다 2천원을 가산한 금액
5. 법 제25조제2항에 따른 토사채취신고	5천원
6. 법 제29조제2항에 따른 채석단지의 지정(신청에 따른 지정에 한정한다)	가. 지정을 신청하는 산지면적이 1만제곱미터 이하인 경우: 2만원 나. 지정을 신청하는 산지면적이 1만제곱미터를 초과하는 경우: 2만원에 1천제곱미터를 초과할 때마다 2천원을 가산한 금액
7. 법 제40조에 따른 복구설계서의 승인	가. 승인을 신청하는 산지면적이 1만제곱미터 이하인 경우: 2만원 나. 승인을 신청하는 산지면적이 1만제곱미터를 초과하는 경우: 2만원에 1천제곱미터를 초과할 때마다 2천원을 가산한 금액
8. 법 제42조에 다른 복구준공검사	5천원

[영별표 10] <개정 2015.9.25>

과태료의 부과기준(제53조 관련)

1. 일반기준
 가. 위반행위의 횟수에 따른 과태료의 부과기준은 최근 1년간 같은 위반행위로 과태료 부과처분을 받은 경우에 적용한다. 이 경우 위반횟수는 위반행위에 대하여 최초로 과태료 부과처분을 한 날과 다시 같은 위반행위를 적발한 날을 기준으로 하여 계산한다.
 나. 부과권자는 다음의 어느 하나에 해당하는 경우에는 제2호의 개별기준에 따른 과태료 금액의 2분의 1의 범위에서 그 금액을 줄일 수 있다. 다만, 과태료를 체납하고 있는 위반행위자에 대해서는 그렇지 않다.
  1) 위반행위자가 「질서위반행위규제법 시행령」 제2조의2제1항 각 호의 어느 하나에 해당하는 경우
  2) 위반행위가 사소한 부주의나 오류로 인한 것으로 인정되는 경우
  3) 법 위반 상태를 시정하거나 해소하기 위한 위반행위자의 노력이 인정되는 경우
  4) 그 밖에 위반행위의 정도, 위반행위의 동기와 그 결과 등을 고려하여 과태료를 줄일 필요가 있다고 인정되는 경우
 다. 부과권자는 다음의 어느 하나에 해당하는 경우에는 제2호의 개별기준에 따른 과태료 금액의 2분의 1의 범위에서 그 금액을 늘릴 수 있다. 다만, 법 제57조에 따른 과태료 금액의 상한을 넘을 수 없다.
  1) 위반의 내용 및 정도가 중대하여 이로 인한 피해가 크다고 인정되는 경우
  2) 법 위반 상태의 기간이 6개월 이상인 경우
  3) 그 밖에 위반행위의 동기와 그 결과 및 위반의 정도 등을 고려하여 과태료를 늘릴 필요가 있다고 인정되는 경우

2. 개별기준

위반행위	근거 법조문	과태료 금액(단위: 만원)		
		1회 위반	2회 위반	3회 이상 위반
가. 법 제14조제1항 단서에 따른 산지전용허가변경신고를 하지 않은 경우	법 제57조 제1항제1호	50	100	200

나. 법 제15조제1항 후단에 따른 산지전용변경신고를 하지 않은 경우	법 제57조 제1항제1호	50	100	200
다. 법 제15조의2제1항 단서에 따른 경미한 사항에 대한 산지일시사용허가변경신고를 하지 않은 경우	법 제57조 제1항제1호	25	50	100
라. 법 제15조의2제2항 후단에 따른 산지일시사용변경신고를 하지 않은 경우	법 제57조 제1항제1호	50	100	200
마. 법 제18조의5제3항에 따른 연대서명부를 거짓으로 작성하여 이의신청한 경우	법 제57조 제1항제5호	50	100	200
바. 법 제25조제1항 단서에 따른 토석채취허가변경신고를 하지 않은 경우	법 제57조 제1항제1호	50	100	200
사. 법 제25조제2항 후단에 따른 토사채취변경신고를 하지 않은 경우	법 제57조 제1항제1호	50	100	200
아. 법 제30조제1항 후단에 따른 채석변경신고를 하지 않은 경우	법 제57조 제1항제1호	50	100	200
자. 법 제40조제1항 전단(법 제44조제3항에서 준용하는 경우를 포함한다)에 따른 기간 이내에 복구설계서를 산림청장등에게 제출하지 않은 경우로서 산지전용허가 등을 받은 면적이 1) 1천㎡ 미만인 경우 2) 1천㎡ 이상 1만㎡ 미만인 경우 3) 1만㎡ 이상 10만㎡ 미만인 경우 4) 10만㎡ 이상인 경우	법 제57조 제1항제2호	 25 50 150 250	 50 100 300 500	 100 200 600 1,000
차. 법 제40조의2제2항(법 제44조제3항에서 준용하는 경우를 포함한다)을 위반하여 시정통지의 내용을 보고하지 않은 경우	법 제57조 제1항제3호	50	100	200

카. 법 제44조의2제1항·제2항을 위반하여 업무보고 및 자료제출이나 현지조사를 거부·방해 또는 기피한 경우	법 제57조 제1항제4호	50	100	200
타. 법 제46조의3제1항 전단을 위반하여 현장관리업무담당자를 지정하지 않거나 지정 신고를 하지 않은 경우	법 제57조 제2항제1호	200	300	500
파. 법 제46조의3제1항 후단을 위반하여 현장관리업무담당자 변경 신고를 하지 않은 경우	법 제57조 제2항제1호	100	200	300
하. 법 제46조의3제2항을 위반하여 현장관리업무담당자가 업무 수행에 필요한 교육을 받지 않은 경우	법 제57조 제2항제2호	50	100	200

◉ 산지관리법 시행규칙 [별표 및 별지서식] ◉

[규칙별표 1] <개정 2015.11.25>

산지에서의 지역등의 협의기준의 세부사항(제4조의2 관련)

구분	세부사항
보전산지의 이용 기준	집단적인 조림성공지 및 형질이 우량한 천연림으로서 지속가능한 산림경영을 위해 필요하다고 인정되는 보전산지는 다른 법률에 따라 산지를 특정용도로 이용하기 위해 지역등으로 지정 또는 결정을 협의하려면 다음 각 목의 기준을 충족해야 한다. 가. 2만㎡ 이상 집단화된 보전산지가 지역등의 지정·결정을 위한 협의 대상에 포함될 경우에는 ha당 입목축적이 산림기본통계(산림청장이 고시하는 산림기본통계를 말한다. 이하 같다)상 관할 시·군·구(자치구를 말한다. 이하 같다)의 ha당 평균입목축적의 150% 이하이어야 한다. 다만, 국가, 지방자치단체, 공기업, 준정부기관, 지방공사 및 지방공단이 시행하는 공용·공공용 사업인 경우에는 그렇지 않다. 나. 산림기본통계의 발표 다음 연도부터 다시 새로운 산림기본통계가 발표되기 전까지는 산림청장이 고시하는 시·도별 평균생장률을 적용하여 해당 연도의 관할 시·군·자치구의 헥타르당 입목축적을 구한다. 다. 산불발생, 솎아베기 또는 인위적인 벌채를 실시한 후 5년이 지나지 않은 경우에는 산림청장이 고시하는 시·도별 평균생장률을 적용하여 산불발생, 솎아베기 또는 벌채 전의 입목축적으로 환산하고, 그 입목축적에 산림청장이 고시하는 시·도별 평균생장률을 적용하여 조사·작성한 시점까지의 생장량을 반영해야 한다.

※ 비고
1. 위 표에 따른 입목축적의 조사는 다음 각 목에 따른다.
   가. 조사방법은 표준지조사를 원칙으로 한다. 다만, 다음 1) 또는 2)의 어느 하나에 해당하는 경우에는 전수조사의 방법으로 입목축적을 조사할 수 있다.
      1) 협의 신청 산지의 면적이 2,000㎡ 미만인 경우
      2) 협의 신청 산지가 불규칙적이거나 분산된 형태 등으로 이루어져 있어 표준지조사 방법으로 입목축적을 조사할 수 없는 경우
   나. 조사대상은 가슴높이지름(사람의 가슴높이에서 측정한 나무줄기의 지름을 말한

다. 이하 같다)이 6㎝ 이상인 입목으로 한다. 이 경우 가슴높이지름의 측정은 2㎝ 범위를 하나의 직경단위로 묶어 짝수로 표시하는 2㎝ 괄약(括約)조사 방법을 적용한다.
    다. 수고(樹高)는 나무 종류별·가슴높이지름별로 측정하여 평균수고를 산출한다.
    라. 입목축적은 다음의 방법으로 산출한다.
        1) 전수조사의 경우: 입목축적 = 입목간재적표(立木幹材積表)상의 단목재적(單木材積) × 나무 종류별 조사본수
        2) 표준지조사의 경우: 입목축적 = 표준지 재적합계 × (협의 신청 산지의 면적/표준지의 총 면적)
2. 제1호가목 본문에 따른 표준지는 다음 각 목의 기준에 모두 적합해야 한다.
    가. 표준지의 면적
        1) 1개 표준지의 면적: 수평투영면적(하늘에서 내려다보이는 수평 면적을 말한다) 400㎡ 이상
        2) 전체 표준지의 합산면적: 협의 신청 산지의 수평투영면적 5% 이상
    나. 표준지의 개수
        1) 협의신청 산지의 면적이 2,000㎡ 이상 20,000㎡ 미만인 경우: 3개 이상
        2) 협의신청 산지의 면적이 20,000㎡ 이상 50,000㎡ 미만인 경우: 5개 이상
        3) 협의 신청 산지의 면적이 50,000㎡ 이상 100,000㎡ 미만인 경우: 10개 이상
        4) 협의 신청 산지의 면적이 100,000㎡ 이상 200,000㎡ 미만인 경우: 15개 이상
        5) 협의 신청 산지의 면적이 200,000㎡ 이상인 경우: 20개 이상
    다. 표준지의 선정
        1) 협의 신청 산지가 도로·철도 등의 건설을 위한 경우로서 선형(線形)인 경우 표준지는 선형 중심선을 기준으로 등간격추출법에 따라 선정한다.
        2) 협의 신청 산지가 선형이 아닌 경우 표준지는 등간격추출법에 따라 선정하며, 표준지 선정을 위한 격자의 시점·거리 등은 다음과 같다.
            가) 격자의 시점(始點)은 조사대상지의 서쪽 경계 접선과 북쪽 경계 접선의 교점(交點)으로 한다.
            나) 격자간 거리는 조사대상지의 면적을 표준지의 개수로 나눈 값의 제곱근(소수점 첫째자리에서 반올림) 이내로 하되, 미터(m) 단위로 조정할 수 있다.
3. 협의 과정에서 협의 신청 산지의 면적이 축소되거나 증가되는 경우 당초 격자의 시점 및 거리를 적용하여 변경면적에 표준지를 추가로 선정할 수 있다. 이 경우 제2호가목 및 나목에 따른 기준을 충족하지 못하는 때에는 새롭게 표준지를 선정하여야 한다.
4. 협의 신청 산지가 훼손되어 벌채 전의 입목축적으로 환산하는 등의 방법을 통하여 입목축적조사를 할 수 없는 경우와 협의 신청 산지에 지뢰가 매설되어 있는 등의

사유로 입목축적조사를 할 수 없는 경우에는 협의 신청 산지와 입목의 구성이 유사한 인근 지역에서 입목축적조사를 할 수 있다.

[규칙별표 1의2] <개정 2011.10.24>

산사태위험판정기준표(제5조 및 제28조의2 관련)

구분		위험요인별 점수				
		1	2	3	4	5
경사길이(m)		50 이하	51 ~ 100	101 ~ 200	201 이상	
	점수	0	19	36	74	
모암		퇴적암 (이암, 혈암, 석회암, 사암 등)	화성암 (화강암류 기타)	변성암 (천매암, 점판암 기타)	변성암 (편마암류 및 편암류)	화성암 (반암류와 안산암류)
	점수	0	5	12	19	56
경사위치		0-1/10	2-6/10	7-10/10		
	점수	0	9	26		
임상		·침엽수림 (치수림, 소경목)·무입목지	·침엽수림 (중경목, 대경목) ·활엽수림, 혼효림(치수림)	·활엽수림, 혼효림 (소, 중, 대경목)		
	점수	18	26	0		
사면형		상승사면	평형사면	하강사면	복합사면	
	점수	0	5	12	23	
토심(cm)		20 이하	21 ~ 100	101 이상		
	점수	0	7	21		
경사도(°)		25 이하	26 ~ 40	41이상		
	점수	16	9	0		
조사자의 점수보정		※ 보정인자 1. 조사자 또는 마을사람들이 산사태발생 위험지역이라고 생각함(+10) 2. 조사자 또는 마을사람들이 산사태발생 위험성이 전혀 없다고 생각함(-10) 3. 인위적 산림훼손지로 방치하거나 불완전한 방재 시설지(+20) 4. 과수원 및 초지단지, 유실수조림지 등 지피식생이 불완전한 산지(+20) 5. 산지가 도심지에 위치하여 산사태 발생시 피해 확산 위험이 있는 지역(+10)				

※ 비 고
1. 위 표에서 사용되는 용어의 정의 및 적용기준은 다음과 같다.
   가. "경사길이"란 산사태위험판정 대상 사면과 연결되는 수계로부터 각 능선부의 가장 높은 지점까지의 거리를 말한다.
   나. "모암(母巖)"이란 「과학기술분야 정부출연연구기관 등의 설립·운영 및 육성에 관한 법률」 별표 제14호에 따른 한국지질자원연구원에서 작성한 축척 5만분의 1 이상의 지질도에 의한 암석성인(巖石成因)별 모암을 말한다.
   다. "경사위치"란 산사태위험판정 대상 사면의 계곡과 능선 간의 수직적인 백분율을 말한다.
   라. "침엽수림"이란 해당 산지에 침엽수가 75% 이상 생육하고 있는 산림을 말한다.
   마. "활엽수림"이란 해당 산지에 활엽수가 75% 이상 생육하고 있는 산림을 말한다.
   바. "혼효림"이란 해당 산지에 침엽수 또는 활엽수가 각각 25% 초과 75% 미만으로 생육하고 있는 산림을 말한다.
   사. "치수림(稚樹林)"이란 가슴높이지름 6㎝ 미만의 입목이 50% 이상 생육하고 있는 산림을 말한다.
   아. "사면형"이란 사면의 종단면형을 말한다.
   자. "상승사면"이란 사면으로 올라갈수록 경사가 완만해지는 완경사면을 말한다.
   차. "평형사면"이란 사면에서의 경사가 일정한 사면을 말한다.
   카. "하강사면"이란 사면으로 올라갈수록 경사가 급해지는 급경사면을 말한다.
   타. "복합사면"이란 2개 이상의 사면형이 존재하는 사면을 말한다.
   파. "토심(土深)"이란 모암으로부터 지표면까지의 토사의 깊이 또는 수목의 뿌리가 비교적 용이하게 침투할 수 있는 토양의 깊이를 말한다.
   하. "경사도"란 사면의 각도로서 평균경사도를 말한다.
2. 산사태위험도는 위 표 각 호의 위험요인에 해당하는 점수의 합계로 하며, 다음 각 목의 구분에 따른다.
   가. 180점 이상인 경우 : 산사태 발생 가능성이 대단히 높은 지역
   나. 120점 이상 180점 미만인 경우 : 산사태 발생 가능성이 높은 지역
   다. 61점 이상 120점 미만인 경우 : 산사태 발생 가능성이 낮은 지역
   라. 60점 미만인 경우 : 산사태 발생 가능성이 없는 지역

[규칙별표 1의3] <개정 2016.12.30>

산지전용허가기준의 세부사항(제10조의2 관련)

관련 조문	세부사항
1. 영 별표 4 제1호 마목3)	가. 산지의 형질변경으로 발생되는 복구대상 비탈면(이하 이 표에서 "비탈면"이라 한다)의 수평투영면적은 산지전용면적의 50%를 초과해서는 안된다. 다만, 국방·군사시설, 사방시설, 하천, 제방, 저수지, 방송·통신시설, 도로, 철도, 스키장, 우주센터시설 등의 시설을 위한 산지전용인 경우에는 그렇지 않다. 나. 도로를 설치하기 위해 산지전용을 하는 경우에는 비탈면을 안정시키기 위한 보호공의 설치, 경관훼손을 줄이기 위한 녹화공법의 채택 또는 터널·교량의 설치 등을 통해 비탈면 발생을 최소화해야 한다.
2. 영 별표 4 제1호 마목4)	가. 비탈면의 기울기(비탈면의 높이에 대한 수평거리의 비율을 말한다)는 비탈면의 붕괴를 방지하기 위해 토질에 따라 다음의 요건을 충족해야 한다. 다만, 지질조사를 실시한 결과 안전한 것으로 인정되거나 옹벽·파일(말뚝)·앵커 등 재해방지시설을 설치하여 안전한 것으로 인정되는 경우에는 그렇지 않다. 　1) 경암인 경우의 기울기는 1: 0.5 이하일 것 　2) 풍화암인 경우의 기울기는 1: 0.8 이하일 것 　3) 토사인 경우의 기울기는 1: 1.0 이하일 것 　4) 성토지의 자갈·토층(土層)인 경우의 기울기는 1: 1.0 이하일 것 　5) 계단식 산지전용(가능한 기존의 지형을 유지하기 위해 산지의 경사면을 따라 계단을 조성하고 산지전용하는 것을 말한다. 이하 같다)인 경우의 기울기는 토질에 관계없이 1: 1.4 이하일 것 나. 비탈면으로 인해 재해 등이 우려되는 경우에는 다음에 해당하는 보호조치가 사업계획에 반영되야 한다. 　1) 충분한 규모의 배수시설의 설치 　2) 비사(飛沙)나 낙석을 방지하는 시설의 설치 다. 비탈면의 수직높이는 15m 이하가 되도록 사업계획에 반영해야 한다. 다만, 다음의 어느 하나에 해당하는 경우에는 그렇지 않다. 　1) 다른 법령에서 절토·성토면의 수직높이를 특별히 정하고 있는 경우

2) 계단식 산지전용인 경우. 이 경우 계단의 수직높이가 각각 15미터 이하이어야 하며, 계단에 조성되는 사업부지의 너비(소단의 너비는 제외한다)는 계단의 긴 변을 기준으로 직각으로 계단의 너비를 재었을 때 15미터 이상이 되는 부분의 길이가 계단의 긴 변 길이의 100분의 90 이상이어야 한다(예시 참조).

[예시]

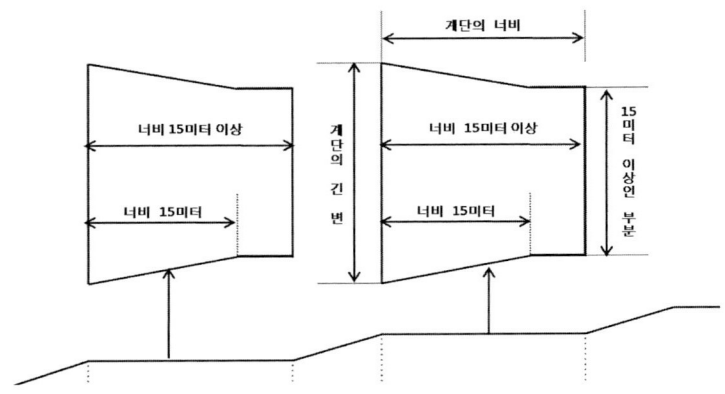

3) 「도로법」에 따른 도로, 「국토의 계획 및 이용에 관한 법률」 제2조제4호에 따른 도시·군관리계획으로 결정된 시설 중 도로, 「농어촌도로정비법」 제2조에 따른 농어촌도로인 경우
4) 「과학기술기본법」 제9조제1항에 따른 국가과학기술위원회에서 심의한 연구개발사업에 따라 인공위성 발사 등을 위하여 설치하는 우주센터시설
5) 철도
6) 댐, 저수지

라. 비탈면(옹벽을 포함한다)의 수직높이가 5m 이상인 경우에는 5m 이하의 간격으로 너비 1m 이상의 소단(小段)을 설치하도록 사업계획에 반영해야 한다. 다만, 다음의 어느 하나에 해당하는 경우로서 「국가기술자격법」에 따른 건축분야 건축구조 기술사, 토목분야의 토목구조 기술사, 토질 및 기초 기술사, 지질 및 지반 기술사, 토목시공 기술사 또는 「기술사법」에 따른 산림분야 기술사가 소단을 설치하지 않아도 안전하다고 인정하는 경우 및 도로·철도·댐·저수지에 대해서는 그러하지 아니하다.
1) 비탈면이 암반으로 이루어져 있는 경우
2) 비탈면에 건축물의 벽체를 붙여 설치하는 경우

	마. 목적사업이 「건축법 시행령」 별표 1에 따른 단독주택, 공동주택, 수련시설, 숙박시설 또는 공장의 신축인 경우에는 아래 [예시]와 같이 형질변경되는 부지의 최대폭의 2배 거리만큼 산정부 방향으로 수평투영한 지점에 해당하는 원지반까지의 경사도가 25° 이하여야 한다. 다만, 형질변경되는 부지 상부 비탈면의 모암(母巖) 또는 산림의 상태가 안정적이어서 토사유출이나 산사태가 발생할 가능성이 낮은 경우에는 그렇지 않다. **[예 시]** 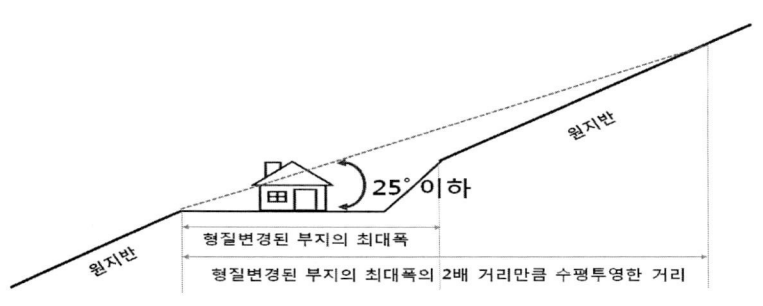
3. 영 별표 4 제1호 마목6)	가. 산지의 경관을 보전하기 위해 전용하려는 산지는 해당 산지의 표고(標高: 산자락하단부를 기준으로 한 산정부의 높이를 말한다. 이하 같다)의 50% 미만에 위치해야 한다. 다만, 다음의 어느 하나에 해당하는 경우에는 그렇지 않다. 1) 국방·군사시설, 도로, 철도, 댐, 사방시설, 하천, 제방, 저수지, 기상관측시설, 방송·통신시설, 공원시설, 스키장, 전망대시설, 수도시설, 「2018 평창 동계올림픽대회 및 장애인동계올림픽대회 지원 등에 관한 특별법」 제2조제2호에 따른 대회직접관련시설, 지방자치단체에서 직접 시행하는 천체관측시설이나 문화재 보존·복원·복구 시설 등의 설치를 위한 산지전용인 경우 2) 해당 산지의 표고가 100m 미만인 경우 3) 해발고 300m 미만의 산지(해당 시·군·구의 산림률이 전국 평균 이상인 지역만 해당한다) 4) 종전의 「산림법」(법률 제6841호로 개정되기 전의 것을 말한다)에 따라 보전임지의 전용허가 또는 산림의 형질변경허가를 받거나 산림의 형질변경신고를 하고 건축된 농림어업인의 주택 또는 사찰·교회·성당 등 종교시설과 그 부대시설을 종전 연면적의 100분의 130 미만의 범위에서 증축하거나 개축하는 경우

		나. 산지를 전용하여 설치하는 건축물의 높이는 스카이라인, 주변 수목높이 등을 고려하여 최소화되도록 해야 한다.
4. 영 별표 4 제2호 가목		가. 2만㎡ 이상 집단화된 보전산지가 산지전용허가 대상에 포함될 경우에는 ha당 입목축적이 산림기본통계상 관할 시·군·구의 ha당 평균입목축적의 150% 이하이어야 한다. 다만, 국가·지방자치단체·공기업·준정부기관·지방공사·지방공단이 시행하는 공용·공공용 사업인 경우에는 그렇지 않다. 나. 산림기본통계의 발표 다음 연도부터 다시 새로운 산림기본통계가 발표되기 전까지는 산림청장이 고시하는 시·도별 평균생장률을 적용하여 해당 연도의 관할 시·군·자치구의 헥타르당 입목축적을 구한다. 다. 산불발생, 솎아베기 또는 인위적인 벌채를 실시한 후 5년이 지나지 않은 경우에는 산림청장이 고시하는 시·도별 평균생장률을 적용하여 산불발생, 솎아베기 또는 벌채 전의 입목축적으로 환산하고, 그 입목축적에 산림청장이 고시하는 시·도별 평균생장률을 적용하여 조사·작성한 시점까지의 생장량을 반영해야 한다.
5. 영 별표 4 제2호나목1)		가. 전용하려는 산지에 대하여 별표 1의2의 산사태위험판정기준표에 따라 산사태위험도를 조사한 결과 산사태위험도가 높은 지역 및 그 주변의 사면 및 계곡에 대하여 산사태 위험성 평가를 추가로 실시한 결과 산사태 또는 토석류 발생 가능성이 높지 않아야 한다. 나. 전용사업의 목적이 저수지 수몰지 또는 댐 수몰지 조성 등과 같이 재해위험성 고려 필요성이 낮은 경우에는 산사태 위험성 평가를 실시하지 않는다.
6. 영 별표 4 제2호 라목1)		가. 해당 사업계획부지에 대한 보전산지의 면적비율은 매년 산림청장이 발표하는 임업통계연보상의 해당 시·군·구의 보전산지 면적비율(보전산지의 면적비율이 50% 이하인 경우에는 50%)을 초과해서는 안된다. 나. 관할 시·군·구의 행정구역 면적에 대한 산지면적의 비율이 전국 평균 이하인 경우로서 해당 사업계획부지 안에 편입하려는 산지의 평균경사도가 15° 미만이고 ha당 입목축적(산불 발생, 솎아베기 또는 인위적인 벌채를 실시한 후 5년이 지나지 않은 때에는 그 산불 발생, 솎아베기 또는 벌채 전의 입목축적으로 환산하여 적용한다)이 산림기본통계상 해당 시·군·구의 ha당 평균입목축적의 75% 미만인 경우에

	는 가목에 따른 보전산지 면적비율에 추가해 해당 사업계획부지의 10%의 범위에서 보전산지를 추가해 편입할 수 있다. 다. 가목 및 나목에도 불구하고 다음의 어느 하나에 해당하는 경우에는 보전산지 편입 비율을 적용하지 않는다. 　1) 국가 또는 지방자치단체가 시행하는 공용·공공용 시설의 설치를 위해 필요한 경우 　2) 관계 법령 또는 인·허가 조건에 따라 민간사업자가 시행해 국가 또는 지방자치단체에 기부채납 또는 무상귀속하게 되는 공용·공공용 시설 　3) 스키장, 집단묘지(공설묘지 및 법인묘지만 해당한다), 「체육시설의 설치·이용에 관한 법률」 제14조에 따른 대중골프장을 설치하기 위한 경우 　4) 관할 시·군·구의 평균입목축적 이하인 지역에 「산업입지 및 개발에 관한 법률」 제2조제8호에 따른 산업단지 또는 「관광진흥법」 제2조제7호에 따른 관광단지를 조성하는 경우
7. 영 별표 4 제2호라목2)	가. 골프장의 경우에는 사업계획부지에 편입되는 산지의 20% 이상을 원형으로 존치하고 홀과 홀 간에 원형으로 산림을 존치하거나 수목을 식재(植栽)하여 녹지를 조성해야 한다. 나. 스키장의 경우에는 슬로프와 슬로프의 사이에 산지를 원형으로 존치해야 한다. 다. 가목 및 나목 외의 체육시설, 관광지, 택지의 경우에는 사업계획부지에 편입되는 산지의 20% 이상을 시설물의 사이와 사업계획부지의 경계부에 원형으로 존치하거나 수목을 식재하여 녹지를 조성해야 한다. 다만, 다른 법률에서 사업계획부지에 편입되는 산지의 원형존치율 또는 수목 식재를 통한 녹지의 조성 등을 규정하고 있는 경우에는 그 법률의 규정에 따른다.

※ 비 고
1. 위 표에 따른 산정부 및 산자락하단부의 결정방법은 다음 각 목에 따른다.
　가. "산정부"란 사업구역 내 전용하려는 산지가 속하는 사면의 가장 높은 봉우리를 말한다. 다만, 복합사면의 경우 사업구역의 경계선으로부터 1km 이내에 있는 가장 높은 지점을 말한다.
　나. "산자락하단부"란 사업구역 내 전용하려는 산지가 속하는 사면의 임상도상 임경지(林境地)의 가장 높은 지점을 말한다.
　다. "임경지"란 국립산림과학원이 제작한 축척 1/25,000의 임상도에 표시된 산지와 그 외의 토지와의 경계를 말한다. 다만, 다음의 어느 하나에 해당하는 토지와의 경계는 이를 임경지로 보지 않는다.
   1) 도로·철도 등 선형으로 이루어진 토지
   2) 면적 3ha 미만의 농지·초지 등 산지가 아닌 토지(이하 "농지·초지등"이라 한다)
  라. 임상도가 없는 지역 또는 현지와 임상도가 불일치하는 지역의 경우에는 산지에 의해 단절되지 않고 연속해 연결된 농지·초지등(산지전용허가·신고를 받아 다른 용도로 이용되고 있는 토지 또는 구거·도로와 연속해 연결된 농지·초지등은 제외한다)의 가장 높은 지점을 산자락하단부로 본다.
2. 위 표에 따른 평균경사도의 측정방법은 다음 각 목에 따른다.
  가. 평균경사도는 수치지형도(축척 1/5,000 지형도의 수치전산파일을 말한다. 이하 같다)를 이용하여 측정한다. 다만, 수치지형도가 현실과 맞지 않거나 수치지형도가 없는 지역은 「공간정보의 구축 및 관리 등에 관한 법률 시행규칙」 제21조제4항에 따라 측량을 하여 수치지형도를 작성한 후 이를 이용하여 평균경사도를 측정한다.
  나. 평균경사도 측정을 위한 격자는 10m×10m의 크기로 설정하고, 격자의 시점은 측정대상지의 서쪽 경계 접선과 북쪽 경계 접선의 교점으로 한다.
  다. 수치지형도에 공간분석 프로그램을 이용하여 불규칙삼각망을 생성한 후 격자 내 삼각면의 경사도에 면적비율을 적용하여 측정대상지의 평균경사도를 산출한다.
3. 위 표에 따른 입목축적의 조사 방법 등은 별표 1 비고 제1호부터 제4호까지를 준용한다.
4. 위 표에 따른 산사태 위험성 평가는 다음 각 목의 순서에 따라 실시한다.
  가. 다음의 구분에 따라 산사태위험판정조사 대상지역(수평투영면적을 기준으로 100제곱미터 이상이어야 한다)을 선정하여 별표 1의2의 산사태위험판정기준표에 따른 조사를 실시할 것.
   1) 전용하려는 산지의 면적이 2만제곱미터인 경우: 4개소
   2) 전용하려는 산지의 면적이 2만제곱미터를 초과하는 경우: 4곳에 그 초과면적 5만제곱미터마다 2개소를 추가
  나. 다음의 구분에 따라 산사태위험판정조사 대상지역과 그 주변 사면 및 계곡을 포함하는 지역을 재해위험조사표준지로 선정하여 「산림보호법」 제45조의7 및 같은 법 시행규칙 제37조의2에 따른 산사태 발생 우려지역에 대한 조사방법에 따라 조사를 실시할 것. 이 경우 가목에 따른 산사태위험판정조사 결과 산사태위험도가 높은 지역 순서대로 재해위험조사표준지를 선정하여야 한다.
   1) 전용하려는 산지의 면적이 2만제곱미터인 경우: 2개소
   2) 전용하려는 산지의 면적이 2만제곱미터를 초과하는 경우: 2곳에 그 초과면적 5만제곱미터마다 1개소를 추가
  다. 나목에 따른 조사재해위험조사표준지 중 사면에 대해서는 산사태 취약여부를, 계곡에 대해서는 토석류 취약여부를 추가로 조사하여야 한다.

[규칙별표 1의4] <개정 2016.12.30>

산지일시사용기간의 결정기준(제15조의4제1항 관련)

구분	산지일시사용면적	산지일시사용기간
1. 「광업법」에 따른 광물을 채굴하는 경우	산지일시사용면적과 관계 없음	10년 이내
2. 풍력발전시설(진입로를 포함한다)을 설치하는 경우	산지일시사용면적과 관계 없음	10년 이내
3. 제1호 및 제2호 외의 경우	10,000제곱미터 미만	3년 이내
	10,000제곱미터 이상 20,000제곱미터 미만	4년 이내
	20,000제곱미터 이상 30,000제곱미터 미만	5년 이내
	30,000제곱미터 이상	10년 이내

비고: 위 표에도 불구하고 다른 법령에서 목적사업의 시행에 필요한 기간을 정한 경우에는 그 기간을 산지일시사용기간으로 할 수 있다.

[규칙별표 2] <개정 2011.1.5>

산지전용기간의 결정기준(제16조 관련)

산지전용면적	산지전용기간
1. 10,000제곱미터 미만	3년 이내
2. 10,000제곱미터 이상 20,000제곱미터 미만	4년 이내
3. 20,000제곱미터 이상 30,000제곱미터 미만	5년 이내
4. 30,000제곱미터 이상	10년 이내

비고: 위 표에도 불구하고 다른 법령에서 목적사업의 시행에 필요한 기간을 정한 경우에는 그 기간을 산지전용기간으로 할 수 있다.

[규칙별표 3] <개정 2016.12.30>

토석채취변경신고의 첨부서류(제24조제4항관련)

변경사항	첨부서류
1. 토석채취방법, 연차별 생산·이용계획, 토사처리계획(석재에 한정한다)등 사업계획의 변경	가. 계단식의 토석채취방법, 연차별 생산·이용계획 및 토사처리계획(석재에 한정한다)에 관한 사업계획서 1부 나. 측량업자등가 측량한 축척 6천분의 1부터 1천200분의 1까지의 연차별 토석채취구역실측도 1부(연차별 생산·이용계획이 변경되는 경우에 한정한다) 다. 「산림자원의 조성 및 관리에 관한 법률 시행규칙」 별표 2에 따른 임도의 설계·시설기준 등에 준하여 작성한 진입로설계서 1부(진입로 설계가 변경되는 경우에 한정한다)
2. 토석채취허가를 받은 자 및 그 대표자의 명의 변경	가. 허가받으려는 산지의 소유권 또는 사용·수익권을 증명할 수 있는 서류 1부 나. 토석채취허가를 받은 자 및 그 대표자의 명의변경을 증명할 수 있는 서류 1부 다. 이미 허가받은 자의 명의변경동의서 1부 라. 법 제38조제1항 본문에 따라 예치된 복구비의 권리승계를 증명할 수 있는 서류 1부
3. 법인명칭의 변경이 없는 법인대표의 변경	없음
4. 법인대표의 변경이 없는 법인명칭의 변경	가. 허가받으려는 산지의 소유권 또는 사용·수익권을 증명할 수 있는 서류 1부 나. 삭제 <2009.4.20> 다. 산림골재채취업에 관한 골재채취업등록증 사본 1부(쇄골재용 석재의 굴취·채취 및 골재용 토사채취의 경우에 한정한다) 라. 법 제38조제1항 본문에 따라 예치된 복구비의 권리승계를 증명할 수 있는 서류 1부
5. 토석채취허가를 받은 석재의 용도변경	가. 산림골재채취업에 관한 골재채취업등록증 사본 1부(쇄골재용 석재의 굴취·채취 및 골재용 토사채취의 경우에 한정한다) 나. 채석경제성평가보고서 1부(법 제26조제1항 본문에 따라 채석경제성평가를 받아야 하는 용도로 변경하는 경우에 한정한다)
6. 토석채취허가를 받은 면적의 축소	가. 측량업자등가 측량한 축척 6천분의 1부터 1천200분의 1까지의 연차별 채석구역실측도 1부(연차별 생산·이

	용계획이 변경되는 경우에 한정한다) 나. 복구공종·공법 및 겨냥도가 포함된 복구계획서 1부
7. 삭제 <2016.12.30>	

[규칙별표 4] <개정 2012.10.26>

토석・토사 채취기간의 결정기준(제25조관련)

용도 \ 기준	토석채취량	기간
건축용·조경 용 석재	84,000세제곱미터 미만	3년 이상 5년 미만
	84,000세제곱미터 이상 140,000세제곱미터 미만	5년 이상 7년 미만
	140,000세제곱미터 이상 200,000세제곱미터 미만	7년 이상 9년 미만
	200,000세제곱미터 이상	9년 이상 10년 이하
공예용 석재	7,400세제곱미터 미만	3년 이상 5년 미만
	7,400세제곱미터 이상 15,000세제곱미터 미만	5년 이상 7년 미만
	15,000세제곱미터 이상 22,000세제곱미터 미만	7년 이상 8년 미만
	22,000세제곱미터 이상 30,000세제곱미터 미만	8년 이상 9년 미만
	30,000세제곱미터 이상	9년 이상 10년 이하
쇄골재용 석재	320,000세제곱미터 미만	3년 이상 5년 미만
	320,000세제곱미터 이상 535,000세제곱미터 미만	5년 이상 7년 미만
	535,000세제곱미터 이상 750,000세제곱미터 미만	7년 이상 9년 미만
	750,000세제곱미터 이상	9년 이상 10년 이하
그 밖의 토석이나 토사	-	10년 이내(객토용 토사의 경우 1년 이내)

※ 비고
산지전용・산지일시사용과정에서 부수적으로 석재를 굴취·채취하는 경우에는 그 채석기간은 산지전용・산지일시사용기간 이내로 하여야 한다.

[규칙별표 5] 삭제<2011.1.5>
[규칙별표 6] <개정 2016.12.30>

복구설계서 승인기준(제42조제3항관련)

1. 공통사항
   가. 최초의 소단(小段)의 앞부분은 수목을 존치하거나 식재하여 녹화하여야 하고, 각 소단에는 평균 두께 60센티미터 이상 흙(토질이 척박하거나 폐석적치지인 경우에는 수목의 활착 및 생육에 지장이 없도록 충분한 객토를 실시하여야 한다)을 덮고 수목·초본류 및 덩굴류 등을 식재하여 비탈면이 덮이도록 하여야 한다. 다만, 비탈면의 녹화가 가능한 경우에는 그러하지 아니하다.
   나. 복구대상지역안에 있는 건축물·공작물의 철거 또는 이전계획이 복구설계서에 반영되어야 한다. 다만, 당해 복구대상 지역을 다른 용도로 사용하기 위하여 인·허가 등의 행정처분을 받은 경우에는 그러하지 아니하다.
   다. 목적사업의 수행을 위하여 산지전용·산지일시사용되는 산지가 아닌 비탈면은 사방공법으로 복구하여야 한다.
   라. 고속국도·일반국도·철도·관광휴양지·명승지·공원 주변 등 경관조성 또는 생태 복원이 필요한 지역의 비탈면에 대하여는 차폐공법·특수공법 등으로 가리거나 녹화하여야 한다.
   마. 복구설계서에 따라 복구공사를 할 수 있도록 적정한 공사비가 복구설계서에 계상되어야 한다.
   바. 토사유출의 우려가 있는 경우에는 하류에 토사유출을 방지하기 위한 침사지(沈砂池) 등을 설치하여야 한다.
   사. 배수량이 적고 토사유출 또는 붕괴의 우려가 없는 경우를 제외하고는 하천 또는 다른 배수시설 등으로 배수되도록 배수시설을 설치하여야 하며, 배수로 인하여 수질이 오염되지 아니하도록 하여야 한다.
   아. 복구를 위한 식재수종은 복구대상지의 임상과 토질에 적합하게 선정되어 야 한다.
   자. 산지전용, 산지일시사용 또는 토석채취를 한 산지를 복구하는 경우에는 주변의 자연배수 수준의 기준면까지 토석으로 성토한 후 수목의 생육에 적합하도록 60센티미터 이상 흙으로 덮어야 한다.

2. 산지전용·산지일시사용의 경우(광물의 채굴·도로·임도·철도·댐·저수지는 제외한다)
   가. 비탈면의 수직높이는 15미터 이하이어야 한다. 다만, 다음의 어느 하나에 해당하는 경우에는 그러하지 아니하다.
     (1) 다른 법령에서 비탈면의 높이를 정하고 있는 경우
     (2) 계단식 산지전용·산지일시사용(가능한 기존의 지형을 유지하기 위하여 산지의 경사면을 따라 계단을 조성하고 산지전용·산지일시사용하는 것을 말한다)인 경우. 이 경우 다음의 요건 모두를 충족하여야 한다.

(가) 계단의 수직높이가 각각 15미터 이하일 것
(나) 계단에 조성되는 사업부지의 너비(소단의 너비는 제외한다)는 계단의 긴 변을 기준으로 직각으로 계단의 너비를 재었을 때 15미터 이상이 되는 부분의 길이가 계단의 긴 변 길이의 100분의 90 이상일 것(예시 참조)

[예시]

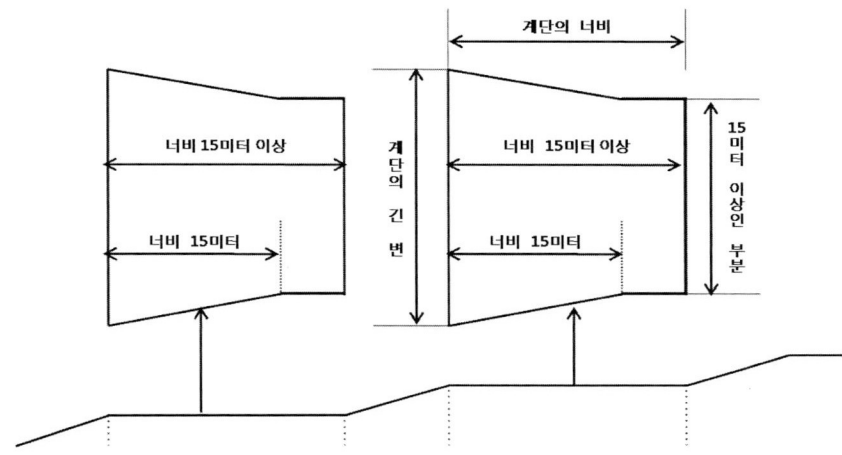

(3) 「과학기술기본법」 제9조제1항에 따른 국가과학기술위원회에서 심의한 연구개발사업에 따라 인공위성 발사 등을 위하여 설치하는 우주센터시설
나. 삭제 <2009.4.20>
다. 비탈면(옹벽을 포함한다)의 수직높이가 5미터 이상인 경우에는 5미터 이하의 간격으로 너비 1미터 이상의 소단을 설치하여야 한다. 다만, 다음의 어느 하나에 해당하는 경우로서 「국가기술자격법」에 따른 건축분야 건축구조 기술사, 토목분야의 토목구조 기술사, 토질 및 기초 기술사, 지질 및 지반 기술사, 토목시공 기술사 또는 「기술사법」에 따른 산림분야 기술사가 소단을 설치하지 않아도 안전하다고 인정하는 경우에는 그러하지 아니하다.
 1) 비탈면이 암반으로 이루어져 있는 경우
 2) 비탈면에 건축물의 벽체를 붙여 설치하는 경우
라. 비탈면의 기울기(비탈면의 높이에 대한 수평거리의 비율을 말한다. 이하 같다)는 비탈면의 붕괴를 방지하기 위하여 토질에 따라 다음의 요건(계단식 산지전용·산지일시사용인 경우에는 토질에 관계없이 1 : 1.4 이하)을 충족하여야 한다. 다만, 지질조사를 실시한 결과 안전한 것으로 인정되거나 옹벽·파일·앵커 등 재해방지시설을 설치하여 안전한 것으로 인정되는 경우에는 이를 완화하여 적용할 수 있으며, 가목(1)에 해당하는 경우에는 이를 적용하지 아니한다.
 (1) 경암인 경우의 기울기는 1 : 0.5 이하 일 것
 (2) 풍화암인 경우의 기울기는 1 : 0.8 이하 일 것
 (3) 토사인 경우의 기울기는 1 : 1.0 이하 일 것
 (4) 성토지의 석력·토층인 경우의 기울기는 1 : 1.0 이하 일 것
마. 비탈면에 구조물을 설치하는 경우에는 토압에 대하여 안전한 구조로 하여야 하

며, 돌쌓기, 옹벽 등 재해방지시설을 그 절토·성토면에 설치하는 경우에는 해당 재해방지시설의 높이를 감안하여 그 재해방지시설과 건축물을 수평으로 적절히 이격하여야 한다.

3. 광물의 채굴·토석채취지의 경우
   가. 비탈면의 수직높이가 15미터 이상인 경우에는 수직높이 15미터 이하의 간격으로서 비탈면의 너비를 제외한 너비 5미터 이상의 소단을 조성하여야 한다. 이 경우 장대비탈면(비탈면의 수직높이가 60미터 이상인 경우를 말한다)이 발생하는 경우에는 비탈면의 수직높이 60미터 이하의 간격으로 비탈면의 너비를 제외한 너비 10미터 이상의 소단을 조성하는 등 재해를 줄이기 위한 대책을 수립하여야 한다.
   나. 소단에 발생하는 각각의 비탈면의 각도는 75도 이하이어야 한다. 다만, 건축용석재를 직면체로 석재를 굴취·채취하는 등 불가피한 경우에는 그러하지 아니하다.
   다. 광물의 채굴·석재의 굴취·채취인 경우에 비탈면을 제외한 각각의 소단바닥에 대한 수목식재는 제1호가목의 규정에 불구하고 평균깊이 1미터 이상 너비 3미터 이상인 구덩이를 파거나 돌을 쌓는 등 등 토사유출을 방지하기 위한 시설을 설치하고 흙을 객토한 후 수목을 식재하여 수목이 생육함에 따라 비탈면이 차폐될 수 있도록 하여야 한다. 이 경우 배수에 차질이 없어야 하며, 토질이 척박하거나 폐석적치지인 경우에는 수목의 활착(活着) 및 생육에 지장이 없도록 충분한 객토를 실시하여야 한다.
   라. 비탈면의 평균 기울기는 토석의 종류에 따라 다음의 요건을 충족하여야 한다.
     (1) 건축용석재의 굴취·채취의 경우에는 1 : 0.4 이하일 것
     (2) 광물의 채굴 및 건축용석재가 아닌 석재의 굴취·채취의 경우에는 1 : 0.5 이하일 것
     (3) 토사채취의 경우에는 1 : 1.0 이하일 것
   마. 삭제 <2011.1.5>
   바. 폐석처리장은 사방공법으로 복구하되, 60센티미터 이상 흙을 덮어야 한다.
   사. 도로·철도 연변가시지역으로서 2킬로미터 이내의 지역에 대하여는 경관유지를 위하여 높이 1미터 이상의 나무를 2미터 이내의 간격으로 식재하여 차폐조림을 하여야 한다.
   아. 폐석 등이 많이 적치된 지역은 비탈면의 정지작업을 철저히 하고 객토를 많이 하여 수목의 활착·생육에 지장이 없도록 하여야 한다.
   자. 복구를 위한 식재수종은 아까시나무, 오리나무 등 척박지에 잘 자라는 수종으로 선정하여야 한다.

   ※ 비 고
1. 제1호부터 제3호까지의 기준을 적용함에 있어 도면·도표 등으로 표시할 필요가 있는 사항은 산림청장이 정하여 고시할 수 있다.
2. 제1호부터 제3호까지의 기준을 적용함에 있어 산지의 지형여건 또는 사업의 성

격상 위 기준에 대한 예외 적용이 불가피하거나 합리적인 사유가 있다고 판단되어 산지관리위원회의 심의를 거친 경우에는 완화하여 적용할 수 있다.
3. 제2호에서 "도로"란 「도로법」에 따른 도로, 「국토의 계획 및 이용에 관한 법률」 제2조제4호에 따른 도시·군관리계획으로 결정된 시설 중 도로, 「농어촌도로정비법」 제2조에 따른 농·어촌도로를 말한다.
4. 제2호의 소단의 폭은 장비의 소통 및 복구를 위하여 필요하다고 인정되는 때에는 3미터 이상으로 할 수 있다.

[규칙별표 7] <개정 2005.8.24>

복구전문기관이 보유하여야 하는 장비(제46조관련)

구분	장비기준
측량장비	· 트렌시트(Transit), 데오드라이트(Theodolite) 1조 이상 또는 위성위치측정시스템(GPS) 수신기 2조 이상 · 레벨(Level)측량기 1조 이상
복구장비	· 공기압축기(분당 21세제곱미터 이상) 1대 이상 · 발전기(100킬로와트 이상) 1대 이상 · 믹서·취부(取付)기(16마력당 0.3세제곱미터 이상) 1대 이상 · 물탱크(5,500리터 이상) 1대 이상 · 굴삭기(바켓용량 0.7세제곱미터 이상) 1대 이상
운반장비	· 8톤 이상 덤프트럭

비 고
1. 「건설기계관리법」의 적용을 받는 장비는 동법에 따라 등록된 것이어야 한다.
2. 장비는 자기소유이어야 한다. 다만, 신청인이 「여신전문금융업법」 제3조의 규정에 의한 시설대여업을 영위하는 자와 계약을 체결하여 장비를 사용하는 경우로서 계약서 사본을 제출하는 경우에는 그러하지 아니하다.

[별지 제1호서식] 삭제 <2011.10.24>

[별지 제2호서식] <개정 2013.1.23>

지역·지구 및 구역 등의 지정·결정 [ ]협의 [ ]변경협의 요청서

(앞쪽)

※ [ ]에는 해당되는 곳에 √표를 하고, 색상이 어두운 란은 요청인이 적지 않습니다.

접수번호	접수일	처리일	처리기간 30일
협의요청기관의 장			
지정·결정 목적			
근거 법령			

협의대상 산지	소재지			번지 외 필지	
	구분	계(㎡)	보전산지(㎡)		준보전산지(㎡)
			임업용산지	공익용산지	
	계				
	국유지				
	공유지				
	사유지				

변경사항	변경 전	변경 후	사유

「산지관리법」 제8조제1항, 같은 법 시행령 제6조제1항 및 같은 법 시행규칙 제4조제1항에 따라 위와 같이 산지에서의 지역·지구 및 구역 등의 지정·결정을 위한 [ ]협의 [ ]변경협의를 요청합니다.

년 월 일

산림청장, 시·도지사, 시장·군수·구청장
    지방산림청장, 지방산림청국유림관리소장
       국립수목원장, 국립산림품종관리센터장 귀하
국립산림과학원장, 국립자연휴양림관리소장

* 첨부서류, 수수료, 유의사항: 뒤쪽 참조

210mm × 297mm(백상지 80g/㎡)

(뒤쪽)

| 첨부서류 | 1. 지역등의 지정 또는 결정의 목적·필요성 및 산지의 이용계획에 관한 서류 1부
2. 지역등을 지정 또는 결정하려는 산지의 지번·지목·면적·소유자·산지의 구분 등이 표시된 산지명세서 1부(지역등의 지정 또는 결정으로 인하여 보전산지의 변경지정 또는 해제가 수반되지 않는 경우에는 이를 제외할 수 있습니다)
3. 지정 또는 결정하려는 지역등이 표시된 축척 2만5천분의 1 이상의 지적이 표시된 지형도(「토지이용규제 기본법」 제12조에 따라 국토이용정보체계에 지적이 표시된 지형도의 데이터베이스가 구축되어 있지 않거나 지형과 지적의 불일치로 지형도의 활용이 곤란한 경우에는 지적도) 1부
4. 「산림자원의 조성 및 관리에 관한 법률 시행령」 제30조제1항에 따른 기술2급 이상의 산림경영기술자가 조사·작성한 것으로서 다음 각 목의 요건을 갖춘 산림조사서 1부(수목이 있는 경우에 한정합니다)
  가. 임종·임상·수종·임령·평균수고·입목축적이 포함될 것
  나. 산불발생·솎아베기·벌채 후 5년이 지나지 않았을 때에는 그 산불발생·솎아베기·벌채 전의 입목축적으로 환산하여 조사·작성한 시점까지의 생장율을 반영한 입목축적이 포함될 것
  다. 협의신청일 전 2년 이내에 조사·작성되었을 것
5. 「산림자원의 조성 및 관리에 관한 법률 시행령」 제30조제1항에 따른 산림공학기술자 또는 「국가기술자격법」에 따른 산림기사·토목기사·측량 및 지형공간정보기사 이상의 자격증 소지자가 조사·작성한 평균경사도조사서(수치지형도를 이용하여 산출한 경우에는 원본이 저장된 디스크 등 저장장치를 포함합니다) 1부
6. 「산지관리법」 제18조의2에 따른 산지전용타당성조사에 관한 결과서 1부. 이 경우 해당 결과서는 협의신청일 전 2년 이내에 완료된 산지전용타당성조사의 결과서를 말합니다. | 수수료
없 음 |

유의사항

1. 제4호, 제5호 및 제6호의 첨부서류는 사업시행자가 지정되거나 주민제안에 의하여 시행되는 사업으로서 개발계획이 포함된 경우에 한정합니다.
2. 변경협의를 요청하는 경우에는 제6호의 첨부서류(산지전용타당성조사서에 관한 결과서)는 제출하지 않습니다.

[별지 제2호의2서식] <개정 2013.1.23>

산지매수청구서

(앞쪽)

※ 색상이 어두운 란은 청구인이 적지 않습니다.

접수번호		접수일		처리일		처리기간	3년
청구인 (산지소유자)	성명(법인명)				생년월일(법인등록번호)		
	주소				전화번호		

매수를 청구하는 산지의 표시 및 이용현황

번호	소재지	지번	지목	면적(㎡)	이용현황
1					
2					
3					

매수를 청구하는 산지에 설정된 소유권 외의 권리에 관한 사항

번호	권리의 종류	권리내용	권리자의 성명 및 주소
1			
2			
3			

매수청구 사유	

「산지관리법」 제13조의2제1항, 같은 법 시행령 제14조의2제1항 및 같은 법 시행규칙 제9조의2제1항에 따라 위와 같이 산지의 매수를 청구합니다.

년   월   일

청구인

(서명 또는 인)

산림청장 귀하

첨부서류	없음	수수료 없 음
담당 공무원 확인사항	토지이용계획확인서, 토지대장 및 토지 등기사항증명서(신청인이 토지의 소유자인 경우만 해당합니다)	

210㎜×297㎜(백상지 80g/㎡)

산지관리법률·시행령·시행규칙　619

(뒤쪽)

처 리 절 차

이 신청서는 아래와 같이 처리됩니다.

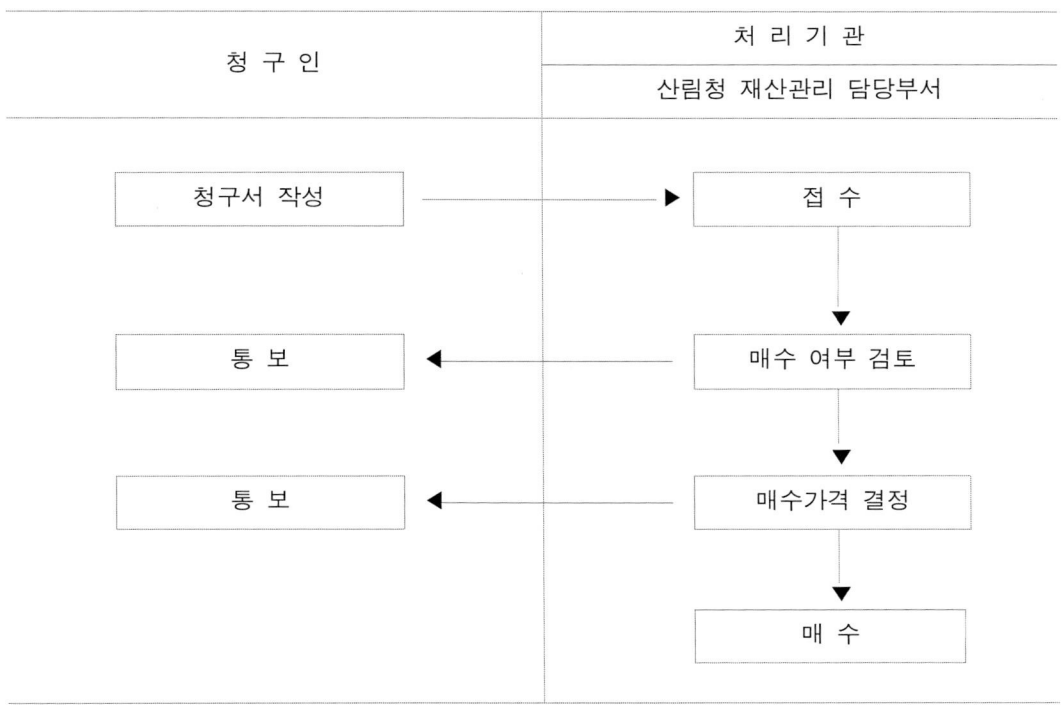

[별지 제3호서식] <개정 2016.12.30>

산지전용 [ ] 허가 [ ] 변경허가 신청서

(앞쪽)

※ [ ]에는 해당되는 곳에 √표를 하고, 색상이 어두운 란은 신청인이 적지 않습니다.

접수번호	접수일	처리일	처리기간 25일

신청인	성명		주민등록번호	
	주소		전화번호	
	해당 산지에 대한 권리관계			

산지소유자	성명		생년월일	
	주소		전화번호	

전용대상 산지	소재지	지번	지목	면적(m²)			
				계	임업용 산지	공익용 산지	준보전 산지

부산물 생산현황	벌채 수종 및 수량			굴취 수종 및 수량			토석		
	수종	본수	재적	수종	본수	재적	계	석재	토사
		본	m³		본	m³	m³	m³	m³

전용목적		전용기간	

변경사항	변경 전	변경 후	사유

「산지관리법」 제14조제1항, 같은 법 시행령 제15조제1항 및 같은 법 시행규칙 제10조제1항·제2항에 따라 위와 같이 산지전용 [ ]허가 [ ]변경허가를 신청합니다.

년 월 일

신청인 (서명 또는 인)

산림청장
시·도지사, 시장·군수·구청장 귀하
지방산림청장, 지방산림청국유림관리소장

* 첨부서류, 담당 공무원 확인사항, 수수료, 행정정보 공동이용 동의서: 뒤쪽 참조

처리절차

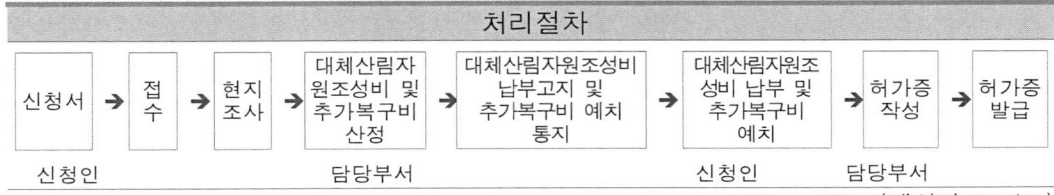

210mm×297mm(백상지 80g/m²)

(뒤쪽)

첨부서류	1. 산지전용허가신청 　가. 사업계획서(산지전용의 목적, 사업기간, 산지전용을 하려는 산지의 이용계획, 입목·죽의 벌채를 통한 이용 또는 처리 계획, 토사처리계획 및 피해방지계획 등이 포함되어야 합니다) 1부 　나. 「산지관리법」 제18조의2에 따른 산지전용타당성조사에 관한 결과서 1부. 이 경우 해당 결과서는 허가신청일 전 2년 이내에 완료된 산지전용타당성조사의 결과서를 말합니다. 　다. 산지전용을 하려는 산지의 소유권 또는 사용·수익권을 증명할 수 있는 서류 1부(토지 등기사항증명서로 확인할 수 없는 경우에 한정하고, 사용·수익권을 증명할 수 있는 서류에는 사용·수익권의 범위 및 기간이 명시되어야 합니다) 　라. 산지전용예정지가 표시된 축척 2만5천분의 1 이상의 지적이 표시된 지형도(「토지이용규제 기본법」 제12조에 따라 국토이용정보체계에 지적이 표시된 지형도의 데이터베이스가 구축되어 있지 않거나 지형과 지적의 불일치로 지형도의 활용이 곤란한 경우에는 지적도) 1부 　마. 「공간정보의 구축 및 관리 등에 관한 법률」 제44조제3항에 따른 측량업의 등록을 한 자 또는 「국가공간정보 기본법」 제12조에 따라 설립된 한국국토정보공사(이하 "측량업자등"이라 합니다)가 측량한 축척 6천분의 1부터 1천200분의 1까지의 산지전용예정지실측도 1부 　바. 「산림자원의 조성 및 관리에 관한 법률 시행령」 제30조제1항에 따른 기술2급 이상의 산림경영기술자가 조사·작성한 것으로서 다음 각 목의 요건을 갖춘 산림조사서 1부(수목이 있는 경우에 한정합니다). 다만, 「산지관리법 시행규칙」 제4조제2항제4호에 따라 산림조사서를 제출한 경우와 전용하려는 산지의 면적(동일인이 다수의 산지전용허가를 신청한 경우에는 목적사업의 동일성이 인정되는 범위에서 허가를 신청한 산지의 면적을 합산하여 산정한 면적을 말합니다)이 660㎡ 미만인 경우에는 제출하지 않습니다. 　　1) 임종·임상·수종·임령·평균수고·입목축적이 포함될 것 　　2) 산불발생·솎아베기·벌채 후 5년이 지나지 않았을 때에는 그 산불발생·솎아베기·벌채 전의 입목축적을 환산하여 조사·작성한 시점까지의 생장율을 반영한 입목축적이 포함될 것 　　3) 허가신청일 전 2년 이내에 조사·작성되었을 것 　사. 복구대상산지의 종단도 및 횡단도와 복구공종·공법 및 겨냥도가 포함된 복구계획서 1부(복구해야 할 산지가 있는 경우에 한정합니다) 　아. 「산림자원의 조성 및 관리에 관한 법률 시행령」 제30조제1항에 따른 산림공학기술자 또는 「국가기술자격법」에 따른 산림기사·토목기사·측량및지형공간정보기사 이상의 자격증 소지자가 조사·작성한 표고 및 평균경사도조사서(수치지형도를 이용하여 표고 및 평균경사도를 산출한 경우에는 원본이 저장된 디스크 등 저장장치를 포함합니다) 1부. 다만, 「산지관리법 시행규칙」 제4조제2항제5호에 따라 평균경사도조사서를 제출한 경우와 전용하려는 산지의 면적(동일인이 다수의 산지전용허가를 신청한 경우에는 목적사업의 동일성이 인정되는 범위에서 허가를 신청한 산지의 면적을 합산하여 산정한 면적이 660㎡ 미만인 경우에는 제출하지 않습니다. 　자. 「농지법」 제49조에 따른 농지원부 사본 1부(신청인이 「산지관리법 시행규칙」 제7조제1호에 따른 농업인임을 증명해야 하는 경우에 한정합니다) 　차. 「산림자원의 조성 및 관리에 관한 법률 시행령」 제30조에 따른 산림공학기술자가 조사·작성한 「산지관리법 시행규칙」 별지 제4호의2서식에 따른 재해위험성 검토의견서 1부[산지전용허가를 받으려는 산지의 면적이 2만제곱미터 이상인 경우에 한정하며, 산지전용허가를 신청한 자가 동일적으로 「수질 및 수생태계 보전에 관한 법률」 제2조제9호에 따른 공공수역으로 흘러드는 지역으로서 주변의 능선을 잇는 선으로 둘러싸인 구역을 말합니다) 내에서 다수의 산지전용허가를 신청한 경우에는 해당 산지전용허가를 신청한 자가 허가를 신청한 산지 중 연접한 산지의 면적을 합산하여 산정한 면적이 2만제곱미터 이상인 경우에도 제출해야 합니다. 　카. 「소나무재선충병 방제특별법」 제13조의2에 따른 재선충병방제계획서 1부(같은 법 제9조에 따른 반출금지구역이 포함된 산지를 전용하려는 경우에 한정합니다) 2. 산지전용변경허가신청 　가. 그 변경사실을 증명할 수 있는 서류(토지 등기사항증명서로 확인할 수 없는 경우만 해당합니다) 　나. 제1호바목, 아목 및 차목의 서류(산지전용면적의 변경으로 제1호바목, 아목 또는 차목에 따라 서류를 제출하여야 하는 경우에 해당하게 된 경우에 한정합니다)
담당 공무원 확인사항	1. 토지 등기사항증명서(신청인이 토지의 소유자인 경우만 해당합니다) 2. 축산업등록증(신청인이 농업인임을 증명해야 하는 경우만 해당합니다)
수수료	1. 산지전용허가신청 　가. 허가를 신청하는 산지면적이 1만㎡ 이하인 경우: 2만원 　나. 허가를 신청하는 산지면적이 1만㎡를 초과하는 경우: 2만원에 그 초과면적 1천제곱미터마다 2천원을 가산한 금액 2. 산지전용변경허가신청: 없음

행정정보 공동이용 동의서

본인은 이 건 업무처리와 관련하여 담당 공무원이 「전자정부법」 제36조제1항에 따른 행정정보의 공동이용을 통하여 위의 담당 공무원 확인 사항 중 제2호의 축산업등록증을 확인하는 것에 동의합니다. * 신청인이 확인에 동의하지 않는 경우에는 축산업등록증 사본을 첨부해야 합니다.

신청인　　　　　　　　　　　　　(서명 또는 인)

[별지 제4호서식] <개정 2016.12.30>

산지전용허가 변경신고서

※ 색상이 어두운 란은 신고인이 적지 않습니다.

접수번호	접수일	처리일	처리기간 25일

신고인	성명		생년월일	
	주소		전화번호	
	해당 산지에 대한 권리관계			

산지소유자	성명		생년월일	
	주소		전화번호	

전용대상 산지	소재지	지번	지목	면적(㎡)			
				계	임업용 산지	공익용 산지	준보전 산지

부산물 생산현황	벌채 수종 및 수량			굴취 수종 및 수량			토석		
	수종	본수	재적	수종	본수	재적	계	석재	토사
		본	㎥		본	㎥	㎥	㎥	㎥

전용목적		전용기간	

변경사항	변경 전	변경 후	사유

「산지관리법」 제14조제1항, 같은 법 시행령 제15조제1항 및 같은 법 시행규칙 제10조 제1항·제2항에 따라 위와 같이 산지전용허가의 변경신고를 합니다.

년 월 일

신청인 (서명 또는 인)

산림청장
시·도지사, 시장·군수·구청장 귀하
지방산림청장, 지방산림청국유림관리소장

첨부서류	1. 변경사실을 증명할 수 있는 서류(토지 등기사항증명서로 확인할 수 없는 경우만 해당합니다) 2. 농지원부 사본 1부(신고인이 「산지관리법 시행규칙」 제7조제1호에 따른 농업인임을 증명하여야 하는 경우만 해당합니다)	수수료 없음
담당 공무원 확인사항	토지 등기사항증명서(신고인이 토지의 소유자인 경우만 해당합니다)	

처리절차

신고서 → 접수 → 현지조사 → 추가복구비 산정 → 추가복구비 예치 통지 → 추가복구비 예치 → 신고수리 결정 → 신고수리

신고인 / 담당부서 / 신고인 / 담당부서

210mm×297mm(백상지 80g/㎡)

[별지 제4호의2서식] <신설 2015.11.25>

재해위험성 검토의견서

재해위험 조사표준지		연번			유역면적(ha)				
일반 현황		조사 및 검토자	소속		자격증명		직		
					자격번호		성명		(인)
		조사일자			연 락 처				
		위치	행정구역						
			GPS						
보호 대상		보호 시설	Yes □	보호 시설 개소수		인가	Yes □	인가수	
			No □				No □		
		계류상부 주요보호시설(상세)							
		계류하부 주요보호시설(상세)							
		계류상부 인가(상세)							
		계류하부 인가(상세)							
판정표 등급		토석류 발생 우려지역				산사태 발생 우려지역			
		점수합계		등급		점수합계		등급	
검토 의견	위험 지역 선정 사유	토석류 발생 우려지역							
		산사태 발생 우려지역							
	특이 사항								
	종합 의견								
재해방지 시설설치 의견(전용 면적 2ha 이상)		재해방지시설 설치 필요 유무		Yes			□		
				No			□		
		재해방지시설 설치사업 종류		계류보전	□	사방댐	□	산지사방	□
		재해방지시설 설치사업 선정사유							

[별지 제5호서식] <개정 2015.11.25>

산지전용허가증

발급번호		발급일	
허가를 받은 자	성명		생년월일
	주소		(전화번호:)

전용대상 산지	소재지	지번	지목	면적(㎡)			
				계	임업용 산지	공익용 산지	준보전 산지

부산물 생산현황	벌채 수종 및 수량			굴취 수종 및 수량			토석		
	수종	본수	재적	수종	본수	재적	계	석재	토사
		본	㎥		본	㎥	㎥	㎥	㎥

전용목적	
전용기간	

「산지관리법」 제14조제1항·제17조제2항, 같은 법 시행령 제15조제3항·제19조제3항 및 같은 법 시행규칙 제11조·제17조제4항에 따라 위와 같이 산지전용을 허가합니다.

년   월   일

**산림청장
시·도지사, 시장·군수·구청장
지방산림청장, 지방산림청국유림관리소장**   [직인]

유의사항

1. 허가증을 발급받기 전에는 산지전용행위를 할 수 없습니다.
2. 허가를 받은 자는 산지전용 목적사업이 완료되거나 그 산지전용기간 등이 만료된 경우에는 산지를 복구해야 하며 복구가 완료된 경우에는 복구준공검사를 받아야 합니다.
3. 허가를 받은 자는 산지전용으로 인하여 발생할 수 있는 재해에 대비하여 사전 예방조치를 해야 합니다.
4. 산지를 복구해야 하는 자는 산지전용허가기간 내에 복구설계서의 승인을 받으려는 경우에는 복구공사 착수 전에, 산지전용허가기간 만료 후에 복구설계서의 승인을 받으려는 경우에는 산지전용허가기간이 만료되기 10일 전까지 허가관청에 복구설계서를 제출하여 승인을 받아야 하며, 승인을 받은 복구설계서대로 복구를 해야 합니다.
5. 전용된 산지의 복구비는 허가를 받은 자가 부담해야 합니다.
6. 허가를 받은 자는 산지전용기간 중이라도 「산지관리법」 제37조제2항에 따라 재해의 방지나 복구에 필요한 조치 명령을 받은 경우에는 이에 따라야 합니다. 만일 명령을 따르지 않으면 대행자를 지정하여 복구를 대행하게 하고 그 비용을 예치된 복구비(「산지관리법 시행규칙」 제40조제3항에 따른 보증서 등을 포함합니다)로 충당하거나 「행정대집행법」에 따라 대집행합니다.
7. 허가를 받은 자는 산지전용기간 만료 전이라도 목적사업이 완료된 부분에 대하여 「산지관리법」 제39조제2항에 따라 중간복구 명령을 받은 경우에는 이에 따라야 합니다. 만일 명령을 따르지 않으면 대행자를 지정하여 복구를 대행하게 하고 그 비용을 예치된 복구비(「산지관리법 시행규칙」 제40조제3항에 따른 보증서 등을 포함합니다)로 충당하거나 「행정대집행법」에 따라 대집행합니다.
8. 다음 각 목의 어느 하나에 해당하는 경우에는 「산지관리법」 제20조제1항에 따라 산지전용허가를 취소할 수 있습니다. 다만, 가목의 경우에는 허가를 취소합니다.
   가. 거짓이나 그 밖의 부정한 방법으로 허가를 받은 경우
   나. 허가의 목적 또는 조건을 위반하거나 허가 없이 사업계획이나 사업규모를 변경한 경우
   다. 「산지관리법」 제19조에 따른 대체산림자원조성비를 내지 않거나 같은 법 제38조에 따른 복구비를 예치하지 않은 경우(같은 법 제37조제4항에 따른 줄어든 복구비 예치금을 다시 예치하지 않은 경우를 포함합니다)
   라. 「산지관리법」 제37조제2항 각 호의 어느 하나에 해당하는 필요한 조치 명령에 따른 재해 방지 또는 복구를 위한 명령을 이행하지 않은 경우
   마. 허가를 받은 자가 「산지관리법」 제20조 각 호 외의 부분 본문·단서에 따른 목적사업의 중지 등의 조치명령을 위반한 경우
   바. 허가를 받은 자가 허가취소를 요청한 경우
9. 산지전용기간의 연장허가를 받으려는 경우에는 허가기간이 만료되기 10일 전까지 「산지관리법 시행규칙」 제17조에 따라 산지전용기간연장허가신청서를 허가관청에 제출해야 합니다.
10. 전용된 산지의 입구에 다음과 같이 산지전용허가 현황에 관한 표지판을 설치하되, 그 규격은 가로 90센티미터, 세로 60센티미터, 높이 90센티미터 이상으로 해야 합니다.

산지전용허가 현황

1. 허가번호:
2. 소 재 지:
3. 허가내용(허가면적, 목적, 허가기간 등)
4. 허가를 받은 자: (연락처:)
5. 허가자:

210mm×297mm(백상지 80g/㎡)

[별지 제6호서식] <개정 2016.12.30>

산지전용(허가·신고) [ ] 협의   요청서
[ ] 변경협의

(앞쪽)

※ [ ]에는 해당되는 곳에 √표를 하고, 색상이 어두운 란은 요청인이 적지 않습니다.

접수번호	접수일	처리일	처리기간 30일
협의 구분	[ ] 산지전용허가	[ ] 산지전용신고	
협의요청기관의 장			
산지전용 목적			
근거 법령			

전용대상 산지	소 재 지				번지 외 필지	
	구분	계(m^2)	보전산지(m^2)		준보전산지 (m^2)	
			임업용산지	공익용산지		
	계					
	국유지					
	공유지					
	사유지					

변경사항	변경 전	변경 후	사 유

「산지관리법」 제14조제2항·제15조제4항, 같은 법 시행령 제16조제1항 및 같은 법 시행규칙 제12조에 따라 위와 같이 산지전용(허가·신고) [ ]협의 [ ]변경협의를 요청합니다.

년   월   일

산림청장
시·도지사, 시장·군수·구청장   귀하
지방산림청장, 지방산림청국유림관리소장

* 첨부서류, 수수료, 유의사항: 뒤쪽 참조

210mm×297mm(백상지 80g/㎡)

첨부서류	1. 산지전용허가에 관한 협의 　가. 사업계획서(산지전용의 목적, 사업기간, 산지전용을 하려는 산지의 이용계획, 입목·죽의 벌채를 통한 이용 또는 처리 계획, 토사처리계획 및 피해방지계획 등이 포함되어야 합니다) 1부 　나. 「산지관리법」 제18조의2에 따른 산지전용타당성조사에 관한 결과서 1부. 이 경우 해당 결과서는 협의요청일 전 2년 이내에 완료된 산지전용타당성조사의 결과서를 말합니다. 　다. 산지전용을 하려는 산지의 소유권 또는 사용·수익권을 증명할 수 있는 서류 1부(토지 등기사항증명서로 확인할 수 없는 경우에 한정하고, 사용·수익권을 증명할 수 있는 서류에는 사용·수익권의 범위 및 기간이 명시되어야 합니다) 　라. 산지전용예정지가 표시된 축척 2만5천분의 1 이상의 지적이 표시된 지형도(「토지이용규제 기본법」 제12조에 따라 국토이용정보체계에 지적이 표시된 지형도의 데이터베이스가 구축되어 있지 않거나 지형과 지적의 불일치로 지형도의 활용이 곤란한 경우에는 지적도) 1부 　마. 「공간정보의 구축 및 관리 등에 관한 법률」 제44조제3항에 따른 측량업의 등록을 한 자 또는 「국가공간정보 기본법」 제12조에 따라 설립된 한국국토정보공사(이하 "측량업자등"이라 합니다)가 측량한 축척 6천분의 1부터 1천 200분의 1까지의 산지전용예정지실측도 1부 　바. 「산림자원의 조성 및 관리에 관한 법률 시행령」 제30조제1항에 따른 기술2급 이상의 산림경영기술자가 조사·작성한 것으로서 다음 각 목의 요건을 갖춘 산림조사서 1부(수목이 있는 경우에 한정합니다). 다만, 「산지관리법 시행규칙」 제4조제2항제4호에 따라 산림조사서를 제출한 경우와 전용하려는 산지의 면적(동일인이 다수의 산지전용허가를 신청한 경우에는 목적사업의 동일성이 인정되는 범위에서 허가를 신청한 산지의 면적을 합산하여 산정한 면적을 말합니다)이 660제곱미터 미만인 경우에는 제출하지 않습니다. 　　1) 임종·임상·수종·임령·평균수고·입목축적이 포함될 것 　　2) 산불발생·솎아베기·벌채 후 5년이 지나지 않았을 때에는 그 산불발생·솎아베기·벌채 전의 입목축적을 환산하여 조사·작성한 시점까지의 생장율을 반영한 입목축적이 포함될 것 　　3) 협의요청일 전 2년 이내에 조사·작성되었을 것 　사. 복구대상산지의 종단도 및 횡단도와 복구공종·공법 및 겨냥도가 포함된 복구계획서 1부(복구해야 할 산지가 있는 경우에 한정합니다) 　아. 「산림자원의 조성 및 관리에 관한 법률 시행령」 제30조제1항에 따른 산림공학기술자 또는 「국가기술자격법」에 따른 산림기사·토목기사·측량및지형공간정보기사의 자격증 소지자가 조사·작성한 표고 및 평균경사도조사서(수치지형도를 이용하여 표고 및 평균경사도를 산출한 경우에는 원본이 저장된 디스크 등 저장장치를 포함합니다) 1부. 다만, 「산지관리법 시행규칙」 제4조제2항제5호에 따라 평균경사도조사서를 제출한 경우와 전용하려는 산지의 면적(동일인이 다수의 산지전용허가를 신청한 경우에는 목적사업의 동일성이 인정되는 범위에서 허가를 신청한 산지의 면적을 합산하여 산정한 면적을 말합니다)이 660제곱미터 미만인 경우에는 제출하지 않습니다. 　자. 「농지법」 제49조에 따른 농지원부 사본 1부(「산지관리법 시행규칙」 제7조제1호에 따른 농업인임을 증명해야 하는 경우만 해당합니다) 　차. 「산림자원의 조성 및 관리에 관한 법률 시행령」 제30조에 따른 산림공학기술자가 조사·작성한 「산지관리법 시행규칙」 별지 제4호의2서식에 따른 재해위험성 검토의견서 1부[산지전용허가를 받으려는 산지의 면적이 2만제곱미터 이상인 경우에 한정하며, 산지전용허가를 신청한 자가 동일한 집수구역(集水區域: 빗물이 자연적으로 「수질 및 수생태계 보전에 관한 법률」 제2조제9호에 따른 공공수역으로 흘러드는 지역으로서 주변의 능선을 잇는 선으로 둘러싸인 구역을 말합니다) 내에서 다수의 산지전용허가를 신청한 경우에는 해당 산지전용허가를 신청한 자가 허가를 신청한 산지 중 연접한 산지의 면적을 합산하여 산정한 면적이 2만제곱미터 이상인 경우에도 제출해야 합니다] 　카. 「소나무재선충병 방제특별법」 제13조의2에 따른 재선충병방제계획서 1부(같은 법 제9조에 따른 반출금지구역이 포함된 산지를 전용하려는 경우에 한정합니다) 2. 산지전용신고에 관한 협의: 제1호가목, 다목부터 마목까지, 사목 및 자목의 서류 3. 산지전용 변경협의 　가. 그 변경사실을 증명할 수 있는 서류 　나. 제1호바목, 아목 및 차목의 서류(산지전용면적의 변경으로 제1호바목, 아목 또는 차목에 따라 서류를 제출하여야 하는 경우에 해당하게 된 경우에 한정합니다)
수수료	1. 산지전용허가에 관한 협의 　가. 허가를 신청하는 산지면적이 1만제곱미터 이하인 경우: 2만원 　나. 허가를 신청하는 산지면적이 1만제곱미터를 초과하는 경우: 2만원에 그 초과면적 1천제곱미터마다 2천원을 가산한 금액 2. 산지전용신고에 관한 협의 　가. 신고하는 산지면적이 1만제곱미터 이하인 경우: 5천원 　나. 신고하는 산지면적이 1만제곱미터를 초과하는 경우: 5천원에 그 초과면적 2천제곱미터마다 1천원을 가산한 금액 3. 산지전용 변경협의: 없음

유의사항

「공익사업을 위한 토지 등의 취득 및 보상에 관한 법률」 제19조에 따라 토지 등을 수용 또는 사용하는 경우에는 제1호다목의 첨부서류는 제외합니다.

산지관리법률·시행령·시행규칙 627

[별지 제7호서식] <개정 2016.12.30>

산지전용 [ ] 신고서
[ ] 변경신고서

(앞쪽)

※ [ ]에는 해당되는 곳에 √표를 하고, 색상이 어두운 란은 신고인이 적지 않습니다.

접수번호		접수일		처리일		처리기간 10일	

신고인	성명				주민등록번호		
	주소				전화번호		
	해당 산지에 대한 권리관계						

소재지			지적	m²

전용면적	계	임업용산지	공익용산지	준보전산지
	m²	m²	m²	m²

부산물 생산현황	벌채수량			굴취수량			토석		
	수종	본수	재적	수종	본수	재적	계	석재	토사
		본	m³		본	m³	m³	m³	m³

전용목적	
전용기간	

변경사항	변경 전	변경 후	사 유

「산지관리법」 제15조제1항·제17조제2항, 같은 법 시행령 제17조제1항·제19조제1항 및 같은 법 시행규칙 제13조제1항·제17조제1항에 따라 위와 같이 산지전용 [ ]신고 [ ]변경신고를 합니다.

년   월   일

신고인 　　　　　　　　(서명 또는 인)

산림청장
시·도지사, 시장·군수·구청장　귀하
지방산림청장, 지방산림청국유림관리소장

* 작성방법 및 첨부서류, 담당공무원 확인사항, 수수료, 행정정보 공동이용 동의서: 뒤쪽 참조

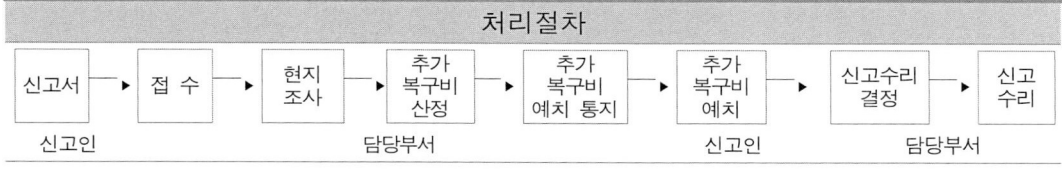

210mm×297mm(백상지 80g/m²)

(뒤쪽)

작성 방법 및 첨부서류	1. 산지전용신고서: 「산지관리법」 제15조제1항에 따라 산지전용신고 또는 변경신고를 하려는 경우 다음 각 목의 구분에 따른 서류를 첨부하여 제출합니다. 　가. 산지전용신고의 경우 　　1) 사업계획서(산지전용의 목적, 사업기간, 산지전용을 하려는 산지의 이용계획, 입목 죽의 벌채를 통한 이용 또는 처리 계획, 토사처리계획 및 피해방지계획 등이 포함되어야 합니다) 1부 　　2) 산지전용을 하려는 산지의 소유권 또는 사용 수익권을 증명할 수 있는 서류 1부(토지 등기사항증명서로 확인할 수 없는 경우에 한정하고, 사용 수익권을 증명할 수 있는 서류에는 사용 수익권의 범위 및 기간이 명시되어야 합니다) 　　3) 산지전용예정지가 표시된 축척 2만5천분의 1 이상의 지적이 표시된 지형도(「토지이용규제 기본법」 제12조에 따라 국토이용정보체계에 지적이 표시된 지형도의 데이터베이스가 구축되어 있지 않거나 지형과 지적의 불일치로 지형도의 활용이 곤란한 경우에는 지적도) 1부 　　4) 「공간정보의 구축 및 관리 등에 관한 법률」 제44조제3항에 따른 측량업의 등록을 한 자 또는 「국가공간정보 기본법」 제12조에 따라 설립된 한국국토정보공사(이하 "측량업자등"이라 합니다)가 측량한 축척 6천분의 1부터 1천200분의 1까지의 산지전용예정지실측도 1부 　　5) 복구대상산지의 종단도 및 횡단도와 복구공종 공법 및 겨냥도가 포함된 복구계획서 1부(복구해야 할 산지가 있는 경우에 한정합니다) 　　6) 「농지법」 제49조에 따른 농지원부 사본 1부(신고인이 「산지관리법 시행규칙」 제7조제1호에 따른 농업인임을 증명해야 하는 경우만 해당합니다) 　　7) 「소나무재선충병 방제특별법」 제13조의2에 따른 재선충병방제계획서 1부(같은 법 제9조에 따른 반출금지구역이 포함된 산지를 전용하려는 경우에 한정합니다) 　나. 변경신고의 경우: 변경사실을 증명할 수 있는 서류(토지 등기사항증명서로 확인할 수 없는 경우만 해당합니다) 2. 산지전용변경신고서: 「산지관리법」 제17조제2항에 따라 산지전용기간의 변경신고를 하려는 경우 산지의 소유권 또는 사용 수익권을 증명할 수 있는 서류(토지 등기사항증명서로 확인할 수 없는 경우만 해당합니다)를 첨부하여 제출합니다.
담당 공무원 확인사항	1. 토지 등기사항증명서(신고인이 토지의 소유자인 경우만 해당합니다) 2. 축산업등록증(신고인이 농업인을 증명해야 하는 경우만 해당합니다)
수수료	1. 산지전용신고서 　가. 산지전용신고의 경우 　　1) 신고하는 산지면적이 1만제곱미터 이하인 경우: 5천원 　　2) 신고하는 산지면적이 1만제곱미터를 초과하는 경우: 5천원에 그 초과면적 2천제곱미터마다 1천원을 가산한 금액 　나. 변경신고의 경우: 없음 2. 산지전용변경신고서: 없음

행정정보 공동이용 동의서(산지전용신고의 경우만 해당합니다)

본인은 이 건 업무처리와 관련하여 담당 공무원이 「전자정부법」 제36조제1항에 따른 행정정보의 공동이용을 통하여 위의 담당 공무원 확인 사항 중 제2호의 축산업등록증을 확인하는 것에 동의합니다. ★ 신고인이 확인에 동의하지 않는 경우에는 축산업등록증 사본을 첨부해야 합니다.

신청인　　　　　　　　　　　　(서명 또는 인)

산지관리법률·시행령·시행규칙 629

[별지 제7호의2서식] <개정 2016.12.30>

산지일시사용 [ ]허가신청서 [ ]변경허가신청서 [ ]기간연장허가신청서

(앞쪽)

접수번호	접수일자	처리일자	처리기간 25일 * 기간연장허가신청서 5일

신청인	성명		생년월일	
	주소		전화번호	
	해당 산지에 대한 권리관계			

산 지 소유자	성명		생년월일	
	주소		전화번호	

일시사용 산지내역	소재지	지번	지목	면적(㎡)			
				계	임업용 산 지	공익용 산 지	준보전 산 지
	계						

일시사용 목 적	

일시사용 기 간	당초(신규)	변경

변경사항	변경 전	변경 후	사 유

「산지관리법」 제15조의2제1항 및 같은 법 시행규칙 제15조의2·제15조의4제2항에 따라 위와 같이 산지일시사용 [ ]허가 [ ]변경허가 [ ]기간연장허가를 신청합니다.

년   월   일

신청인   (서명 또는 인)

산림청장, 시·도지사, 시장·군수·구청장,
지방산림청장, 지방산림청국유림관리소장, 국립수목원장,
국립산림품종관리센터장, 국립산림과학원장, 국립자연휴양림관리소장   귀하

* 신청인 제출서류, 담당 공무원 확인사항, 수수료, 행정정보 공동이용 동의서, 유의사항 : 뒤쪽 참조

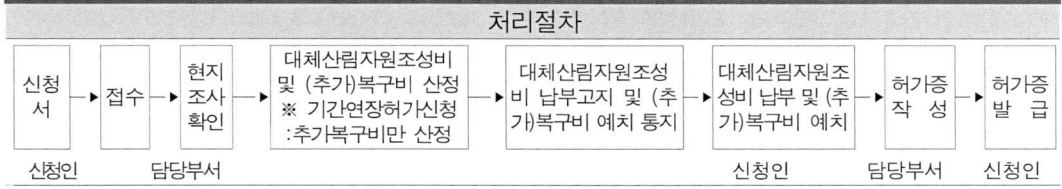

처리절차

210mm×297mm[백상지(80g/㎡) 또는 중질지(80g/㎡)]

신청인 제출서류	1. 산지일시사용허가 　가. 사업계획서(산지일시사용의 목적, 사업기간, 일시사용하려는 산지의 이용계획, 입목처리계획, 토석처리 　　　계획 및 피해방지계획 등이 포함되어야 합니다) 1부 　나. 「산지관리법」 제18조의2에 따른 산지전용타당성조사에 관한 결과서 1부. 이 경우 해당 결과서는 허가 　　　신청일 전 2년 이내에 완료된 산지전용타당성조사의 결과서를 말합니다. 　다. 일시사용하려는 산지의 소유권 또는 사용·수익권을 증명할 수 있는 서류(토지등기부등본으로 확인할 　　　수 없는 경우에 한정하고, 사용·수익권을 증명할 수 있는 서류에는 사용·수익권의 범위 및 기간이 명시되 　　　어야 합니다) 1부 　라. 산지일시사용예정지가 표시된 축척 2만5천분의 1 이상의 지적이 표시된 지형도(「토지이용규제 기본 　　　법」 제12조에 따라 국토이용정보체계에 지적이 표시된 지형도의 데이터베이스가 구축되어 있지 아니하 　　　거나 지형과 지적의 불일치로 지형도의 활용이 곤란한 경우에는 지적도) 1부 　마. 「공간정보의 구축 및 관리 등에 관한 법률」 제44조제3항에 따른 측량업의 등록을 한 자 또는 「국가공 　　　간정보 기본법」 제12조에 따라 설립된 한국국토정보공사가 측량한 축척 6천분의 1부터 1천200분의 　　　1까지의 산지일시사용예정지실측도 1부 　바. 「산림자원의 조성 및 관리에 관한 법률 시행령」 제30조제1항에 따른 기술2급 이상의 산림경영기술자 　　　가 조사·작성한 산림조사서(임종·임상·수종·임령·평균수고·입목축적을 포함하고, 허가신청일 전 2년 이 　　　내에 조사·작성된 것으로서 수목이 있는 경우에 한정하며, 「산지관리법 시행규칙」 제4조제2항제4호에 　　　따라 산림조사서를 제출한 경우와 일시사용하려는 산지의 면적(동일인이 다수의 산지일시사용허가를 　　　신청한 경우에는 목적사업의 동일성이 인정되는 범위에서 허가를 신청한 산지의 면적을 합산하여 산정한 　　　면적을 말합니다)이 660제곱미터 미만인 경우에는 제출하지 아니합니다) 1부. 　사. 복구대상산지의 종단도 및 횡단도와 복구공종·공법 및 견취도가 포함된 복구계획서(복구하여야 할 산지 　　　가 있는 경우에 한정합니다) 1부 　아. 「산림자원의 조성 및 관리에 관한 법률 시행령」 제30조제1항에 따른 산림공학기술자 또는 「국가기술 　　　자격법」에 따른 산림기사·토목기사·측량및지형공간정보기사 이상의 자격증 소지자가 조사·작성한 표고 　　　및 평균경사도조사서(수치지형도를 이용하여 표고 및 평균경사도를 산출한 경우에는 원본이 저장된 디스 　　　크 등 저장장치를 포함합니다) 1부. 다만, 「산지관리법 시행규칙」 제4조제2항제5호에 따라 평균경사 　　　도조사서를 제출한 경우에는 평균경사도조사서를 제출하지 아니하고, 일시사용하려는 산지의 면적(동일 　　　인이 다수의 산지일시사용허가를 신청한 경우에는 목적사업의 동일성이 인정되는 범위에서 허가를 신청 　　　한 산지의 면적을 합산하여 산정한 면적을 말합니다)이 660제곱미터 미만인 경우에는 표고 및 평균경사 　　　도조사서를 제출하지 않습니다. 　자. 「농지법」 제49조에 따른 농지원부 사본(「산지관리법 시행규칙」 제7조제1호에 따른 농업인임을 증명 　　　하여야 하는 경우만 해당합니다) 1부 　차. 「소나무재선충병 방제특별법」 제13조의2에 따른 재선충병방제계획서 1부(같은 법 제9조에 따른 반출 　　　금지구역이 포함된 산지를 전용하려는 경우에 한정합니다) 2. 산지일시사용 변경허가: 변경사실을 증명할 수 있는 서류 각 1부(토지등기부등본으로 확 　인할 수 없는 경우만 해당합니다) 3. 산지일시사용기간 연장허가: 산지의 소유권 또는 사용·수익권을 증명할 수 있는 서류 1 　부(토지등기부등본으로 확인할 수 없는 경우만 해당합니다)
담당 공무원 확인사항	1. 토지등기부등본(신청인이 토지의 소유자인 경우만 해당합니다) 2. 축산업등록증(신청인이 농업인임을 증명하여야 하는 경우만 해당합니다)
수 수 료	1. 산지일시사용허가 　가. 허가신청면적이 1만제곱미터 이하인 경우: 2만원 　나. 허가신청면적이 1만제곱미터를 초과하는 경우: 2만원에 그 초과면적 1천제곱미터마다 　　　2천원을 가산한 금액 2. 산지일시사용 변경허가: 없음 2. 산지일시사용기간 연장허가: 없음

행정정보 공동이용 동의서

본인은 이 건 업무처리와 관련하여 담당 공무원이 「전자정부법」 제36조제1항에 따른 행정정보의 공동이용을 통하여 위의 담당 공무원 확인 사항 중 제2호의 축산업등록증을 확인하는 것에 동의합니다.
＊ 신고인이 확인에 동의하지 않는 경우에는 축산업등록증 사본을 첨부해야 합니다.

신청인　　　　　　　　　　　(서명 또는 인)

유의사항

산지일시사용대상 산지내역은 별지로 작성하여 제출할 수 있습니다.

[별지 제7호의3서식] <개정 2015.12.30>

산지일시사용허가증

발급번호		발급일자	
허가를 받는 사람	성명		생년월일
	주소		

	소재지	지번	지목	면적(㎡)			
				계	임업용 산지	공익용 산지	준보전 산지
일시사용 산지내역							
일시사용 목 적							
일시사용 기 간							

「산지관리법」 제15조의2제1항·제3항 및 같은 법 시행규칙 제15조의2·제15조의4 제2항에 따라 위와 같이 산지일시사용 [ ]허가 [ ]변경허가 [ ]기간연장허가를 합니다.

년   월   일

산림청장, 시·도지사, 시장·군수·구청장,
지방산림청장, 지방산림청국유림관리소장, 국립수목원장,
국립산림품종관리센터장, 국립산림과학원장, 국립자연휴양림관리소장

유의사항

1. 허가증을 교부받기 전에는 산지일시사용행위를 할 수 없습니다.
2. 허가를 받은 사람은 산지일시사용 목적사업이 완료되거나 그 산지일시사용기간 등이 만료된 때에는 산지를 복구하여야 하며 복구가 완료된 때에는 복구준공검사를 받아야 합니다.
3. 허가를 받은 사람은 산지일시사용으로 인하여 발생할 재해에 대비하여 사전 예방조치를 하여야 합니다.
4. 산지를 복구하여야 하는 사람이 산지일시사용허가기간 이내에 복구설계서의 승인을 받으려면 복구공사를 착수하기 전에, 산지일시사용허가의 기간이 만료된 이후에 복구설계서의 승인을 받으려면 산지일시사용허가기간 만료 전 10일 이내에 허가권자에게 복구설계서를 제출하여 승인을 받아야 하며, 승인을 받은 복구설계서대로 복구를 하여야 합니다.
5. 산지일시사용된 산지의 복구비는 허가받은 사람이 부담하여 복구하여야 합니다.
6. 허가를 받은 사람은 산지일시사용기간 중이라도 재해예방 등을 위하여 「산지관리법」 제37조에 따라 재해의 방지나 경관유지에 필요한 조치 또는 복구에 필요한 조치를 하도록 명령을 받은 경우에는 이에 따라야 합니다.
7. 재해의 방지나 경관유지에 필요한 조치 또는 복구에 필요한 조치를 하도록 명령을 받은 후 기간 내에 조치를 이행하지 아니한 때에는 예치된 복구비(「산지관리법 시행규칙」 제40조제3항에 따른 지급보증서 등을 포함합니다)로 대집행합니다.
8. 허가를 받은 사람은 산지일시사용기간 만료 전이라도 산지일시사용이 장기간에 걸쳐 이루어지거나 경관 또는 산림재해의 복구 등이 필요하여 「산지관리법」 제39조제2항에 따라 중간복구명령을 받은 경우에는 이에 따라야 합니다.
9. 중간복구명령을 지정된 기간 이내에 이행하지 아니한 경우에는 예치된 복구비(「산지관리법 시행규칙」 제40조제3항에 따른 지급보증서 등을 포함합니다)로 대집행합니다.
10. 다음 각 호의 사유에 해당하는 경우에는 허가를 취소할 수 있습니다.
    가. 거짓이나 그 밖의 부정한 방법으로 허가를 받은 경우
    나. 허가의 목적 또는 조건을 위반하거나 허가 없이 사업계획이나 사업규모를 변경한 경우
    다. 「산지관리법」 제19조에 따른 대체산림자원조성비를 내지 아니하였거나 같은 법 제38조에 따른 복구비를 예치하지 아니한 경우(「산지관리법」 제37조제4항에 따른 줄어든 복구비 예치금을 다시 예치하지 아니한 경우를 포함합니다)
    라. 「산지관리법」 제37조제2항 각 호의 어느 하나에 해당하는 필요한 조치명령에 따른 재해방지 또는 복구를 위한 명령을 이행하지 않은 경우
    마. 허가를 받은 사람이 「산지관리법」 제20조에 따른 목적사업의 중지 등의 조치명령을 위반한 경우
    바. 허가를 받은 사람이 허가취소를 요청한 경우
    사. 그 밖의 허가조건을 위반한 경우
11. 산지일시사용기간의 연장허가를 받으려면 허가기간이 만료되기 10일 전까지 허가권자에게 「산지관리법 시행규칙」 제15조의4제2항에 따른 산지일시사용기간연장허가 신청을 위한 서류를 제출하여야 합니다.

210mm×297mm[백상지 80g/㎡]

[별지 제7호의4서식] <개정 2016.12.30>

산지일시사용 [ ]신고서 [ ]변경신고서 [ ]기간연장신고서

(앞쪽)

접수번호	접수일자	처리일자	처리기간 10일 * 기간연장신고서 5일

신고인	성명		생년월일	
	주소		전화번호	
	해당 산지에 대한 권리관계			

산지 소유자	성명		생년월일	
	주소		전화번호	

일시사용 산지내역	소재지	지번	지목	면적(㎡)			
				계	임업용 산지	공익용 산지	준보전 산지
	계						

일시사용 목 적	

일시사용 기 간	당초(신규)	변경

변경사항	변경 전	변경 후	사 유

「산지관리법」 제15조의2제2항·제3항 및 같은 법 시행규칙 제15조의3제1항·제15조의4제2항에 따라 위와 같이 산지일시사용 [ ]신고 [ ]변경신고 [ ]기간연장신고를 합니다.

년   월   일

신고인   (서명 또는 인)

산림청장, 시장·군수·구청장, 지방산림청국유림관리소장, 국립수목원장,
국립산림품종관리센터장, 국립산림과학원장, 국립자연휴양림관리소장   귀하

* 신청인 제출서류, 담당 공무원 확인사항, 수수료, 행정정보 공동이용 동의서: 뒤쪽 참조

처리절차

신고서 → 접수 → 현지조사 확인 → 복구비 산정 → 복구비 예치 통지 → 복구비 예치 → 신고수리 결정 → 신고수리

신고인 / 담당부서 / / / 신고인 / 담당부서 / 신고인

210mm×297mm[백상지(80g/㎡) 또는 중질지(80g/㎡)]

신청인 제출서류	1. 산지일시사용신고 　가. 사업계획서(산지일시사용의 목적, 사업기간, 일시사용하려는 산지의 이용계획, 입목처리계획, 토석처리계획 및 피해방지계획 등이 포함되어야 합니다) 1부 　나. 일시사용하려는 산지의 소유권 또는 사용·수익권을 증명할 수 있는 서류 1부(토지 등기사항증명서로 확인할 수 없는 경우에 한정하고, 사용·수익권을 증명할 수 있는 서류에는 사용·수익권의 범위 및 기간이 명시되어야 합니다) 　다. 산지일시사용예정지가 표시된 축척 2만5천분의 1 이상의 지적이 표시된 지형도(「토지이용규제 기본법」 제12조에 따라 국토이용정보체계에 지적이 표시된 지형도의 데이터베이스가 구축되어 있지 아니하거나 지형과 지적의 불일치로 지형도의 활용이 곤란한 경우에는 지적도) 1부 　라. 「공간정보의 구축 및 관리 등에 관한 법률」 제44조제3항에 따른 측량업의 등록을 한 자 또는 「국가공간정보 기본법」 제12조에 따라 설립된 한국국토정보공사가 측량한 축척 6천분의 1부터 1천200분의 1까지의 산지일시사용예정지실측도 1부. 다만, 다음의 경우에는 그 구분에 따른 서류를 대신 제출할 수 있습니다. 　　1) 「산지관리법 시행령」 별표 3의3 제3호가목 및 제4호가목에 해당하는 경우: 임도설계도서 　　2) 「산지관리법 시행령」 별표 3의3 제3호나목 및 제4호나목·다목에 해당하는 경우: 해당 노선이 표시된 임야도 사본 　　3) 「산지관리법 시행령」 별표 3의3 제2호 및 제5호부터 제8호까지에 해당하는 경우: 해당 사업구역이 표시된 임야도 사본 　　4) 영 별표 3의3 제1호가목 및 나목에 해당하는 경우로서 해당 토지와 연접한 토지의 경계로부터 20미터 이상 떨어져 있는 경우: 해당 사업구역이 표시된 임야도 사본 　마. 복구대상산지의 종단도 및 횡단도(풍력발전시설 진입로의 경우에는 20미터 간격으로 원지반의 경사도가 표시된 진입로의 횡단도를 말합니다)와 복구공종·공법 및 견취도가 포함된 복구계획서(복구하여야 할 산지가 있는 경우에 한정하며, 「산지관리법 시행령」 별표 3의3 제4호나목 및 다목에 해당하는 경우에는 종단도 및 횡단도를 생략하고 제출할 수 있습니다) 1부 　바. 「농지법」 제49조에 따른 농지원부 사본 1부(「산지관리법 시행규칙」 제7조제1호에 따른 농업인임을 증명하여야 하는 경우만 해당합니다) 　사. 「소나무재선충병 방제특별법」 제13조의2에 따른 재선충병방제계획서 1부(같은 법 제9조에 따른 반출금지구역이 포함된 산지를 전용하려는 경우에 한정합니다) 　아. 그 밖에 산지일시사용신고의 행위별 조건 및 기준 등의 검토 관련 서류(산지일시사용신고의 행위별 조건 및 기준 등을 추가로 검토할 필요가 있는 경우만 해당합니다) 2. 산지일시사용변경신고: 변경사실을 증명할 수 있는 서류 각 1부(토지등기부등본으로 확인할 수 없는 경우만 해당합니다) 3. 산지일시사용기간 연장신고: 산지의 소유권 또는 사용·수익권을 증명할 수 있는 서류 1부(토지등기부등본으로 확인할 수 없는 경우만 해당합니다)
담당 공무원 확인사항	1. 토지등기부등본(신고인이 토지의 소유자인 경우만 해당합니다) 2. 축산업등록증(신고인이 농업인을 증명하여야 하는 경우만 해당합니다)
수 수 료	1. 산지일시사용신고 　가. 신고하려는 산지면적이 1만제곱미터 이하인 경우: 5천원 　나. 신고하려는 산지면적이 1만제곱미터를 초과하는 경우: 5천원에 그 초과면적 2천제곱미터마다 1천원을 가산한 금액 2. 산지일시사용변경신고: 없음 3. 산지일시사용기간연장신고: 없음

행정정보 공동이용 동의서

본인은 이 건 업무처리와 관련하여 담당 공무원이 「전자정부법」 제36조제1항에 따른 행정정보의 공동이용을 통하여 위의 담당 공무원 확인 사항 중 제2호의 축산업등록증을 확인하는 것에 동의합니다.
＊ 신고인이 확인에 동의하지 않는 경우에는 축산업등록증 사본을 첨부해야 합니다.

신청인　　　　　　　　　(서명 또는 인)

[별지 제7호의5서식] <개정 2016.12.30>

산지일시사용 [허가·신고] [　]협의요청서 [　]변경협의요청서

(앞쪽)

접수번호	접수일자	처리일자	처리기간	30일

협의 구분	[　] 산지일시사용허가　　[　] 산지일시사용신고				
협의요청 기관장					
산지일시사용 목적					
근거법령					

일시사용 산지내역	소재지			번지 외　　필지	
	구분	계	보전산지(㎡)		준보전산지(㎡)
			임업용산지	공익용산지	
	계				
	국유지				
	공유지				
	사유지				

변경사항	변경 전	변경 후	사　유

「산지관리법」 제15조의2제4항 및 같은 법 시행규칙 제15조의5에 따라 위와 같이 산지일시사용 [허가·신고] [　]협의 [　]변경협의를 요청합니다.

년　　월　　일

요청인　　　　　　　　　　(서명 또는 인)

산림청장, 시·도지사, 시장·군수·구청장,
지방산림청장, 지방산림청국유림관리소장, 국립수목원장,　　　　귀하
국립산림품종관리센터장, 국립산림과학원장, 국립자연휴양림관리소장

* 첨부서류, 수수료, 유의사항: 뒤쪽 참조

210mm×297mm[백상지(80g/㎡) 또는 중질지(80g/㎡)]

(뒤쪽)

첨부서류	1. 산지일시사용허가에 관한 협의 　가. 사업계획서(산지일시사용의 목적, 사업기간, 일시사용하려는 산지의 이용계획, 입목처리계획, 토석처리계획 및 피해방지계획 등이 포함되어야 합니다) 1부 　나. 「산지관리법」 제18조의2에 따른 산지전용타당성조사에 관한 결과서 1부. 이 경우 해당 결과서는 허가신청일 전 2년 이내에 완료된 산지전용타당성조사의 결과서를 말합니다. 　다. 일시사용하려는 산지의 소유권 또는 사용·수익권을 증명할 수 있는 서류(토지 등기사항증명서로 확인할 수 없는 경우에 한정하고, 사용·수익권을 증명할 수 있는 서류에는 사용·수익권의 범위 및 기간이 명시되어야 합니다) 1부 　라. 산지일시사용예정지가 표시된 축척 2만5천분의 1 이상의 지적이 표시된 지형도(「토지이용규제 기본법」 제12조에 따라 국토이용정보체계에 지적이 표시된 지형도의 데이터베이스가 구축되어 있지 아니하거나 지형과 지적의 불일치로 지형도의 활용이 곤란한 경우에는 지적도) 1부 　마. 「공간정보의 구축 및 관리 등에 관한 법률」 제44조제3항에 따른 측량업의 등록을 한 자 또는 「국가공간정보 기본법」 제12조에 따라 설립된 한국국토정보공사가 측량한 축척 6천분의 1부터 1천200분의 1까지의 산지일시사용예정지실측도 1부 　바. 「산림자원의 조성 및 관리에 관한 법률 시행령」 제30조제1항에 따른 기술2급 이상의 산림경영기술자가 조사·작성한 산림조서(임종·임상·수종·임령·평균수고·입목축적을 포함하고, 허가신청일 전 2년 이내에 조사·작성된 것으로서 수목이 있는 경우에 한정합니다) 1부 　사. 복구대상산지의 종단도 및 횡단도와 복구공종·공법 및 견취도가 포함된 복구계획서(복구하여야 할 산지가 있는 경우에 한정합니다) 1부 　아. 「산림자원의 조성 및 관리에 관한 법률 시행령」 제30조제1항에 따른 산림공학기술자 또는 「국가기술자격법」에 따른 산림기사·토목기사·측량 및 지형공간정보기사 이상의 자격증 소지자가 조사·작성한 표고 및 평균경사도조사서(수치지형도를 이용하여 표고 및 평균경사도를 산출한 경우에는 원본이 저장된 디스크 등 저장장치를 포함합니다) 1부 　자. 「농지법」 제49조에 따른 농지원부 사본(「산지관리법 시행규칙」 제7조제1호에 따른 농업인임을 증명하여야 하는 경우만 해당합니다) 1부 　차. 「소나무재선충병 방제특별법」 제13조의2에 따른 재선충병방제계획서 1부(같은 법 제9조에 따른 반출금지 구역이 포함된 산지를 전용하려는 경우에 한정합니다) 2. 산지일시사용신고에 관한 협의 　가. 사업계획서(산지일시사용의 목적, 사업기간, 일시사용하려는 산지의 이용계획, 입목처리계획, 토석처리계획 및 피해방지계획 등이 포함되어야 합니다) 1부 　나. 일시사용하려는 산지의 소유권 또는 사용·수익권을 증명할 수 있는 서류 1부(토지 등기사항증명서로 확인할 수 없는 경우에 한정하고, 사용·수익권을 증명할 수 있는 서류에는 사용·수익권의 범위 및 기간이 명시되어야 합니다) 　다. 산지일시사용예정지가 표시된 축척 2만5천분의 1 이상의 지적이 표시된 지형도(「토지이용규제 기본법」 제12조에 따라 국토이용정보체계에 지적이 표시된 지형도의 데이터베이스가 구축되어 있지 아니하거나 지형과 지적의 불일치로 지형도의 활용이 곤란한 경우에는 지적도) 1부 　라. 「공간정보의 구축 및 관리 등에 관한 법률」 제44조제3항에 따른 측량업의 등록을 한 자 또는 「국가공간정보 기본법」 제12조에 따라 설립된 한국국토정보공사가 측량한 축척 6천분의 1부터 1천200분의 1까지의 산지일시사용예정지실측도 1부. 다만, 「산지관리법 시행규칙」 제15조의3제3항에 따라 산지일시사용예정지실측도를 대신하여 임도설계도서 등을 제출할 수 있습니다. 　마. 복구대상산지의 종단도 및 횡단도(풍력발전시설 진입로의 경우에는 20미터 간격으로 원지반의 경사도가 표시된 진입로의 횡단도를 말합니다)와 복구공종·공법 및 견취도가 포함된 복구계획서(복구하여야 할 산지가 있는 경우에 한정하며, 「산지관리법 시행령」 별표 3의3 제4호나목 및 다목에 해당하는 경우에는 종단도 및 횡단도를 생략하고 제출할 수 있습니다) 1부 　바. 「농지법」 제49조에 따른 농지원부 사본 1부(「산지관리법 시행규칙」 제7조제1호에 따른 농업인임을 증명하여야 하는 경우만 해당합니다) 　사. 「소나무재선충병 방제특별법」 제13조의2에 따른 재선충병방제계획서 1부(같은 법 제9조에 따른 반출금지 구역이 포함된 산지를 전용하려는 경우에 한정합니다) 　아. 그 밖에 산지일시사용신고의 행위별 조건 및 기준 등의 검토 관련 서류(산지일시사용신고의 행위별 조건 및 기준 등을 추가로 검토할 필요가 있는 경우만 해당합니다) 3. 산지일시사용 변경협의: 변경협의와 관련된 서류
수수료	1. 산지일시사용허가에 관한 협의 　가. 허가신청면적이 1만제곱미터 이하인 경우: 2만원 　나. 허가신청면적이 1만제곱미터를 초과하는 경우: 2만원에 그 초과면적 1천제곱미터마다 2천원을 가산한 금액 2. 산지일시사용신고에 관한 협의 　가. 신고하려는 산지면적이 1만제곱미터 이하인 경우: 5천원 　나. 신고하려는 산지면적이 1만제곱미터를 초과하는 경우: 5천원에 그 초과면적 2천제곱미터마다 1천원을 가산한 금액 3. 산지일시사용 변경협의: 없음

유의사항

「공익사업을 위한 토지 등의 취득 및 보상에 관한 법률」 제19조에 따라 토지등을 수용 또는 사용하는 경우에는 산지의 소유권 또는 사용·수익권을 증명할 수 있는 서류는 제출하지 않습니다.

[별지 제8호서식] <개정 2013.1.23>

산지전용기간 연장허가신청서

※ 색상이 어두운 란은 신청인이 적지 않습니다.

접수번호	접수일	처리일	처리기간 5일

신청인	성명		생년월일	
	주소		전화번호	
	해당 산지에 대한 권리관계			

산지 소유자	성명		생년월일	
	주소		전화번호	

소재지 및 전용면적	소재지	지번	지목	전용면적(㎡)			
				계	임업용 산지	공익용 산지	준보전 산지

전용목적	
전용 연월일 및 번호	
전용기간	
연장기간	
연장사유	

「산지관리법」제17조제2항, 같은 법 시행령 제19조제1항 및 같은 법 시행규칙 제17조제1항에 따라 위와 같이 산지전용기간의 연장허가를 신청합니다.

년 월 일

신청인 (서명 또는 인)

산림청장
시·도지사, 시장·군수·구청장 귀하
지방산림청장, 지방산림청국유림관리소장

첨부서류	산지의 소유권 또는 사용·수익권을 증명할 수 있는 서류(토지 등기사항증명서로 확인할 수 없는 경우만 해당합니다)	수수료 없음
담당 공무원 확인사항	토지 등기사항증명서(신청인이 토지의 소유자인 경우만 해당합니다)	

처리절차

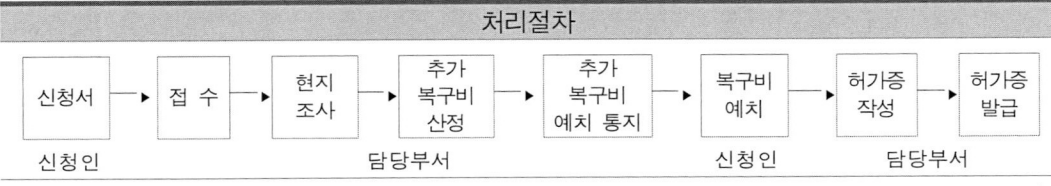

210㎜×297㎜(백상지 80g/㎡)

[별지 제9호서식] 삭제 <개정 2013.1.23>

[별지 제9호의2서식] <개정 2015.12.30>

산지전용타당성조사신청서

접수번호		접수일자		처리일자		처리기간	90일
신청구분	[ ] 지역·지구 등 협의		[ ] 산지전용허가			[ ] 산지일시사용허가	
신청인	성명				생년월일		
	주소				전화번호		
	해당 산지에 대한 권리관계						

산지내역	소재지	지번	지목	면적(㎡)			
				계	임업용 산지	공익용 산지	준보전 산지

신청목적	

「산지관리법」 제18조의2제1항 및 같은 법 시행규칙 제18조제1항에 따라 위와 같이 산지전용타당성조사를 신청합니다.

년   월   일

신청인   (서명 또는 인)

한국산지보전협회장 귀하

첨부서류	1. 지역등의 지정·결정을 위한 협의 　가. 지역등의 지정 또는 결정의 목적·필요성 및 산지의 이용계획에 관한 서류 1부 　나. 지역등을 지정 또는 결정하고자 하는 산지의 지번·지목·면적·소유자·산지의 구분 등이 표시된 산지내역서 1부(지역등의 지정 또는 결정으로 인하여 보전산지의 변경지정 또는 해제가 수반되지 아니하는 경우에는 이를 제외할 수 있다) 　다. 지정 또는 결정하고자 하는 지역등이 표시된 축척 2만5천분의 1 이상의 지적이 표시된 지형도(「토지이용규제 기본법」 제12조에 따라 국토이용정보체계의 지적이 표시된 지형도의 데이터베이스가 구축되어 있지 아니하거나 지형과 지적의 불일치로 지형도의 활용이 곤란한 경우에는 지적도) 1부 2. 산지전용허가·산지일시사용허가 　가. 사업계획서(산지전용·산지일시사용의 목적, 사업기간, 전용·일시사용을 하고자 하는 산지의 이용계획, 입목처리계획, 토석처리계획 및 피해방지계획 등이 포함되어야 합니다) 1부 　나. 산지전용·산지일시사용예정지가 표시된 축척 2만5천분의 1 이상의 지적이 표시된 지형도(「토지이용규제 기본법」 제12조에 따라 국토이용정보체계에 지적이 표시된 지형도의 데이터베이스가 구축되어 있지 아니하거나 지형과 지적의 불일치로 지형도의 활용이 곤란한 경우에는 지적도) 1부 　다. 「공간정보의 구축 및 관리 등에 관한 법률」 제44조제3항에 따른 측량업의 등록을 한 자 또는 「국가공간정보 기본법」 제12조에 따라 설립된 한국국토정보공사가 측량한 축척 6천분의 1부터 1천200분의 1 산지전용·산지일시사용예정지실측도 1부 　라. 복구대상산지의 종단도 및 횡단도와 복구공종·공법 및 견취도가 포함된 복구계획서 1부(복구하여야 할 산지가 있는 경우에 한정합니다)

210mm×297mm[백상지(80g/㎡) 또는 중질지(80g/㎡)]

[별지 제9호의3서식] <개정 2015.12.30>

산지전용타당성조사 결과 공개서

신청구분	[ ] 지역·지구 등 협의		[ ] 산지전용허가		[ ] 산지일시사용허가
산지내역				번지 외	필지
	계	임업용산지	공익용산지		준보전산지
	m²	m²	m²		m²
신청목적					

조 사 결 과

입목축적	해당 산지의 ha당 입목축적(A)	해당 시·군·구의 ha당 입목축적(B)		기준 적합여부
	m³	m³		
평균 경사도	해당 산지의 평균경사도	기준 경사도		기준 적합여부
	도	도		
표고 조사서	해당 산지 최상단부의 표고	산정부 표고	기준 표고	기준 적합여부
	m	m		

기타사항

종합의견

「산지관리법」 제18조의3 및 같은 법 시행규칙 제18조제5항에 따라 위와 같이 산지전용타당성조사 결과를 공개합니다.

년   월   일

한 국 산 지 보 전 협 회 장   [직인]

[별지 제9호의4서식] <개정 2015.12.30>

이의신청서

접수번호		접수일자		처리일자		처리기간	60일
신청인	대표자 성명				생년월일		
	주소				전화번호		
이의신청 대상사업	사업명(사업목적)						
	사업자성명(법인명)						
	사업자주소						
	사업소재지						

이의신청 사유 및 구체적 내용

「산지관리법」 제18조의5 및 같은 법 시행규칙 제18조의3제2항에 따라 위와 같이 이의신청서를 제출합니다.

년   월   일

신청인   (서명 또는 인)

산림청장, 시·도지사, 시장·군수·구청장,
지방산림청장, 지방산림청국유림관리소장, 국립수목원장,   귀하
국립산림품종관리센터장, 국립산림과학원장, 국립자연휴양림관리소장

| 첨부서류 | 1. 이의신청 사유 및 구체적 내용을 입증할 수 있는 서류 1부
2. 허가·협의의 대상인 사업구역의 경계로부터 반경 500미터 안에 소재하는 가옥의 소유자, 주민(실제로 거주하고 있는 「주민등록법」에 따른 세대주를 말합니다), 공장의 소유자·대표자 및 종교시설의 대표자 전체 인원의 과반수의 연대서명을 받은 연대서명서(서명인의 성명, 생년월일 및 주소 등이 기재되어 있어야 합니다) 1부 | 수수료
없 음 |

처리절차

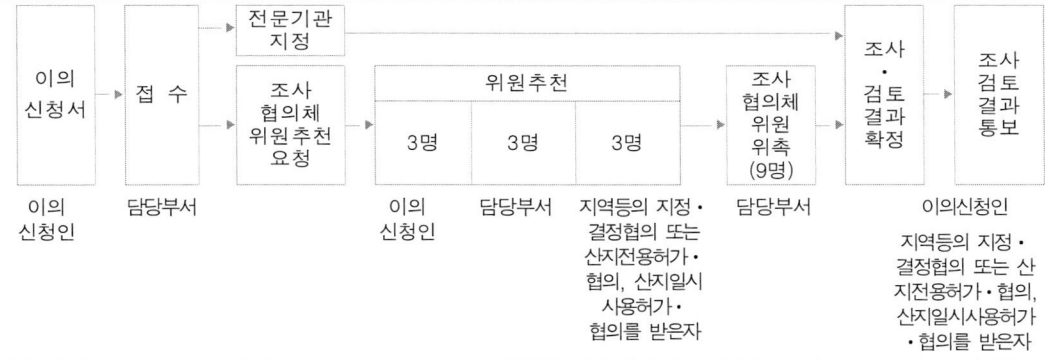

210mm×297mm[백상지(80g/㎡) 또는 중질지(80g/㎡)]

[별지 제10호서식] <개정 2014.7.2>

대체산림자원조성비 분할납부신청서

※ 색상이 어두운 란은 신청인이 적지 않습니다.

접수번호	접수일	처리일	처리기간 10일

신청인	성명		생년월일	
	주소		전화번호	

부과내용	구 분	면 적(㎡)	금 액(원)
	계		
	보전산지		
	준보전산지		

신청사항	납부기한	1차	2차	3차
		년 월 일	년 월 일	년 월 일
	대체산림자원조성비(원)			
	사 유			

「산지관리법」 제19조제2항, 같은 법 시행령 제21조제2항 및 같은 법 시행규칙 제19조제1항에 따라 위와 같이 대체산림자원조성비의 분할납부를 신청합니다.

년   월   일

신청인   (서명 또는 인)

산림청장, 시·도지사, 시장·군수·구청장
지방산림청장, 지방산림청국유림관리소장, 국립수목원장   귀하
국립산림품종관리센터장, 국립산림과학원장, 국립자연휴양림관리소장

첨부서류	없 음	수수료 없 음

처리절차

신청서 → 접 수 → 검토·확인 → 분할납부 결정 → 분할납부 통지 → 대체산림자원조성비예치

신청인   담당부서   신청인

210mm×297mm(백상지 80g/㎡)

[별지 제11호서식] <개정 2014.7.2>

대체산림자원조성비 납부고지 및 수납대장

고지번호	고지월일	납부기간	납부월일	납부자			부과면적 (㎡)		부과금액 (원)		부과단가 (원)	감면율 (%)	전용목적
				주소	성명	생년월일	보전산지	준보전산지	보전산지	준보전산지			

210mm×297mm(백상지 80g/㎡)

[별지 제12호서식] <개정 2014.7.2>

대체산림자원조성비 납부기간연장신청서

※ 색상이 어두운 란은 신청인이 적지 않습니다.

접수번호		접수일		처리일		처리기간	10일
신청인	성명				생년월일		
	주소				전화번호		
허가사항	전용목적						
	납부기간				고지번호		
	대체산림 자원조성비	계		보전산지		준보전산지	
			원		원		원
신청사항	연장사유						
	연장기간						

「산지관리법」 제19조제9항, 같은 법 시행령 제24조제2항 및 같은 법 시행규칙 제21조제1항에 따라 위와 같이 대체산림자원조성비의 납부기간 연장을 신청합니다.

년 월 일

신청인 (서명 또는 인)

**산림청장, 시·도지사, 시장·군수·구청장
지방산림청장, 지방산림청국유림관리소장, 국립수목원장   귀하
국립산림품종관리센터장, 국립산림과학원장, 국립자연휴양림관리소장**

첨부서류	대체산림자원조성비 납부재원 조달계획서와 그 사실을 증명할 수 있는 서류	수수료 없음

처리절차

신청서 → 접수 → 검토·확인 → 납부기간연장 결정 → 납부기간연장 통지 → 대체산림자원조성비 납부

신청인 / 담당부서 / 신청인

210mm×297mm(백상지 80g/㎡)

[별지 제13호서식] <개정 2016.12.30>

용도변경승인신청서

(앞쪽)

※ 색상이 어두운 란은 신청인이 적지 않습니다.

접수번호		접수일		처리일		처리기간	20일

신청인	성명		생년월일	
	주소		전화번호	

허가 (신고) 사항	허가(신고)번호		허가(신고)일	
	소재지			

변경신청 사항	구 분	변경 전	변경신청	비 고
	면적(㎡)			
	용도(목적)			
	명의			

신청토지의 지번별 내용

소재지			지번	지목	면적(㎡)	용도변경 전(㎡)	변경신청 (㎡)
시·군	읍·면	리·동					

「산지관리법」 제21조제1항 및 같은 법 시행규칙 제23조제1항에 따라 위와 같이 용도변경의 승인을 신청합니다.

년   월   일

신청인   (서명 또는 인)

산림청장, 시·도지사, 시장·군수·구청장
지방산림청장, 지방산림청국유림관리소장, 국립수목원장   귀하
국립산림품종관리센터장, 국립산림과학원장, 국립자연휴양림관리소장

첨부서류	뒤쪽 참조

210mm×297mm(백상지 80g/㎡)

(뒤쪽)

첨부서류	1. 용도변경의 목적 등을 기재한 사업계획서 1부 2. 「공간정보의 구축 및 관리 등에 관한 법률」 제44조제3항에 따른 측량업의 등록을 한 자 또는 「국가공간정보 기본법」 제12조에 따라 설립된 한국국토정보공사가 측량한 축척 6천분의 1부터 1천200분의 1까지의 용도변경예정지가 표시된 실측도 1부(산지전용·산지일시사용의 허가 신청 또는 산지전용·산지일시사용의 신고를 하는 경우에 제출한 예정지실측도의 축척과 같은 축척으로 하되, 그 허가를 받았거나 신고를 한 산지와 용도변경예정지의 경계 및 면적이 동일한 경우에는 제출하지 않을 수 있습니다) 3. 피해방지시설의 설치계획 등이 포함된 피해방지계획서 1부(용도변경으로 인하여 토사유출·폐수배출 또는 악취발생 등이 우려되는 경우만 해당합니다)	수수료 5천원

처리절차

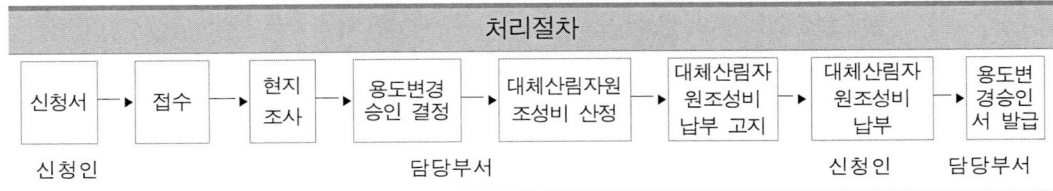

[별지 제14호서식] <개정 2014.7.2>

용도변경승인대장

승인번호	승인일자	신청인			산지소재지						용도변경 전			용도변경 후		
		성명	생년월일	주소	시·군	읍·면	리·동	지번	지목	지적(㎡)	면적(㎡)	용도(목적)	명의	면적(㎡)	용도(목적)	명의

210mm×297mm(백상지 80g/㎡)

[별지 제15호서식] <개정 2013.1.23>

용도변경승인서

신청인	성명		생년월일	
	주소		전화번호	

승인사항	허가(신고)번호		허가(신고)일		
	산지 소재지				
	구분	변경 전	변경승인	비고	
	면적(㎡)				
	용도				
	명의				

승인토지의 지번별 내용

소재지			지번	지목	면적(㎡)	용도변경 전(㎡)	변경승인(㎡)
시·군	읍·면	리·동					

「산지관리법」 제21조제1항 및 같은 법 시행규칙 제23조제2항에 따라 위와 같이 용도변경을 승인합니다.

년   월   일

산림청장, 시·도지사, 시장·군수·구청장
지방산림청장, 지방산림청국유림관리소장, 국립수목원장
국립산림품종관리센터장, 국립산림과학원장,
국립자연휴양림관리소장

직인

210㎜×297㎜(백상지 80g/㎡)

[별지 제16호서식] <개정 2016.12.30>

토석채취 [ ] 허가 / [ ] 변경허가 / [ ] 기간연장허가 신청서

※ [ ]에는 해당되는 곳에 √표를 하고, 색상이 어두운 란은 신청인이 적지 않습니다. (앞쪽)

접수번호	접수일	처리일	처리기간 토석채취허가(변경허가) 30일 토석채취기간연장허가 10일

신청인	성명		생년월일	
	주소		전화번호	
	해당 산지에 대한 권리관계			

| 산 지 소유자 | 성명 | | 생년월일 | |
| | 주소 | | 전화번호 | |

산지소재지	

산지편입 면적	토석채취장	부대시설					완충구역
		계	산물처리장	진입로	관리사무소	그 밖의 시설	
	m²	m²	m²	m²	m²	m²	m²

반출기간		벌채기간	

토석채취 계 획	용도	토석의 종류	신청량		채취방법
			매장량	가채매장량	
			m³	m³	

| 입목벌채 | 벌채구역면적 | 수종 | 본수 | 재적 |
| | m² | | 본 | m³ |

| 변경사항 | 변경 전 | 변경 후 | 사 유 |
| | | | |

「산지관리법」 제25조제1항·제4항, 같은 법 시행령 제32조제1항 및 같은 법 시행규칙 제24조제1항·제26조제1항에 따라 위와 같이 토석채취 [ ]허가 [ ]변경허가 [ ]기간연장허가를 신청합니다.

년 월 일

신청인 (서명 또는 인)

시·도지사, 시장·군수·구청장 귀하

첨부서류	뒤쪽 참조

210mm×297mm(백상지 80g/m²)

[별지 제17호서식] <개정 2016.12.30>

토석채취변경신고서

(앞쪽)

※ 색상이 어두운 란은 신고인이 적지 않습니다.

접수번호		접수일		처리일		처리기간 15일	
신고인	성명				생년월일		
	주소				전화번호		
	해당 산지에 대한 권리관계						
산 지 소유자	성명				생년월일		
	주소				전화번호		
산지소재지							

산지편입 면적	토석채취장	부대시설					완충구역
		계	산물처리장	진입로	관리사무소	그 밖의 시설	
	㎡	㎡	㎡	㎡	㎡	㎡	㎡

토석채취 및 반출기간		입목벌채 (굴취)기간	

토석채취 계 획	용도	토석의 종류	신고량		채취방법
			매장량	가채매장량	
			㎥	㎥	

입목벌채	벌채구역면적	수종	본수	재적
	㎡		본	㎥

변경사항	변경 전	변경 후	사유

「산지관리법」 제25조제1항, 같은 법 시행령 제32조제1항 및 같은 법 시행규칙 제24조제4항에 따라 위와 같이 토석채취변경신고를 합니다.

년 월 일

신고인 (서명 또는 인)

시·도지사, 시장·군수·구청장 귀하

* 첨부서류, 담당 공무원 확인사항, 수수료, 처리절차: 뒤쪽 참조

210㎜×297㎜(백상지 80g/㎡)

(뒤쪽)

첨부서류	1. 토석채취방법, 연차별생산·이용계획, 토사처리계획(석재에 한정합니다) 등 사업계획의 변경 　가. 계단식의 토석채취방법, 연차별 생산·이용계획 및 토사처리계획(석재에 한정합니다)에 관한 사업계획서 1부 　나. 「공간정보의 구축 및 관리 등에 관한 법률」 제44조제3항에 따른 측량업의 등록을 한 자 또는 「국가공간정보 기본법」 제12조에 따라 설립된 한국국토정보공사(이하 "측량업자 등"이라 합니다)가 측량한 축척 6천부의 1부터 1천200분의 1까지의 연차별 토석채취구역실측도 1부(연차별 생산·이용계획이 변경되는 경우에 한정합니다) 　다. 「산림자원의 조성 및 관리에 관한 법률 시행규칙」 별표 2에 따른 임도의 설계·시설기준 등에 준하여 작성한 진입로설계서 1부(진입로 설계가 변경되는 경우에 한정합니다) 2. 토석채취허가를 받은 자 및 그 대표자의 명의 변경 　가. 허가받으려는 산지의 소유권 또는 사용·수익권을 증명할 수 있는 서류 1부 　나. 토석채취허가를 받은 자 및 그 대표자의 명의변경을 증명할 수 있는 서류 1부 　다. 이미 허가받은 자의 명의변경동의서 1부 　라. 「산지관리법」 제38조제1항 본문에 따라 예치된 복구비의 권리승계를 증명할 수 있는 서류 1부 3. 법인명칭의 변경이 없는 법인대표의 변경: 없음 4. 법인대표의 변경이 없는 법인명칭의 변경 　가. 허가받으려는 산지의 소유권 또는 사용·수익권을 증명할 수 있는 서류 1부 　나. 산림골재채취업에 관한 골재채취업등록증 사본 1부(쇄골재용 석재의 굴취·채취 및 골재용 토사채취의 경우에 한정합니다) 　다. 「산지관리법」 제38조제1항 본문에 따라 예치된 복구비의 권리승계를 증명할 수 있는 서류 1부 5. 토석채취허가를 받은 석재의 용도변경 　가. 산림골재채취업에 관한 골재채취업등록증 사본 1부(쇄골재용 석재의 굴취·채취 및 골재용 토사채취의 경우에 한정합니다) 　나. 채석경제성평가보고서 1부(「산지관리법」 제26조제1항 본문에 따라 채석경제성평가를 받아야 하는 용도로 변경하는 경우에 한정합니다) 6. 토석채취허가를 받은 면적의 축소 　가. 측량업자등이 측량한 축척 6천분의 1부터 1천200분의 1까지의 연차별 채석구역실측도 1부(연차별 생산·이용계획이 변경되는 경우에 한정합니다) 　나. 복구공종·공법 및 경사도가 포함된 복구계획서 1부 7. 삭제 <2016. 12. 30.>	수수료 없 음
담당 공무원 확인사항	1. 토지 등기사항증명서(신고인이 토지의 소유자인 경우만 해당합니다) 2. 법인 등기사항증명서(신고인이 법인인 경우만 해당합니다)	

처리절차

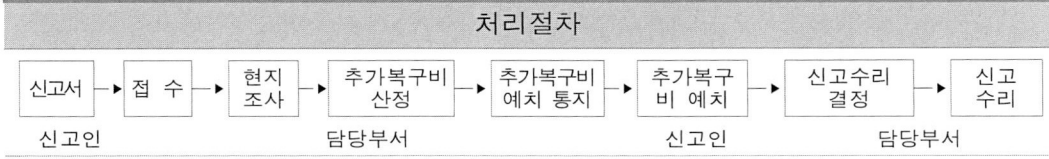

[별지 제18호서식] <개정 2013.1.23>

토석채취허가증

발급번호								
발급일								

허가를 받은 자	성명				생년월일			
	주소							

산지소재지								

허가내용				부대시설				완충구역
	산지편입면적	토석채취장	계	산물처리장	진입로	관리사무소	그 밖의 시설	
		m²	m²	m²	m²	m²	m²	m²
	채취계획	용도	토석의 종류	신청량		채취방법		
				매장량	가채매장량			
				m³	m³			
	채취기간							

「산지관리법」 제25조제1항, 같은 법 시행령 제32조제3항 및 같은 법 시행규칙 제24조제8항·제26조제4항에 따라 위와 같이 토석채취를 허가·연장허가 합니다.

년   월   일

시 · 도지사
시장 · 군수 · 구청장   [직인]

허가조건

1. 허가를 받은 자는 지체 없이 작업에 착수하고 착수일을 적은 작업착수서를 시·도지사 또는 시장·군수·구청장(이하 "시·도지사등"이라 합니다)에게 제출해야 합니다.
2. 허가를 받은 자는 허가기간 중 작업을 중지하거나 재개하였을 때에는 즉시 그 사유를 적은 작업중지서 또는 작업재개서를 시·도지사등에게 제출해야 합니다.
3. 허가기간이 1년 이상인 경우에는 2차년도 이후의 복구비를 시·도지사등이 매년 발급하는 복구비예치통지서에 따라 예치한 후 토석을 채취해야 합니다.
4. 허가를 받은 자는 허가기간 만료 전이라도 시·도지사등이 목적사업 완료 부분에 대하여 중간복구 명령을 한 경우에는 이에 따라야 합니다.
5. 예치된 복구비는 복구설계서에 따라 복구를 완료하면 시·도지사등이 복구상황을 확인하고 완전히 복구되었다고 인정될 때 반환하며, 기간 내에 복구를 하지 않으면 예치된 복구비로 대집행할 수 있습니다.
6. 허가를 받은 자는 토석채취로 인하여 발생할 재해에 대하여 예방조치를 취해야 합니다.
7. 허가를 받은 자는 허가구역 및 그 연접한 산지의 피해사실을 발견하였을 때에는 즉시 그 사실을 시·도지사등에게 신고해야 합니다.
8. 허가를 받은 자는 허가구역 인근의 잘 보이는 곳에 적색으로 위험표시를 해야 합니다.
9. 허가장소 입구에 다음과 같이 표지판을 설치하되, 그 규격은 가로 90cm, 세로 60cm, 높이 90cm 이상으로 해야 합니다.

토석채취 허가현황
1. 허가번호:
2. 소 재 지:
3. 허가내용(허가면적, 채취용도, 토석의 종류 및 수량, 채취기간 등)
4. 허가를 받은 자: (연락처:)
5. 허가자:

10. 채취한 토석의 반출은 허가기간 내에 완료해야 하며 반출을 완료하였을 때 또는 허가기간이 만료되었을 때에는 즉시 채취 및 반출 토석의 종류와 수량을 적은 문서와 이 허가증을 첨부한 반출종료서를 시·도지사등에게 제출해야 합니다.

210mm×297mm(백상지 80g/m²)

[별지 제18호의2서식] <개정 2015.11.25>

토사채취신고서

(앞쪽)

※ [ ]에는 해당되는 곳에 √표를 하고, 색상이 어두운 란은 신고인이 적지 않습니다.

접수번호		접수일		처리일		처리기간	15일

신고인	성명				생년월일		
	주소				전화번호		
	해당 산지에 대한 권리관계						

산지 소유자	성명				생년월일		
	주소				전화번호		

산지 소재지	

산지편입 면적	토석채취장	부대시설					완충구역
		계	산물처리장	진입로	관리사무소	그 밖의 시설	
	㎡	㎡	㎡	㎡	㎡	㎡	㎡

토사채취 및 반출기간		입목벌채(굴취)기간	

토석채취 계획	용도	토석의 종류	신고량		채취방법
			매장량	가채매장량	
			㎥	㎥	

입목벌채	벌채 구역면적	수종	본수	재적
	㎡		본	㎥

「산지관리법」 제25조제2항 및 같은 법 시행규칙 제24조의2제1항에 따라 위와 같이 토사채취 신고를 합니다.

년 월 일

신고인 (서명 또는 인)

시장·군수·구청장 귀하

* 첨부서류, 담당 공무원 확인사항, 수수료: 뒤쪽 참조

210mm×297mm(백상지 80g/㎡)

(뒤쪽)

첨부서류	1. 사업계획서(토사채취신고구역현황, 채취방법, 연차별 생산·이용계획 및 피해방지계획을 포함합니다) 1부 2. 신고하려는 산지의 소유권 또는 사용·수익권을 증명할 수 있는 서류 1부(토지 등기사항증명서로 확인할 수 없는 경우에 한정하고, 사용·수익권을 증명할 수 있는 서류에는 사용·수익권의 범위 및 기간이 명시되어야 합니다) 3. 2인 이상이 공동으로 신청하는 경우에는 그 대표자임을 증명할 수 있는 서류 1부 4. 토사채취량에 대하여 「공간정보의 구축 및 관리 등에 관한 법률」 제44조제1항제1호에 따른 측지측량업 또는 같은 법 시행령 제34조제1항제1호 및 제2호에 따른 공공측량업 및 일반측량업으로 등록한 자가 측량한 구적도(求積圖) 1부	수수료 5천원
담당 공무원 확인사항	토지 등기사항증명서(신고인이 토지의 소유자인 경우만 해당합니다)	

처리절차

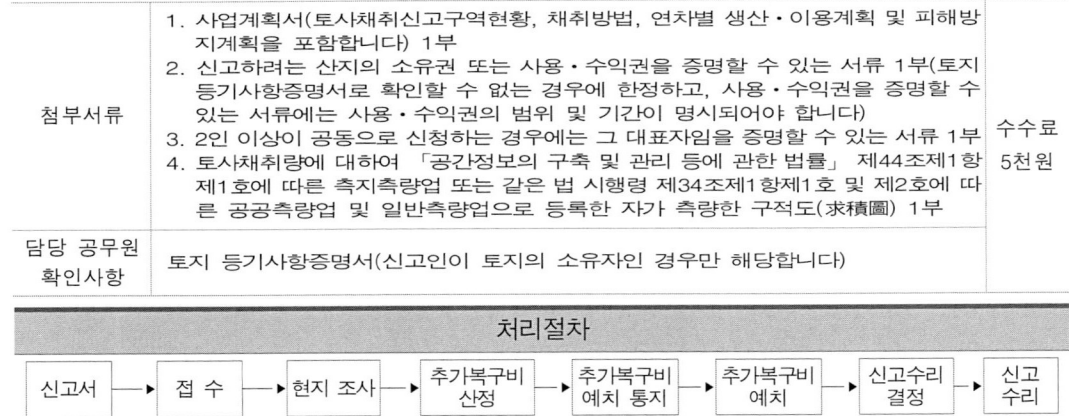

[별지 제18호의3서식] <개정 2012.10.26>

토사채취변경신고서

※ [ ]에는 해당되는 곳에 √표를 하고, 색상이 어두운 란은 신청인이 적지 않습니다.   (앞쪽)

접수번호		접수일자		처리일자		처리기간 15일	
신고인	성명					생년월일	
	주소					전화번호	
	해당 산지에 대한 권리관계						
산 지 소유자	성명					생년월일	
	주소					전화번호	
산지소재지							

산지편입 면적	토사채취장	부대시설					완충구역
		계	산물처리장	진입로	관리사무소	기타	
	㎡	㎡	㎡	㎡	㎡	㎡	㎡

토사채취 및 반출기간		입목벌채 (굴취)기간	

토사채취 계 획	용도	토사의 종류	신청량		채취방법
			매장량	가채매장량	
			㎥	㎥	

변경사항	변경 전	변경 후	사 유

「산지관리법」 제25조제4항, 같은 법 시행규칙 제24조의2제3항 또는 제26조제1항에 따라 위와 같이 토사채취신고의 변경신고 또는 토사채취기간의 변경신고를 합니다.

년 월 일

신고인 (서명 또는 인)

시장·군수·구청장 귀하

* 첨부서류, 담당공무원 확인사항, 수수료: 뒤쪽 참조

처리절차

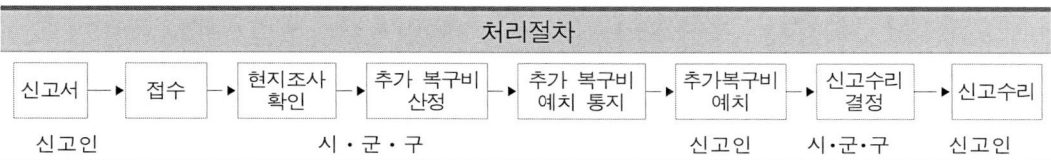

신고서(신고인) → 접수 → 현지조사 확인(시·군·구) → 추가 복구비 산정 → 추가 복구비 예치 통지 → 추가복구비 예치(신고인) → 신고수리 결정(시·군·구) → 신고수리(신고인)

210㎜×297㎜(백상지 80g/㎡)

(뒤쪽)

첨부서류	1. 토사채취방법, 연차별 생산·이용계획 등 사업계획의 변경 　가. 계단식의 토사채취방법, 연차별 생산·이용 계획에 관한 사업계획서 1부 　나. 측량업자등이 측량한 축척 6천분의 1부터 1천200분의 1까지의 연차별 토사채취구역실측도 1부(연차별 생산·이용 계획이 변경되는 경우에 한정합니다) 　다. 「산림자원의 조성 및 관리에 관한 법률 시행규칙」 별표 2에 따른 임도의 설계·시설기준 등에 준하여 작성한 진입로설계서 1부(진입로 설계가 변경되는 경우에 한정합니다) 2. 토사채취신고를 한 자 및 그 대표자의 명의 변경 　가. 신고하려는 산지의 소유권 또는 사용·수익권을 증명할 수 있는 서류 1부(토지 등기사항증명서로 확인할 수 없는 경우에 한정하고, 사용·수익권을 증명할 수 있는 서류에는 사용·수익권의 범위 및 기간이 명시되어야 합니다) 　나. 토사채취신고를 한 자 및 그 대표자의 명의 변경을 증명할 수 있는 서류 1부 　다. 이미 신고를 한 자의 명의변경동의서 1부 　라. 「산지관리법」 제38조제1항 본문에 따라 예치된 복구비의 권리승계를 증명할 수 있는 서류 1부 3. 법인 명칭의 변경이 없는 법인 대표의 변경: 없음 4. 법인 대표의 변경이 없는 법인 명칭의 변경 　가. 신고하려는 산지의 소유권 또는 사용·수익권을 증명할 수 있는 서류 1부(토지 등기사항증명서로 확인할 수 없는 경우에 한정하고, 사용·수익권을 증명할 수 있는 서류에는 사용·수익권의 범위 및 기간이 명시되어야 합니다) 　나. 산림골재채취업에 관한 골재채취업등록증 사본(쇄골재용 석재의 굴취·채취 및 골재용 토사채취의 경우에 한정합니다) 1부 　다. 「산지관리법」 제38조제1항 본문에 따라 예치된 복구비의 권리승계를 증명할 수 있는 서류 1부 5. 토사채취신고를 한 면적의 축소 　가. 측량업자등이 측량한 축척 6천분의 1부터 1천200분의 1까지의 연차별 토사채취구역실측도(연차별 생산·이용 계획이 변경되는 경우에 한정합니다) 1부 　나. 복구공종·공법 및 겨냥도가 포함된 복구계획서 1부 6. 토사채취신고를 한 면적의 변경이 없는 토사채취량의 증가 　가. 토사채취량에 대하여 일반측량업자등이 측량한 복구계획서 1부 　나. 복구공종·공법 및 겨냥도가 포함된 복구계획서 1부 7. 토사채취기간의 연장 　가. 신고하려는 산지의 소유권 또는 사용·수익권을 증명할 수 있는 서류 1부(토지 등기사항증명서로 확인할 수 없는 경우에 한정하고, 사용·수익권을 증명할 수 있는 서류에는 사용·수익권의 범위 및 기간이 명시되어야 합니다) 　나. 채취하지 못한 토사량에 대하여 일반측량업자등이 측량한 구적도 1부	수수료 없 음
담당공무원 확인사항	1. 토지 등기사항증명서(신고인이 토지의 소유자인 경우만 해당합니다) 2. 법인 등기사항증명서(신고인이 법인인 경우만 해당합니다)	

[별지 제19호서식] 삭제 <2013.1.23>
[별지 제19호의2 서식] <개정 2015.11.25>

토석채취 등의 협의요청서

※ [ ]에는 해당되는 곳에 √표를 하고, 색상이 어두운 란은 신청인이 적지 않습니다. (앞쪽)

접수번호	접수일자	처리일자	처리기간 토석채취허가(변경허가): 30일 · 토사채취신고 · 토석채취변경신고 · 토사채취변경신고: 15일 · 토석채취기간연장허가 · 토사채취 간변경신고: 10일

| 협의 요청기관 | 기관명 | | 담당자 전화번호 |
| | 행정처분 및 근거 법령 | | |

협의 요청된 사업의 주체	성명		생년월일
	주소		전화번호
	해당 산지에 대한 권리관계		

| 산 지 소유자 | 성명 | | 생년월일 |
| | 주소 | | 전화번호 |

| 산지소재지 | |

산지편입 면적	토석(토사) 채취장	부대시설				완충구역
		계	산물처리장	진입로	관리사무소	기타	
	㎡	㎡	㎡	㎡	㎡	㎡	㎡

| 반출기간 | | 벌채기간 | |

토석(토사) 채취계획	용도	토석의 종류	신청량		채취방법
			매장량	가채매장량	
			㎥	㎥	

| 입목벌채 | 벌채구역면적 | 수종별 | 본수 | 재적 |
| | ㎡ | | 본 | ㎥ |

「산지관리법」 제25조제5항 및 같은 법 시행규칙 제27조에 따라 위와 같이 토석채취 등의 협의를 요청합니다.

년 월 일

협의요청된 사업의 주체 (서명 또는 인)

협의 요청 기관명   협의 요청된 지방자치단체

* 첨부서류, 담당공무원 확인사항, 수수료: 뒤쪽 참조

처리절차

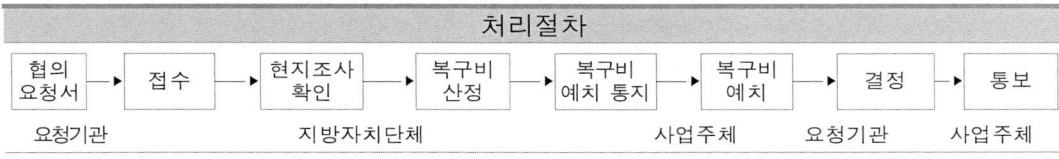

210mm×297mm(백상지 80g/㎡)

(뒤쪽)

첨부서류	1. 토석채취허가(변경허가) 　가. 사업계획서[토석채취허가구역 현황, 채취 방법, 장비 및 기술인력 보유 현황(석재에 한정합니다), 토사처리계획(석재에 한정합니다), 연차별 생산·이용 계획 및 피해방지계획을 포함합니다] 1부 　나. 허가받으려는 산지의 소유권 또는 사용·수익권을 증명할 수 있는 서류(토지 등기사항증명서로 확인할 수 없는 경우에 한정하고, 사용·수익권을 증명할 수 있는 서류에는 사용·수익권의 범위 및 기간이 명시되어야 합니다) 1부 　다. 2명 이상이 공동으로 신청하는 경우에는 그 대표자임을 증명할 수 있는 서류 1부 　라. 산림골재채취업에 관한 골재채취업등록증 사본(쇄골재용 석재의 굴취·채취 및 골재용 토사채취의 경우에 한정합니다) 1부 　마. 「공간정보의 구축 및 관리 등에 관한 법률」 제44조제3항에 따른 측량업의 등록을 한 자 또는 「국가공간정보 기본법」 제12조에 따라 설립된 한국국토정보공사가 측량한 토석채취허가구역 및 「산지관리법 시행령」 별표 8 제4호에 따른 완충구역이 표시된 축척 6천분의 1부터 1천200분의 1의 연차별 토석채취구역실측도 1부 　바. 토석채취량에 대하여 「공간정보의 구축 및 관리 등에 관한 법률」 제44조제1항제1호에 따른 측지측량업 또는 같은 법 시행령 제34조제1항제1호 및 제2호에 따른 공공측량업 및 일반측량업으로 등록한 자가 측량한 구적도(求積圖) 1부 　사. 「산림자원의 조성 및 관리에 관한 법률 시행령」 제30조제1항에 따른 기술2급 이상의 산림경영기술자가 조사·작성한 산림조사서(임종·임령·평균수고·입목축적을 포함하고, 허가신청일 전 2년 이내에 조사·작성된 것으로서 수목이 있는 경우에 한정합니다) 1부 　아. 복구공종·공법 및 겨냥도가 포함된 복구계획서 1부 　자. 「산림자원의 조성 및 관리에 관한 법률 시행규칙」 별표 2에 따른 임도의 설계·시설기준 등에 준하여 작성한 진입로설계서 1부 　차. 채석경제성평가보고서(「산지관리법」 제26조제1항에 따라 채석경제성평가를 받아야 하는 경우에 한정합니다) 1부 　카. 「산림자원의 조성 및 관리에 관한 법률 시행령」 제30조제1항에 따른 산림공학기술자 또는 「국가기술자격법 시행규칙」 제4조에 따른 산림기사·토목기사·측량 및 지형공간정보기사 이상의 자격증 소지자가 조사·작성한 표고 및 평균경사도조사서(수치지형도를 이용하여 표고 및 평균경사도를 산출한 경우에는 원본이 저장된 디스크 등 저장장치를 함께 제출해야 합니다) 1부 2. 토사채취신고: 제1호가목부터 다목까지 및 바목의 서류 3. 토석채취변경신고·토사채취변경신고: 「산지관리법 시행규칙」 별표 3의 서류 4. 토석채취기간연장허가 　가. 허가를 받으려는 산지의 소유권 또는 사용·수익권을 증명할 수 있는 서류 1부(토지 등기사항증명서로 확인할 수 없는 경우에 한정하고, 사용·수익권을 증명할 수 있는 서류에는 사용·수익권의 범위 및 기간이 명시되어야 합니다) 　나. 굴취·채취하지 못한 토석채취량에 대하여 「공간정보의 구축 및 관리 등에 관한 법률」 제44조제1항제1호에 따른 측지측량업 또는 같은 법 시행령 제34조제1항제1호 및 제2호에 따른 공공측량업 및 일반측량업으로 등록한 자가 측량한 구적도 1부 　다. 사업구역의 경계로부터 반경 300m 안에 소재하는 가옥의 소유자, 주민(실제로 거주하고 있는 「주민등록법」에 따른 세대주를 말합니다), 공장의 소유자·대표자 및 종교시설의 대표자 전체인원의 3분의 2 이상의 동의서(시장·군수·구청장이 토석채취기간을 연장할 경우 인근지역 주민의 피해 등 재해발생이 예상되어 주민 등의 동의가 필요하다고 인정하는 경우에 한정하고, 「환경영향평가법」에 따른 환경영향평가 또는 「환경정책기본법」에 따른 사전환경성검토를 거친 경우에는 동의서를 제출하지 않을 수 있습니다) 5. 토사채취기간변경신고: 제4호가목 및 나목의 서류
수수료	1. 토석채취허가 　가. 허가를 신청하는 산지면적이 1만제곱미터 이하인 경우: 2만원 　나. 허가를 신청하는 산지면적이 1만제곱미터를 초과하는 경우: 2만원에 그 초과면적 1천제곱미터마다 2천원을 가산한 금액 2. 토사채취신고: 5천원 3. 토석채취변경허가·토사채취변경신고·토석채취변경신고·토석채취기간연장허가·토사채취기간변경신고: 없음
담당공무원 확인사항	토지 등기사항증명서(신청인이 토지의 소유자인 경우만 해당합니다)

산지관리법률·시행령·시행규칙 657

[별지 제20호서식] <개정 2015.11.25>

채석단지지정(변경지정)신청서

※ 색상이 어두운 란은 신청인이 적지 않습니다. (앞쪽)

접수번호	접수일자	처리일자	처리기간 60일

신청인	상호(명칭)			
	대표자 성명		생년월일	
	주소		전화번호	
	해당 산지에 대한 권리관계			

산 지 소유자	성명		생년월일	
	주소		전화번호	
산지소재지				

단지계획	단지면적 m²	석재의 종류	사업개시연도	사업완료연도	연간 채석량 m³

석재의 종류별 신청량	석재의 종류	매장량(m³)	가채매장량(m³)

변경사항	변경 전	변경 후	사 유

「산지관리법」 제29조제1항, 같은 법 시행령 제39조제2항 및 같은 법 시행규칙 제29조제1항에 따라 위와 같이 채석단지의 지정 또는 변경지정을 신청합니다.

년 월 일

신청인 (서명 또는 인)

산림청장
시·도지사 귀하

* 첨부서류, 담당공무원 확인사항, 수수료: 뒤쪽 참조

처리절차

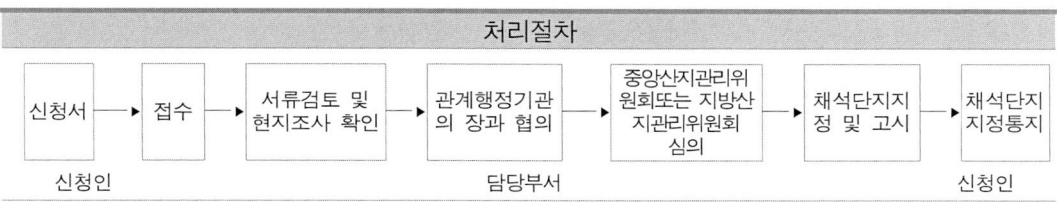

210mm×297mm(백상지 80g/m²)

(뒤쪽)

첨부서류	1. 사업계획서(채석단지구역 현황, 토석채취 방법, 연차별 벌채·토사처리 계획, 연차별 토석 생산·이용 계획 및 피해방지계획을 포함한다) 1부 2. 「환경영향평가법」 제18조에 따라 통보된 협의내용에 관한 서류 사본 1부(평가대상이 되는 경우만 해당합니다) 3. 채석단지의 지정 또는 변경지정을 받으려는 산지의 지번·지목·면적·소유자 등이 표시된 산지내역서 1부 4. 허가받으려는 산지의 소유권 또는 사용·수익권을 증명할 수 있는 서류 1부(토지 등기부 등본으로 확인할 수 없는 경우에 한정하고, 사용·수익권을 증명할 수 있는 서류에는 사용·수익권의 범위 및 기간이 명시되어야 합니다) 5. 2명 이상이 공동으로 신청하는 경우에는 그 대표자임을 증명할 수 있는 서류 1부 6. 측량업자등이 측량한 토석채취허가구역 및 「산지관리법 시행령」 별표 8 제4호에 따른 완충구역이 표시된 축척 6천분의 1부터 1천200분의 1까지의 연차별 토석채취구역실측도 1부 7. 「산림자원의 조성 및 관리에 관한 법률 시행령」 제30조제1항에 따른 기술2급 이상의 산림경영기술자가 조사·작성한 산림조사서(임종·임상·수종·임령·평균수고·입목축적을 포함하고, 허가신청일 전 2년 이내에 작성된 것으로서 수목이 있는 경우에 한정합니다) 1부 8. 복구공종·공법 및 겨냥도가 포함된 복구계획서 1부 9. 「산림자원의 조성 및 관리에 관한 법률 시행규칙」 별표 2에 따른 임도의 설계·시설기준 등에 준하여 작성한 진입로설계서 1부 10. 채석경제성평가보고서 1부(「산지관리법」 제26조제1항에 따라 채석경제성평가를 받아야 하는 경우에 한정합니다) 11. 「산림자원의 조성 및 관리에 관한 법률 시행령」 제30조제1항에 따른 산림공학기술자 또는 「국가기술자격법」에 따른 산림기사·토목기사·측량및지형공간정보기사 이상의 자격증 소지자가 조사·작성한 표고 및 평균경사도조사서(수치지형도를 이용하여 표고 및 평균경사도를 산출한 경우에는 원본이 저장된 디스크 등 저장장치를 포함합니다) 1부 12. 채석단지로 지정 또는 변경지정을 받으려는 산지가 표시된 축척 2만5천분의 1 이상의 지적이 표시된 지형도(「토지이용규제 기본법」 제12조에 따라 국토이용정보체계에 지적이 표시된 지형도의 데이터베이스가 구축되어 있지 않거나 지형과 지적의 불일치로 지형도의 활용이 곤란한 경우에는 지적도) 1부 13. 채석단지로 지정 또는 변경지정을 받으려는 산지의 축척 6천분의 1부터 1천200분의 1까지의 석재분포도 1부
수수료	1. 지정을 신청하는 산지면적이 1만제곱미터 이하인 경우: 2만원 2. 지정을 신청하는 산지면적이 1만제곱미터를 초과하는 경우: 2만원에 그 초과면적 1천제곱미터마다 2천원을 가산한 금액
담당공무원 확인 사항	토지 등기사항증명서(신청인이 토지의 소유자인 경우만 해당합니다)

[별지 제21호서식] <개정 2015.12.30>

행 정 기 관 명

수신자
(경유)
제 목   채석단지실태보고서(0000년도말 현재)

「산지관리법 시행규칙」 제29조제4항에 따라 아래와 같이 채석단지실태를 보고합니다.

시·군·구 명	단지명 (번호)	입주업체	석재종류	면적(㎡)	수량(㎥)	채취실적 (㎡)	복구비 예치액(원)	비고
계 ( )				( )	( )	( )	( )	

작성요령	1. 각 란의 ( )내 : 당해연도 신고사업지에 대한 실적입니다. 2. 각 란의 ( )외 상단 : 계속사업지 + 당해연도 신고사업지의 실적합계입니다. 3. 석재의 종류란에는 석재·골재·기타로 구분하여 기재합니다.

끝.

발 신 명 의 [직인]

기안자 (직위/직급) 서명   검토자 (직위/직급)서명   결재권자 (직위/직급)서명
협조자
시행   처리과명-연도별일련번호(시행일)   접수   처리과명-연도별일련번호(접수일)
우   도로명주소   / 홈페이지 주소
전화번호( )   팩스번호( )   / 공무원의 전자우편주소   / 공개구분

210mm×297mm[백상지 80g/㎡]

[별지 제22호서식] <개정 2015.11.25>

채석신고서

(앞쪽)

※ 색상이 어두운 란은 신고인이 적지 않습니다.

접수번호		접수일		처리일		처리기간	15일

신고인	성명				생년월일	
	주소				전화번호	
	해당 산지에 대한 권리관계					

산지 소유자	성명		생년월일	
	주소		전화번호	

산지소재지	

산지편입 면적	채석장면적	부대시설					완충구역
		계	산물처리장	진입로	관리사무소	그 밖의 시설	
	m²	m²	m²	m²	m²	m²	m²

채석 및 반출기간		입목벌채 (굴취)기간	

채취 계획	석재의 용도	석재의 종류	신고량		채석방법
			매장량	가채매장량	
			m³	m³	

입목벌채	벌채구역면적	수종	본수	재적
	m²		본	m³

「산지관리법」 제30조제1항 및 같은 법 시행규칙 제30조제1항에 따라 위와 같이 채석신고를 합니다.

년 월 일

신고인 (서명 또는 인)

시장·군수·구청장, 지방산림청국유림관리소장, 국립수목원장
국립산림품종관리센터장, 국립산림과학원장, 국립자연휴양림관리소장 귀하

* 첨부서류, 담당 공무원 확인사항, 수수료: 뒤쪽 참조

210mm×297mm(백상지 80g/m²)

산지관리법률·시행령·시행규칙　661

(뒤쪽)

첨부서류	1. 사업계획서(채석단지지정구역현황, 채취방법, 장비 및 기술인력 보유현황, 토사처리계획, 연차별 생산·이용계획 및 피해방지계획을 포함합니다) 1부 2. 신고하려는 산지의 소유권 또는 사용·수익권을 증명할 수 있는 서류 1부(토지 등기사항증명서로 확인할 수 없는 경우에 한정하고, 사용·수익권을 증명할 수 있는 서류에는 사용·수익권의 범위 및 기간이 명시되어야 합니다) 3. 2인 이상이 공동으로 신청하는 경우에는 그 대표자임을 증명할 수 있는 서류 1부 4. 토석채취량에 대하여 「공간정보의 구축 및 관리 등에 관한 법률」 제44조제1항제1호에 따른 측지측량업 또는 같은 법 시행령 제34조제1항제1호 및 제2호에 따른 공공측량업 및 일반측량업으로 등록한 자가 측량한 구적도(求積圖) 1부 5. 산림골재채취업에 관한 골재채취업등록증 사본 1부(쇄골재용 채석신고의 경우에 한정합니다) 6. 「공간정보의 구축 및 관리 등에 관한 법률」 제44조제3항에 따른 측량업의 등록을 한 자 또는 「국가공간정보 기본법」 제12조에 따라 설립된 한국국토정보공사가 측량한 축척 6천분의 1부터 1천2백분의 1까지의 연차별 채석구역실측도 1부	수수료 없음
담당 공무원 확인사항	토지 등기사항증명서(신고인이 토지의 소유자인 경우만 해당합니다)	

처리절차

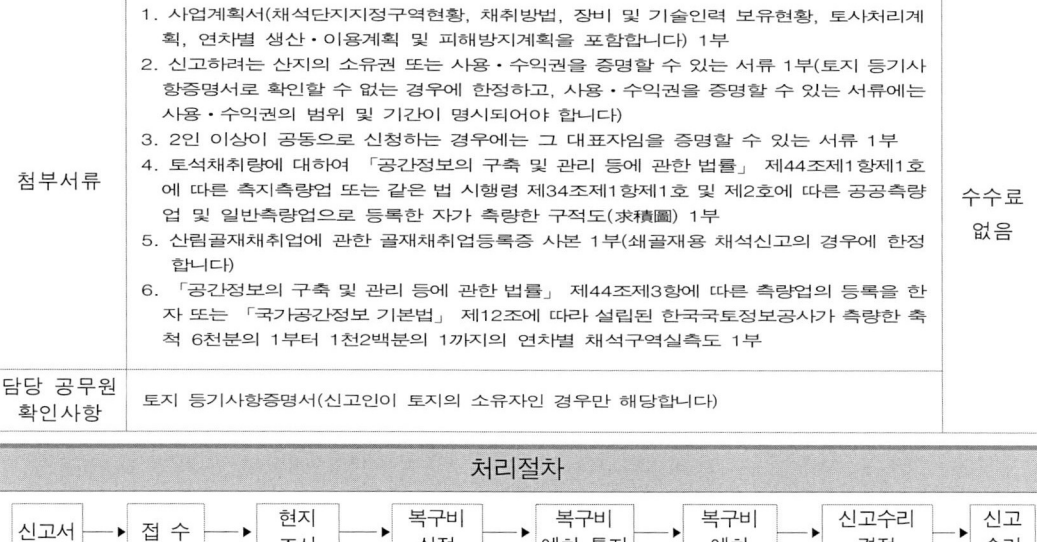

[별지 제23호서식] <개정 2015.11.25>

채석변경신고서

(앞쪽)

※ 색상이 어두운 란은 신고인이 적지 않습니다.

접수번호		접수일		처리일		처리기간	15일
신고인	성명				생년월일		
	주소				전화번호		
	해당 산지에 대한 권리관계						

산지소유자	성명		생년월일	
	주소		전화번호	

산지소재지	

산지편입 면적	채석장면적	부대시설					완충구역
		계	산물처리장	진입로	관리사무소	그 밖의 시설	
	m²	m²	m²	m²	m²	m²	m²

채석 및 반출기간		입목벌채(굴취)기간	

채취계획	석재의 용도	석재의 종류	신고량		채석방법
			매장량	가채매장량	
			m³	m³	

입목벌채	벌채구역면적	수종	본수	재적
	m²		본	m³

변경사항	변경 전	변경 후	사유

「산지관리법」 제30조제1항 및 같은 법 시행규칙 제30조제3항에 따라 위와 같이 채석변경신고를 합니다.

년 월 일

신고인 (서명 또는 인)

시장·군수·구청장, 지방산림청국유림관리소장, 국립수목원장
국립산림품종관리센터장, 국립산림과학원장, 국립자연휴양림관리소장 귀하

* 첨부서류, 담당 공무원 확인사항, 수수료, 처리절차: 뒤쪽 참조

210mm×297mm(백상지 80g/m²)

(뒤쪽)

첨부서류	1. 채석방법, 연차별생산·이용계획, 토사처리계획 등 사업계획의 변경 　가. 계단식의 토석채취방법, 연차별 생산·이용계획 및 토사처리계획에 관한 사업계획서 1부 　나. 「공간정보의 구축 및 관리 등에 관한 법률」 제44조제3항에 따른 측량업의 등록을 한 자 또는 「국가공간정보 기본법」 제12조에 따라 설립된 한국국토정보공사(이하 "측량업자등"이라 합니다)가 측량한 축척 6천분의 1부터 1천200분의 1까지의 연차별 토석채취구역실측도 1부(연차별 생산·이용계획이 변경되는 경우에 한정합니다) 　다. 「산림자원의 조성 및 관리에 관한 법률 시행규칙」 별표 2에 따른 임도의 설계·시설기준 등에 준하여 작성한 진입로설계서 1부(진입로 설계가 변경되는 경우에 한정합니다) 2. 채석신고를 한 자 및 그 대표자의 명의 변경 　가. 신고하려는 산지의 소유권 또는 사용·수익권을 증명할 수 있는 서류 1부 　나. 신고를 한 자 및 그 대표자의 명의변경을 증명할 수 있는 서류 1부 　다. 이미 신고한 자의 명의변경동의서 1부 　라. 「산지관리법」 제38조제1항 본문에 따라 예치된 복구비의 권리승계를 증명할 수 있는 서류 1부 3. 법인명칭의 변경이 없는 법인대표의 변경: 없음 4. 법인대표의 변경이 없는 법인명칭의 변경 　가. 신고하려는 산지의 소유권 또는 사용·수익권을 증명할 수 있는 서류 1부 　나. 산림골재채취업에 관한 골재채취업등록증 사본 1부(쇄골재용 석재의 굴취·채취의 경우에 한정합니다) 　다. 「산지관리법」 제38조제1항 본문에 따라 예치된 복구비의 권리승계를 증명할 수 있는 서류 1부 5. 채석신고를 한 석재의 용도변경 　가. 산림골재채취업에 관한 골재채취업등록증 사본 1부(쇄골재용 석재의 굴취·채취의 경우에 한정합니다) 　나. 채석경제성평가보고서 1부(「산지관리법」 제26조제1항 본문에 따라 채석경제성평가를 받아야 하는 용도로 변경하는 경우에 한정합니다) 6. 채석신고를 한 면적의 축소 　가. 측량업자등이 측량한 축척 6천분의 1부터 1천200분의 1까지의 연차별 채석구역실측도 1부(연차별 생산·이용계획이 변경되는 경우에 한정합니다) 　나. 복구공종·공법 및 겨냥도가 포함된 복구계획서 1부 7. 채석신고를 한 면적의 변경이 없는 채석량의 증가 　가. 토석채취량에 대하여 「공간정보의 구축 및 관리 등에 관한 법률」 제44조제1항제1호에 따른 측지측량업 또는 같은 법 시행령 제34조제1항제1호 및 제2호에 따른 공공측량업 및 일반측량업으로 등록한 자가 측량한 구적도(求積圖) 1부 　나. 복구공종·공법 및 겨냥도가 포함된 복구계획서 1부	수수료 없음
담당 공무원 확인사항	1. 토지 등기사항증명서(신고인이 토지의 소유자인 경우만 해당합니다) 2. 법인 등기사항증명서(신고인이 법인인 경우만 해당합니다)	

처리절차

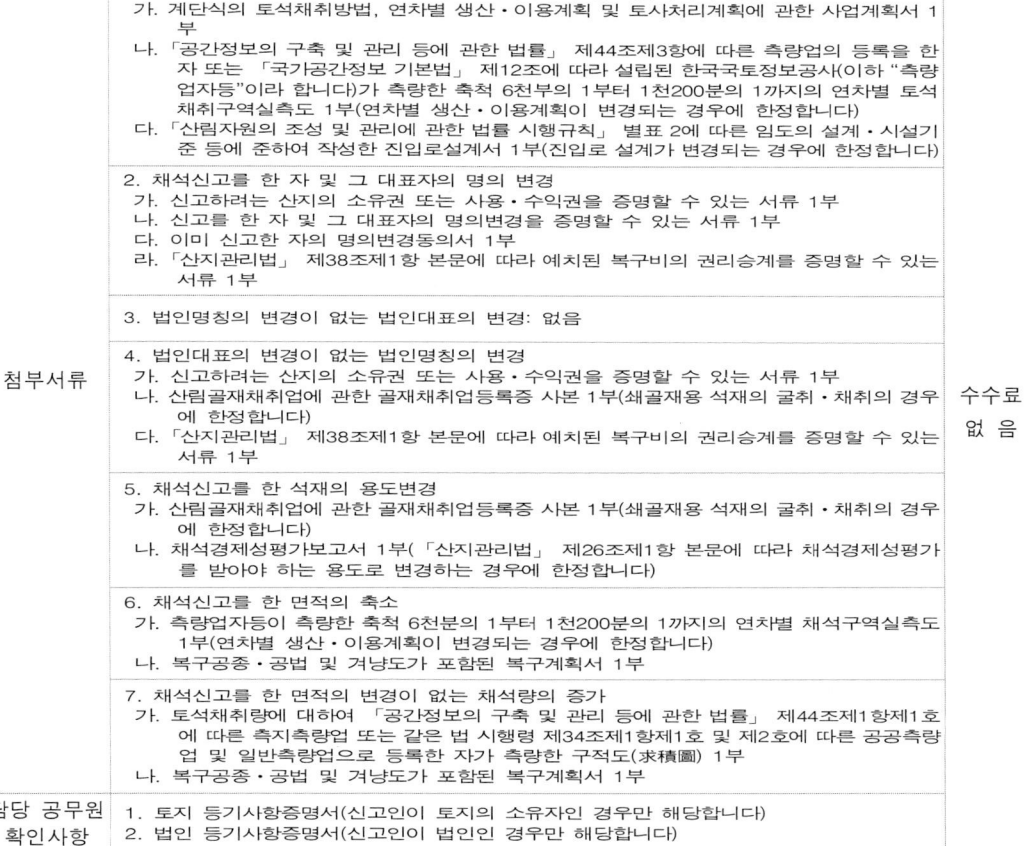

[별지 제24호서식] <개정 2015.11.25>

채석기간연장신고서

(앞쪽)

※ 색상이 어두운 란은 신고인이 적지 않습니다.

접수번호	접수일	처리일	처리기간 10일

신고인	성명		생년월일	
	주소		전화번호	
	영업 소재지			
	해당 산지에 대한 권리관계			

산 지 소유자	성명		생년월일	
	주소		전화번호	

산지소재지	

산지편입 면적	채석장면적	부대시설					완충구역
		계	산물처리장	진입로	관리사무소	그 밖의 시설	
	m²	m²	m²	m²	m²	m²	m²

채석 및 반출기간		신고 연월일 및 번호	

채취 계획	석재의 용도	석재의 종류	신고량		채석방법
			매장량	가채매장량	
			m³	m³	

변경사항	신고기간	연장기간	사유

「산지관리법」 제30조제3항 및 같은 법 시행규칙 제30조제5항에 따라 위와 같이 채석기간연장신고를 합니다.

년   월   일

신고인   (서명 또는 인)

시장·군수·구청장, 지방산림청국유림관리소장, 국립수목원장
국립산림품종관리센터장, 국립산림과학원장, 국립자연휴양림관리소장   귀하

* 첨부서류, 담당 공무원 확인사항, 수수료: 뒤쪽 참조

210mm×297mm(백상지 80g/m²)

(뒤쪽)

첨부서류	1. 신고하려는 산지의 소유권 또는 사용·수익권을 증명할 수 있는 서류 1부(토지 등기사항증명서로 확인할 수 없는 경우에 한정하고, 사용·수익권을 증명할 수 있는 서류에는 사용·수익권의 범위 및 기간이 명시되어야 합니다) 2. 채취하지 못한 채석량에 대하여 「공간정보의 구축 및 관리 등에 관한 법률」 제44조제1항제1호에 따른 측지측량업 또는 같은 법 시행령 제34조제1항제1호 및 제2호에 따른 공공측량업 및 일반 측량업으로 등록한 자가 측량한 구적도(求積圖) 1부	수수료 없 음
담당 공무원 확인사항	토지 등기사항증명서(신고인이 토지의 소유자인 경우만 해당합니다)	

처리절차

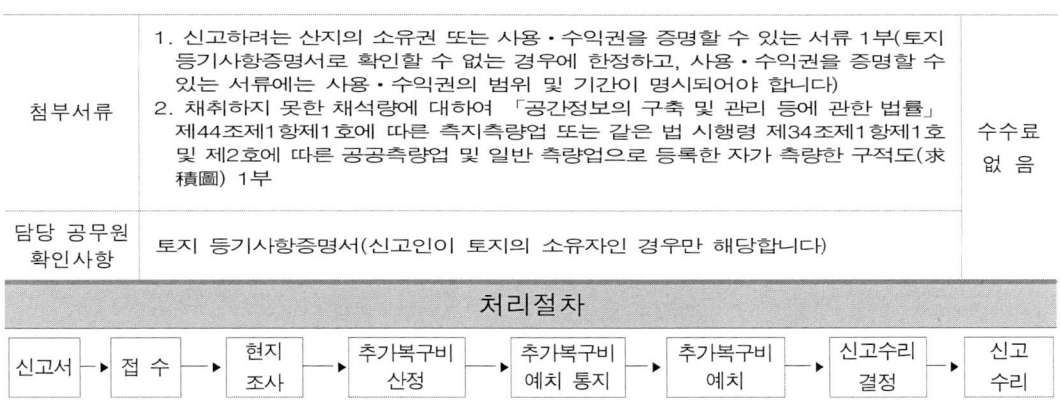

[별지 제25호서식] 삭제<2007.7.27>
[별지 제26호서식] 삭제<2007.7.27>
[별지 제27호서식] 삭제<2007.7.27>
[별지 제28호서식] 삭제<2007.7.27>
[별지 제29호서식] 삭제<2007.7.27>
[별지 제30호서식] 삭제<2007.7.27>

[별지 제31호서식] <개정 2015.11.25>

토석 [ ] 매입 / [ ] 무상양여 신청서

(앞쪽)

※ [ ]에는 해당되는 곳에 √표를 하고, 색상이 어두운 란은 신청인이 적지 않습니다.

접수번호		접수일		처리일		처리기간	30일

신청인	성명		생년월일	
	주소		전화번호	

산지 소재지	

산지편입 면적	토석채취장	부대시설					완충구역
		계	산물처리장	진입로	관리사무소	그 밖의 시설	
	m²	m²	m²	m²	m²	m²	m²

토석채취 계 획	용도	토석의 종류	신청량		채취방법
			매장량	가채매장량	
			m³	m³	

토석반출기간	
매매대금	
채취지역 부근의 사항	
무상양여를 받을 사유	

「산지관리법」 제35조제1항, 같은 법 시행령 제44조제1항 및 같은 법 시행규칙 제34조에 따라 위와 같이 토석의 [ ]매입 [ ]무상양여를 신청합니다.

년 월 일

신청인 (서명 또는 인)

지방산림청장, 지방산림청국유림관리소장
국립수목원장, 국립산림품종관리센터장 귀하
국립산림과학원장, 국립자연휴양림관리소장

* 첨부서류, 수수료: 뒤쪽 참조

(뒤쪽)

| 첨부서류 | 1. 매입의 경우
　가. 사업계획서{토석채취허가구역현황, 채취방법, 장비 및 기술인력 보유현황(석재에 한정합니다), 토사처리계획(석재에 한정합니다), 연차별 생산·이용계획 및 피해방지계획을 포함합니다} 1부
　나. 「공간정보의 구축 및 관리 등에 관한 법률」 제44조제3항에 따른 측량업의 등록을 한 자 또는 「국가공간정보 기본법」 제12조에 따라 설립된 한국국토정보공사가 측량한 토석채취구역 및 완충구역이 표시된 축척 6천분의 1부터 1천200분의 1까지의 연차별 토석채취구역실측도 1부
　다. 토석채취량에 대하여 「공간정보의 구축 및 관리 등에 관한 법률」 제44조제1항제1호에 따른 측지측량업 또는 같은 법 시행령 제34조제1항제1호 및 제2호에 따른 공공측량업 및 일반측량업으로 등록한 자가 측량한 구적도(求積圖) 1부

2. 무상양여의 경우
　가. 사업계획서{토석채취허가구역현황, 채취방법, 장비 및 기술인력 보유현황(석재에 한정합니다), 토사처리계획(석재에 한정합니다), 연차별 생산·이용계획 및 피해방지계획을 포함합니다} 1부
　나. 「공간정보의 구축 및 관리 등에 관한 법률」 제44조제3항에 따른 측량업의 등록을 한 자 또는 「국가공간정보 기본법」 제12조에 따라 설립된 한국국토정보공사가 측량한 토석채취구역 및 완충구역이 표시된 축척 6천분의 1부터 1천200분의 1까지의 연차별 토석채취구역실측도 1부. 다만, 해당 국유림의 산지가 소재한 관할 시·군 또는 자치구의 재해복구를 위한 무상양여의 경우에는 이를 제출하지 않을 수 있습니다).
　다. 「산지관리법」 제35제1항 각 호의 어느 하나에 해당하는 무상양여 사유를 증명할 수 있는 서류 1부 | 수수료
없음 |

처리절차

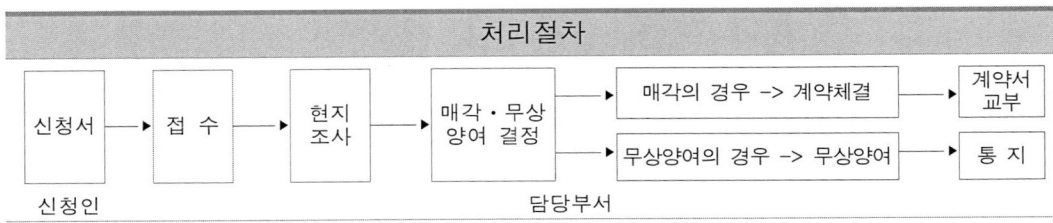

[별지 제32호서식] <개정 2014.7.2>

토석매각계약서

(앞쪽)

토석 소재지							
채취구역 면적	토석채취장	부대시설					완충구역
		계	산물처리장	진입로	관리사무소	그 밖의 시설	
	m²	m²	m²	m²	m²	m²	m²

채취계획	용도	토석의 종류	신청량		채취방법
			매장량	가채매장량	
			m³	m³	

채취기간	
매각대금	
계약 보증금	

「산지관리법」 제35조제6항 및 같은 법 시행규칙 제35조제1항에 따라 위의 토석에 대하여 매도인을 "갑"으로 하고 매수인을 "을"로 하여 다음과 같은 토석매각 계약을 체결하고 각자 서명날인한 후 1부씩 나누어 보관합니다.

년   월   일

매도인(갑)   (서 명)   인

매수인(을)
    성명(상호 또는 명칭):   (서 명)   인
    생년월일(사업자등록번호):
    주   소:

210mm×297mm(백상지 80g/m²)

(뒤쪽)

제1조 "을"은 매각대금을 "갑"이 발행하는 납입고지서에 따라   년   월   일까지 납부하고, 복구비는 "갑"이 별도로 발부하는 통지서에 따라 예치해야 합니다. 다만, 매각대금의 납부는 "갑"이 부득이하다고 인정하는 경우 1회에 한정하여 연기할 수 있습니다.

제2조 계약보증금은 계약 당시 매각대금 총액의 100분의 10 이상으로 하고, 계약보증금은 "을"이 사업을 완료하고 "갑"이 복구준공검사를 한 후 계약위반사항이 없을 때에 반환합니다.

제3조 토석은 "을"이 매각대금을 납부하고 복구비를 예치한 후 인도합니다.

제4조 석재·토사는 "갑"이 "을"에게 토석채취구역 및 완충구역이 표시된 축척 6천분의 1부터 1천200분의 1까지의 연차별 토석채취구역실측도와 토석채취량에 대한 구적도(求積圖)를 교부함으로써 인도된 것으로 봅니다.

제5조 "을"은 토석을 인수받은 후에는 그 토석에 관하여 이의를 제기할 수 없습니다.

제6조 "을"은 토석을 인수받으면 지체 없이 작업에 착수하고 착수일을 적은 작업착수서를 "갑"에게 제출해야 합니다.

제7조 ① "을"은 채취예정지 인근에 여러 개의 적색위험표지를 잘 보이도록 설치해야 합니다.
  ② 채취장소의 입구에는 가로 90cm, 세로 60cm, 높이 90cm 이상의 다음 표지판을 설치해야 합니다.

> 토석매각 현황
> 1. 계약번호:
> 2. 소 재 지:
> 3. 매각내용(면적, 채취용도, 토석의 종류 및 수량, 채취기간)
> 4. 매 수 인:
> 5. 매 도 인:

제8조 "을"은 토석채취기간 중 작업을 중지하거나 재개한 경우에는 즉시 그 사유를 적은 작업중지서 또는 작업재개서를 "갑"에게 제출해야 합니다.

제9조 "을"은 계약기간 내에 토석을 국유림 외로 반출해야 합니다. 다만, "갑"이 부득이하다고 인정할 때에는 반출기간을 1회에 한정하여 연기하되, 이 경우 "을"은 "갑"이 결정한 산지의 사용료를 별도로 납부해야 합니다.

제10조 ① "을"은 계약기간 만료 전이라도 "갑"이 목적사업 완료 부분에 대하여 중간복구 명령을 한 경우에는 이에 따라야 합니다.
  ② 예치된 복구비는 "을"이 복구설계서에 따라 복구를 완료하면 "갑"이 복구상황을 확인하고 완전히 복구되었다고 인정될 때 반환하며, 기간 내에 복구를 하지 않으면 예치된 복구비로 대집행할 수 있습니다.

제11조 "을"은 토석 채취로 인하여 발생할 피해에 대하여 사전에 예방조치를 취해야 합니다.

제12조 "을"은 채취예정지와 그 부근 임야에 대하여 산림의 훼손이나 그 밖에 임야의 피해사실을 발견하였을 때에는 즉시 그 사실을 "갑"이나 관할관서에 신고해야 합니다.

제13조 "을"은 토석의 반출을 완료하였을 때 또는 계약기간이 만료되었을 때에는 즉시 채취 및 반출 토석의 종류와 수량을 적은 문서와 이 계약서를 첨부한 반출종료서를 "갑"에게 제출해야 합니다.

제14조 ① "갑"은 다음 각 호의 어느 하나에 해당하는 경우 이 계약을 해제할 수 있습니다. 다만, 제6호의 경우에는 계약을 해제합니다.
  1. "을"이 「산지관리법」 제35조제5항에 따라 준용되는 같은 법 제28조제1항제5호 본문에 따른 장비 등의 기준에 미달하게 된 경우
  2. "을"(사용인과 고용인을 포함합니다)이 매입한 토석 외의 토석을 채취한 경우
  3. "을"이 지정된 기간까지 매각대금을 내지 않은 경우
  4. 「산지관리법」 제37조제2항 각 호의 어느 하나에 해당하는 필요한 조치 명령을 이행하지 않은 경우
  5. 「산지관리법」 제38조에 따른 복구비를 예치하지 않은 경우(같은 법 제37조제4항에 따른 줄어든 복구비 예치금을 다시 예치하지 않은 경우를 포함합니다)
  6. 거짓이나 부정한 방법으로 토석을 매입한 경우
  7. 정당한 사유 없이 토석을 매입한 날부터 6개월 이내에 토석채취를 시작하지 않거나 1년 이상 중단한 경우
  8. 그 밖에 매각조건을 위반한 경우
  ② 제1항에 따라 매각계약이 해제되었을 때에는 계약보증금, 이미 납부된 대금 및 해당 산지의 매각된 토석은 국가에 귀속합니다. 다만, "을"이 토석채취를 하지 않은 상태에서 계약이 해제되었을 때에는 이미 납부된 대금의 전부 또는 일부를 반환합니다.

제15조 ① "을"이 매입한 토석을 제3자에게 양도하여 채취하도록 하려는 때에는 다음 각 호의 서류를 "갑"에게 제출하여 "갑"의 동의를 받아야 합니다.
  1. 토석매각계약서 원본 1부
  2. 양도·양수계약서 1부
  3. 양수인("을"이 매입한 토석을 양도받은 사람을 말합니다. 이하 같습니다)이 작성한 사업계획서 1부
  ② 제1항에 따라 "갑"이 양도에 동의한 경우 양수인은 그 명의로 복구비를 예치함으로써 "을"의 지위를 승계하며, "을"이 납부한 매각대금은 양수인이 납부한 것으로 봅니다.
  ③ 양수인이 복구비 예치를 완료한 경우 "갑"은 제1항제1호의 토석매각계약서 원본에 동의 내용을 첨부하여 양수인에게 통지합니다.

제16조 이 계약서의 해석에 이의가 있을 때에는 "갑"의 결정에 따릅니다.

※ 비고: "갑"과 "을"은 필요한 경우 서로 합의 하에 이 계약서의 일부 조항을 가감 또는 변경할 수 있습니다.

[별지 제33호서식] 삭제<개정 2011.1.5>
[별지 제34호서식] 삭제<개정 2011.1.5>

[별지 제35호서식] <개정 2013.1.23>

토석반출기간 연장신청서

※ 색상이 어두운 란은 신청인이 적지 않습니다.

접수번호		접수일		처리일		처리기간	10일
신청인	상호(명칭)						
	성명				생년월일		
	주소				전화번호		
	영업 소재지						
	해당 산지에 대한 권리관계						

매각(양여)일 및 번호	
산지 소재지	

채취현황	매각·무상양여 (채취구역) 면적	반출현황		
		토석의 종류	생산량	미반출량
	m²		m³	m³

채취기간	최초	변경(연장)	사유

「산지관리법」 제35조제6항 및 같은 법 시행규칙 제35조제6항에 따라 위와 같이 토석반출기간 연장을 신청합니다.

년 월 일

신청인 (서명 또는 인)

지방산림청장, 지방산림청국유림관리소장
국립수목원장, 국립산림품종관리센터장 귀하
국립산림과학원장, 국립자연휴양림관리소장

첨부서류	없 음	수수료 없 음

처리절차

신청서 → 접수 → 현지조사 → 추가복구비산정 → 추가복구비 예치 통지 → 복구비 예치 → 반출기간 연장결정 → 통보

신청인 / 담당부서 / / / / 신청인 / 담당부서 /

210mm×297mm(백상지 80g/m²)

[별지 제36호서식] <개정 2013.1.23>

조치명령서

명령을 받는 자	성명		생년월일	
	주소		전화번호	

허가(신고) 내용	허가(신고) 번호	
	소재지	

명령사항	재해방지면적	㎡	필요비용	
	산지전용등의 중단기간	. . . ~ . . .		
	명령이행기간	. . . ~ . . .		

조치내용	

「산지관리법」 제37조제2항, 같은 법 시행령 제45조제2항 및 같은 법 시행규칙 제36조제1항에 따라 위와 같이 재해의 방지 및 복구 등에 필요한 조치를 명합니다.

년   월   일

시·도지사, 시장·군수·구청장
지방산림청국유림관리소장
국립수목원장, 국립산림품종관리센터장   직인
국립산림과학원장, 국립자연휴양림관리소장

210mm×297mm(백상지 80g/㎡)

[별지 제37호서식] <개정 2014.7.2>

복구비분할예치신청서

※ 색상이 어두운 란은 신청인이 적지 않습니다.

접수번호		접수일		처리일		처리기간	10일
신청인	성명				생년월일(사업자등록번호)		
	주소				전화번호		

| 복구비 산정내용 | 면적 | m² |
| | 복구비용 | |

신청사항	연차별 산지전용등 사업계획	총면적	1차년도 면적	2차년도 면적	3차년도 면적	4차년도 면적
		m²	m²	m²	m²	m²
	분할예치사유					
	허가기간					

「산지관리법」 제38조제4항, 같은 법 시행령 제46조제3항 및 같은 법 시행규칙 제38조제1항에 따라 위와 같이 복구비분할예치를 신청합니다.

년 월 일

신청인 (서명 또는 인)

시·도지사, 시장·군수·구청장
　　　지방산림청국유림관리소장
　　국립수목원장, 국립산림품종관리센터장　　귀하
　　국립산림과학원장, 국립자연휴양림관리소장

| 첨부서류 | 없 음 | 수수료 없 음 |

처리절차

신청서 → 접 수 → 검토·확인 → 복구비분할예치 결정 → 복구비예치통지 → 복구비예치
(신청인)　　　　　　　(담당부서)　　　　　　　　　　　　　　(신청인)

210mm×297mm(백상지 80g/m²)

[별지 제38호서식] <개정 2016.12.30>

복구비예치통지서

발급번호		발급일	
위치·면적			
허가신청자 (신고자)	성명		생년월일
	주소		
복구비 예치 명세	예치총액		원
	이번에 예치할 금액		원
	기 예치총액		원
	보증서 등 보증기간	. . . 까지	
납부기일·장소	납부기일	. . . 까지	
	납부장소		

「산지관리법」 제38조제1항·제5항 및 같은 법 시행규칙 제40조제1항에 따라 위와 같이 복구비를 예치할 것을 통지합니다.

년 월 일

시·도지사, 시장·군수·구청장 지방산림청국유림관리소장
국립수목원장, 국립산림품종관리센터장
국립산림과학원장, 국립자연휴양림관리소장

[직인]

· ·

복구비예치영수증

발급번호		발급일	
허가신청자 (신고자)	성명		생년월일
	주소		
복구비 예치 금액		원	

위 금액을 정히 영수합니다.

년 월 일

시·도지사, 시장·군수·구청장 지방산림청국유림관리소장
국립수목원장, 국립산림품종관리센터장
국립산림과학원장, 국립자연휴양림관리소장

[직인]

210㎜×297㎜(백상지 80g/㎡)

[별지 제38호의2서식] <개정 2013.1.23>

중간복구명령서

명령을 받는 자	성명		생년월일	
	주소		전화번호	

허가(신고) 내용	허가(신고) 번호	
	소재지	

명령사항	중간복구면적	㎡	필요비용	
	산지전용등의 기간	. . . ~ . . .		
	명령이행기간	. . . ~ . . .		
	조치내용			

「산지관리법」 제39조제2항, 같은 법 시행령 제46조의2 및 같은 법 시행규칙 제40조의2에 따라 위와 같이 중간복구를 명합니다.

년   월   일

시·도지사, 시장·군수·구청장
지방산림청국유림관리소장
국립수목원장, 국립산림품종관리센터장
국립산림과학원장, 국립자연휴양림관리소장

직인

210mm×297mm(백상지 80g/㎡)

[별지 제39호서식] <개정 2015.11.25>

복구의무면제신청서

(앞쪽)

※ 색상이 어두운 란은 신청인이 적지 않습니다.

접수번호		접수일		처리일		처리기간	15일
신청인	성명				생년월일		
	주소				전화번호		
	해당 산지에 대한 권리관계						

산지 소재지		산지면적	m²
최초 산지전용면적	m²	산지전용 목적	
허가(신고·매각·무상양여) 연월일 및 번호			
허가(신고·매각·무상양여)기간	. . . ~ . . .		
복구의무면제 신청면적			
복구의무면제 사유			

「산지관리법」 제39조제3항, 같은 법 시행령 제47조 및 같은 법 시행규칙 제41조제1항에 따라 위와 같이 복구의무의 면제를 신청합니다.

년   월   일

신청인   (서명 또는 인)

시·도지사, 시장·군수·구청장
지방산림청국유림관리소장
국립수목원장, 국립산림품종관리센터장   귀하
국립산림과학원장, 국립자연휴양림관리소장

* 첨부서류, 담당 공무원 확인사항, 수수료, 처리절차: 뒤쪽 참조

210mm×297mm(백상지 80g/m²)

(뒤쪽)

첨부서류	1. 「공간정보의 구축 및 관리 등에 관한 법률」 제44조제3항에 따른 측량업자 또는 「국가공간정보 기본법」 제12조에 따라 설립된 한국국토정보공사가 측량한 축적 6천분의 1부터 1천200분의 1까지의 복구의무를 면제받으려는 산지의 실측도 1부 2. 「산지관리법」 제39조제3항에 따라 복구의무가 면제되는 사유를 증명할 수 있는 서류 1부 3. 복구의무를 면제받으려는 산지의 소유권 또는 사용·수익권을 증명할 수 있는 서류 1부(토지 등기사항증명서로 확인할 수 없는 경우에 한정하고, 사용·수익권을 증명할 수 있는 서류에는 사용·수익권의 범위 및 기간이 명시되어야 합니다)	수수료 없 음
담당 공무원 확인사항	토지 등기사항증명서(신청인이 토지의 소유자인 경우만 해당합니다)	

처리절차

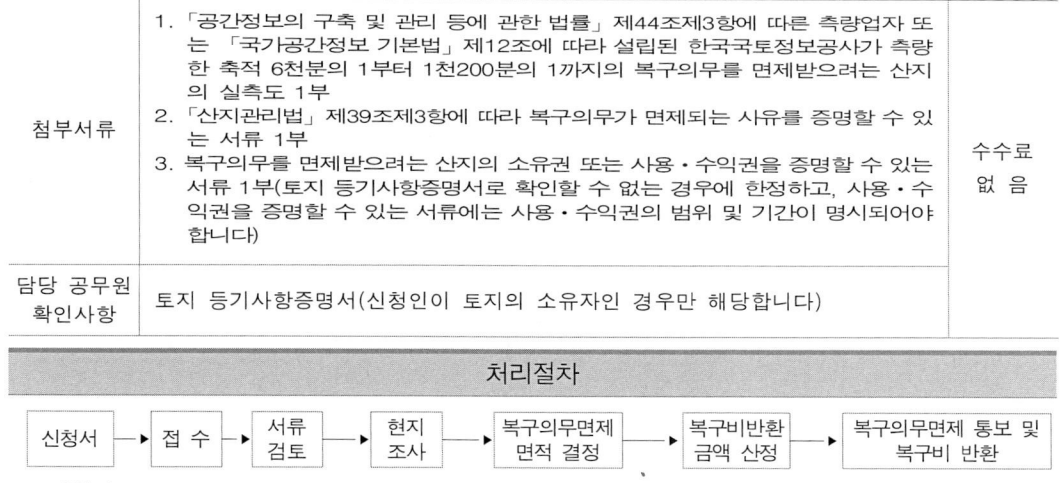

[별지 제40호서식] <개정 2015.11.25>

복구설계 [ ]승인신청서 [ ]변경승인신청서

※ 색상이 어두운 란은 신청인이 적지 않습니다.

접수번호	접수일	처리일	처리기간 7일

신청인	성명		생년월일	
	주소		전화번호	

허가(신고·매각·무상양여) 사항	허가(신고·매각·무상양여) 번호	허가(신고·매각·무상양여) 기간	허가(신고·매각·무상양여) 내용
	허가(신고·매각·무상양여) 면적(㎡)	복구·복원 예치액(천원)	복구면적(㎡)

설계내용	복구설계서 작성자	복구공사금액	복구공사기간

변경사항	변경 전	변경 후	사 유

「산지관리법」 제40조제1항, 같은 법 시행령 제48조 및 같은 법 시행규칙 제42조제2항·제6항에 따라 위와 같이 복구설계서의 [ ]승인 [ ]변경승인을 신청합니다.

년   월   일

신청인   (서명 또는 인)

시·도지사, 시장·군수·구청장, 지방산림청국유림관리소장, 국립수목원장, 국립산림품종관리센터장, 국립산림과학원장, 국립자연휴양림관리소장   귀하

첨부서류	복구설계서 1부

수수료	1. 복구설계서 승인신청
	  가. 승인을 신청하는 산지면적이 1만제곱미터 이하인 경우: 2만원
	  나. 승인을 신청하는 산지면적이 1만제곱미터를 초과하는 경우: 2만원에 그 초과면적 1천제곱미터마다 2천원을 가산한 금액
	2. 복구설계서 변경승인신청 : 없음

유의사항

복구설계서는 「산지관리법」 제45조에 따른 복구전문기관 또는 「산림자원의 조성 및 관리에 관한 법률 시행령」 제30조제1항에 따른 산림공학기술자가 작성한 것이어야 합니다.

처리절차

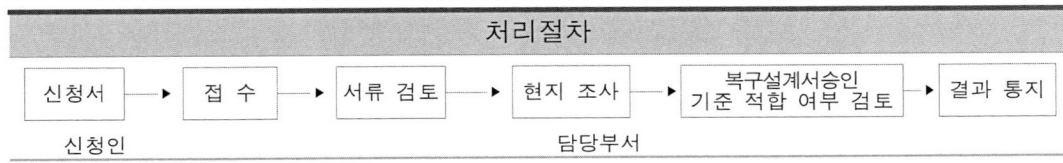

210mm×297mm[백상지(80g/㎡) 또는 중질지(80g/㎡)]

[별지 제41호서식] <개정 2013.1.23>

복구설계서 제출기간 연장신청서

※ 색상이 어두운 란은 신청인이 적지 않습니다.

접수번호		접수일		처리일		처리기간 5일
신청인	성명			생년월일		
	주소			전화번호		
허가사항	허가(신고·매각·무상양여) 번호					
	허가(신고·매각·무상양여) 기간					
	복구면적			m²		
	최초 제출기간					
신청사항	연장기간					
	연장사유					

「산지관리법」제40조제2항, 같은 법 시행령 제48조 및 같은 법 시행규칙 제42조제4항에 따라 위와 같이 복구설계서 제출기간의 연장을 신청합니다.

년   월   일

신청인   (서명 또는 인)

시·도지사, 시장·군수·구청장
지방산림청국유림관리소장
국립수목원장, 국립산림품종관리센터장   귀하
국립산림과학원장, 국립자연휴양림관리소장

첨부서류	연장사유를 증명할 수 있는 서류	수수료 없음

처리절차

신청서 → 접수 → 서류검토 → 현지조사 → 예치된 복구비 보증기간 연장 (보증서등의 경우) → 보증서 등 제출 → 연장결정 → 기간연장통보

신청인 / 담당부서 / 신청인 / 담당부서

210mm×297mm(백상지 80g/m²)

[별지 제42호서식] <개정 2013.1.23>

복구준공검사신청서

※ 색상이 어두운 란은 신청인이 적지 않습니다.

접수번호		접수일	처리일	처리기간 15일
신청인	성명		생년월일	
	주소		전화번호	
허가(신고·매각·무상양여) 사항	소재지		사업목적	
	면적		기간	
복구사항	착공일		준공예정일	
	면적		복구에 든 비용	

「산지관리법」 제42조제1항 및 같은 법 시행규칙 제43조제1항에 따라 위와 같이 복구준공검사를 신청합니다.

년 월 일

신청인 (서명 또는 인)

시·도지사, 시장·군수·구청장
지방산림청국유림관리소장
국립수목원장, 국립산림품종관리센터장   귀하
국립산림과학원장, 국립자연휴양림관리소장

첨부서류	없음	수수료 5천원

처리절차

신청서 (신청인) → 접수 → 현지 조사 (담당부서) → 결과 통보

210mm×297mm(백상지 80g/㎡)

[별지 제43호서식] <개정 2013.1.23>

복구전문기관 지정신청서

※ 색상이 어두운 란은 신청인이 적지 않습니다.

접수번호	접수일	처리일	처리기간 10일

신청인	대표자 성명		법인명	
	생년월일		법인등록번호	
	주소		(전화번호:)	

기관현황	장비현황					
	직원현황	합계	일반직원	산림기술사	토목기사	산림토목기술자
		명	명	명	명	명

「산지관리법」 제45조, 같은 법 시행령 제50조제2항 및 같은 법 시행규칙 제47조제1항에 따라 위와 같이 복구전문기관의 지정을 신청합니다.

년　월　일

신청인　　　　　　　　　(서명 또는 인)

산림청장　귀하

첨부서류	1. 기술인력의 보유사실을 증명할 수 있는 자격증 사본(국가기술 자격증이 아닌 경우에 한정합니다) 및 재직증명 서류 각 1부 2. 복구장비의 보유사실을 증명할 수 있는 장비등록증 또는 임대계약서 사본 1부	수수료 없음
담당 공무원 확인사항	국가기술 자격증	

행정정보 공동이용 동의서

본인은 이 건 업무처리와 관련하여 담당 공무원이 「전자정부법」 제36조제1항에 따른 행정정보의 공동이용을 통하여 위의 담당 공무원 확인 사항을 확인하는 것에 동의합니다. * 동의하지 않는 경우에는 신청인이 직접 관련 서류를 제출해야 합니다.

신청인　　　　　　　　　(서명 또는 인)

처리절차

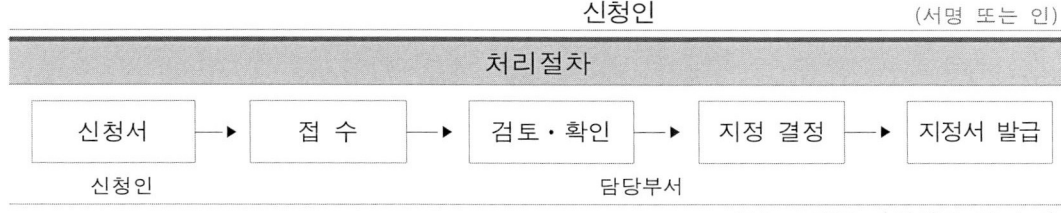

[별지 제44호서식] <개정 2013.1.23>

발급번호 제   호

복구전문기관지정서

기관 또는 법인의 명칭:

법 인 등 록 번 호:

소   재   지:

기관의 대표자 성명:

주   소:

지 정 조 건:

「산지관리법」 제45조, 같은 법 시행령 제50조제3항 및 같은 법 시행규칙 제47조제3항에 따라 위와 같이 복구전문기관으로 지정합니다.

년   월   일

산림청장 | 직인 |

210mm×297mm(백상지 80g/㎡)

[별지 제44호의2서식] <개정 2013.1.23>

포상금지급신청서

※ 색상이 어두운 란은 신청인이 적지 않습니다.

접수번호		접수일	처리일	처리기간	15일
신청인	성명			생년월일	
	주소			전화번호	
	지급계좌				

신고 또는 고발한 위반행위의 내용

위반행위의 유형			
위반행위의 연월일		관련산지의 면적	㎡
위반행위의 장소			
사건처리결과			
포상금액			

「산지관리법」 제46조의2, 같은 법 시행령 제50조의2 및 같은 법 시행규칙 제50조의2제1항에 따라 위와 같이 포상금의 지급을 신청합니다.

년   월   일

신청인   (서명 또는 인)

시장·군수·구청장
지방산림청국유림관리소장
국립수목원장, 국립산림품종관리센터장   귀하
국립산림과학원장, 국립자연휴양림관리소장

첨부서류	포상금 배분에 관한 합의서(하나의 사건에 대하여 신고 또는 고발한 자가 2명 이상인 경우에 포상금을 지급받을 자가 그 배분방법에 관하여 미리 합의하여 포상금을 신청하는 경우만 해당합니다)	수수료 없 음

처리절차

신청서	→	접 수	→	검토·확인	→	지급 결정	→	포상금 지급
신청인				담당부서				

210mm×297mm(백상지 80g/㎡)

[별지 제44호의3서식] <신설 2015.9.30>

현장관리업무담당자 지정(변경) 신고서

※ 색상이 어두운 란은 신청인이 적지 않습니다.

접수번호		접수일		처리일		처리기간	즉시
허가현황	회사명			사업장명			
	사업주 또는 대표자			전화번호			
	소재지						
	허가기간			상시 근로자 수(명)			
	허가면적(㎡)						
현장관리 업무담당자	성명			생년월일			
	주소			전화번호			
	입사년월일			업무담당자 지정 연월일			
	주요경력	기관명			기간		
	현장관리교육 이수현황						

「산지관리법」 제46조의3, 같은 법 시행령 제50조의3제3항 및 같은 법 시행규칙 제50조의3에 따라 위와 같이 신고합니다.

년   월   일

신고인

(서명 또는 인)

시·도지사, 시장·군수·구청장
동부지방산림청장, 국유림관리소장   귀하

첨부서류	재직증명서(1개월 이내 작성한 증명서에 한정합니다) 1부	수수료 없음

※ 현장관리업무담당자 교육기관에서 시행한 교육을 이수한 경우에는 교육수료증을 함께 제출할 수 있습니다.

210㎜×297㎜(백상지 80g/㎡)

[별지 제45호서식] <개정 2015.12.30>

(앞쪽)

제 호

산지관리조사원증

사 진

3cm×4cm

(모자 벗은 상반신으로 뒤 그림 없이 6개월 이내 촬영한 것)

성   명
기 관 명

60mm×90mm[백상지 80g/㎡]

(색상: 연노랑색)

(뒤쪽)

산지관리조사원증

소속/직급:

성   명:

생년월일:

유효기간:

위 사람은 「산지관리법」 제44조의2 및 제47조에 따라 산지관리조사원으로 임명된 자임을 증명합니다.

년   월   일

기 관 장 명 의 직인

1. 이 증은 다른 사람에게 대여 또는 양도할 수 없습니다.
2. 이 증을 습득한 경우에는 가까운 우체통에 넣어 주십시오.
※ 연락처 ☎ :

[별지 제46호서식] <개정 2015.12.30> (앞쪽)

산지전용 현황

기관명: 　　　　　　　　　　　　　　　　　　　　　　　　　　　　　　년　월 현재

용도별		합 계(A+B+C)					전용협의(A)					전용허가(B)					전용신고(C)				
		건수	면적(m²)			복구비(천원)	건수	면적(m²)			복구비(천원)	건수	면적(m²)			복구비(천원)	건수	면적(m²)			복구비(천원)
			소계	보전	준보전			소계	보전	준보전			소계	보전	준보전			소계	보전	준보전	
합 계	금회																				
	누계																				
농 지	금회																				
	누계																				
초 지	금회																				
	누계																				
소계	금회																				
	누계																				
공장 / 산업단지	금회																				
	누계																				
공장 / 일반공장	금회																				
	누계																				
공장 / 그 밖의 공장	금회																				
	누계																				
소계	금회																				
	누계																				
택지 / 택지·도시개발	금회																				
	누계																				
택지 / 농가주택	금회																				
	누계																				
택지 / 일반주택	금회																				
	누계																				
택지 / 그 밖의 주택	금회																				
	누계																				
도로시설	금회																				
	누계																				
교육시설	금회																				
	누계																				
종교시설	금회																				
	누계																				
국방·군사시설	금회																				
	누계																				
전기·통신시설	금회																				
	누계																				
묘지시설	금회																				
	누계																				
축사·창고	금회																				
	누계																				
골프장	금회																				
	누계																				
스키장	금회																				
	누계																				
체육시설	금회																				
	누계																				
관광시설	금회																				
	누계																				
공용·공공용시설	금회																				
	누계																				
그 밖의 시설	금회																				
	누계																				

210mm×297mm[백상지 80g/㎡]

(뒤쪽)

작 성 요 령

1. 조사대상: 조림, 숲가꾸기, 벌채, 토석 등 임산물의 채취 및 산지일시사용 외의 용도로 사용하거나 이를 위하여 산지의 형질을 변경하는 모든 산지전용 현황
2. 작성요령
   가. 농지: 「농지법」에 따른 농지
   나. 초지: 「초지법」에 따른 초지
   다. 공장
      1) 산업단지: 「산업입지 및 개발에 관한 법률」에 따른 산업단지, 농공단지
      2) 일반공장: 「산업집적활성화 및 공장설립에 관한 법률」에 따른 공장
      3) 그 밖의 공장: 가목 및 나목 외의 공장
   라. 택지
      1) 택지·도시개발: 「택지개발촉진법」에 따른 택지개발사업 및 「도시개발법」에 따른 도시개발사업
      2) 농가주택: 농림어업인이 농림어업의 경영을 위하여 실제 거주할 목적으로 건축하는 주택 및 부대시설
      3) 일반주택: 「주택법」 및 「건축법」에 따른 주택
      4) 그 밖의 주택: 1)부터 3)까지의 규정 외의 택지조성관련 사업에 따른 주택
   마. 도로시설: 「도로법」, 「농어촌도로정비법」, 「사도법」, 「국토의 계획 및 이용에 관한 법률」 등에 따른 법정 도로
   바. 교육시설: 「유아교육법」, 「초·중등교육법」, 「고등교육법」에 따른 학교시설, 그 밖의 교육·연구시설 부지 등
   사. 종교시설: 종교단체 또는 그 소속 단체에서 설치하는 사찰·교회·성당 등 종교의식에 직접적으로 사용되는 시설과 그 부대시설
   아. 국방·군사시설: 「국방·군사시설 사업에 관한 법률」에 따른 국방·군사시설
   자. 전기·통신시설: 「전원개발촉진법」에 따른 전원개발사업, 풍력·태양광 발전사업, 국가통신시설 또는 「전기통신기본법」에 따른 전기통신설비
   차. 묘지시설: 「장사 등에 관한 법률」에 따른 묘지·화장시설·봉안시설 등
   카. 축사·창고: 농림축수산물의 창고, 축산시설 등
   타. 골프장: 「체육시설의 설치·이용에 관한 법률」에 따른 골프장
   파. 스키장: 「체육시설의 설치·이용에 관한 법률」에 따른 스키장
   하. 체육시설: 타목 및 파목 외의 체육시설
   거. 관광시설: 「관광진흥법」에 따른 관광지 및 관광단지와 관광숙박업을 위하여 설치하는 시설 등
   너. 공용·공공용시설: 가목부터 거목까지 외의 공용·공공용 시설
   더. 그 밖의 시설: 가목부터 너목까지 외의 시설

[별지 제46호의2서식] <개정 2015.12.30>

산지일시사용 현황

기관명 : 　　　　　　　　　　　　　　　　　　　　　　　　　　　년   월 현재

용도별			합 계(A+B+C)					산지일시사용협의(A)					산지일시사용허가(B)					산지일시사용신고(C)				
			건수	면적(m²)			복구비(천원)	건수	면적(m²)			복구비(천원)	건수	면적(m²)			복구비(천원)	건수	면적(m²)			복구비(천원)
				소계	보전	준보전			소계	보전	준보전			소계	보전	준보전			소계	보전	준보전	
합계		금회																				
		누계																				
광물의 채굴	소계	금회																				
		누계																				
	노천채굴	금회																				
		누계																				
	굴진채굴	금회																				
		누계																				
광해방지사업		금회																				
		누계																				
농림어업용시설		금회																				
		누계																				
진입로 임도·숲길 등		금회																				
		누계																				
산림관상식물재배		금회																				
		누계																				
그 밖의 시설		금회																				
		누계																				

작 성 요 령

1. 조사대상: 산지를 복구할 것을 조건으로 조림, 숲가꾸기, 벌채 및 토석 등 임산물의 채취 외의 용도로 일정 기간 사용하거나 이를 위하여 산지의 형질을 변경하는 모든 산지일시사용 현황
2. 작성요령
   가. 광물의 채굴: 채굴 및 부속시설 용지
   나. 광해방지사업:「광산피해의 방지 및 복구에 관한 법률」에 따른 사업
   다. 농림어업용시설:「산지관리법 시행령」별표 3의3 제1호의 시설
   라. 진입로, 임도·숲길 등:「산지관리법 시행령」별표 3의3 제3호 및 제4호에 따른 진입로·임도·작업로 및 임산물 운반로· 숲길·산길 등
   마. 산림관상식물재배:「산지관리법 시행령」별표 3의3 제6호에 해당하는 경우
   바. 그 밖의 시설: 가목부터 마목까지 외의 시설

210mm×297mm[백상지 80g/㎡]

[별지 제47호서식] <개정 2015.12.30>

토석채취허가 현황

단위(면적: 천㎡, 수량: 천㎥, 금액: 천원)

구분	허가현황						
	건수	개소수 (채취장)	면적	수량	채취실적	매각대금	복구비예치액
누계							
신규							

토석채취허가 세부내역

단위(면적: 천㎡, 수량: 천㎥, 금액: 천원)

일련 번호	토석 구분	주된 행정 처분	허가(신고) 현황							
			소재지	지번	용도	면적	수량	허가 기간	수허가자	복구비 예치액
계										
1										

※ 작성요령
 1) 누계: 해당 연도말 현재 허가기간이 만료되지 아니한 허가현황, 해당 허가사항을 포함하여 작성하시기 바랍니다.
 2) 신규: 해당 연도에 신규로 허가한 현황을 작성하시기 바랍니다.

210mm×297mm[백상지 80g/㎡]

[별지 제48호서식] <개정 2015.12.30>

토석채취 용도별 현황

단위(면적: 천㎡, 수량: 천㎡, 금액: 천원)

구분	소유 구분		허가상황			채취실적	복구비 예치액
			건수	면적	수량		
합계	계	누계					
		신규					
	국유림	누계					
		신규					
	공유림	누계					
		신규					
	사유림	누계					
		신규					
쇄골재용	계	누계					
		신규					
	국유림	누계					
		신규					
	공유림	누계					
		신규					
	사유림	누계					
		신규					
토목용	계	누계					
		신규					
	국유림	누계					
		신규					
	공유림	누계					
		신규					
	사유림	누계					
		신규					
건축·공예·조경	계	누계					
		신규					
	국유림	누계					
		신규					
	공유림	누계					
		신규					
	사유림	누계					
		신규					
기타	계	누계					
		신규					
	국유림	누계					
		신규					
	공유림	누계					
		신규					
	사유림	누계					
		신규					

※작성요령
1) 누계: 해당 연도말 현재 허가기간이 만료되지 아니한 허가현황, 해당 허가사항을 포함하여 작성하시기 바랍니다.
2) 신규: 해당 연도에 신규로 허가한 현황을 작성하시기 바랍니다.

210mm×297mm[백상지 80g/㎡]

[별지 제49호서식] <개정 2015.12.30>

복 구 현 황

(단위 : 면적-천㎡, 금액-천원)

구분	복구비예치					복구실적					
	건수	면적	예치금			건수	면적	복구비	하자보수보증금		
			계	현금	지급보증서				계	현금	지급보증서
계											
산지전용지											
채광지											
토석채취지											

※ 작성요령
1. 조사 대상 : 법 제37조제1항 각 호의 어느 하나에 해당하는 허가 등의 처분을 받거나 신고 등을 한 대상지에 대하여 산지전용, 채광지, 토석채취지로 구분하여 작성하시기 바랍니다.

2. 작성방법
  1) 해당 연도 실적을 반기별로 작성하되, 하반기는 상반기 실적을 포함하여 누계로 작성하시기 바랍니다.
  2) 산지전용지 중 채광지는 따로 구분하여 작성하시기 바랍니다.
  3) 복구비예치의 경우 건수는 신규허가를 기준으로 반영하고, 기존허가의 변경허가, 기간연장허가, 복구비 재산정 등에 따른 변동이 있을 경우 건수는 반영하지 말고 변동된 면적과 금액만 추가로 반영하여 작성하시기 바랍니다.

210mm×297mm[백상지 80g/㎡]

[별지 제50호서식] <개정 2015.12.30>

불법전용산지 신고서

접수번호	접수일자	처리일자	처리기간	30일

신고인	성명		생년월일	
	주소		전화번호	
	해당 산지에 대한 권리관계			

산 지 소유자	성명		생년월일	
	주소		전화번호	

신고대상 산지내역	소재지	지번	지목	면적(㎡) 지적	면적(㎡) 형질변경 면적	이용용도

이용기간	

법률 제10331호 산지관리법 일부개정법률 부칙 제2조에 따라 위와 같이 불법전용산지를 신고합니다.

년   월   일

신고인   (서명 또는 인)

시장·군수·구청장 귀하

첨부서류	1. 「공간정보의 구축 및 관리 등에 관한 법률」 제24조에 따른 지적측량수행자가 측량한 신고대상 산지의 분할측량성과도 또는 등록전환측량성과도 1부 2. 신고대상 산지를 5년 이상 계속하여 다른 용도로 이용 또는 관리하고 있는 사실을 입증하기 위한 서류(공과금 영수증 또는 공부의 사본 등 해당 서류가 있는 경우만 해당합니다) 3. 별지 제51호서식에 따른 산지이용확인서 1부(신고대상 산지의 소재지 리·동에 5년 이상 계속하여 거주하고 있는 자 중 통·반·리장 1명을 포함한 3명 이상이 확인하여야 합니다) 4. 「공간정보의 구축 및 관리 등에 관한 법률 시행규칙」 제80조에 따른 토지이동 신청서 1부 5. 「농지법」 제50조에 따른 농지원부 등본 등 농지취득자격이 있는 자가 사용하고 있는 사실을 입증하기 위한 서류(신고대상 산지가 「농지법」에 따른 농작물의 경작 또는 다년생식물의 재배에 이용되는 시설·토지인 경우만 해당합니다) 6. 「산림자원의 조성 및 관리에 관한 법률 시행령」 제30조제1항에 따른 산림공학기술자 또는 「국가기술자격법」에 따른 산림기사·토목기사·측량 및 지형공간정보기사 이상의 자격증 소지자가 조사·작성한 표고 및 평균경사도조사서 1부(신고대상 산지가 2003년 10월 1일 이후에 전용된 경우만 해당합니다) 7. 산지소유자의 동의서 1부(국방·군사시설 또는 공용·공공용 시설을 관리하고 있는 자가 신고하는 경우만 해당합니다)

처리절차

210mm×297mm[백상지(80g/㎡) 또는 중질지(80g/㎡)]

[별지 제51호서식] <개정 2015.12.30>

산지이용확인서

산지이용자	성명		생년월일	
	주소		전화번호	
	해당 산지에 대한 권리관계			

산지의 표시	소재지			
	지 목		이용면적	㎡
	이용용도		이용기간	

산지의 표시	소재지			
	지 목		이용면적	㎡
	이용용도		이용기간	

산지의 표시	소재지			
	지 목		이용면적	㎡
	이용용도		이용기간	

　　　법률 제10331호 산지관리법 일부개정법률 부칙 제2조 및 같은 법 시행규칙 부칙 제2조에 따라 위와 같이 불법전용산지를 이용 또는 관리하고 있음을 확인합니다.

년　　월　　일

확인자
　　　성　명　　　　　　　　　　　　　　　　(서명 또는 인)
　　　생년월일
　　　주　소

확인자
　　　성　명　　　　　　　　　　　　　　　　(서명 또는 인)
　　　생년월일
　　　주　소

확인자
　　　성　명　　　　　　　　　　　　　　　　(서명 또는 인)
　　　생년월일
　　　주　소

<최신 개정판>
골 재 채 취 법

2017년 6월 1일 인쇄
2017년 6월 5일 발행

편 집　편집부/편
발행인　김 대 원
발행처　도서출판 원기술
주 소　경기도 안양시 동안구 경수대로 507번길18
전 화　031-451-8730
팩 스　031-429-6781
등 록　제2-1063호

2017.6. by 도서출판 원기술
ISBN　978-7401-381-3

정가 98,000원